城市供水管网系统二次污染及防治

任基成 费 杰 主编
朱月海 主审

中国建筑工业出版社

图书在版编目（CIP）数据

城市供水管网系统二次污染及防治/任基成，费杰主编．—北京：中国建筑工业出版社，2006
 ISBN 7-112-08259-5

Ⅰ．城… Ⅱ．①任…②费… Ⅲ．城市供水-管网-污染防治 Ⅳ．TU991.33

中国版本图书馆 CIP 数据核字（2006）第 031396 号

城市供水管网系统二次污染及防治

任基成 费 杰 主编
朱月海 主审

*

中国建筑工业出版社出版、发行（北京西郊百万庄）
新 华 书 店 经 销
北京密云红光制版公司制版
北京中科印刷有限公司印刷

*

开本：787×1092 毫米 1/16 印张：17¾ 字数：432 千字
2006 年 5 月第一版 2006 年 5 月第一次印刷
印数：1—3000 册 定价：40.00 元
ISBN 7-112-08259-5
（14213）

版权所有 翻印必究
如有印装质量问题，可寄本社退换
（邮政编码 100037）

本社网址：http://www.cabp.com.cn
网上书店：http://www.china-building.com.cn

本书共7章，系统论述了我国供水事业的发展和水质标准的提高；城市供水管网系统及其组成；国内外供水管网系统二次污染状况；管网系统二次污染的原因及分析；出厂水水质不稳定产生的污染与防治；供水管网系统二次污染防治的方法与对策；加强管网系统的运行和维护管理等。本书的特点是：实践性强，书中的资料和数据来自实践，是经过实测和调查研究取得的；应用性强，阐述的防治二次污染的对策和方法可应用于实际中，使用证明是行之有效、切实可靠的；系统性强，不仅系统地论述了从城市管网系统的组成到运行维护管理，更主要的是详细地阐述了城市管网系统中产生二次污染的原因与防治对策；内容新颖，基本上采用近期的资料和数据，特别指出了水质不稳定是污染的实质所在，是目前防治二次污染深入研究的重点；本书不仅通俗易懂，而且内容针对性强，理论联系实际，论据充足，观点明确，分析透彻，能解决实际问题，可读性强。

本书可供从事给水事业的各级管理人员、科技工作者，给水工程设计人员，城镇自来水系统的技术人员、管理人员、运行操作人员、设备维修人员。也可供大专院校给水排水专业与相关专业师生参考。

* * *

责任编辑：俞辉群
责任设计：赵明霞
责任校对：王雪竹　王金珠

前　言

随着我国经济社会的迅速发展和人民生活水平的不断提高，人们对健康长寿日益关注，对生活饮用水的水质提出了更高的要求；随着改革开放的不断深入和展开，外商、外宾来我国贸易、经商、旅游等活动日益频繁。为此，我国一批大中城市正在研究和实施城市供水与国际先进水平接轨。如北京计划在2008年奥运会前实现与国际接轨；上海计划在2010年世博会前与国际接轨，接轨的水质标准是用户打开水龙头就可直饮。2005年6月1日开始实施的建设部颁布的《城市供水水质标准》（CJ/T 206—2005）是一个与国际接轨的水质标准，全国城镇自来水公司正在规划实施。要达到此标准，除了取用合格的原水和提高出厂水的水质外，防治城市供水管网系统的二次污染是一个十分突出的重大课题。

据调查资料，我国许多城市水厂出水水质均优于国家水质标准，但到达用户水龙头处的水质，按照新标准已有不少处于不合格状态。如浊度，出厂水一般为$\leqslant 0.5$NTU，而用户水龙头的出水不少是$\geqslant 2$NTU。这说明出厂水经过庞大的城市供水管网系统后，水质受到了不同程度的二次污染。因此，无论水厂出水水质多么好，如果供水管网系统二次污染问题不解决好，则城市供水难以达到建设部颁布的《城市供水水质标准》（CJ/T 206—2005）要求的水质标准，也就难以与国际接轨。为此，以宁波市自来水总公司的工程技术人员为主，编著了这本《城市供水管网系统二次污染及防治》专著（全书共7章）。本书首先阐述了我国城市供水事业的发展和生活饮用水水质提高的过程，以及实施CJ/T 206—2005水质标准的重要性；全面系统地叙述了从城市管网系统的组成到管网的运行、维护和管理；详细地阐述了管网系统产生二次污染的原因与分析，防治二次污染的方法、对策和措施；较深入地论述了水质不稳定是造成二次污染的实质所在以及提高水质稳定性的方法与措施等。本书内容新颖详实，采用的资料和数据不仅是近期的，而且来自实践，有较多的内容是经过现场实测和调查研究取得的，具有可靠性、针对性和实用性。

本书第1章由任基成　朱月海编写；第2章由马毅妹　庄仲辉编写；第3章由庄仲辉　陈济东编写；第4章由熊珍奎　潘海祥编写；第5章由朱月海　吴天蒙编写；第6章由费　杰　周正协编写；第7章由陈浩波　蒋　敏　朱林勇编写。全书由同济大学教授朱月海主审。

本书的特点是：内容全面，结构严密，资料丰富详实；概念清楚，说理透彻，分析深入；理论联系实际，通俗易懂，实用性强。参考的文献资料基本上均是近几年发表在专业刊物上的文章和有关著作，具有普遍意义和实用价值。在此，对所有参考文献的作者表示衷心的感谢！

目　录

第1章　概述 ·· 1
1.1　我国城市供水事业的发展历史 ·· 1
1.2　以科学发展观分析城市供水问题 ·· 4
1.3　贯彻实施《城市供水水质标准》 ··· 8

第2章　城市供水管网系统及组成 ··· 15
2.1　城镇供水用途及系统组成 ··· 15
2.2　供水管材、配件、附件及附属构筑物 ··· 17
2.3　管网的形式与分类 ·· 31
2.4　居住小区供水管网的特点 ··· 33

第3章　供水管网系统二次污染状况 ·· 37
3.1　发达国家二次污染概况 ·· 37
3.2　国内管网系统二次污染状况 ·· 44
3.3　居住小区管网系统的二次污染 ·· 50

第4章　管网系统二次污染的原因分析 ·· 56
4.1　出厂水中不同物质对管网水的二次污染 ·· 56
4.2　供水管材对管网水质的影响 ·· 60
4.3　管道腐蚀与结垢对水质的影响 ·· 79
4.4　二次供水设施对水质的污染 ·· 85
4.5　加氯消毒对管网水质的影响 ·· 90
4.6　管网水力运行状况对水质造成的影响 ··· 94
4.7　水在管网中停留时间的影响 ·· 96
4.8　其他因素对管网水质造成的影响 ··· 99

第5章　水质不稳定产生的污染与防治 ·· 103
5.1　水质稳定性概述 ··· 103
5.2　化学不稳定性的危害及判别 ·· 106
5.3　生物不稳定性的危害及判别 ·· 113
5.4　AOC 的测定 ··· 118
5.5　磷、AOC 作为生物稳定性控制指标的可行性 ······························· 124
5.6　饮用水中不稳定性物质在管网中的变化及污染 ····························· 128
5.7　提高水质稳定的方法与措施 ·· 144

第6章　供水管网系统二次污染防治方法与对策 ··························· 159
6.1　科学合理选用供水管材 ·· 159
6.2　出厂水水质的控制 ·· 169

6.3 管网的设计要求 …………………………………………………… 174
6.4 供水管网施工及验收 ……………………………………………… 184
6.5 供水管网的改造 …………………………………………………… 192
6.6 管网倒流污染的防治 ……………………………………………… 202
6.7 二次供水设施的水质保护措施 …………………………………… 206
6.8 杀菌消毒剂的选用 ………………………………………………… 213

第7章 加强管网系统的运行维护管理 ……………………………… 225
7.1 完善管网运行维护管理体系 ……………………………………… 225
7.2 管网技术档案管理 ………………………………………………… 229
7.3 管网的水质监测 …………………………………………………… 239
7.4 管网系统的运行 …………………………………………………… 246
7.5 管网的检漏 ………………………………………………………… 256
7.6 管网的维修与养护 ………………………………………………… 265

第1章 概 述

1.1 我国城市供水事业的发展历史

中国供水事业始于1879年旅顺引泉供水,1882年上海建成了杨树浦水厂,到1949年全国只有27家自来水厂,日供水能力240万m^3。从20世纪50年代开始,中国供水事业蓬勃发展,到2000年日供水能力达到21841.99万m^3。新中国成立以来的半个多世纪中,我国近代供水事业的发展历史大致可以划分为四个时期。

1.1.1 20世纪50年代——始创时期

这一时期主要是学习前苏联,从取水、输水到水厂处理工艺及构筑物,基本上都是前苏联模式。当时全国156项国家重点工程中有两项为城市供水项目,一是兰州的西固水厂,取自当时黄河的高浊度水,采用上下流双向斗槽取水构筑物和大型旋转格网,沉淀采用直径为100m的4只辐射式沉淀池。二是无锡的梅园水厂,取自太湖水,在常规处理工艺之前还设置了预沉池。50年代后期,前苏联突然撤走了在中国的专家,带走了所有技术资料与文件,给中国的经济与建设造成了巨大损失,迫使我国给排水工程技术人员自力更生、奋发图强地钻研科学技术,结合我国的客观实际,设计了上海、广州、天津等30万m^3/d规模的水厂,为我国今后独立自主地设计水厂和给水事业的全面发展打下了扎实基础。

在始创时期的10年中,科研方面主要成绩有:针对前苏联KO-1型滤池进行了双层滤料接触滤池的研究;针对水库、湖泊季节性的藻类繁殖,进行微滤机除藻研究;为提高水厂处理中的絮凝效果,进行悬浮反应和机械絮凝的研究。同时这10年对给水建设体系做了必要的基础工作:同济大学、清华大学、哈尔滨工业大学、天津大学等10多所高等院校设立了给水排水专业,招收和培养了一批给水排水专业人才;1957年制订完成了我国第一部室外给水设计规范;第一次创刊发行了《给水排水译丛》,介绍前苏联等国的给水技术;1957~1958年印发了上海自来水公司的《给水工程汇刊》,搜集给水方面的论文近200篇;50年代后期,我国第一次编写出版了大学给水排水专业的《给水工程》、《排水工程》、《房屋卫生设备》等教材,这些为当时刚起步的我国给水事业作出了积极贡献。

1.1.2 20世纪60、70年代——成熟时期

这个时期的20年是我国给水工作者学习和吸取各国先进技术,结合本国实际,走自己技术发展道路的阶段。我国自己培养了一批既有扎实的理论基础又有设计与实践经验的技术人才,在给水事业的科学研究、技术理论、工程设计和建设等方面作出了贡献,取得了重大成就。

这20年在科研方面取得的主要成绩有：在沉淀方面根据浅层沉淀理论，研究开发了同向流、异向流等斜管（板）沉淀池，大大地减少了占地面积，提高了沉淀效果，使雷诺数Re降低，弗劳德数Fr提高，水流在斜管（板）中基本上属于层流状态。在水的澄清方面，研究开发了脉冲澄清池、机械加速（搅拌）澄清池、水力循环澄清池、悬浮澄清池等，并设计了系列标准图集。在过滤方面，研究开发了压力式、重力式无阀滤池，并设计了系列标准图集，之后又研究开发了虹吸滤池和移动冲洗罩滤池，开发了小阻力、中阻力、大阻力3个配水系统。同时形成几套水处理的优化组合工艺，如适用于1万m^3/d以下用水的乡镇及中小企业，采用水力循环澄清池或悬浮澄清池与重力式无阀滤池相组合，这在高程上很匹配；中等水量的可采用机械搅拌澄清池或斜管（板）沉淀池与无阀滤池（两组以上）、虹吸滤池或普通快滤池相组合等。

这里特别要提及的是70年代同济大学在给水方面作出了两大贡献：一是研究开发了气浮净水技术和设备，达到国际领先水平，解决了湖泊、水库水大量藻类繁殖难以处理的难题，在武汉东湖水厂、昆明第三水厂等的气浮除藻处理中收到了非常理想的成效，以后气浮净水技术又推广应用到各种工业废水处理中。二是由杨钦教授为首的科研组，研究成功了利用计算机对城市管网进行优化平差，填补了当时国内空白，根据不同情况，编制了各种计算机管网优化平差程序，并出版了相关专著，很快在全国范围内得到了推广应用。

在这20年中，翻译了大量的国际著名给水专家的经典论文和部分著作，打开了我国给水工程技术人员的科研与设计思路；编辑出版了给水方面各类构筑物、工艺设施、管配件等标准图集。在这20年中，我国给水事业进行了大量的研究和实践，加强了基础理论研究和先进技术的开发应用，为我国给水事业的发展打下了扎实基础。

1.1.3　20世纪80、90年代——大发展时期

这时期的20年，是我国给水事业持续高速发展时期。由于改革开放的不断深入，我国经济出现了前所未有的持续高速发展时期。经济的高速发展、生活水平的快速提高，使用水量大幅度增加，推动了我国水厂建设的高潮，给水事业得到了蓬勃发展。同时经济的持续高速发展和城镇化水平的提高，使大量的工业废水和生活污水没有同步处理而排入水体，造成城镇附近的水体受到不同程度的污染，使取水水源发生了困难、受到限制，在全国各地几乎同时出现了长距离、跨流域引水、调水工程。

在净化处理工艺方面，进展最快、得到普遍采用的是均质滤料气水反冲洗V型滤池，同时带动了普通快滤池的气水反冲洗技术。为配合气水反冲洗，研究开发了各种长柄、短柄滤头及滤砖。由于新建的水厂大多数处理水量较大，属大中型水厂，因此能适应水量、水质、水温等变化的浅层平流沉淀池被大量采用。平流沉淀池与气水反冲洗V型滤池组合、平流沉淀池与清水池叠建，成为风靡一时的水厂工艺布置。80年代在普通快滤池基础上，研究设计了双阀滤池、单阀滤池等，节省了阀门及投资；90年代有人对纤维过滤作了大量的试验研究，对纤维滤料进行多种布置试验及反冲洗，取得了积极成果；为加强和提高絮凝效果，开展了"栅条"、"网格"、"折板"、"折管"和"波纹折板"等新颖絮凝设计，在中小型水厂中，还成功地采用了上下双层隔板反应和回转双折板反应的设计；对于取自微污染水源水的水厂，采用生物接触氧化预处理获得了成功，在常规处理工艺的前端或中段投加粉末活性炭也收到了理想的效果；在深度处理方面，除普遍采用的臭氧生物

活性炭过滤之外，还出现了采用纳滤、微滤、超滤等新技术；对于难处理的低温低浊水采用浮沉池处理获得了成功。给水处理方面取得的多种研究成果和新技术，为我国城市供水与国际先进水平接轨提供了技术条件。

这20年中，世界银行、亚州发展银行和有关发达国家不断向我国投资新建水厂，BOT工程不断增多，同时引进了水厂自动化控制系统的仪器仪表和水质监控测试设备，使我国水厂的自动化程度大幅度提高。同时带动了我国一批自动化设备、仪器、仪表的生产厂家，使我国的水厂自动化仪器、仪表和设备从无到有、从小到大，逐渐与世界先进水平接轨。

这20年中，我国的给水管材得到了系统全面地发展，塑料管从无到有、品种和规格逐步齐全；球墨铸铁管代替了使用近百年的灰口铸铁管；铝塑管、钢塑管等复合管代替了长期使用的镀锌管；在长距离输水中出现了玻璃钢（FRP）夹砂管、钢筒混凝土管（PCCP）等新型管材。目前根据管材口径的大小和经济性，以及适用条件等，在不同的使用场合和范围内，预应力混凝土管、球墨铸铁管、钢管、玻璃钢夹砂管、钢筒混凝土管及各种塑料管（PP、ABS、UPVC、PE等）均有使用。

这段时期的前10年全国供水量的年递增率为6%以上，基本还清了前20年供水量不足的旧账和满足了当时用水量的需要；后10年全国供水量的年递增率为5%左右。这20年的供水量有两个特点：一是90年代末的供水量是70年末供水量的三倍左右，这20年是我国供水事业发展的顶峰时期，是建国以来的最兴旺发达时期，这与我国的经济和社会快速发展密切相关。二是供水量的年递增率在逐渐减小，逐渐趋向于稳定，在这20年中国民经济翻了一番，而用水量的增加率逐年减少，说明万元产值的用水量在降低，节约用水初见成效。

1.1.4 21世纪初——可持续发展时期

进入21世纪以来，我国城镇供水进入了可持续发展阶段。这阶段一开始就出现了3个明显的特点：一是一批大中城市提出并实施在2010年之前供水水质与国际先进水平接轨；二是对取自微污染水源水的水厂，在常规处理工艺前加生物预处理，常规处理后是否加深度处理视具体情况决定；三是水厂的污泥、污水的处理与处置必须与水厂的设计、施工、投产同步进行。这是进入21世纪我国给水事业的新气象。

21世纪的城镇供水，部分城市仍需解决好供需矛盾，在满足水量适应经济、社会发展的基础上，在较长一段时间内，主要任务是进一步提高城市供水水质，以利于与国际先进水平接轨，让老百姓喝上洁净、健康的饮用水。围绕提高供水水质，同步要进行的工作有：老水厂处理工艺设备的更新改造；旧管网设施的更换；管网系统二次污染的防治；自动化、信息化系统的应用与加强；提高水行业的科学技术水平和现代管理水平。

城市供水进入可持续发展时期，是一个新的历史起点，时代对供水行业提出了更高的要求。要大力加强饮用水安全保障工作，研究和应用新工艺、新技术，加强水资源保护和水污染防治，加强对取水、制水、供水全过程的水质监测和管理。要大力推进城乡一体化的区域供水，研究和制订新时期供水规划，使广大城乡居民都能用上高质量的生活饮用水。要大力开展节约用水工作，创建节水型社会，使供水事业与我国经济、社会全面协调发展。

1.2 以科学发展观分析城市供水问题

水是生命之源。从某种意义上讲，人类社会的历史，就是人依靠水而繁衍生长、生存和发展的历史。水的重要性和它在经济、社会发展中的不可替代作用已经越来越引起当今世界各国前所未有的关注。我国水资源短缺、水污染严重，已经成为经济、社会可持续发展的制约瓶颈。因此，以科学发展观分析水问题，寻求解决水资源短缺和防治水污染的对策，使人与自然和谐相处，水与经济协调发展，已经引起了水行业工作者的高度重视。

1.2.1 我国水资源短缺

我国是一个水资源贫乏、紧缺的国家。从降雨量来说，我国年平均降水量为648mm，总降水量约6万亿 m^3，淡水贮量（即水资源平均年总量）为每年2.8万亿 m^3 左右，列世界第6位。因此从总量上来说，我国水资源量并不算少，但按人均量计算，据2002年统计，我国人均水资源量为2200 m^3/（人·a），约占世界人均水资源量的1/4。因此，按人均量计，我国的水资源是贫乏和紧缺的。同时我国的水资源还存在以下两个明显的特点。

1. 水资源地区分布不均衡

总体来说，南方水资源丰富，北方水资源短缺，特别是"三北"（西北、东北、华北）地区矛盾更为突出。尤其是西北地区，长期大面积缺水，制约了资源的开发和经济的发展。2002年各流域片水资源总量见表1-1。由表可见，南方4个区域（长江流域、华南诸河、东南诸河、西南诸河）水资源总量为24097亿 m^3，占全国水资源总量的85.3%，而耕地面积仅占全国的35.9%；北方5个区域（东北诸河、海滦河流域、淮河及山东半岛、黄河流域、内陆河）水资源总量为4164亿 m^3，只占全国总量的14.7%，而耕地面积占全国的58.3%。北方5个区域人均水资源量平均值为1463 m^3/（人·a），其中松辽河、海河、黄河、淮河四大流域人均水资源量平均值仅为513 m^3/（人·a），远低于国际公认的缺水警戒线1700 m^3/（人·a）。

2002年全国各流域片水资源量　　　　表1-1

区域名称	降水量（亿 m^3）	地表水水资源量（亿 m^3）	地下水水资源量（亿 m^3）	重复计算量（亿 m^3）	水资源总量（亿 m^3）	人均水资源量（m^3/（人·a））
松辽河流域	5709.86	1076.03	576.42	296.95	1372.98	1157
海河流域	1273.81	64.08	146.09	94.91	158.99	121
淮河流域	2375.91	445.36	343.66	256.47	701.83	343
黄河流域	3224.87	357.66	334.01	115.74	473.40	428
长江流域	21023.93	10788.31	2704.93	102.48	10890.79	2521
其中：太湖	512.93	220.87	43.44	22.63	243.50	602
珠江流域	9876.92	5227.21	1244.35	23.92	5251.13	3328
东南诸河流	3871.88	2300.62	628.73	13.74	2314.36	3233
西南诸河流	8887.02	5639.83	1725.06	0.68	5640.51	26844
内陆河流	6366.09	1344.19	993.93	113.12	1457.31	5263
北方五区域	18950.5	3287.3	2394.1	877.2	4164.5	—
南方四区域	43659.8	23956.0	6303.1	140.8	24096.8	—
全　国	62610.3	27243.3	8697.2	1018.0	28261.3	2200

注：人均水资源量按2002年水资源总量除以2002年人口计算。

2.降水与径流量年内分配不均匀

我国位于世界东亚季风区，降水和径流的年内分配很不均匀，径流量主要集中在夏季，大多数地区6月至9月的径流量占年径流量的70%~80%。同时径流量的年际变化也很大，少水年与多水年持续出现。如京、津、鲁地区20世纪80年代初和90年代分别2次连续出现3年枯水年。天津市80年代中建设"引滦工程"，因取用的是郜家寨水库水，仍受天气变化的影响，90年代的连续旱灾，天津的用水又受到严重的威胁，故90年代末又启动了"引黄工程"。可见，年际和季节性流量变化大的特点，给地表水水资源的控制和利用带来了很大的困难与复杂性，造成实际可利用的天然水量比水资源总量少很多。

1.2.2 水体污染严重

据有关资料显示，我国的主要江、河、湖等水域都受到了不同程度的污染。在被检测出的有机物中，一些有毒污染物含量超过了地面水质标准，其中还检测出一些致癌、致畸和致突变的有机污染物。

表1-2和1-3分别记录了2001~2003年七大流域干流地表水水质情况和2004年七大水系的412个水质监测断面的检测结果。

2001~2003年我国七大流域干流地表水水质情况　　　表1-2

时间	国家地表水水质标准						总体评价
	Ⅲ类		Ⅳ、Ⅴ类		劣Ⅴ类		
	达标比例	与上年比较情况	达标比例	与上年比较情况	达标比例	与上年比较情况	
2001	51.7%	下降6%	38.9%	上升4.5%	9.4%	上升1.5%	污染严峻
2002	52.9%	上升1.26%	26.8%	下降12.1%	20.3%	上升10.9%	有所改善
2003	52.5%	下降0.4%	38.1%	上升11.3%	9.3%	下降11%	略有下降

2004年七大水系水质类别比例　　　表1-3

水系名称	Ⅰ~Ⅲ类（%）	Ⅳ~Ⅴ类（%）	劣Ⅴ类（%）
长 江	72.1	18.3	9.6
黄 河	36.4	34.1	29.5
珠 江	78.8	15.1	6.1
松花江	21.9	53.7	24.4
淮 河	19.8	47.6	32.6
海 河	25.4	17.9	56.7
辽 河	32.4	29.7	37.9
总 体	41.8	30.3	27.9

由表1-2、表1-3可见，我国饮用水源的污染情况没有得到根本性的改善。主要污染指标为氨氮、5日生化需氧量、高锰酸盐指数和石油类。根据《2004年中国环境状况公告》记载，我国湖泊、水库水质也堪忧，2004年监测的27个重点湖、库中，满足Ⅱ类水质的湖、库2个，占7.5%；Ⅲ类水质的湖、库5个，占18.5%；Ⅳ类水质的湖、库4个，占14.8%；Ⅴ类水质湖、库6个，占22.2%；劣Ⅴ类水质湖、库10个，占37.0%。其中

"三湖"（太湖、巢湖、滇池）水质均为劣Ⅴ类。主要污染指标是总氮和总磷。表1-4记录了部分大型水库水质的评价结果。另外，2004年对全国187个城市中所取地下水水质的调查中发现，与2003年相比，地下水污染减轻的有39个，污染加重的52个，水质稳定的96个。总体看，我国主要城市和地区的地下水水质受人为活动影响较大，硝酸盐、亚硝酸盐、氨氮、氯化物等组分的含量普遍升高。

部分大型水库水质的评价结果　　　　　　　　　　　表1-4

湖库名称	营养状态指数	营养状态级别	水质状况	主要污染指标
石门水库	—	项目不全未计算	Ⅱ类	
密云水库	35.2	中营养	Ⅲ类	
千岛湖	29.3	贫营养	Ⅲ类	
董铺水库	45.6	中营养	Ⅲ类	
于桥水库	44	中营养	Ⅳ类	总氮
丹江口水库	31.4	中营养	Ⅳ类	总氮
松花湖	44	中营养	Ⅳ类	总氮、总磷
大伙房水库	43	中营养	Ⅴ类	总氮
崂山水库	41.9	中营养	Ⅴ类	
门楼水库	43.3	中营养	劣Ⅴ类	总氮

综上所述，水源污染在我国已经是普遍存在，对我们的生存环境构成了严重威胁。

1.2.3 实现城市供水现代化的目标

城市基础设施现代化是现代城市的重要标志和组成部分，而供水作为城市重要的、必不可少的生命线，理应率先实现现代化。

根据浙江省城市供水现代化建设研究，城市供水现代化主要包括以下5个方面：即供水能力适度超前；供水质量达到国际先进水平；供水生产安全、可靠、先进、高效；供水管网配套齐全、管理科学；供水企业管理实现信息化，服务达到全方位满意。

1. 供水能力

(1)"供需比"达到1.1~1.2。城市的供水能力和城市最高日需水量之比称为"供需比"，是衡量城市供水能力能否满足社会需要的一个重要指标。由于城市供水能力需要适度超前，加上水厂建设需要较长的周期，现代化城市的供需比保持在1.1~1.2是必要的。

(2) 城乡供水一体化，普及率达90%以上。世界发达国家的供水普及率已在90%以上，我国城市供水普及率已达94.65%，但如果将农村算在内就相当低。因而要打破城市和农村的界线，跨行政区域供水，实施城乡供水一体化，使供水普及率达到90%以上。

(3) 输配水能力与供水能力相匹配。供水能力不仅包括水厂的生产能力，还要包括管网的输配水能力。管网的压力要保证所有用户的水龙头能随时放得出水。

2. 供水水质

(1) 水质标准要和国际先进水平接轨，当务之急是全国所有的城市自来水厂应该积极执行建设部新颁布的水质标准并加以考核，不达标的要采取新的净化工艺技术，确保净水厂出厂水质达到或优于《城市供水水质标准》。

(2) 防治管网二次污染，使龙头水可以直接饮用。达到水质标准应针对用户的龙头水质而言，现代化的城市供水出厂水水质不仅应该达到发达国家的实际先进水平，而且要尽量避免管网的二次污染，保证龙头放出来的水可以直接饮用。

3. 水厂设施

保证不间断地供应合格水是水厂生产的根本任务。现代化水厂基本要求是：(1) 出厂水质优良，生产安全可靠；(2) 工艺技术先进，能适应原水变化；(3) 设备先进适用，自动化程度高；(4) 管理科学、人员少，成本低；(5) 环境优美和谐，污泥无害化处理。

4. 供水管网

目前大多数城市管网建设滞后于水厂建设，而管网是供水中的薄弱环节，在供水现代化建设中要加以解决。主要包括：(1) 尽量避免管网的二次污染；(2) 降低管网漏损率；(3) 建立管网信息管理系统。

5. 供水服务

当今世界发达国家的供水企业都将战略重心放到向客户提供优质服务上。现代化供水企业的服务理念是"以客户为中心，以满意为标准"，主要体现在：(1) 建设智能型的客户服务系统，做到有求必应，快速反应，只要客户一个电话，就能解决供水的问题；(2) 通过多样化的方式加强与客户的联系与沟通，征求意见，改进服务，提高客户的满意度。

1.2.4 饮用水安全保障技术

我国水资源短缺，饮用水源污染状况严重，同时社会对生活饮用水质量的要求不断提高，饮用水安全面临严峻的挑战。为促进我国经济和社会的健康、和谐、可持续发展，建设资源节约型、环境友好型社会，针对当前影响饮用水安全的主要问题，研究饮用水安全保障技术，是十分必要的。

1. 饮用水源的监控与保护

水源的安全是饮用水安全保障的出发点。要依法严格实施饮用水水源保护区制度，因地制宜地进行水源安全防护、生态修复等工程建设。对于长距离引水工程，应优先选用原水从水库等水源地到水厂的封闭输送系统，从根本上消除外部污染途径。建立水源水质在线监测系统，及时了解水源水质状况，并对水源水质异常变化迅速采取应急措施，实现对水源水质突变的预警，是饮用水安全保障技术的重要内容。

2. 净水工艺的强化与改进

降低出厂水浊度，是饮用水安全保障的关键点。虽然国家水质标准要求的浊度是1NTU，但当前许多国内外的先进水厂的出厂水浊度标准都控制在 0.1NTU，这是保障水质安全的一个关键指标。要达到浊度小于 0.1NTU 的指标，确保出厂水水质安全，应根据不同水源的水质状况，对水厂的净水工艺进行强化与改进。原则上对Ⅰ～Ⅱ类水源采取强化常规处理工艺；对Ⅱ～Ⅲ类水源要在强化常规处理工艺基础上增加深度处理工艺；对暂时不能达到Ⅲ类水源标准的要在强化常规处理与深度处理之前增加预处理工艺。

3. 管网安全输配与二次污染的防治

提高配水管网的水质是饮用水安全保障的落脚点。优化规划和建设城市输配水管网，以及对旧管道的修复与改造，是防治管网二次污染的主要内容。要采用防止腐蚀的新型管材，要研究更换旧管道的方法措施，要注重管网建设与改造的技术经济指标，同时要强化供水管网的现代化管理，建立供水管网的GIS系统和管网运行实时监测系统，实现水压、流量、浊度、余氯等参数的在线监测，对管网水质实行动态管理和监控，确保输配水管网的水质安全。

1.3 贯彻实施《城市供水水质标准》

建设部颁布的《城市供水水质标准》（CJ/T206—2005）于2005年2月5日发布，2005年6月1日起实施。这是我国城镇供水行业的一件大事，是我国城镇供水水质与国际先进水平接轨的重大举措，是落实以人为本的科学发展观的具体体现。

1.3.1 我国水质标准发展过程回顾

50多年来，我国的生活饮用水水质标准经历了从无到有、水质项目由少到多、由不齐全到基本齐全、直到与国际先进水平接轨的各个过程。建国初期国家就设立了生活饮用水水质标准，1954年卫生部拟订了自来水水质暂行标准草案，共16项，1955年起在北京、天津、上海、武汉等12个大城市试行。1959年经建设部和卫生部批准，定名为《生活饮用水卫生规程》，在全国城市实施。虽然不称为标准，但这是一个从无到有的过程，连续使用了20多年。1976年卫生部组织制定了《生活饮用水卫生标准》（TJ20—76），共23项，经基本建设委员会和卫生部批准后，第一次作为标准颁布实施。1985年卫生部对23项进行修改，增加到35项，作为修订后的《生活饮用水卫生标准》（GB5749—85），于1986年起在全国实施，一直使用至今。在这20年中，除最近颁布实施的《城市供水水质标准》之外，有关部门还先后颁布了3个与水质标准相关的文件。

1993年建设部根据中国城镇供水协会对100多个城市的调查研究情况，制定了《中国城市供水行业2000年技术进步发展规划水质目标》，共88项，基本上是参照20世纪80年代欧共体的《饮用水水质指令》和WHO的《饮用水水质准则》制定的。与GB5749—85相比，增加了53项，浊度从≤3NTU提高到≤1NTU。把供水行业按规模分为4种类型，分别提出不同的水质目标和检测项目。这是一个突破性的进展，为后来高标准制定饮用水水质标准奠定了基础。

1999年建设部制定了《饮用净水水质标准》（CJ94—1999），于2000年颁布实施，共38项，基本上均为常规检测项目。CJ94—1999是针对20世纪90年代中后期大量出现的优质桶装水、居住小区分质供水等情况制定的。项目虽然不多，但标准要求较高、较严，有的高于WHO和欧共体标准。如COD_{Mn}标准，WHO和美国没有此项目，欧共体80年代为COD_{Mn}≤5mg/L，1998年修改后为≤3mg/L。而CJ94—1999定为COD_{Mn}≤2mg/L。

2001年6月卫生部颁布了《生活饮用水卫生规范》，共96项，其中常规检验项目34项，非常规检验项目62项，是一个初步与国际先进水平接轨的标准。

《城市供水水质标准》（CJ/T206—2005）是建设部颁布的行业标准，共93项，于2005年6月1日起实施。93项中按细项分为101项，其中常规检验项目42项（按细项计为49项）。不少项目的指标规定值比"卫生规范"和WHO等标准高。CJ/T206—2005标准是参考了WHO和美国、欧共体、日本等先进国家现行的水质标准制定的，是与世界先进水平接轨的标准，是至今为止我国水质标准中要求最高、最严的标准。历年来我国颁布的生活饮用水水质标准见表1-5。

历年来我国颁布的生活饮用水水质标准　　表1-5

序号	颁布（实施）年份	标准名称	标准编号	项目						
				共计	微生物学	感官性及一般化学	毒理学	放射性	常规检验	非常规检验
1	1955	《生活饮用水卫生规程》		16	3					
2	1976	《生活饮用水卫生标准》	JT20—76	23	3	12	8			
3	1985	《生活饮用水卫生标准》	GB5749—85	35	3	15	15	2		
4	1993	《中国2000年供水规划水质目标》		88	5	33	48	2		
5	1999	《饮用净水水质标准》	CJ94—1999	38	4	17	15	2	38	
6	2001.6	《生活饮用水卫生规范》		96	4	19	71	2	34	62
7	2005.6	《城市供水水质标准》	CJ/T206—2005	93	8	21	62	2	42	51

注：1. 序号1~5没有明确常规检验与非常规检验项目。但序号5的38项基本上是均要进行检验的。
　　2. 序号7按项计为93项，但按小项计为101项，按小项计常规检验达49项。
　　3. 《生活饮用水卫生规范》以下简称"卫生规范"；《中国2000年供水规划水质目标》以下简称"2000年水质目标"。

1.3.2 相关水质标准的比较

CJ/T206—2005标准是继2001年卫生部颁布的96项"卫生规范"以来，供水行业的又一重要举措，贯彻了"以人为本"的原则，立足于人体健康。CJ/T206—2005标准是在"2000年水质目标"和"卫生规范"基础上，结合我国国情和实践，经过认真的分析研究制定的。我国的3个水质标准与国际3个标准的项目及比较见表1-6。

相关水质标准项目及比较　　表1-6

水质标准分类项目	《2000年规划水质标准》（1类水司）	卫生部《生活饮用水卫生规范》(2001)	建设部《城市供水水质标准》(CJ/T206—2005)	WHO《饮用水水质准则》(1998)	欧盟《饮用水水质指令》(98/83/EC)	美国《饮用水水质标准》(2001)
无机物指标	22	17	16	19	13	17
有机物指标	24	23	25	31	9	34
农　药	9	17	11	41	2	19
消毒剂及消毒副产物	4	14	10	28	2	7
器官性指标	22	19	21	31	15	15
微生物指标	5	4	8	2	5	7
放射性指标	2	2	2	2	2	4
共　计	88	96	93	152	48	101

原来的GB5749—85的水质标准，与国际上三大标准相比，无论是项目数量上还是指标值上都有较大的差距，是较落后的标准。但从1993年来的12年中，水质指标中的项目

数和指标值提高很快。从表 1-6 中可见，欧盟的"饮用水水质指令"项目并不多，总共只有 48 项，但查阅其 48 项的具体项目及内容，即是很实用的"精华"部分。WHO 和美国的水质指标中，有机物和农药占了很大部分，分别为 47.4% 与 55.5%，我国的 CJ/T206—2005 和"卫生规范"也分别为 40.8% 与 41.7%。过去的水质标准中，我国对有机物及农药重视欠缺，项目很少，而这方面的物质经氯消毒后易产生消毒副产物，即致突变、致畸、致癌的"三致物质"。同时对饮用水的总三卤甲烷值进行限量，如 CJ/T206—2005 标准定为三卤甲烷（总量）$\leqslant 0.1 mg/L$，而"2000 年规划水质标准"中无此项指标，"卫生规范"的总三卤甲烷 $\leqslant 0.32 mg/L$。WHO 的水质标准中总三卤甲烷 $\leqslant 0.46 mg/L$。可见 CJ/T206—2005 对该限值的规定比"卫生规范"和 WHO 的标准要求更高更严。

在细菌学指标中，"卫生规范"中的 4 项，其中 1 项为"游离余氯"，实际为 3 项。而 CJ/T206—2005 标准在非常规检验项目中列入了"卫生规范"中没有的"粪型链球菌群、蓝氏贾第鞭毛虫、隐孢子虫"3 项，前者每 100mL 水样中不得检出，后两者每 10L 中小于 1 个，要求较严。而这 3 项在 WHO 的水质标准中也是没有的。

CJ/T206—2005 标准与"卫生规范"及 WHO 水质标准的项目与限值的比较、常规检验项目见表 1-7，非常规检验项目见表 1-8。共同有的项目、限值也相同的均不列入表中。

CJ/T206—2005 与"卫生规范"及 WHO 常规检验项目与限值比较　　表 1-7

项目名称	CJ/T206—2005 水质标准	卫生规范	WHO 水质标准（1998）
细菌总数	$\leqslant 80CFU/mL$	$\leqslant 100CFU/mL$	无此项
耐热大肠菌群	每 100mL 水样中不得检出	无此项	相同
余氯（加氯消毒时测定）	与水接触 30 min 后出厂游离氯 $\geqslant 0.3mg/L$，或与水接触 120min 后出水总氯 $\geqslant 0.5 mg/L$，管网末梢水总氯 $\geqslant 0.05 mg/L$	无 120min 其他相同	接触 30min $\geqslant 0.5 mg/L$ 无 120min
二氧化氯（使用二氧化氯消毒时测定）	与水接触 30min 后出厂游离氯 $\geqslant 0.1mg/L$，管网末梢水总氯 $\geqslant 0.05mg/L$ 或二氯化氯 $\geqslant 0.02 mg/L$	无此项	有此项，指标未规定值
浑浊度	$\leqslant 1NTU$（特殊情况 $\leqslant 3NTU$）	特殊情况 $\leqslant 5NTU$	$\leqslant 5NTU$
肉眼可见物	无	相同	无此项
总硬度（以 $CaCO_3$ 计）	$\leqslant 450 mg/L$	相同	未规定值
锌	$\leqslant 1.0 mg/L$	相同	$\leqslant 3 mg/L$
挥发酚（以苯酚计）	$\leqslant 0.002 mg/L$	相同	无此项
阴离子合成洗涤剂	$\leqslant 0.3 mg/L$	相同	未规定值
耗氧量（COD_{Mn} 以 O_2 计）	$\leqslant 3 mg/L$（特殊情况 $\leqslant 5 mg/L$）	相同	无此项
砷	$\leqslant 0.01 mg/L$	$\leqslant 0.05 mg/L$	$\leqslant 0.05 mg/L$
镉	$\leqslant 0.003 mg/L$	$\leqslant 0.005 mg/L$	相同
氰化物	$\leqslant 0.05 mg/L$	相同	$\leqslant 0.07 mg/L$
氟化物	$\leqslant 1.0 mg/L$	相同	$\leqslant 1.5 mg/L$
汞	$\leqslant 0.001 mg/L$	相同	无此项
硝酸盐（以 N 计）	$\leqslant 10 mg/L$（特殊情况 $\leqslant 20 mg/L$）	$\leqslant 20 mg/L$	$\leqslant 50 mg/L$

续表

项目名称	CJ/T206—2005 水质标准	卫生规范	WHO 水质标准（1998）
三氯甲烷	≤0.06 mg/L	相同	≤0.2 mg/L
敌敌畏（包括敌百虫）	≤0.001 mg/L	无此项	无此项
滴滴涕	≤0.001 mg/L	相同	≤0.002 mg/L
丙烯酰胺（使用聚丙烯酰胺时测定）	≤0.0005 mg/L	无此项	无此项
亚氯酸盐（使用 ClO_2 时测定）	≤0.7 mg/L	无此项	≤0.2 mg/L
溴酸盐（使用 O_3 时测定）	≤0.01 mg/L	无此项	≤0.025 mg/L
甲醛（使用 O_3 时测定）	≤0.9 mg/L	无此项	相同
总 α 放射	≤0.1Bg/L	≤0.5Bg/L	相同

注：表中"相同"是指规定值与 CJ/T206—2005 的规定值相同；
"无此项"是以 CJ/T206—2005 为基准说的。

CJ/T206—2005 与"卫生规范"及 WHO 非常规检验项目与限值比较　　表1-8

项目名称	CJ/T206—2005 水质标准	卫生规范	WHO 水质标准（1998）
粪类链球菌群	每 100mL 水样不得检出	无此项	无此项
蓝氏贾第鞭毛虫（Giardia Lamllio）	<1个/10L	无此项	无此项
隐孢子虫（Cryptosporidium）	<1个/10L	无此项	无此项
氨　氮	≤0.5 mg/L	无此项	≤1.5 mg/L
硫化物	≤0.02 mg/L	相同	≤0.05 mg/L
银	≤0.05 mg/L	相同	无此项
铍	≤0.002 mg/L	相同	未规定值
铊	≤0.0001 mg/L	相同	无此项
1,2-二氯乙烷	≤0.005 mg/L	≤0.03 mg/L	未规定值
三氯乙烯	≤0.005 mg/L	≤0.07 mg/L	≤0.07 mg/L
四氯乙烯	≤0.005 mg/L	≤0.04 mg/L	≤0.04 mg/L
1,2-二氯乙烯	≤0.05 mg/L	≤0.02 mg/L	相同
1,1-二氯乙烯	≤0.007 mg/L	≤0.03 mg/L	≤0.03 mg/L
三卤甲烷（总量）	≤0.1 mg/L	≤0.32 mg/L（总量）	≤0.46 mg/L（总量）
氯酚（总量）	≤0.010 mg/L	无此项	0.0024～0.341 mg/L
2,4,6-三氯酚	≤0.010 mg/L	≤0.2 mg/L	≤0.2 mg/L
TOC	无异常变化（试行）	无此项	无此项
乐果	≤0.02 mg/L	无此项	相同
甲基对硫磷	<0.01 mg/L	≤0.02 mg/L	无此项
对硫磷	≤0.003 mg/L	相同	无此项
甲胺磷	≤0.001 mg/L（暂定）	≤0.02 mg/L	无此项

续表

项目名称	CJ/T206—2005 水质标准	卫生规范	WHO 水质标准(1998)
2,4-滴	≤0.03 mg/L	相同	无此项
溴氰菊酯	≤0.02 mg/L	相同	无此项
二氯甲烷	≤0.005 mg/L	≤0.02 mg/L	≤0.02 mg/L
1,1,1-三氯乙烷	≤0.20 mg/L	≤2.0 mg/L	≤2.0 mg/L
1,1,2-三氯乙烷	≤0.005 mg/L	≤0.07 mg/L	无此项
一氯苯	≤0.3 mg/L	无此项	相同
1,4-二氯苯	≤0.075 mg/L	≤0.3 mg/L	≤0.3 mg/L
三氯苯(总量)	≤0.02 mg/L	无此项	相同
多环芳烃(总量)	≤0.002 mg/L	无此项	无此项
苯并[a]芘	≤0.00001 mg/L	相同	≤0.0007 mg/L
环氧氯丙烷	≤0.0004 mg/L	相同	相同
微囊藻毒素—LR	≤0.001 mg/L	相同	相同
卤乙酸(总量)	≤0.06 mg/L	无此项	无此项
莠去津(阿特拉津)	≤0.002 mg/L	无此项	相同

注：表中"相同"是指规定值与 CJ/T206—2005 的规定值相同；
"无此项"是以 CJ/T206—2005 为基准说的。

表1-7 与表1-8 中的项目是以 CJ/T206—2005 标准中的项目为基准与"卫生规范"和 WHO 标准进行比较，实际上也存在"卫生规范"与 WHO 标准中所列的项目而 CJ/T206—2005 中所没有的，但这里不进一步比较了。

1.3.3 实施《城市供水水质标准》(CJ/T206—2005) 的要求

1. 对水源水质的要求

"标准"明确要求："选用地面水作为供水水源时，应符合 GB3838 的要求"；"选用地下水作为供水水源时应符合 GB/T14848 的要求"。以地面水环境质量标准 GB3838—2002 来说，共有水质指标 109 项，其中基本项目 24 项，补充项目 5 项，特定项目 80 项。把水体分为Ⅰ类~Ⅴ类且对每类水体都规定了限值。5 类不同水体的功能划分为：

Ⅰ类：主要适用于源头水、国家自然保护区。

Ⅱ类：主要适用于集中式生活饮用水水源地一级保护区、珍贵鱼类保护区、鱼虾产卵场等。

Ⅲ类：主要适用于集中式生活饮用水水源地二级保护区、一般鱼类保护区及游泳区。

Ⅳ类：主要适用于一般工业用水区及人体非直接接触的娱乐用水。

Ⅴ类：主要适用于农业用水区及一般景观要求水域。

按此功能划分，则Ⅰ~Ⅲ类水源可作为生活饮用水水源，Ⅲ类之后一般不作为生活饮用水水源。这对大多数城市的河网（江、河）水来说很难达到。对于这种情况，"标准"中明确要求："当水源水质不符合要求时，不宜作为供水水源。若限于条件需加以利用时，水源水质超标项目经自来水厂净化处理后，应达到本标准的要求。"这就是说，因条件限制,只能取Ⅲ~Ⅳ类水质的水源或个别指标超过Ⅳ类水质的水源水,则必须加强水厂的净化处理,如加强常规处理工艺、引进预处理、深度处理工艺等,使处理后的水厂出水达到或优于 CJ/T206—2005 水质标准。

2. 对水源保护的要求

"标准"在"水质安全规定"中规定,"供水水源地必须依法建立水源保护区。保护区内严禁建造任何可能危害水源水质的设施和一切有碍水源水质的行为。"按照这一要求,地面水水源卫生防护规定如下:

（1）取水点周围半径 100m 的水域内,严禁捕捞、停靠船只、游泳等从事可能污染水源的任何活动。由供水单位设置明显的范围标志严禁事项的告示牌。

（2）取水点上游 1000m 至下游 100m 的水域,不得排入工业废水和生活污水。其沿岸防护范围内不得堆放废渣;不得设立有害化学物品仓库、堆栈或装卸垃圾、粪便和有毒物品的码头;不得使用工业废水或生活污水灌溉及施用持久性或剧毒的农药;不得从事放牧等有可能污染该段水域水质的活动。

供生活饮用的水库和湖泊,应根据不同情况,将取水点周围部分水域或整个水域及其沿岸划为卫生防护地带,并按上述要求执行。

（3）以河流为给水水源的集中式给水,由供水单位会同卫生、环境保护等部门,根据实际要求,可把取水点上游 1000m 以外的一定范围河段划为水源保护区并严格控制上游污染物排放量。

"标准"对"水源卫生防护"的规定是具体而严格的,这是保证供水水源水质和水厂处理后水质达标的第一道关卡。

3. 对水质检验的要求

"标准"对水质检验的项目、时间、合格率等都提出了明确的要求。水源水每日检验不少于一次的检测项目为:浑浊度、色度、臭和味、肉眼可见物、COD_{Mn}、氨氮、细菌总数、总大肠菌群、耐热大肠菌群 10 项;出厂水每日至少检测一次的项目为:浑浊度、色度、臭和味、肉眼可见物、余氯、细菌总数、总大肠菌群、耐热大肠菌群、COD_{Mn} 共 9 项;管网水每月至少检测两次的项目为:浑浊度、色度、臭和味、余氯、细菌总数、总大肠菌群、管网末梢点 COD_{Mn} 共 7 项;每月不少于一次的检验项目为:水源水 GB3838 的 30 项;出厂水和管网末梢水均为"常规检验项目"42 项及"非常规检验项目"中可能含有的有害物质。地面水水源非常规检测项目 51 项每半年检测一次,地下水水源每一年检测一次。

水质检验项目合格率 表1-9

水样检验项目（出厂水或管网水）	综 合	出厂水	管网水
合格率（%）	95	95	95

水质检验项目的合格率见表1-9,均为95%,综合合格率是指42项常规检验项目的加权平均合格率;出厂水检验项目的合格率是指上述 9 项的合格率;管网水检验项目的合格率是指上述 7 项的合格率。

检验合格率95%的规定是相当严格的,要求是高的。如单项检验 10 次,有 1 次不合格，则合格率仅 90%，要在 20 次检验中只有 1 次不合格才能达到合格率 95%。

4. 对出厂水水质的要求

CJ/T206—2005 提出了"确保到达用户的供水水质符合本标准要求"。这就是说《城市供水水质标准》是指用户水龙头的出水水质，不是指水厂的出水水质，考虑到供水管网系统和二次供水等造成的对水质的污染，则水厂出水水质要高于、严于 CJ/T206—2005 的标准。

出厂水水质的各项指标限值定为多少，目前没有统一的标准，也很难有统一的规定，因为各地取水水源不同、城市大小（供水管网布置和长度）不同、供水管材不同、水厂处理工艺不同等原因，使出厂水水质和造成二次污染的情况也不同。但有一点是肯定的，那就是出厂水的水质应尽力提高，必须高于、优于 CJ/T206—2005 的标准值，为此，各水厂都在实行措施加强净化处理工艺，如加强常规处理、设置预处理、深度处理等。特别是要提高出厂水的化学稳定性和生物稳定性，减少管网系统的二次污染。

5. 对供水管网系统及防治二次污染的要求

城市供水管网系统组成复杂，污染水质因素多，有管材本身问题、管道埋设时间、水池水箱及水塔、二次供水系统、化学不稳定造成的沉淀及结垢和生物不稳定性产生的微生物繁殖及形成的生物膜等，均会造成供水水质的二次污染，有时会相当严重，如果二次污染不解决好，则出厂水水质无论有多好，到用户水龙头处水质仍达不到 CJ/T206—2005 的标准。

我国生活饮用水的水质标准已经同国际先进水平接轨。从城市供水现状分析，水厂出厂水达标对大多数城市来说已不是难事，但在供水管网上，千家万户的水龙头出水达标却是十分困难的工作。因此，开展供水管网二次污染与防治的研究是一个十分重要的课题。深入研究管网二次污染的产生原因和防治污染的对策措施，积极推广应用管道新材料和施工新技术，应用信息技术大力加强对供水管网的检测、调控与管理，尽可能地消除管网二次污染，保证水龙头出水符合国家新的水质标准，向广大人民提供优质健康的生活饮用水，这是新时期供水事业发展面临的重大问题。

参 考 文 献

[1] 钟淳昌. 中国给水 50 年. 给水排水，26 (1)，2000：1~5.

[2] 宋仁元. 中国城镇事业辉煌发展的 50 年. 中国水工业与科技产业，中国建筑工业出版社，2000 年 11 月.

[3] 朱月海. 水的循环与重复利用. 同济大学研究生教材，1995.

[4] 洪觉民. 新世纪的我国供水现代化目标探讨. 中国给水排水，18 (1)，2002：23~25.

[5] 张金松. 安全饮用水保障关键技术与示范体系. 城镇饮用水安全保障技术研讨会论文集，2004 年 8 月.

[6] 2004 年中国环境状况公告. 国家环境保护总局，2005.

[7] 2002 年中国水资源公报，国家水利局，2003.

[8] 《城市供水水质标准》(CJ/T206—2005).

[9] 浙江省城市供水现代化建设研究报告. 浙江省城市水业协会，2003 年 5 月.

第 2 章 城市供水管网系统及组成

2.1 城镇供水用途及系统组成

2.1.1 城镇供水用途

城镇用水按其用途主要可以分为以下三类：

1. 生活用水：包括居民生活饮用、洗涤、烹饪、冲厕、洗澡等用水和工矿企业内部职工的生活用水及淋浴用水以及公共建筑及设施（如娱乐场所、宾馆、浴室、商业、学校和机关办公楼等）的用水。

生活用水量的多少随着当地的气候、经济状况、生活习惯、房屋卫生设备条件、供水压力、收费方法等而有所不同，影响因素很多。

生活饮用水的水质必须达到国家规定的要求；生活用水可分为饮用水和非饮用水两部分，非饮用水水质要求可较饮用水低。当饮用水与非饮用水采用分系统供应时，应严禁连接。

2. 生产用水：指工业企业生产过程中的工艺用水和冷却用水，如发电厂汽轮机、钢铁厂高炉等的冷却用水、锅炉蒸汽用水，纺织厂和造纸厂的洗涤、空调、印染用水等。

生产用水的水量、水质和水压的要求也有很大差异，而且工艺的改革也会对水量及水质的要求带来很大变化。因此，在确定生产用水的水量和水质时，必须由工艺设计部门提供用水量、水质和所需压力的要求。

3. 消防用水：消防用水只是在发生火警时才由给水管网供给。消防用水对水质没有特殊要求。一般城镇给水皆采用低压制消防系统，即当发生火警时，由消防车自管网中取水加压进行灭火。工业企业也有采用高压消防制的，即当发生火警时，提高整个管网的水压，以保证必须的灭火水柱。有关消防水量、火灾次数及相应管网压力，应按照消防规范确定。

除以上 3 种主要用水外，城镇给水还需考虑景观用水、浇洒道路和绿地用水以及管道冲洗用水等。

2.1.2 系统组成及分类

1. 系统组成

给水系统是指将原水经加工处理后按需要把制成水供到各用户的一系列工程的组合，一般包括天然水源的取水、处理以及送水至各用户的配水设施。城镇给水系统一般见图 2-1，由以下各部分组成：

（1）取水构筑物——自地面水源或地下水源取水的构筑物。

（2）输水管（渠）——是指取水构筑物取集的原水送至水厂处理构筑物的管、渠设施及水厂出水送至配水管网始端的系统设施，由输水管、配件、附件、连通管等组成。

（3）处理构筑物——对原水进行处理，以达到用户对水质要求的各种构筑物，通常把这

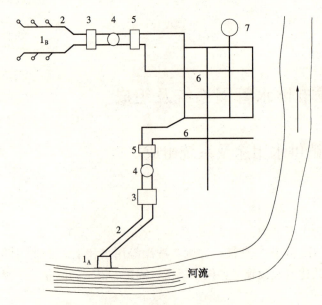

些构筑物集中设置在水厂内。

(4) 调节及增压构筑物——贮存和调节水量、保证水压的构筑物（如清水池、水塔、增压泵房），一般设在水厂内，也可在厂内外同时设置。

(5) 配水管网——将水厂处理好的水送至用户的管道及附属设施。

其中调节及增压构筑物和配水管网系统将是本章的组成内容，在后面将重点详述。

2. 系统分类

城镇给水系统一般为生活、生产、消防三者合一的系统，它可分为：

(1) 统一供水系统：该系统统一按生活饮用水水质供水，为大多数城镇所采用，如图2-1所示。

图2-1 城镇给水系统示意
1_A—地面水取水构筑物；1_B—地下水取水构筑物
2—输水管（渠）；3—处理构筑物；4—调节构筑物（清水池）；
5—送水泵房；6—配水管网；7—调节构筑物（水塔）

(2) 分质供水系统：根据不同用水对水质要求的不同，采用分系统供应。例如：将水质要求较低的工业用水单独设置工业用水系统，其余用水则合并为另一系统（见图2-2）；将城市污水再生后回用作为厕所便器冲洗、绿化、洗车等用水，另设生活杂用水系统；利用海水作为冲厕用水，另设海水系统等。

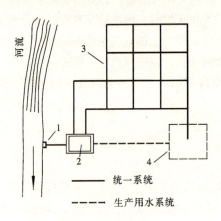

图2-2 分质供水系统
1—取水口；2—水厂；3—城镇；4—工业区

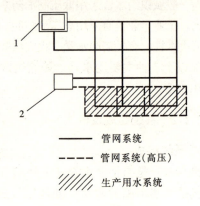

图2-3 分压供水系统
1—水厂；2—增压泵房

(3) 分压供水系统：根据管网压力的不同要求，如城镇中某些高层建筑区，要求较高的供水压力，此时可采用不同压力的供水系统，见图2-3。

(4) 分区供水系统：按地区形成不同的供水区域。对于地形起伏较大的城镇，其高、低区域采用由同一水厂分压供水的系统，称为并联分区系统；当采用增压泵房（或减压措施）从某一区域取水，向另一区域供水的系统，称为串联分区系统，见图2-4。

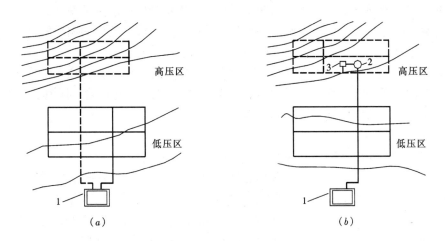

图2-4 分区供水系统
(a) 并联分区系统；(b) 串联分区系统
1—水厂；2—调节水池；3—增压泵房

当城镇用水区域划分成相距较远的几部分时，由于统一供水不经济，也可采用几个独立系统分区供水，待城镇发展后逐步加以连接，成为多水源的统一系统。

(5) 区域供水系统：按照水资源合理利用和管理相对集中的原则，供水区域不局限于某一城镇，而是包含了若干城镇及周边的村镇和农村集居点，形成一个较大范围的供水区域。区域给水系统可以由单一水源和水厂供水，也可由多个水源和水厂组成。

除以上各给水系统分类外，有时还根据系统中的水源多少，分为单水源系统和多水源系统等。

对于规模较大的城镇以及联合企业的供水系统，还可能同时具有几种供水系统。例如既有分质，又有分区的系统等。

进行系统规划设计时，首先要分析系统范围内各用户在规划年限期间的用水量和水质、水压要求，把同一或相近水质、水压要求的各用户的用水量进行统计，根据水质要求低的用水可用水质高的供应、水压要求低的可用水压高的供应（在管道压力允许范围内），根据水资源条件和实施可行性，组成多种方案系统，进行技术经济比较。对于大型企业的生产用水还应结合企业内部的供水系统（如复用系统、循环系统及直流系统）进行综合比较。

2.2 供水管材、配件、附件及附属构筑物

2.2.1 供水管材

1. 金属管材

目前，在我国应用较多的金属管材主要包括钢管、球墨铸铁管、铜管等。

(1) 钢管：分焊接钢管和无缝钢管两种。焊接钢管亦称焊管，是用钢板或钢带经过卷曲成形后焊接而成，其中根据焊缝的形式又可分为直缝焊管和螺旋缝焊管两类。

(2) 球墨铸铁管：亦称可延性铸铁管，是选用优质生铁，采用水冷金属型模离心浇筑技术，并经退火处理，获得稳定均匀的金相组织，能保持较高的延伸率。

(3) 铜管：通常采用紫铜、黄铜经拉制或挤制加工而成。选用的铜材配方不同，加工后的铜管的硬度也不同，通常可分为软态、半硬和硬态 3 种。

(4) 不锈钢管：作为给水用的不锈钢管主要是 SUS304（0Cr19Ni9）和 SUS316（0Cr17Ni12Mo2）两种不锈钢。由特殊焊接工艺处理的薄壁不锈钢管，因其强度高，管壁较薄，造价降低，从而得到了较多的应用。

2. 非金属管材

非金属管材主要包括钢筋混凝土管、塑料管、玻璃钢管等。

(1) 钢筋混凝土管：分预应力钢筋混凝土管（PCP）和自应力钢筋混凝土管（SPCP）。前者有振动挤压工艺制造和管芯缠丝工艺制造两种。其中选用管芯缠丝工艺制造时，若管芯为钢管与混凝土复合结构，则又称预应力钢筒混凝土管（PCCP）。后者采用离心工艺制造。

(2) 塑料管：包括硬聚氯乙烯塑料管（PVC-U）、聚乙烯管（PE）、聚丙烯管（PP）、ABS 工程塑料管、复合管等。PE 管按其密度不同分为高密度聚乙烯管（HDPE）、中密度聚乙烯管（MDPE）和低密度聚乙烯管（LDPE）；PP 管按原材料组成不同又分为均聚的 PP-H 管、嵌段共聚的 PP-B 管和无规共聚的 PP-R 管；复合管按复合材料不同又分为钢塑管、铝塑复合管（PAP）等。

(3) 玻璃钢管（GRP）：亦称玻璃纤维增强树脂塑料管。玻璃钢管或加砂的玻璃钢管又分两种成型方法，即离心浇铸成型法（Hobas 法）及玻璃纤维缠绕法（Veroc 法）。

关于上述管材的优缺点、适用范围及选用条件，详见本书第 4 章和第 6 章。

2.2.2 管道配件

供水管网的各管段之间由于管径大小变化、接头方式改变、地理位置高低不同、敷设方向转变、管线分支等在相互连接时应用的设备称为管道配件，简称管件。根据不同的用途和连接方法，主要分以下几种：

1. 弯管：通常用于管道转弯处。按接口方式分，有法兰弯管、双承弯管、承插弯管；按弯转角度分，有 90°弯管、45°弯管、22.5°弯管、11.25°弯管等。各种弯管所采用的材料、接口方式、弯转角度不同，规格也不尽相同。图 2-5 为几种常见弯头图示。

2. 短管：通常用于改变接头形式处。按接口方式分，有承口法兰短管、法兰插口短管、双承口短管。与弯管类似，各种短管按所用材料、接口方式不同，规格也不相同。图 2-6 为几种常见短管图示。

3. 三通、四通管：通常用于承接分支管。按分支管径不同可分为等径三通、四通管、异径三通、四通管；按接口方式不同可分为三法兰三通、三承三通、双承法兰三通、法兰四通、四承四通、双承双法兰四通等；按分支角度不同可分为 90°正三通、45°斜三通、正四通、45°斜四通等。图 2-7 为几种三通、四通管图示。

4. 异径管：通常用于管径变换处。按管径变化情况可分渐缩管和渐扩管；按接口方式不同可分为法兰异径管、承口法兰异径管、双承异径管等；按不同加工形式可分同心异

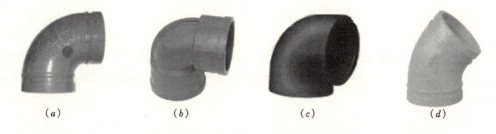

图 2-5　各种弯头图示

(a) 90°弯头（球墨铸铁管）；(b) 90°弯头（PVC-U 管）；
(c) 90°弯头（PE 管）；(d) 45°弯头（球墨铸铁管）

图 2-6　各种短管图示

(a) 插盘短管（球墨铸铁管）；(b) 承盘短管（球墨铸铁管）；(c) 双盘短管（球墨铸铁管）

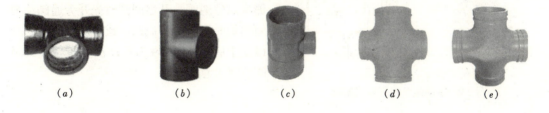

图 2-7　各种三通、四通管图示

(a) 等径三通管（球墨铸铁管）；(b) 等径三通管（PE 管）；(c) 异径三通管（PVC-U 管）；
(d) 异径四通管（球墨铸铁管）；(e) 等径四通管（球墨铸铁管）

径管、偏心异径管。图 2-8 为几种异径管图示。

5. 其他各种管件：如穿墙时所用的穿墙套管、修理管线时用的管配件、接消火栓用的管配件等。

图 2-8　各种异径管图示

(a) 双承异径管（球墨铸铁管）；(b) 双盘异径管（球墨铸铁管）；
(c) 双插异径管（球墨铸铁管）；(d) 双承异径管（ABS 树脂管）

2.2.3 附件

给水管网除了管道及配件以外还应配置各种附件,以保证管网的正常工作。管网的附件主要有调节流量、水压和控制水流方向的各类阀门、提供消防用水的消火栓以及冲洗管道的各种附属设备等。

1. 阀门

阀门用来调节管线中的流量或水压。阀门的布置要数量少而调度灵活。阀门的口径一般和水管的直径相同,但当管径较大阀门价格较高时,为了降低造价,可安装口径为 0.8 倍水管直径的阀门。

阀门的种类很多,给排水工程中常用的阀门按照阀门的结构形式和功能可分为截止阀、闸阀、蝶阀、球阀、旋塞阀、隔膜阀、节流阀、止回阀、减压阀、安全阀、排气阀、疏水阀、多功能水力控制阀、电磁阀等。下面就常用的阀门进行简单介绍。

 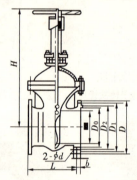

(1) 闸阀

闸阀有楔式和平行式两种。根据闸阀使用时阀杆是否上下移动,可分为明杆和暗杆两种。输配水管道上的闸阀以采用暗杆为宜,亦可采用蝶阀。一般采用手动操作,直径较大时可设置齿轮传动装置,并在闸板两侧接以旁通阀,开启闸阀时先开旁通阀,关闭闸阀时则后关旁通阀。或者应用电动闸阀以便于启闭。图 2-9 为手动法兰暗杆楔式闸阀装置示意图。

图 2-9 手动法兰暗杆楔式闸阀

(2) 蝶阀

蝶阀结构简单,重量轻、体积小、开启迅速,可在任意位置安装。在使用时仅需改变阀座材质即可。广泛应用于给水排水行业中。蝶阀按不同结构形式可分为对夹式蝶阀、法兰式蝶阀等,其传动装置有手柄传动、蜗杆传动、气动、电动及液动等类型。图 2-10 为蜗轮传动蝶阀装置示意图。

 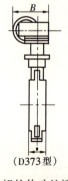 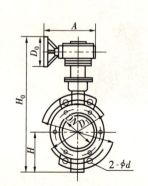

图 2-10 蜗轮传动的蝶阀

（3）截止阀

截止阀（图 2-11）也是一种使用较多的阀门。与闸阀比较，它的优点是结构简单，密封性好，制造维修也较方便；缺点是水流阻力、水头损失大，开启关闭力较大。它在管道中只能作全开、全关之用，不能用于节流。

截止阀在结构上一般采用直通式、角式和直流式 3 种，阀杆也有明杆、暗杆之分。密封面有两种形式，即平面和锥面。平密封面具有擦伤小、易研磨之特点，锥形密封面易擦伤、但结构紧凑。截止阀的传动方式与闸阀基本相同，连接形式有内螺纹、外螺纹、法兰、焊接等。

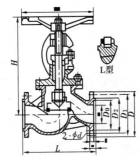

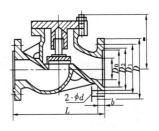

图 2-11　法兰截止阀　　　　　　　　图 2-12　升降式单向阀

（4）单向阀

单向阀（图 2-12）又称止回阀，分升降式和旋启式两类，是限制水流朝一个方向流动的阀门。阀门可绕轴转动，水流方向相反时，阀门因自重和水压作用而自动关闭。单向阀一般安装在水泵出水管、用户接入管和水塔进水管处，以防止突然停电或其他事故时水的倒流。

单向阀安装和使用时应注意：升降式单向阀应安装在水平方向的管道上，旋启式单向阀既可安装在水平管道上，又可安装在垂直管道上；大口径水管上应采用多瓣单向阀或缓闭单向阀，使各瓣的关闭时间错开或缓慢关闭，以减轻水锤的破坏作用。

2．水锤消除器

水锤消除器适用于高层建筑物或长距离输送液体的管道中，用以消除因突然停泵产生的水锤引起的振动和噪声，避免破坏其他设备，保障系统的正常运行。它一般安装在单向阀的下游，距单向阀越近越好。常用的水锤消除器有下开式水锤消除器和自动复位式水锤

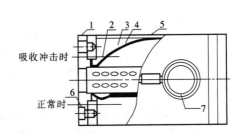

图 2-13　水锤消除器

1—法兰；2—有孔内管；3—胶胆；4—空气管；5—外壳；6—内六角螺钉；7—压力表

消除器两种。图 2-13 为自动复位式水锤消除器。当水锤作用使管内压力升高，以致水锤消除器的杠杆不能将阀门压住时，水就经阀孔流出，水锤现象随之缓和。在高扬程的供水工程的出水管上，如有发生水锤现象的可能时，须考虑安装水锤消除器，以消除水锤破坏。

3. 消火栓

给水管道上设立的消火栓，是作为发生火情时，接取水源的位置。消火栓分室内消火栓及室外消火栓两类。室外消火栓又分地上式和地下式两种。一般情况下，后者适用于气温较低的地区，见图 2-14 和图 2-15。地上式消火栓一般布置在交叉路口消防车可以驶进的地方。地下式消火栓安装在阀门井内。

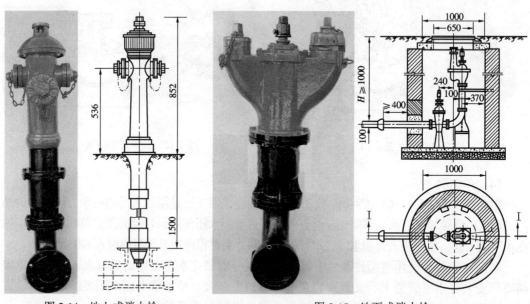

图 2-14 地上式消火栓　　　　　　图 2-15 地下式消火栓

每个消火栓的流量为 10~15L/s，消火栓的数量应保证供应建筑物需要的灭火用水量。消火栓沿建筑物周围均应布置，间距不大于 120m。大型和高层建筑应适当缩小间距，增加消火栓数量。消火栓系统管道可在建筑物周围或市政管网成环状布置，见图 2-16。引入管最小管径不应小于 100mm，最大流速不宜超过 2.5m/s，这段管道平常处于死水状态，很容易成为水质污染源。

4. 管道支墩

当管内水流通过承插接头的弯头、丁字支管顶端、管堵顶端等处产生的外推力大于接口所能承受的拉力时，应设置支墩，以防止接口松动脱节。管道支墩有水平弯管支墩、垂直弯管支墩、三通支墩几种形式。材料一般用 C15 级混凝土或 1:3 水泥砂浆砌块石。图 2-17 为各种支墩图示。

采用水泥填料接口的球墨铸铁管，当管径≤350mm，且试验压力不大于 1.0MPa 时，在一般土壤地区使用石棉水泥接头的弯头、三通处可不设支墩；但在松软土壤中，则应根据管中试验压力和土壤条件，计算确定是否需要设置支墩。

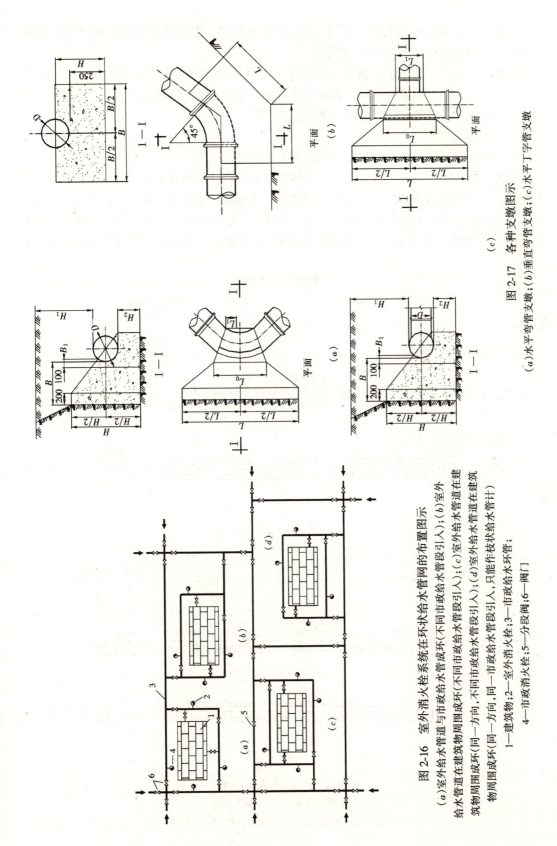

图 2-17 各种支墩图示
(a)水平弯管支墩；(b)垂直弯管支墩；(c)水平丁字管支墩

图 2-16 室外消火栓系统在环状给水管网的布置图示
(a)室外给水管道与市政给水管成环(不同市政给水管段引入)；(b)室外给水管道在建筑物周围成环(不同一方向,不同市政给水管段引入)；(c)室外给水管道在建筑物周围成环(同一方向,同一市政给水管段引入)；(d)室外给水管道在建筑物周围成环,只能作枝状给水管计)
1—建筑物；2—室外消火栓；3—市政消火栓；
4—市政给水管；5—分段阀；6—阀门

在管径大于700mm的管线上选用弯管，若水平敷设，应尽量避免使用90°弯管；若垂直敷设，应尽量避免使用45°以上的弯管。

支墩不应修筑在松土上；利用土体被动土压承受推力的水平支墩的后背必须为原状土，并保证支墩和土体紧密接触，如有空隙需要与支墩相同材料填实。水平支墩后背土壤的最小厚度应大于墩底在设计地面以下深度的3倍。

5．管线穿越障碍物

给水管线通过铁路、公路和河谷时必须采取一定的措施。

管线穿越铁路时，其穿越地点、方式和施工方法，应按照有关铁道部门穿越铁路的技术规范。根据铁路的重要性，应采取如下措施：穿越临时铁路或一般公路，或非主要路线且水管埋设较深时可不设套管，但应尽量将管道接口放在两股道之间，用青铅接头，钢管则应有防腐措施；穿越较重要的铁路或交通频繁的公路时，水管必须放在钢筋混凝土套管

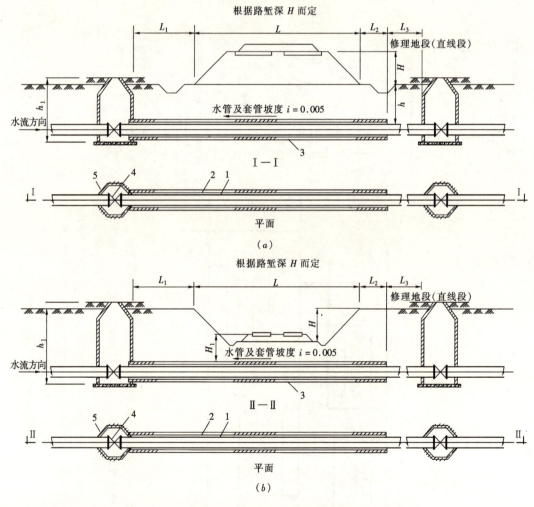

图 2-18 设有防护套管的敷设
（a）填土路基；（b）有路堑路基
1—套管；2—钢筋混凝土套管；3—托架；4—阀门；5—阀门井

内，如图 2-18 所示。管道穿越铁路时，两端应设检查井，井内设阀门或排水管等。

管线穿越河川山谷时，可利用现有桥梁架设水管，或敷设倒虹管（见图 2-19），或建造水管桥。给水管架设在现有桥梁下穿越河流最为经济，施工和检修比较方便，通常水管架设在桥梁的人行道下。倒虹管从河底穿越，其优点是隐蔽，不影响航运，但施工和检修不方便。倒虹管设置一或两条，在两岸应设阀门井，井内设阀门和排水管。

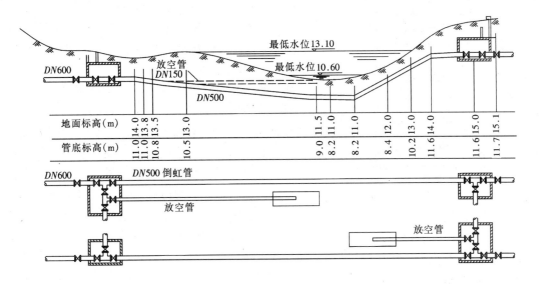

图 2-19　倒虹管

大口径水管由于重量大，架设在桥下有困难时，或当地无现成桥梁可利用时，可建造水管桥，架空跨越河道。水管桥应有适当高度以免影响航行。架空管一般用钢管或铸铁管。钢管过河时，本身也可作为承重结构，称为拱管（见图 2-20），施工方便，可节省架桥所需的支承材料。

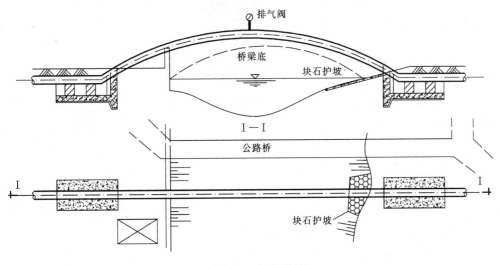

图 2-20　过河拱管

2.2.4 管道附属设施

1. 控制阀门及阀门井

输配水管道中的控制阀门一般应安装在阀门井内。阀门井的尺寸应满足操作阀门及拆装管道附件所需要的最小尺寸要求。井的深度由水管的埋深确定。但是，井底到承口或法兰盘底的距离至少为 0.1m，法兰盘和井壁不小于 0.15m，从承口外缘到井壁的距离，应在 0.3m 以上，以便于接口施工。

阀门井一般用砖砌，也可用石砌或钢筋混凝土建造。阀门井的形式根据所安装的附件类型、大小和路面材料而定。例如直径≤300mm、位于人行道上或简易路面以下的阀门，可采用阀门套筒；位于地下水位较高处的阀门井，井底和井壁应不透水，在水管穿越井壁处应保持水密性。阀门井应有抗浮的稳定性。阀门井适用于温热带及寒冷地区，当用于采暖室外计算温度低于零下 20℃的地区时，需做保温井口或采用其

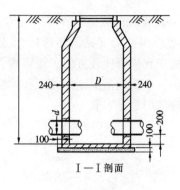

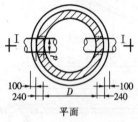

图 2-21 阀门井

他保温措施。图 2-21 为阀门井图示。

2. 排气阀及排气阀井

在压力管道的隆起点上，应设置能自动进气和排气的阀门，用以排除管内积聚的空气，并在管道需要检修、放空时进入空气，保持排水通畅；同时，在产生水锤时可使空气自动进入，避免产生负压。

排气阀适用于工作压力小于 1.0MPa 的工作管道。排气阀必须设置检修阀门。根据管路布置，必要时可在排气阀前设置排气支管和阀门，以便于空气的紧急排放。

排气阀必须定时检修，经常养护，使进、排气灵活，尤其是直接用浮球密封气嘴的排气阀，在长期受压条件下易使浮球顶托密封气嘴过紧，影响浮球下落。排气阀必须垂直安装，要求安装

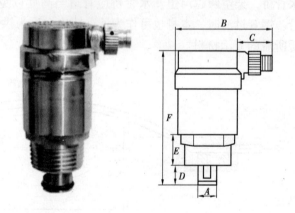

图 2-22 自动式排气阀

处环境清洁，以防锈蚀，方便维修，并考虑保温防冻。地下管道的排气阀须设置在井内，排气阀井可以砖砌，也可采用钢筋混凝土。过桥管道等地面上的排气阀，应根据气候条件，采取保温措施。排气阀及排气阀井见图 2-22 和图 2-23。

3. 排水管及排水井（见图 2-24）

在管道下凹处及阀门间管段的最低处，一般须设排水管和排水阀，以便排除管内沉积

物或检修时放空管道。排水管应与母管底部平接并应具有一定的坡度。

如地形高程允许,应直接排水至河道、沟谷。如地形高程不能满足要求,可建湿井或集水井,再用抽水机具将水排出。排水井可根据地质条件和地下水位情况用砖砌,也可采用钢筋混凝土结构。

排水阀和排水管的直径应根据要求的放空时间由计算确定。

4．集中给水栓（见图2-25）

一般集中给水栓适用于最冷月平均气温最低温度不低于零下15℃的地区。对于管道的防冻措施,应根据当地的具体气候情况确定。

2.2.5 调节构筑物

调节构筑物用来调节管网内的流量和压力,其中包括水塔、水池及水箱等。高地水池和高位水箱其作用和水塔相同,既能调节流量,又可保证管网所需的水压。当城市或工业区靠山或有高地时,可根据地形建造高地水池。如城市附近缺乏高地,或因高地离给水区太远,以至建造高地水池不经济时,可建造水塔。水箱则应用于压力无法达到直供要求的多层、中高层建筑的区域给水系统中。

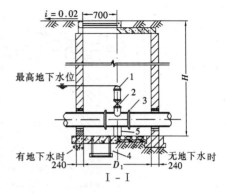
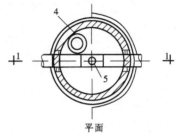

图2-23 排气阀井
1—排气阀;2—阀门;3—排气T字管;4—集水坑;5—支墩

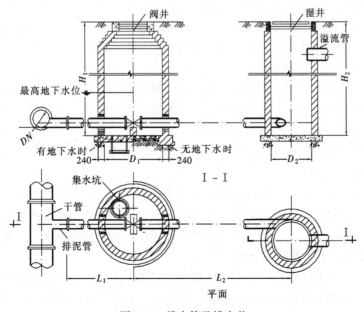

图2-24 排水管及排水井

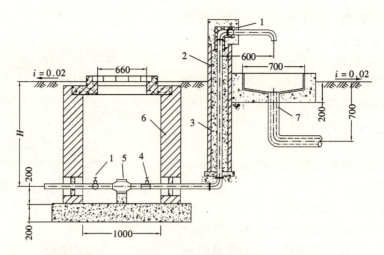

图 2-25 集中给水栓布置
1—截止阀；2—$DN300$ 混凝土管；3—保温材料；
4—放水龙头；5—水表；6—砖砌圆井；7—排水地漏

1. 水塔及水池
(1) 水塔

城镇水塔的调节流量一般可按最高日用水量的 6%~8% 选定；生产用水的水塔容量，按生产工艺要求选定。

多数水塔采用钢筋混凝土或砖石建造，但以钢筋混凝土水塔或砖支座的钢筋混凝土水柜用得较多。钢筋混凝土水塔（见图 2-26）主要由水柜（或水箱）、塔架、管道和基础组成。进、出水管可以合用，也可以分别设置。进水管应设在水柜中心并伸到水柜的高水位附近，出水管可靠近柜底，以保证水柜内的水循环流动。为防止水柜溢水和将柜内存水放空，须设置溢水管和排水管，管径可和进、出水管相同。溢水管上不应设阀门。排水管从水柜底接出，管上设阀门并接到溢水管上。和水柜连接的水管上应安装伸缩接头，以便温度变化或水塔下沉时有适当的伸缩余地。为观察水柜内的水位变化，应设浮标水位尺或电传水位计。水塔顶应有避雷设施。

水塔外露于大气中，应注意保温问题。因为钢筋混凝土水柜经过长期使用后，会出现微细裂缝，浸水后再加冰冻，裂缝会扩大，可能因此引起漏水。根据当地气候条件，可采取不同的保温措施：或在水柜壁上贴砌 8~10cm 的泡沫混凝土、膨胀珍珠岩等保温材料，或在水柜外贴砌一砖厚的空斗墙，或在水柜外再加保温外壳，外壳与水柜壁的净距不应小于 0.7m，内填保温材料。

水柜通常做成圆筒形，高度和直径之比约为 0.5~1.0。水柜过高不好，因为水位变化幅度大会增加水泵的扬程，多耗动力，且影响水泵效率。塔体用以支撑水柜，常用钢筋混凝土、砖石或钢材建造。近年来也采用装配式和预应力钢筋混凝土水塔。装配式水塔可节约模板用量。塔体形状有圆筒式和支柱式。

水塔基础可采用单独基础、条形基础和整体基础。砖石水塔的造价比较低，但施工费时，自重较大，宜建于地质条件较好地区。从就地取材的角度，砖石结构可和钢筋混凝土结合使用，即水柜用钢筋混凝土，塔体用砖石结构。

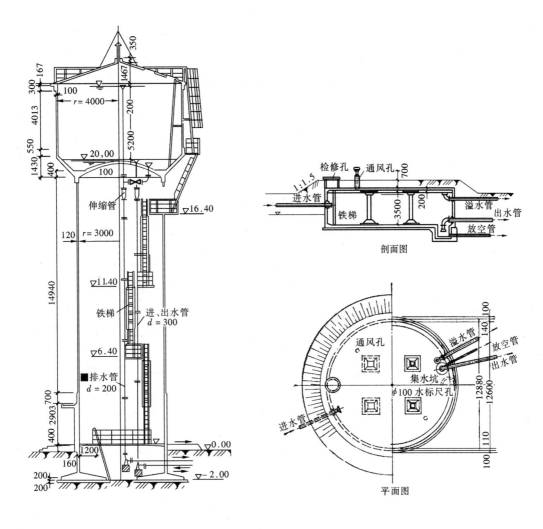

图 2-26 圆筒形钢筋混凝土水塔　　图 2-27 圆形钢筋混凝土水池

(2) 水池

从给水角度考虑,设计水池的关键是水池的容积和其布置方式。如果水池容积设计过大,不仅增加基建投资,且因水在水池中停留时间过长而造成水质变化;如果水池容积过小,则影响供水安全。给水工程中,常用钢筋混凝土水池、预应力钢筋混凝土水池和砖石水池等,其中以钢筋混凝土水池使用最广。水池一般做成圆形或矩形,见图 2-27。

水池可布置在独立水泵房屋顶上,成为高架水池,也可单独布置在室外呈地面水池或地下水池。水池应有单独的进水管和出水管,并设在两端以保证水池内水流的循环。此外应有溢水管,管径和进水管相同,管端有喇叭口,管上不设阀门。在消防和生活合用一个水池时,应有消防贮水,并有不能被生活水泵动用的措施,一般可在消防水位处生活水泵的吸水管上开一个 10mm 小孔或提高生活水泵吸水管标高。

预应力钢筋混凝土水池的水密性高,大型水池比钢筋混凝土水池节约造价。装配式钢筋混凝土水池近年来也有采用。水池的柱、梁等构件事先预制,各构件拼装完毕后,外面再加钢箍，接缝处喷涂砂浆使不漏水。砖石水池具有节约木材、钢筋、水泥，能就地取材，施工简便等特点。我国中南、西南地区盛产砖石材料，尤其丘陵地带，地质条件好，地下水位低，砖石施工的经验也丰富，更宜于建造砖石水池。但是这种水池的抗拉、抗渗、抗冻性能差，所以不宜用在湿陷性的黄土地区、地下水过高地区或严寒地区。

(3) 管网中水塔和高位水池

水塔和高位水池是以恒水位供水为特征，当管网中设置水塔和高位水池后，其水位将成为管网压力的控制高程，因此在设置过程中应结合城市供水的特点和供水远期的发展，对其所在位置和作用进行综合比较论证，以避免在供水条件变化的情况下造成构筑物闲置或不良运行。

由于上述原因，所以在大、中型供水管网中，尽可能采用调节泵站和地下水库，以适应城市供水范围和供水水量的变化而导致调节构筑物水压、水位要求的改变。

2. 调节（水池）泵站

调节（水池）泵站主要由调节水池和加压泵房组成。其设置条件有以下几点：

(1) 当水厂离供水区较远，为使出厂配水干管较均匀输水，可在靠近用水区附近建造调节水池泵站。

(2) 对于大型配水管网，为降低水厂的出厂压力，可在管网的适当位置建造调节水池泵站，兼起调节水量和增加水压的作用。

(3) 对于要求供水压力相差较大，而采用分压供水的管网，也可建造调节水池泵站，由低压区进水，经调节水池并加压后供应高压区。

(4) 对于供水管网末端的延伸地区，如果为了满足要求水压需提高水厂出厂水压时，经过经济比较也可设置调节水池泵站。

(5) 当城市不断扩展，为充分利用原有管网的配水能力，可在边远地区的适当位置建调节水池泵站。

调节水池容量应根据需要并结合配水管网进行计算确定。调节水池与普通水池一样都设有进水管、出水管、溢流管及排水管等，为了避免水池进水时造成管网压力降低过大，进水阀门需根据水压情况经常调整，故一般采用电动操作。

大型调节水池在选择位置时，除需考虑进、出配水管道的布置合理、线路较短外，更需注意到地质情况、地基承载能力、施工条件等因素，务使结构设计经济合理。此外，大型水池一般设多个人孔、通风口及检修孔，以便进行清洗及检修。

3. 水箱

水箱是给水系统中分布在多层、中高层居民住宅楼顶的一种调蓄构筑物，为4层以上的用户供水。在以往城市水厂生产能力不足、管网供水能力差、城市水压普遍偏低的情况下，设置屋顶水箱是解决供水矛盾简单实用而且行之有效的措施。

水箱的容积分有效容积和无效容积，前者是可供出水的容积，后者是包括箱底不能利用的死水和最高水位以上的超高部分的容积。一般先计算出有效容积，配合土建定出水箱的长、宽、高有效尺寸，再加上箱底死水高度和超高尺寸，定出水箱总尺寸。对于高层建筑减压水箱供水方式，水箱主要起减压作用，只要减压水箱进水管流量随时满足出水管流量的要求，减压水箱的调节容量可以很小，一般可选用 $5 \sim 10 m^3$。

常用的水箱按材质可分为钢筋混凝土水箱、不锈钢水箱、玻璃钢水箱等。过去国内一般采用钢筋混凝土水箱,优点是经久耐用,维护管理简单,但重量较大,且其内壁粗糙,容易附着污垢、孳生青苔;密封性较差,外界污染物如灰尘、小昆虫易进入水箱污染水质。目前,为了克服钢筋混凝土水箱带来的弊病,不锈钢水箱正被推广应用。水箱上应设进水管、出水管、溢流管、排气管、通气管、水泵自控装置、水位信号及报警装置,如图2-28为不锈钢球形水箱结构图。溢流管和排水管应采用间接排水,以防污染水质。生活消防系统共用一个水箱时,应有防止消防贮水长期不用而水质变化和确保消防水量不被挪用的技术措施。

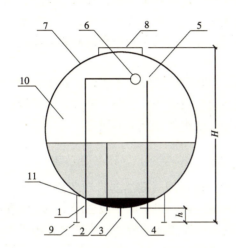

1	进水管
2	出水管
3	排污管
4	消防管
5	溢流管
6	液位控制装置
7	球体
8	人孔
9	支座
10	清水层
11	沉淀层

图 2-28 不锈钢球形水箱结构示意

2.3 管网的形式与分类

给水管道按其功能一般分为输水管和配水管。输水管是指从水源到城镇水厂或者从城镇水厂到管网的管线。输水管按其输水方式可以分为重力输水管和压力输水管。一般输水管在输水过程中沿程无流量变化。

配水管是指由净水厂、配水厂或水塔、高位水池等调节构筑物直接向用户配水的管道。配水管又可分为配水干管和配水支管。配水管内流量随用户用水量的变化而变化。配水管一般分布面广且呈网状,故称管网。

2.3.1 管网管线选择及布置要求

1.管线选择的原则

(1)管线选择应经济合理。尽量做到线路短、起伏小、土石方工程量少、减少跨(穿)越次数、避免沿途重大拆迁、少占农田和不占农田。同时应尽量利用现有管道、减少工程投资,充分发挥现有设施作用。

(2)管线选择应安全可靠。应尽量避免穿越河谷、山脊、沼泽和重要铁路、泄洪地区,生活饮用水管道还应避免穿过毒物污染及腐蚀性等地区、必须穿过时应采取防护措施。

(3)管线走向和布置应符合城市和工业企业的规划要求。应考虑近远期结合和分期实施以及城市现状及规划的地下铁道、地下通道、人防工程等地下隐蔽性工程的协调与配合,尽可能沿现有道路或规划道路敷设,以利施工和维护。城市配水干管宜尽量避开城市交通干道。

2. 管网布置的一般要求

管网布置的总体要求:应布置在整个给水区域内,在技术上要使用户有足够的水量和水压。无论在正常工作或局部管网发生故障时,应保证不中断供水。其一般要求有:

(1) 在管道隆起点和平直段的必要位置上,应装设排(进)气阀,以便及时排除管内空气,不使发生气阻,以及在放空管道或发生水锤时引进空气,防止管道产生负压。

(2) 在输配水管道中,于倒虹管和管桥处需设置排(进)气阀,低凹处应设置泄水管和泄水阀。泄水阀应直接接至河沟和低洼处,当不能自流排出时,可设集水井。

(3) 管道布置应尽量采用小角度转折,并适当加大制作弯头的曲率半径,改善管道内水流状态,减少水头损失。

(4) 应减少管道与其他管道的交叉,当竖向位置发生矛盾时,宜按下列规定处理:①压力管线让重力管线;②可弯曲管线让不宜弯曲管线;③分支管线让干管线;④小管径管线让大管径管线;⑤一般给水管在上,污、废水管在其下部通过。

2.3.2 管网布置的基本形式

给水管网的布置不外乎两种基本形式:树状网(图 2-29)和环状网(图 2-30)。简单地说,城市供水管网是树状网和环状网的结合体。树状网一般适用于小城镇和小型工矿企业,这类管网从水厂泵站或水塔到用户的管线布置成树枝状。很明显,由于管道布置方式的原因,导致树状网的供水可靠性较差,当管网中任何一段管线损坏时,在该管段以后的所有管线就会断水。另外,在树状网的末端,因用水量已经很小,管中水流缓慢,甚至停滞不流动,因此水质容易变坏,导致二次污染现象的发生。

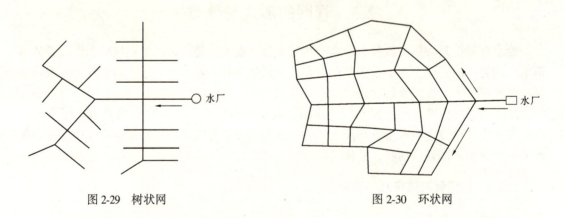

图 2-29 树状网　　　　　　　　图 2-30 环状网

环状网顾名思义就是将供水管线连接成环状。这类管网当任一段管线损坏时,可以关闭附近的阀门,使其与其余管线隔开,然后进行检修,管网中的水则可以通过其他管线供应到用户,断水的地区可以缩小,从而供水可靠性大大增加。环状网还可以大大减轻因水锤作用产生的危害,在树状网中则往往因此而使管线损坏。但是环状网的造价明显高于树状网。

一般在城镇建设初期可采用树状网,以后随着城市的发展逐步连接成环状网。实际上,现在有很多城镇的给水管都是将树状网和环状网结合起来。在城镇中心地区布置成环状网，在郊区则以树状网的形式向四周延伸。供水可靠性要求较高的工矿企业须采用环状网，并用树状网或双管输水到个别较远的车间。

给水管网的布置既要求安全供水，又要贯彻节约投资的原则。而安全供水和节约投资之间不免会产生矛盾，为安全供水以采用环状网较好，要节约投资最好采用树状网。在管网布置时既要考虑供水的安全性又尽量以最短的线路埋管，并考虑分期建设的可能，即先按近期规划埋管，随着用水量的增长逐步增设管线。

2.3.3 管网的功能分类

城市给水管网按功能分类，可分为生活用水管网、生产用水管网、消防用水管网、中水回用管网。

生活用水管网主要输送供民用、公共建筑和工业企业建筑内的饮用、烹调、盥洗、洗涤、淋浴等生活上的用水。目前所有城镇供水均为此管网。生产用水管网主要应用于大型工矿企业，用以输送生产设备的冷却水、原料和产品的洗涤水、锅炉用水及某些工业的原料用水等。消防用水管网主要用于输送层数较多的民用建筑、大型公共建筑及某些生产车间的消防系统的消防设备用水。上述3种给水管网，实际并不一定需要单独设置，按水质、水压、水温及室外给水系统情况，考虑技术、经济和安全条件，可以相互组成不同的共用系统。如生活、生产、消防共用给水系统；生活、消防共用给水系统；生活、生产共用给水系统；生产、消防共用给水系统。

中水回用管网主要输送污水再生水资源。所谓的污水再生水资源就是将工业废水、生活污水、雨水等被污染的水体通过各种方式进行处理、净化，使其水质达到一定标准，能满足一定的使用目的，从而作为一种新的水资源重新利用。主要应用于工业用水中的冷却水、锅炉补给水和工艺用水以及市政用水中的景观用水、消防用水和公共杂用水等。中水回用管网的建设和投产使用减少了城市对自来水的需求量，从而大大减轻了城市供水管网的压力，同时还削减了对水环境的污染负荷，减弱了对自然循环的干扰，是维持健康水循环不可缺少的措施。

2.4 居住小区供水管网的特点

随着我国改革开放的深化和经济的蓬勃发展，人民生活水平不断提高，各种形式不一的建筑小区和别墅、各种高中档次的高层、多层民用住宅、各种多功能、大体量的公共建筑越来越多的矗立在城市之中。与此同时，各种住宅小区给水管网系统的设计理念也越来越多的应用到实际的建筑工程，与老居住小区给水管网系统一起组成了目前住宅小区给水管网系统层出不穷、复杂多样的局面。然而不管其采用何种给水方式，居住小区给水管网系统的最终任务是将符合水质标准的水送至生活和消防给水系统各用水点，满足水量和水压的要求。本节通过对各类居住小区给水管网系统的调研情况分析，从水的输送、加压、贮存、分配、计量及居住小区的给水方式等各方面分析了居住小区给水管网的主要特点。

2.4.1 水的输送

1. 小区管网系统形式多为单进口、树枝网（见图2-31）

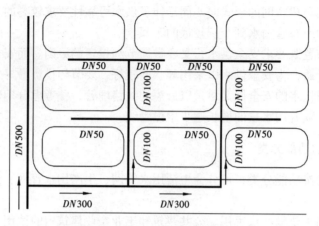

图 2-31 某小区管网图示

居住小区供水管网的布置，与城市供水管网布置相比，有共性也有异性。其共性主要从长远及总体布置上而言的，随着城市现代化进程的不断深入，为保障居住小区给水管网安全运行和减少间断供水的次数，新建小区管网系统宜设计成环状管网或贯通枝状，并采用双向供水。因此从长远来说，居住小区给水管网系统也分树状网、环状网及环状网和树状网相结合 3 种类型。从异性而言，城市供水管网系统随着城市由小到大的发展，按地区规划从树状网逐渐变成环网；居住小区管网系统却不然，由于多数小区建设前期，往往从经济角度考虑，而且当时就确定了规模的大小，没有考虑发展的进程，设计时也是一次成型，因此我国绝大多数老居住小区多为单进口、树枝网模式，日后新建和扩建，也都在原有树枝网上继续分支延伸。一些分支可长达几公里，甚至更长。这种供水方式不仅使供水安全性无法得到保障，容易造成一处管道破裂多户用水中断的现象，而且使水质安全性亦无法得到保障，树枝网易形成水流"死角"，尤其在夜间多数用户不用水的情况下，使小区支管水停止流动而促使微生物孳生腐蚀管道，从而影响水质。因此，从长远来看，小区给水管网应由树状网改为环状网形式，且由传统的单进口模式改为两端或者多端进口。

2．小区给水支管管径小，管材及管配件品种繁多

由图 2-31 可见，小区给水支管管径都较小，一般均在 $DN50 \sim DN200$mm 之间。在我国，老居住小区多是一厨一卫的建筑结构，其给水支管主要采用镀锌钢管，管径小、管材落后且严重老化，由此而引起的管网漏损情况相当严重，是水质污染的重点。目前，新建住宅小区中一厨两卫已很普遍，有的别墅式住宅甚至配有一厨三卫，且厨房、卫生间、阳台各用户点位置较分散，其给水支管开始大量采用铝塑复合管、钢塑复合管、交联聚乙烯管、三型聚丙烯管等新型环保管材，管材所造成的水质污染正在逐渐退出主要原因之列，而各种类型的三通管、四通管、异径管等管配件的存在成为水质污染的原因。

3．部分老居住小区管网超负荷运行严重

居住小区管网建设时一般按照 5～10 年的规划进行设计，而后小区不断扩建，发展到今天，用水量已经成倍的增加，而原有小区给水管网未经改造而处于超负荷运行状态，再加上小区一些老管道所采用的管件质量差，长年使用破损严重，导致爆管现象屡有发生，管网漏失水量严重，而且爆管抢修时容易造成地面污水与管网水的交叉污染。

2.4.2 水的加压、贮存

从水的加压方面，住宅小区给水的水泵有设在室内的（指高层建筑），也有设在小区的，但不论设置在何处，都要求水泵运行时，其振动和噪声在容许范围内，低噪声泵的研制、开发和应用是室内水泵装置的主要成就。在此之前，流量变化扬程不变的切线泵；以水冷替代风冷、运行噪声低的水冷泵；体积小、功效高的机电一体化水泵；占用面积小的深井泵；防锈蚀的不锈钢泵；非自灌方式能使水泵迅速投入运行的自吸泵等，都在工程中得到实践并积累了不少成功经验。水泵隔振技术已从橡胶隔振垫、弹簧减振器、橡胶隔振器发展到第 4 代的复合减振器和第 5 代的钢丝（绳）减振器。

从水的贮存设备应用情况而言，已经历了水箱的材质改善、补气式气压给水设备的补气方式改进和隔膜式气压给水设备隔膜形式发展三大进展，目前气压水罐调节水量的确定和气压水罐的主功能探索成为贮水装置的热点问题。尽管如此，由于我国大多数城市仍无法全面取消屋顶水箱这种二次供水设施，因此小区管网的二次污染情况仍相当严重，尤其是多层建筑小区 4 层以上的用户水质得不到根本性的保障。

近年来，智能化泵站（无负压变频装置，见图 2-32）供水方式在不少城市的居住小区得到了推广应用。这种供水方式与市政管网直接串接加压供水，可充分利用管网余压，并可实现全自动运行，另外无需设蓄水池，能较好的控制二次污染的发生，真正具有节资、节能、节水、绿色无污染等优点。其适用于外部管网进水流量大、水压高（一般不低于 0.20MPa）的多层建筑群。但这种供水技术目前还没有相关标准以参照实施，且价格相当昂贵，若大范围推广使用，仍需要做相当多的工作。

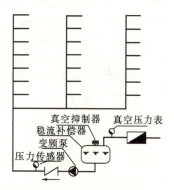

图 2-32 无负压变频装置供水

2.4.3 水的分配、计量

水的分配方面，我国已明令限期禁用普通旋启式水龙头，而代之以瓷片式水龙头。瓷片式水龙头具有节水、使用方便、冷热水混合效果好的优点，缺点为水流阻力大，直接影响水箱设置的高度和给水方式。节水技术方面，光电和红外感应控制已从水龙头出水控制扩大至小便器和大便器的冲洗供水。

水的计量方面，长期以来，我国住宅小区水表均设于室内厨房或卫生间等用水集中处。对于用水点较多且分散的住宅，有时甚至设置多户一表形式。近年来，水表设于户内而引发的诸多问题日益引起人们的重视，水表出户已成为必然的选择。我国《建筑给水排水设计规范》规定：住宅建筑应装设分户水表，分户水表或分户水表的数字显示宜设在户外。水表出户一般有以下几种方式：1. 分户水表集中设于屋顶（水箱供水）或底层空间内（变频供水）。这种方式常用于多层单元式住宅中。一般一个单元梯位水表设一个水表箱，分户水管沿室内管井或建筑外墙引入户内。其优点为：抄表方便并可杜绝用户"偷水"行为。缺点是管材耗量大，管道水头损失大。2. 水表设于楼梯休息平台处。给水立管设于平台处，每户设一水表箱并将水表箱嵌入休息平台两侧墙体中。其优点为分户支管短，较节约管材且管道水头损失小；缺点是水表分散设置，抄表不便。3. 水表每层集中设于水表间内，分户水表整齐靠于墙面。其优点同 2；缺点是分户管道必须沿公共走道楼板下引入室内，因而走道内要求设吊顶。4. 将传统的普通机械式水表改换为远传水表或 IC 卡智能型水表，实行先付费再用水的新计量模式。这种水表出户或水表的数字显示价格昂贵且在技术上仍存在一定问题，在我国仍处于试用或小范围应用阶段。另外，在阀的应用上，防锈蚀的软密封闸阀及兼有闸阀、止回阀、水锤消除 3 项功能的多功能水泵控制阀都开始应用到建筑给水管道上。

参 考 文 献

[1] 严煦世，范谨初主编. 给水工程（第三版）. 北京：中国建筑工业出版社，1995.

[2] 上海市政工程设计研究院主编. 给水排水设计手册（第二版）第三册：城镇给水. 北京：中国建筑工业出版社，2004.

[3] 中国市政工程华北设计研究院主编. 给水排水设计手册（第二版）第十二册：器材与装置. 北京：中国建筑工业出版社，2001.

[4] 刘文镔主编. 给水排水工程快速设计手册 3：建筑给水排水工程. 北京：中国建筑工业出版社，1998.

第3章 供水管网系统二次污染状况

3.1 发达国家二次污染概况

长期以来，美国、加拿大、日本、德国、法国、英国、澳大利亚等一些发达国家对于出厂水在管网系统中产生的水质变化给予了较大的关注，相对于发展中国家而言，他们在推进城市给水的深度处理、提高出厂水水质的安全性和稳定性以及新材料、新设备、新技术的普及应用和管网运行、水质监测、水质管理上有着较大的领先优势，基本上可以使到达管网末梢用户水龙头的水质仍符合该国的水质标准。

尽管如此，发达国家对于管网系统二次污染情况和用户饮用水水质的调查和研究仍丝毫不敢懈怠。尤其是近几年来随着水质检测技术的发展和检测精度的提高，使得对细菌、有机物的测定、认识和规定上的重新定位以及一些城市水质事故的频繁发生，更引起了国外各相关方面的高度重视和密切关注。下面我们通过两个方面来叙述国外发达国家的二次污染概况以及水质监测和管理发展的前沿性内容。

3.1.1 发达国家对供水水质的重视

20世纪70年代，美国及荷兰的研究人员发现，水加氯后引起一系列氯的副产物，于是国家有机物查勘测定机构（NORS）于1976～1977年调查了113个城市，结果显示THMs在饮用水中普遍存在，随后又发现了700多种有机化合物，其中21种具有致癌性，从而引起了对消毒剂及消毒副产物的重视。到80年代，已在水中发现2221种微量有机物，其中有的是致癌或可疑致癌物质。于是各国政府有关部门和有关供水的研究、生产单位，均致力于有机物特别是微量有机物的测定、形成机理、毒理探索以及处理对策和控制标准等一系列研究工作，所以专家称20世纪80年代是有机物的年代。到了90年代，微生物又成为健康风险更大的污染因素。1991年1月，拉丁美洲霍乱大流行，从一个国家蔓延到全洲，130万人生病，1.2万人死亡，其中重要原因之一是氯的副产物不断形成导致消毒能力削弱甚至完全丧失，而使各种微生物在管网中孳生繁殖。另外，据美国水协研究基金的专题研究报告，1991年流行病调查结果，在所有年龄组，每人每年生肠道病0.66次，其中2～12岁为0.84次，而肠道病的35%是由于饮水引起的。1993年4月，美国密尔沃基市供水系统发生隐孢子虫事故，使该市超过150万居民受感染，40.3万人生病，4400人住院，近百人死亡，其主要原因是管网水中浊度偏高。当时美国水质标准对隐孢子虫尚无规定。该事件引起了很大震动。据近年来统计，美国发生隐孢子虫事故10次，英国21次，加拿大4次，日本1次。美国自来水协会对美国1976～1994年间由于饮用水引发的流行病情况作了调查统计，见表3-1。

美国由饮水引发的流行疾病统计（1976～1994年）　　　　表3-1

致病原因	爆发次数	爆发比例（%）	致病人数	致病比例（%）
原生动物	101	24.5	435776	82.5
细　菌	48	11.6	15715	3.0
病　毒	25	5.9	12169	2.3
化学物质	33	8.0	3886	1.0
不明原因	207	50.0	61191	11.6
共　计	414	100	528757	100

由表3-1可见，在1976～1994年间美国发生的414次水质事故中，除少量原因不明者外，84.1%的事故次数和99.2%的生病人数系微生物项目引起的。美国最近发生一系列水质疾病，很多是在经过完全处理（过滤和消毒），水质完全符合现行水质标准的情况下发生的。美国疾病预防及控制中心（CDC）估计，美国饮用水引起微生物疾病而死亡的人数每年为900～1000人，而其中超过25%与水传播疾病和供水管网的水质恶化有关。可见，无论哪一个发达国家，经水厂净化后的水在通过复杂庞大的管网系统输送到用户时，仍存有一部分有机物和游离氯结合形成致癌前体物三卤甲烷，另一方面成为微生物再繁殖培养基，重新繁殖的微生物常年在输配管道中形成生物膜，膜的老化和脱落又引起用户水的臭和味、色度的增加，并且这些管网上的微生物渐渐对消毒剂产生了抵抗力，不易被杀灭，更增加了终端自来水微生物的数量，从而不可避免地受到了二次污染。据一些资料报道，国外在自来水管网表面残留和冲洗下来的颗粒沉淀物上已检出细菌种属达21种。例如，Allem等人发现在美国各个水厂的管网垢中，都有大量的球菌、杆菌、双螺旋菌和藻类，具有铁细菌特点的螺旋茎的盖式铁柄杆菌属也大量出现在水样和管壁上；Ivagy和Olsson还发现管网的服务年限和细菌的密度之间有着某种关系。据估计，每增加10年服务期，管壁上异养菌的数量就增一个倍数；另外，Bay在1993年还发现在美国塔科马市（Tacoma）的蓄水池中寄生于水中生物的红虫幼虫数量在1～6000条/m^2之间，其中的虫卵和早龄期幼虫通过净水管网系统出现在管网末梢（用户水龙头），从而引起了公众较大范围的投诉。

针对供水管网系统的二次污染问题，尤其是有机物、微生物形成的污染，发达国家从一开始就进行了水质标准的频繁修订和不断完善。例如，美国EPA每二、三年修改一次，现行标准提出首要控制污染物为119种，114种为有机物，并要求饮用水Ames试验为阴性。欧共体1995年对原饮用水指令80/778/EC进行了修正，新增了部分消毒副产物如三卤甲烷（THMs）、溴仿的指标值，同时提出应以用户水龙头处的水样满足水质标准为准。新标准于1998年12月25日实施，并要求欧共体成员国在2000年12月25日前将新指令纳入本国国家标准。日本新水质标准于2004年4月1日实施，水质标准项目由46项增加到50项，针对消毒副产物增设了氯乙酸类、溴酸和甲醛指标；针对原水中的蓝藻类异常繁殖，增设了土臭素和2-甲基异冰片指标。与其他国家或国际组织的水质标准相比，在检测手段与量化分析方面更为详细精确。

从供水管网的二次污染情况来看，目前饮用水中主要风险还是微生物指标。近年来，美国等少数发达国家将隐孢子虫（*cryptosporidium*）、贾第鞭毛虫（*giardia*）、军团菌（*le-*

gionella)、病毒等指标列为重要控制项目，要求对隐孢子虫的去除率＞lg2，对贾第鞭毛虫的去除率＞lg3，对病毒去除率＞lg4，并将浊度也列入微生物学指标，对其数值的规定也从1979年0.5度到现在的0.3度。日本虽不提对隐孢子虫的去除率指标，但要求滤后水浊度＜0.1NTU。另外，消毒剂与消毒副产物及一些有毒有害物质指标的制定也愈来愈引起重视。世界卫生组织针对可能使用的不同消毒剂列出了包括消毒剂与消毒副产物共30项指标。而美国早在20世纪70年代初，就率先开展了消毒副产物方面的研究，确认了加氯消毒产生有机卤代物的健康风险，并专门制订了"消毒与消毒副产物条例"。在2001年3月颁布水质标准中，要求自2002年1月起，饮用水中的总三卤甲烷浓度由0.1 mg/L降为0.08 mg/L，并增加了卤乙酸的浓度不超过0.06 mg/L的规定。对有毒有害物质指标制订更为严格。如美国将砷的指标值由1975年制订的50μg/L降至10μg/L，并要求在15年内（即2013年12月以前）更换含铅配水管。

综上所述，供水管网系统的二次污染问题是一个国际性的问题。随着水质检测技术的进一步发展，输配水管网中又将有新的微生物被检出，而发达国家的饮用水水质标准也将随着社会的发展以及一些新问题的出现不断的发展、改善和提高。目前，许多发达国家在其指标制订上更加注重健康风险分析和投资效益分析，而检测项目的选择上更加体现出"以人为本"的思想。

3.1.2 国外二次污染概况

对加拿大某市2001年第二季度饮用水水质报告系统（见表3-2）所公布的水质数据作分析，该水质数据基本上反映了近年来西方发达国家在水质标准、水质二次污染、水质保证及管理方面的一些概况。

加拿大某市2001年第二季度饮用水水质报告——水质数据　　　　　表3-2

	项　目	采样点	标准值	样品数	最大值	最小值	平均值
微生物指标	大肠杆菌 （CFU/100mL）	Horgan 水厂 Harris 水厂 Island 水厂 Clark 水厂 管网水	0	540 558 38 544 1135	0 1 0 0 1600	0 0 0 0 0	0.0000 0.0033 0.0000 0.0000 0.0095
	粪型大肠菌 （CFU/100mL）	Horgan 水厂 Harris 水厂 Island 水厂 Clark 水厂 管网水	0	546 534 38 550 1134	0 0 0 0 0	0 0 0 0 0	0.0000 0.0000 0.0000 0.0000 0.0000
	背景细菌 （MF-CFU/100mL）	Horgan 水厂 Harris 水厂 Island 水厂 Clark 水厂 管网水	200	540 540 38 544 1135	4 1000 2 34 1100	0 0 0 0 0	0.0013 0.0000 0.0000 0.0050 0.0440
	异养平板计数 （CFU/100mL）	Horgan 水厂 Harris 水厂 Island 水厂 Clark 水厂 管网水	500	546 540 38 550 1135	4 1000 2 34 1100	0 0 0 0 0	0.0512 0.1257 0.2957 0.0833 0.3152

续表

项目		采样点	标准值	样品数	最大值	最小值	平均值
操作指标	余氯（mg/L）	Horgan 水厂	3.0（最大允许值）	连续检测	1.2	0.78	0.99
		Harris 水厂			1.51	0.37	0.99
		Island 水厂			1.29	0.1	0.90
		Clark 水厂			1.3	0.6	0.95
		管网水		1136	1.23	0	0.86
	浊度（NTU）	Horgan 水厂	1.0	连续检测	0.12	0.04	0.06
		Harris 水厂			0.15	0.04	0.06
		Island 水厂			0.16	0.05	0.08
		Clark 水厂			0.04	0.01	0.02
	氟（mg/L）	Horgan 水厂	1.5（最大允许值）	637	1	0.3	0.75
		Harris 水厂		546	0.9	0.31	0.79
		Island 水厂		8	0.78	0.51	0.69
		Clark 水厂		546	1	0.6	0.77
	铝（mg/L）	Horgan 水厂	0.1	91	0.121	0.037	0.071
		Harris 水厂		84	0.237	0.016	0.047
		Island 水厂		6	0.046	0.016	0.031
		Clark 水厂		91	0.095	0.014	0.038
常规化学和物理指标	碱度（mg/L）		30~500	12	93	79	83
	氨（mg/L）			1636	0.3	0	0.188
	游离二氧化碳（mg/L）						
	色度（度）		5	196	1	1	1
	电导率（μS/cm）			12	340	302	315
	硬度（mg/L）		80~100	12	125	120	123
	氮川三醋酸（mg/L）		0.4	0			
	有机氮（mg/L）		0.15	10	0.237	0.061	0.157
	溶解氧（mg/L）			8	12.9	11	12.2
	pH		0.65~0.85	196	7.6	7.1	7.4
	温度（℃）		15		16	1.5	6.4
	总溶解固体（mg/L）		500				
	总有机碳（mg/L）		5	12	2.7	1.9	2.33
消毒副产物	三卤甲烷	一溴二氯甲烷（μg/L）		18	5.6	1.0	3.6
		溴仿（μg/L）		18	未检出	未检出	未检出
		氯仿（μg/L）		18	5.2	1.9	3.8
		二溴一氯甲烷（μg/L）		18	4.1	0.6	2.7
		总三卤甲烷（μg/L）	100	18	4.7	3.5	10.1
	卤乙酸	一溴乙酸（μg/L）		6	未检出	未检出	未检出
		一溴一氯乙酸（μg/L）		6	1.7	0.6	1.3
		一溴二氯乙酸（μg/L）		6	1.4	0.6	1.1
		一氯乙酸（μg/L）		6	未检出	未检出	未检出
		一氯二溴乙酸（μg/L）		6	1.0	0.0	0.4
		二溴乙酸（μg/L）		6	1.0	0.5	0.7
		二氯乙酸（μg/L）		6	2.4	0.5	1.5
		三溴乙酸（μg/L）		6	未检出	未检出	未检出
		三氯乙酸（μg/L）		6	2.1	0.7	1.2
		总卤乙酸（μg/L）		6	9.0	3.7	6.2
	其他消毒副产物	一溴一氯乙腈（μg/L）		5	1.0	0.7	0.8
		三氯硝基甲（μg/L）		5	未检出	未检出	未检出
		二溴乙腈（μg/L）		5	0.5	0.3	0.4
		1,1-二氯-2-丙酮（μg/L）		5	0.5	0.0	0.3
		二氯乙腈（μg/L）		5	1.0	0.4	0.7
		1,1,1-三氯-2-丙酮（μg/L）		5	0.5	0.2	0.3
		三氯乙腈（μg/L）		5	未检出	未检出	未检出

由表 3-2 可以清晰见到发达国家在出厂水和管网水水质检测有以下特点：

1. 检测项目细，采样点多，化验频率高。这份水质报告涉及的水质检测项目高达 355 项，其中微生物指标 4 项，操作指标 4 项，常规化学和物理指标 13 项，无机物指标 34 项，有机物指标 166 项，消毒副产物 22 项，杀虫剂 112 项（表中未列出）。需要说明的是，在以上 355 项指标中，很多指标并不是该国饮用水水质标准规定和要求的，而是该市供水行业更为严格的要求。另外，在这份报告中，除了出厂水外，还给出了大肠杆菌、粪型大肠菌、背景细菌（background bacteria）、异养平板计数和总余氯这 5 项指标的管网水检测数据。对以上 5 项指标，每周管网水采样点多达 100 多个，第二季度检测管网水大肠杆菌、背景细菌和异养平板计数各 1135 次，检测粪型大肠菌 1134 次，检测总余氯 1136 次。充分说明了国外对管网水细菌、微生物指标的重视程度。

2. 从检测指标具体值看，发达国家对浊度的控制比较严格。他们的观点是浊度不仅直接影响消毒效果，而且与隐孢子虫的去除率密切相关。由表中可见，该市各自来水厂平均浊度在 0.08NTU 以下，而其管网水的浊度一般可达到 0.5NTU 以下。另外，从微生物指标来看，各水厂的 4 项指标值基本上都达标，管网水中大肠杆菌、背景细菌、异养平板计数指标值尽管平均值都较低，且能达标，但与出厂水相比，均明显上升，尤其是最大值均远远超出了标准要求，说明该市管网水也受到了一定程度的二次污染，但污染程度较轻。从余氯值来看，各出厂水余氯平均值在 0.95mg/L 左右，且管网水余氯平均值可达 0.86mg/L，但也有部分检测点余氯趋向于 0，说明有一小部分管网无法达到消毒要求，容易造成管网水的二次污染。

3. 由表 3-2 中还可以看出，该市对消毒副产物的控制极为严格。共列举了 22 项消毒副产物的指标，主要是三卤甲烷和卤乙酸。发达国家目前基本上都是以氯、氯胺或次氯酸钠作为主要消毒剂，据美国 1998 年统计，在所调查的水司中，有 165 个水司使用氯气（占 83.8%）或氯胺（占 29.4%）消毒，有 40 个水司用次氯酸钠（占 20.3%）消毒。由于氯消毒后产生的消毒副产物中包括一些三致物质，从早期的三卤甲烷到最近几年的卤乙酸，都严重影响人们的健康，成为国际给水界与微生物并驾齐驱的热点问题之一。表 3-3 描述了 90 年代美国犹他州 35 个水厂和加拿大某水厂出厂水和管网水的消毒副产物分布情况。由表可见，发达国家出厂水的消毒副产物指标都符合该国水质标准的要求，且在管网中波动不大，具有较好的水质稳定性。

美国犹他州 35 个水厂和加拿大某水厂出厂水和管网水消毒副产物分布　　　　表 3-3

消毒副产物	美国犹他州 35 个水厂		加拿大某水厂	
	出厂水	管网水	出厂水	管网水
三卤甲烷（$\mu g/L$）	31.3	34.6	32.0	34.9
卤乙酸（$\mu g/L$）	17.3	15.6	25.72	25.39
卤乙腈（$\mu g/L$）	1.47	1.21	2.0	1.43
卤化酮（$\mu g/L$）	0.67	0.58	4.4	2.6
卤化氰（$\mu g/L$）	0.37	0.32	0.3	0.27

为切实了解发达国家饮用水状况，再来看一下德国某城市出厂水、管网水和用户龙头水的水质变化情况，见表 3-4。

德国某城市出厂水、管网水和用户龙头水水质　　　　　表 3-4

项　目	德国水质标准	出厂水		管网水		用户龙头水	
		波动范围	平均值	波动范围	平均值	波动范围	平均值
色度（度）	15	2.0~5.0	<3.0	2.0~13.0	5.0	3.0~15.0	6.0
浊度（NTU）	1.5	0.01~0.22	0.05	0.15~0.63	0.36	0.45~2.40	0.9
pH	6.5~9.5	7.0~7.8	7.6	7.2~7.8	7.5	7.3~8.4	7.6
铝（μg/L）	200	6~65	22	12~112	38	10~223	41
铅（μg/L）	40	0~7	0.6	1.3~15	2.3	1.0~20	5.8
铁（mg/L）	0.2	0~0.012	0.008	0.005~0.078	0.045	0.02~0.212	0.127
锰（mg/L）	0.05	0~0.003	0.001	0.006~0.022	0.015	0.036~0.059	0.047
碱度（mg/LCaCO$_3$）	—	8.6~93.2	56.2	12.0~78.6	49.6	13.5~80.6	48.9
电导率（μS/cm）	2000	458~1635	482	322~1538	566	455~1586	543
溶解性有机碳（mg/LCarbon）	—	1.0~2.0	1.5	1.4~2.8	2.3	1.5~3.0	2.5
余氯（mg/L）		0.8~1.6	1.12	0.1~0.9	0.54	0~0.8	0.23
细菌总数（cfu/mL）	100	0	0	0~5	5	0~35 10~420	52
总大肠杆菌（cfu/100mL）	0	0	0	0	0	0~120	0.01

由表 3-4 可见，该城市用户龙头水水质除总大肠杆菌稍微超标外，其余检测的水质指标平均值仍符合德国的水质标准，尽管从出厂水到管网水到用户龙头水的水质有一定范围内的波动，且少量水样有个别指标（浊度、铝、铁、锰、细菌、大肠杆菌）值超标，但基本上很好的控制了水质在管网系统中二次污染的发生。从单个指标如浊度变化情况来看，一般出厂水的浊度保持在 0.05NTU 左右，管网水浊度略有增加，平均值为 0.36 NTU，到用户龙头水浊度平均值为 0.9NTU，且其最高值达到了 2.4NTU，超出了水质标准。微生物学指标也有相同的变化趋势。总体上来说，管网和用户龙头水水质是相当好的。从表 3-4 中还可见，管网水的余氯平均值为 0.54mg/L，且到用户龙头水的余氯仍有 0.23mg/L，充分保证了出厂水消毒的延续性，是控制水质避免受到二次污染的主要手段。

综上所述，以加拿大和德国某市的水质实测资料分析纵观发达国家的出厂水和管网水水质情况，可清楚地看到发达国家供水管网系统也同样受到了二次污染，但其污染程度比较轻，尤其是与包括我国在内的发展中国家相比，其领先优势是比较大的。单就管网中的管材而言，我国是紧跟发达国家的脚步建设的，尽管新管材的应用和旧管材的淘汰和改造速度没有发达国家快，但基本上能达到发达国家 5 年前的水平。

3.1.3　发达国家防治水质二次污染概况

1. 实施水质报告制度，接受消费者监督

近年来，美国、澳大利亚、加拿大、奥地利等西方发达国家和地区纷纷颁布和实施了水质报告制度。在美国，水质报告又称消费者信心报告（Consumer Confidence Report，简称 CCR），其制定 CCR 法规所依据的基本理念是，所有消费者都有权知道饮用水中有什么及来自何处，即消费者的知情权。CCR 作为美国的一项立法制度，在该国已得到普遍实施，共涉及 55000 个供水企业及 2.48 亿人口。

CCR 主要包括了以下基本内容：(1) 水源的类型及名称；(2) 简单介绍水源潜在的污染情况及如何获得完整的水源评价资料；(3) 饮用水中所有污染物的浓度（或浓度范围）及与之对比的 EPA 水质标准；(4) 饮用水中污染物的可能来源；(5) 对水中超过 EPA 标

准的所有污染物质,要明示其潜在的健康影响及水厂的相应对策;(6)水厂遵守其他饮用水法规的情况;(7)对于硝酸盐、砷和铅超过 EPA 标准 50% 以上的地区,报告中要有有关这类污染物的教育资讯。要有针对低免疫人群的有关隐孢子虫方面的科普信息;(8)水厂热线及 EPA 安全供水热线电话。除了以上基本要求外,各供水企业可以根据实际情况决定报告的形式和内容。

为了方便 CCR 报告的编写,EPA 还专门在其网站上提供了 CCR 编制软件供有此需要的水厂下载。除供水企业网站,EPA 及自来水协会均有内容很全面的网站。EPA 安全供水热线能迅速解决消费者所关心的水质问题,如 2002 年 8 月,收到电话 2232 次,Email282 次,平均等候时间为 16s,1min 内给予回答的问题占总数的 94%。另外遇到发生微生物有问题的水质,需立即通过各种渠道全面地通知用户喝开水或瓶装水。这种供水企业与消费者互动的形式,不仅提高了公众的用水意识及节水观念,而且有助于供水企业全面了解用户的自来水水质情况,尤其在发生管网水质事故时由于消费者的及时举报为供水企业赢得了抢救的时间,避免了二次污染的进一步扩散和恶化。

2. 推进饮用水深度处理,提高出厂水水质

要保证供水水质的合格率,减少出厂水在管网中产生二次污染的几率,首先要做好出厂水质。在发达国家中,尽管原水水质较好,但其水处理工艺绝大多数仍采用较复杂的深度处理工艺,以确保水厂出水水质达到可生饮的卫生程度。下面列举几个国外水厂水处理工艺流程。

(1) 美国旧金山附近北海湾地区水厂(15 万 m^3/d,见图 3-1)

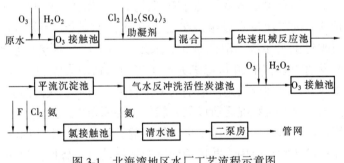

图 3-1 北海湾地区水厂工艺流程示意图

(2) 德国斯图加特来格朗水厂(20 万 m^3/d,见图 3-2)

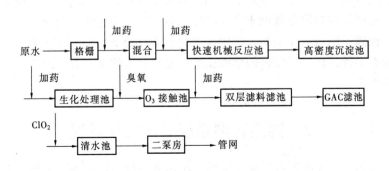

图 3-2 来格朗水厂工艺流程示意图

(3) 瑞士苏黎士 Lengg 水厂（25 万 m^3/d，见图 3-3）

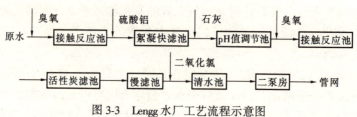

图 3-3 Lengg 水厂工艺流程示意图

从以上几个水厂的工艺流程可以看到，国外水厂臭氧—活性炭工艺使用非常普遍，ClO_2、H_2O_2 的使用也比较多。在常规处理工艺上，国外又非常注重处理构筑物间的合理组合，充分发挥其效能，使之达到最优。通过深度处理，国外水厂出厂水浊度、余氯、pH、细菌这四大指标的大致范围分别为浊度：0.03～0.06NTU；pH：7.5～8.5；余氯：0.5mg/L左右；细菌无检出。由于美国绝大多数水厂都陆续采用了深度处理工艺，故其出厂水水质指标基本上达到了 EPA 标准要求。优质的出厂水同时也减少了用户水受到二次污染的几率，保证了用户的饮水健康要求。

3. 不设屋顶水箱和供水管网的有效管理

从加拿大和德国某城市水质分析材料不难看出，在自来水出厂到用户龙头的过程中，并没有经过水箱这道二次供水程序，而二次污染的主要地点恰恰又在水箱、水池等二次供水设施上，这在接下去的有关章节将作具体介绍，这里不作详细说明。据有关资料报道，像水池、水箱这种落后的二次供水设施，在发达国家早已淘汰。例如日本 1992 年的准则就规定自来水公司改建供水系统，取消水箱，采用变频增压泵直接供水到 3～5 层楼面。北美、欧洲等一些发达国家均在 20 世纪末完成了屋顶水箱的去除和配水管网的重新布置和改建。水箱和水池等二次加压设施的取消为城市自来水防治二次污染去除了一个最大的阻碍物，是发达国家二次污染状况之所以如此轻的主要原因。

保证用户用到合格的水，离不开城市供水管网的有效管理。发达国家十分重视给水管网水质安全研究和技术开发与应用，并运用先进的信息科学、材料科学和工程技术，建立了比较完善的管网水质安全运行技术和工程保障体系。在信息科学技术方面，实施信息化管理和安全运行调度，包括地理信息系统（GIS）、管网运行数据实时监测系统（SACDA）、管网计算机实时模拟和管网水质监测与控制，形成了完善的信息化运行管理平台和事故快速反应机制。通过加强规范化管网水质检测和实时在线水质检测，及时了解和控制水质动态变化情况，保障了供水的安全性。应用先进材料科学技术，普遍提高管道的材料质量，提高管道的耐腐蚀性，形成了完善的集成化运行安全管理技术，有效的控制了管网水质二次污染事故的发生。

3.2 国内管网系统二次污染状况

与发达国家相比，我国供水管网系统的二次污染现状不容乐观，主要体现在以下三个方面。

3.2.1 供水管网系统二次污染的广域性和严重性

我国地域广阔，人口众多，经济底子薄，发展起点低。这种国情从很大程度上决定了我国大部分城市供水管网覆盖面积大，水的停留时间长，且很多城市不得不采用二次加压方式供水，增加了二次污染发生的几率，致使二次污染面广且污染程度严重。

据20世纪90年代不完全统计，我国有将近79%的人正在饮用二次污染水，其中7亿人饮用大肠杆菌污染水，1.7亿人饮用高氟水，8000万人饮用有机物相当高的水。饮用超标饮水的人口比例见表3-5。由此可见，自来水二次污染面是非常广的。近年来，由于其造成的传染性疾病如介水传染病、水型地方病、化学性中毒等亦不断发生，严重地危害着人们的健康和安全。

我国饮用超标水的人口比例　　　　　　　　　　　　　　　表3-5

指　　标	总大肠菌数	铁	耗氧量	总硬度	氟化物	硝酸盐氮	硫酸盐
GB5749—85标准	3个/L	0.3mg/L	3.0mg/L	450mg/L	1.0mg/L	20mg/L	250mg/L
饮超标水人口（%）	76.1	32.2	16.7	11.4	7.9	3.6	3.5

另外，根据1995年到1999年对我国大中小具有代表性城镇的饮用水水质调查结果表明，在管网末梢和经蓄水池（水箱）后的用水处，水质总体上比出厂水水质下降35%～200%，水质平均总下降率为86%，合格率下降10%～60%。卫生学指标合格率为45%～80%；感官状指标合格率仅为50%～60%；余氯量过大而导致臭和味不合格率为15%～26%。可见其二次污染程度是相当严重的。

表3-6描述了部分重点城市14项指标的实测平均值。由表3-6可见：

出厂水、管网水、水池（箱）水、用户龙头水水质比较　　　　　表3-6

水质检测项目	地表水出厂水		地下水出厂水		管网水				水池（箱）水			用水点龙头水		
	平均值	合格率（%）	平均值	合格率（%）	平均值	合格率（%）	对比变化率1（%）	对比变化率2（%）	平均值	合格率（%）	变化率（%）	平均值	合格率（%）	变化率（%）
色度（度）	5.00	99.50	2.00	100	7.00	100	40.00	250.00	10.00	98.00	185.71	13.00	90.20	271.43
浊度（NTU）	1.50	97.90	1.10	99.90	1.90	97.20	26.67	72.72	2.46	96.00	89.23	2.96	90.40	127.69
臭和味	无	100	无	100	无	99.20	0.00	0.00	时有	80.60	—	时有	76.00	—
肉眼可见物	无	100	无	100	无	100	0.00	0.00	偶见	79.00	—	偶见	73.00	—
pH值	7.26	100	7.32	100	7.29	100	0.41	-0.41	7.15	100		7.34	100	
铁（mg/L）	0.06	100	0.09	99.10	0.14	99.50	133.33	55.56	0.17	95.00	126.67	0.21	87.00	180.00
锰（mg/L）	0.03	100	0.07	99.90	0.05	99.80	66.67	-28.57	0.06	99.90	20.00	0.07	99.70	40.00
氯仿（μg/L）	21.24	100	8.97	100	22.35	99.10	5.23	149.16	34.17	98.40	126.22	39.24	98.20	159.78
四氯化碳（μg/L）	2.14	100	1.15	100	2.29	98.50	7.01	99.13	2.49	97.20	51.37	2.83	96.30	72.04
细菌总数（个/mL）	7.16	99.10	3.45	99.30	27.84	97.10	288.83	709.96	69.52	95.60	1213.9	84.52	93.24	1493.4
总大肠杆菌（个/L）	2.72	96.80	2.64	98.20	2.96	90.20	8.82	12.12	3.26	92.40	21.64	4.15	90.40	54.85
出厂水余氯（mg/L）	0.72	99.20	0.64	99.20	0.25	98.20	-65.28	-60.94	0.016	51.24	-97.65	0.01	49.73	-98.53

续表

水质检测项目	地表水出厂水		地下水出厂水		管网水				水池（箱）水			用水点龙头水		
	平均值	合格率（%）	平均值	合格率（%）	平均值	合格率（%）	对比变化率1（%）	对比变化率2（%）	平均值	合格率（%）	变化率（%）	平均值	合格率（%）	变化率（%）
高锰酸钾指数（mg/L）	2.86	100	1.67	99.40	3.46	87.56	20.97	107.18	4.87	52.35	115.01	5.42	20.16	139.29
亚硝酸盐（mg/L）（以 NO$_2^-$ 计）	0.03	90.16	0.05	89.25	0.07	79.16	133.33	40.00	0.09	51.46	125.00	0.115	19.28	187.50

注：1. 表中对比变化率1指与地表水出厂水比较，对比变化率2指与地下水出厂水比较；
    2. 表中水池（箱）水和用水点龙头水变化率指与地表水和地下水出厂水的平均值相比较；
    3. 高锰酸钾指数以 5mg/L 作为标准值计；亚硝酸盐标准值为 0.1mg/L。

1. 按当时的 GB5749—85 评价，色度、浊度、余氯、细菌总数4项重点指标全年综合合格率为80.18%，较出厂水下降了18.74个百分点；余氯合格率仅为49.73%；高锰酸钾指数按5mg/L作为标准值计，其总平均值超标，较出厂水增加了87.5%，合格率仅为19.28%；氯仿、四氯化碳比出厂水显著提高，分别增加了96.20%和88.67%，说明出厂水仍含有较多的有机物。

2. 按国家建设部2005年6月1日开始实施的《城市供水水质标准》（CJ/T206—2005）进行评价，色度不变，浊度要求为≤1NTU，出厂水合格率仅为54.7%，用户末梢水基本不达标；高锰酸钾指数按3mg/L作为标准值计，则管网水、水池（箱）、水龙头水均不合格；细菌总数按≤80CFU/mL计，则用户龙头出水合格率不超过50%，可见我国城市二次污染的严重性。

3. 由出厂水、管网水、水池（箱）水、用户龙头水的各水质指标对比变化率来看，从出厂水到管网水时，浊度、铁、氯仿、细菌总数、总大肠杆菌、余氯对比变化率分别为49.43%、94.56%、91.66%、499.40%、10.47%、-63.11%，但是从管网水到用户龙头水时，上述指标的对比变化率分别为127.69%、180%、159.78%、1493.4%、54.85%、-98.53%，污染程度大大增加，说明我国城市供水管网系统二次污染的主要地点在居住小区，而造成这种状况的主要原因是我国大多数居住小区的给水系统都设有蓄水池或屋顶水箱等二次供水设施。这部分内容将在3.3作具体介绍。

3.2.2 各城市管网系统二次污染的不规律性和差异性

1. 二次污染的不规律性

二次污染的不规律性主要体现在管网水质变化的不规律性。前面叙述了我国管网水水质变化的总体趋势，指出了我国各城市管网系统的二次污染是相当严重的。然而，对于大多数水质检测项目（除游离氯、臭和味、肉眼可见物、总大肠杆菌外）而言，各城市的管网水水质变化情况明显不同。这种不规律性不仅体现在水质指标的具体内容，还包括其具体值的变化上。

2. 二次污染地区之间的差异性

在我国，由于各城市取水水源、水厂处理工艺、管网新建和改造程度以及二次污染防治手段的不同，使城市各地区之间供水管网二次污染现状出现了许多不确定性。但总体上来说，水源充足且水质较好、经济发达且城市化进度快的城市二次污染程度相对较轻，如我国香港、澳门、深圳、北京、上海等一些城市的管网水水质已经达到或趋近于发达国家水质标准；相反，水源水质差、经济落后且城市化进度慢的城市二次污染比较严重，如我国西南及北方部分内陆城市的管网水水质远远超过我国的饮用水水质标准。另外，老城区比新建城区污染要严重；中小规模新兴城市比大城市、老城市污染要轻。下面列举我国澳门、南方某沿海城市、西南某内陆老城市出厂水、管网水水质情况进行比较，具体见表3-7、表3-8、表3-9。

澳门2003年出厂水、管网水、水箱水水质　　　　　表3-7

项　目	欧盟标准 98/83/EC	出厂水		管网水		用户水（水箱）	
		平均值	波动范围	平均值	波动范围	平均值	波动范围
色度（度）	无异常	<2	<2	<2	<2	<2	<2
浊度（NTU）	1.0	0.12	0.09~0.14	0.13	0.10~0.18	0.18	0.09~0.42
臭味（DN）	无异常	3	3	2	1~2	0.9	0~3
pH	6.5~9.5	7.4	7.2~7.5	7.5	7.2~7.6	7.6	7.3~7.9
电导率（μS/cm）	2500	775	310~1287	719	277~1284	716	234~1300
余氯（mg/L）	—	1.03	0.80~1.30	0.59	0.10~0.90	0.31	0~0.90
铝（mg/L）	0.2	0.034	0.012~0.102	0.049	0.012~0.237	0.04	0.0005~0.123
碱度（mg/LCaCO$_3$）	—	87	81~93	84	61~94	83	64~96
溶解性有机碳（mgCarbon/L）	无异常变化	1.9	1.6~2.3	2.1	1.5~2.6	2.2	1.4~3.8
细菌总数（cfu/1mL）	100	0	0~1	3.05	0~30	120	0~3600
总大肠杆菌（cfu/100mL）	0	0	0	0	0	0	0

南方沿海某市出厂水、管网水水质　　　　　表3-8

项　目	欧盟标准 98/83/EC	出厂水		管网水	
		平均值	波动范围	平均值	波动范围
色度（度）	无异常	6	5~9	11	6~15
浊度（NTU）	1.0	0.50	0.21~0.75	0.95	0.50~1.75
pH	6.5~9.5	7.16	7.12~7.35	7.19	7.10~7.55
铁（mg/L）	0.20	0.07	0.06~0.12	0.16	0.10~0.21
锰（mg/L）	0.05	<0.01	0~0.01	0.04	0.01~0.06
氨氮（mg/L）	0.50	0.24	0.07~0.41	0.13	0.03~0.29
硝酸盐（mg/L）	0.05	1.09	0.69~1.49	1.23	0.73~1.91
亚硝酸盐（mg/L）	0.0005	0.002~0.022	0.006	0.011~0.060	0.033
COD$_{Mn}$（mg/L）	5.0	0.50~2.00	0.80	0.60~2.30	1.80
余氯（mg/L）	—	0.60~0.85	0.70	0.10~0.50	0.19
三氯甲烷（μg/L）	100	0.04~2.67	0.81	0.04~3.59	0.86
四氯化碳（μg/L）	—	<0.01~0.65	0.08	0.01~0.44	0.09
细菌总数（cfu/1mL）	100	0~15	2.42	0~1400	66
总大肠杆菌（个/L）	0	0	0	0	0
粪型大肠菌（个/L）	0	0	0	0	0
亚硫酸盐还原菌（个/L）	0	0	0	0	0

西南某内陆城市出厂水、管网水水质　　　　　　表 3-9

项　目	国家标准 （GB5749—85）	欧盟标准 （98/83/EC）	出厂水	管网水	用户水（水箱）
色度（度）	15	无异常	6.0	7.9	12.2
浊度（NTU）	<3	1.0	0.9	1.5	2.2
臭和味	不得有异臭、异味	无异常	—	—	偶有
肉眼可见物	不得含有	—	—	—	时有
余氯（mg/L）	管网末梢不低于 0.05		0.8	0.12	0.01
铁（mg/L）	0.3	0.2	0.1	0.18	0.26
锰（mg/L）	0.1	0.05	0.08	0.10	0.22
铜（mg/L）	1.0	2.0	0.06	0.12	0.20
锌（mg/L）	1.0	—	0.09	0.16	0.21
铅（mg/L）	0.05	0.01	0.007	0.010	0.012
细菌总数（cfu/1mL）	100	100	9	35	160
大肠杆菌总数（个/L）	3	0	<3	<3	18

由以上三表可见：（1）我国澳门用户龙头水和管网水大多数水质指标（除细菌外）已达到或优于欧盟水质标准。与发达国家相比，惟一遗憾的是全区仍没能全面取消屋顶水箱，尽管出厂水水质好，但在经过水箱时各项指标都有所增加，尤其是细菌平均值达到了 120cfu/mL，超出了我国及欧盟水质标准；（2）我国南方某沿海城市出厂水和管网水水质已经接近于欧盟水质标准，与发达国家相比，硝酸盐、亚硝酸盐、细菌超标比较严重；（3）我国西南某内陆老城市管网水水质基本上介于国家标准（GB5749—85）和欧盟水质标准之间，但通过水箱到用户龙头水时 4 项基本指标浊度、余氯、细菌和大肠杆菌都已经超出了 GB5749—85 标准。以上分析不仅说明了二次污染地区之间的差异性，同时也反映了二次供水设施（水箱、水池等）在二次污染过程中扮演着主要角色这个共性问题。

3.2.3 管网二次污染事故的多样性以及防治研究的落后性

1. 管网二次污染事故的多样性

我国城镇供水协会在编制《城市供水行业 2000 年技术进步发展规划》时曾对国内许多城市作过管网二次污染事故的调研，从收集的资料看，管网二次污染事故主要包括浑浊度升高或超标、用户水箱或蓄水池中水受污染、用户违章将自备管道与管网管道连接造成的水质事故等，具体情况见表 3-10 和图 3-4。

管网二次污染事故实例调查　　　　　　表 3-10

编号	二次污染事故	原　　因	城　市
1	浊度超标或出现红水、黑水	管网压力剧变或启闭闸阀使管内流向、流速突变，水停留时间长或管道施工后冲洗不干净等造成二次污染	郑州、厦门、烟台、无锡、广州、上海
2	工业水污染	用户自备管与管网管道连接，工业水倒灌入供水管网造成二次污染	上海、兰州、西宁、成都

续表

编号	二次污染事故	原　　因	城　　市
3	大肠菌超标	水箱或蓄水池久未清洗、消毒造成二次污染	长春、成都
4	红虫污染	水箱或蓄水池清洗、消毒不及时或管理不善导致红虫孳生引起水质二次污染	北京、天津、上海、广州
5	总铁量超标、出现铁细菌及亚硝酸盐量较高	管网死头水引起的二次污染	徐州
6	氨氮、亚硝酸盐含量严重超标	管道穿孔，附近污水进入供水管网造成二次污染	长春
7	氨氮超标	用户管的水门井与附近的下水井距离太近，下水进入水门井引起二次污染	鞍山
8	早晨，用户水嘴放出黄水	使用小口径黑铁管，且滞留水停留时间较长，铁、锰超标而引起水质二次污染	南通、绍兴
9	硝酸盐超标	饮用水在管道内滞留时间长，受细菌污染而造成二次污染	包头
10	有机物（油类）污染	同供水管共沟铺设油管，油管爆裂造成水管爆裂等引起二次污染	兰州

由此可见，我国各个城市所产生的水质二次污染问题具有多样性、复杂性等特点。尽管如此，许多水质事故平常并不多见，可能几年发生一次，如表3-10提到的工业水污染问题、有机物（油类）问题；有些水质事故还留有很深的地方性水质问题的烙印，如地方性氟化物超标、部分矿物质超标等问题；而许多水质事故却伴随在日常生活中的每一天，如蓄水池、水箱所引起的二次污染问题、管网水中细菌超标问题等。据浙江省某市1998～2000年对用户水质投诉分布情况统计，主要集中在用户龙头水出现的黄水、浑水、赤水现象，占86.8%，具体见图3-5。

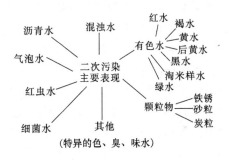

图3-4　管网二次污染主要表现

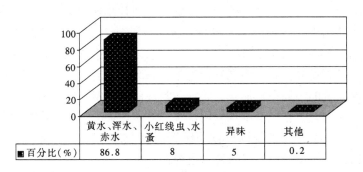

图3-5　某市1998～2000年用户水质投诉分布

2. 二次污染防治研究的落后性

目前，我国对管网系统二次污染方面的深入研究相对较少。一些自来水公司如上海、杭州、宁波、广州、深圳等进行了部分水质检验项目的管网水质研究工作，但尚无成熟、完整的研究报告或结论性资料。与发达国家相比，其落后性主要体现在研究内容上，这也是由我国的基本国情所决定的。长期以来，受经济条件、检测手段的制约，许多城市把工作重点都集中在浊度、余氯、细菌、大肠杆菌4项基本指标的达标率上，而对当今国际上一些新的饮用水深层次问题如有机污染物质、有害消毒副产物、病原微生物等的研究不多，尤其是应用性研究少之又少。事实上在我国许多城市的饮用水中都发现了致突变的阳性结果，而且由于我国大多数供水企业采用传统的氯化消毒方法，再加上城市供水管网系统较大，水在管网中的停留时间较长，为了保证在管网末梢的余氯量要求，加氯量较大，并且水中的有机物即前驱物浓度较高，氯化消毒副产物的危害问题应该说是十分严重的。至于病原微生物，近年来由饮用水中的寄生原虫引起的传染性疾病如贾第鞭毛虫病和隐孢子虫病在我国南京、福建、安徽、湖南均有发生，但有关这种介水疾病及防治方面的报道和研究很少，对其认识还很不清楚，未能引起足够的重视。而事实上，据卫生部门调查，我国隐孢子虫疾病的感染率为1.4%~13.3%，而且根据我国目前的饮用水处理工艺水平及水源水质和供水管网现状，存在介水隐孢子虫病大范围暴发流行的极大隐患。

在管网系统二次污染防治方面，仅仅局限于一些基本的改善管网水质的措施，如许多城市都采取了建立严格的管网水质检验制度、管道施工后加强消毒和清洗工作、不允许用户自备管道与供水管网连接、定期排放管网末梢、消防水栓、死头水及定期对水箱、蓄水池清洗、消毒等二次污染防治措施，对于被发达国家认定为落后给水方式的水箱、水池等二次供水设施的全面取消问题由于经济和技术条件的限制未被提到议事日程上来，而且很多城市对于采取无负压智能变频设备及在供水管道上直接抽水、加压仍存在观念转变和技术应用上的问题。尽管一小部分经济发达城市对于屋顶水箱的去除和智能化泵站的应用已经处于分步实施和试点阶段，但要在全国范围内推广和应用仍需要一段时间。

3.3 居住小区管网系统的二次污染

居住小区管网系统二次污染是指居住小区给水设施（包括小区给水管道）对来自市政给水管道的水进行贮存、加压和输送至用户的过程中，由于人为或自然的因素，使得水质指标发生明显变化，失去原有使用价值的现象。把居住小区管网系统的二次污染现状重点划出来阐述，主要因为居住小区给水管网系统二次污染所具有的复杂性、多样性和独特性。就复杂性而言，小区给水系统中，不仅有贮水池，水塔和水箱等二次供水设施，而且有众多规格不一的管道接头、弯头和异径管等管道附件；就多样性而言，居住小区的不同建立时间、管网系统的不同布置形式、管材及附件的不同材料等都是影响其二次污染程度的因子；就独特性而言，在城市给水管网系统的二次污染中，居住小区管网系统二次污染的比重约占70%。因此，了解我国居住小区管网系统的二次污染现状，有的放矢地确立科学合理的二次污染防治措施，显得尤为重要。

表3-11中用户水龙头水质已在一定程度上反映了小区管网二次污染的概况。近几年来，为配合管道直饮水工程的顺利实施，许多城市越来越重视小区管网二次污染问题，并通过各种方式对其进行了系统性研究。例如浙江省宁波市2004年将《居住小区给水管网防治二次污染技术研究》列为建设科技重点扶持项目，并对宁波市老、中、新小区管网二

次污染状况进行了全面调查,对其污染的复杂性和多样性进行了综合客观的研究。以下通过我国某两个城市的实测资料来进一步说明居住小区水质污染情况。

3.3.1 入户管水质污染情况

以南方某省会城市 8 个用户取样点的水质指标来说明居住小区用户水龙头水质污染情况(见表 3-11)。水样采集均在清晨进行,并在前天晚上把采样点的水龙头严密关紧。

南方某城市居住小区用户水龙头采样检测表　　　表 3-11

采样编号	采样时间(min)	浊度(NTU)	细菌总数(个/mL)	铁细菌(个/mL)	多样性(种/mL)	铁(mg/L)	锰(mg/L)	备注
1#	0	7.63	80	40	8	0.283	0.019	
	2~3	2.17	3	0	3	0.089	0.014	
	7~11	1.57	3	0	3	0.111	0.019	
2#	0	99.8	146	160	5	1.689	0.082	老城区
	2~3	2.31	5	16.5	3	0.114	0.028	
	7~11	2.12	4	6	2	0.107	0.024	
3#	0	33.3	720	160	8	2.172	0.085	水箱二次供水
	2~3	1.94	55	70	5	0.121	0.026	
	7~11	1.75	48	20	7	0.100	0.025	
4#	0	8.93	648	160	7	0.870	0.016	老居住区
	2~3	1.60	12	16.5	3	0.060	0.019	
	7~11	1.66	8	16.5	3	0.045	0.021	
5#	0	4.49	148	1.6	8	0.242	0.024	水池二次供水
	2~3	1.20	22	0.8	4	0.030	0.024	
	7~11	1.14	120	11.5	6	0.024	0.022	
6#	0	9.19	54	1.1	5	1.102	0.008	混合供水
	2~3	1.30	35	0.5	4	0.052	<0.005	
	7~11	3.86	18	0	3	0.108	<0.005	
7#	0	23.5	160	4	50	0.928	0.022	五楼用户
	5	2.2	13	3	10	0.014	<0.005	
	7	2.5	7	2	2.5	0.010	<0.005	
8#	0	15.4	25	2	6.0	0.529	0.036	七楼用户
	5	13.3	25	2	5.0	1.038	0.050	
	7	2.8	70	1	2.0	0.329	0.027	

从表 3-11 可见:(1) 每个取样点的第一个水样,均是接户管内一个晚上未流动的水样,其浊度、细菌种类和数量、铁与锰含量均显著高于管内流动的水,可见接户管这段腐蚀、结垢和污染最为严重;(2) 2#、4# 取样点为老城区和老居住小区。管道埋设时间相对较长,管道腐蚀也较严重,浊度、细菌总数和铁细菌等较高;(3) 3# 取样点为水箱二次供水。从检测数据看,水箱内水的铁、锰含量高,细菌总数大、种类多,这说明水箱内

的余氯为零，造成细菌大量繁殖，是二次污染的主要污染源；(4) 5#取样点为蓄水池供水。在打开水龙头 7~11min 所取水样中，检出菌种 6 种，细菌 120CFU/mL 和铁细菌 11.5CFU/mL，可见水池与水箱类似，也是二次污染的主要污染源；(5) 6#取样点为混合供水。混合水是指管道水与水箱水混合，水质比单独水箱供水好，但含铁量、细菌和浊度仍然较大且水质不稳定；(6) 7#和 8#分别取自 5 楼和 7 楼（顶楼）用户水龙头的水，均为屋顶水箱供水，污染相当严重。

3.3.2 居住小区管道水质污染状况

为了解和掌握给水管沿途水质变化及居住小区管网的实际污染情况，某城市自来水公司选择了几个具有代表性的小区进行研究，居住区选择情况见表 3-12。同时，按照不同的取水水源及从水厂出水管到居住小区沿途一定距离选点取样，选点情况见图 3-6、图 3-7。水质检测情况见表 3-13，表 3-14。

某城市小区管网二次污染调查居住区选择情况　　　　表 3-12

水厂	水源情况	供水区域	选择小区	小区情况
水厂一	水库水（Ⅰ~Ⅱ水体）	Ⅰ区	新居住小区一	无屋顶水箱
			老居住区（小区二、小区三）	10 年左右，有屋顶水箱
水厂二	河网水（Ⅲ~Ⅳ水体）	Ⅱ区	新居住小区一	3~4 年，无水箱，有水池，多层与小高层混合小区
			中居住小区二	8~10 年，有水箱，多层
			老居住小区三	20 年左右，部分有水箱

Ⅰ区水质检测情况　　　　表 3-13

编号	取样点		浊度（NTU）	余氯（mg/L）	编号	取样点		浊度（NTU）	余氯（mg/L）
1	水厂一出厂水		0.34	0.30	16	小区二	中端 1 楼	0.70	<0.05
2	路中 1		0.35	0.30	17		中端 3 楼	0.72	<0.05
3	小区一泵站		0.36	0.30	18		中端 6 楼	1.96	<0.05
4	小区一	近端 1 楼	0.42	0.20	19		远端 1 楼	0.94	<0.05
5		近端 6 楼	0.43	0.10	20		远端 6 楼	0.91	<0.05
6		中端 1 楼	0.41	0.15	21	长江路		0.53	<0.05
7		中端 3 楼	0.39	0.15	22	小区三泵站		0.43	0.15
8		中端 6 楼	0.43	0.15	23	小区三	近端 1 楼	0.52	0.05
9		远端 1 楼	0.45	0.10	24		近端 6 楼	0.65	<0.05
10		远端 6 楼	0.42	0.05	25		中端 1 楼	1.11	<0.05
11	路中 2		0.35	0.15	26		中端 3 楼	0.76	<0.05
12	路中 3		0.36	0.15	27		中端 6 楼	0.73	<0.05
13	小区二泵站		0.38	0.10	28		远端 1 楼	1.08	<0.05
14	小区二	近端 1 楼	1.15	<0.05	29		远端 6 楼	1.09	<0.05
15		近端 6 楼	0.87	<0.05					

Ⅱ区水质检测情况 表 3-14

编号	取样点		浊度（NTU）	余氯（mg/L）	铁（mg/L）	细菌（个/mL）	备注
1	水厂二出厂水		0.82	0.30	0.06	0	河网水（Ⅲ~Ⅳ水）
2	小区一	近端1楼	0.62	0.05	<0.05	15	多层建筑 4 为水箱供水
3		近端3楼	1.34	0.05	0.17	22	
4		近端5楼	0.85	0	<0.05	100	
5		中端1楼	0.89	0	0.56	180	小高层 水池供水
6		中端3楼	0.81	0	0.48		
7		中端9楼	0.81	0	0.45		
8		远端1楼	0.84	0	0.51		
9		远端5楼	0.76	0	0.42		
10		远端8楼	0.79	0	0.17		
11		水池出水	0.80	0.05	0.10	120	
12	路中1		0.75	0.30	0.05	110	
13	小区二	小区入口	0.72	0.20	0.05	50	多层建筑 1、2楼管道直供 3~7楼水箱供水
14		近端1楼	0.75	0.10	0.18	80	
15		近端3楼	1.10	0	0.43		
16		近端7楼	0.95	0	0.40		
17		小区干管	0.75	0.10	0.46		
18		中端1楼	1.15	0.05	0.30	142	
19		中端3楼	1.42	0	0.64		
20		中端6楼	1.25	0	0.52		
21		远端1楼	1.28	0.05	0.42	211	
22		远端3楼	1.54	0	0.68		
23		远端6楼	1.35	0	0.52		
24	路中2		0.86	0.20	0.11		
25	小区三	小区入口	0.91	0.20	0.06	18	无屋顶水箱 管道直供
26		近端1楼	0.93	0.20	0.12	6	
27		近端4楼	0.94	0.15	0.07		
28		近端5楼	1.00	0.10	0.12		
29		小区干管	0.91	0.25	0.06	35	
30		中端1楼	1.06	0.10	0.23	64	
31		中端3楼	1.98	0.10	0.37		
32		中端5楼	1.06	0.05	0.52		
33		远端1楼	1.21	0.10	0.22	88	有屋顶水箱 1~3层直供 4~6层水箱供水
34		远端4楼	2.28	0	0.56	120	
35		远端6楼	3.67	0	0.41		

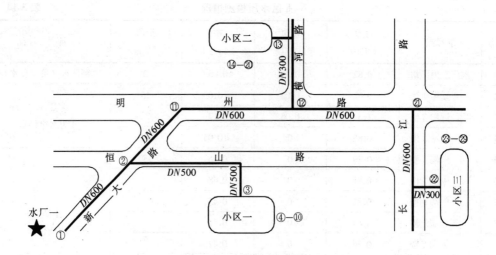

图 3-6 某城市Ⅰ区测点布置示意图

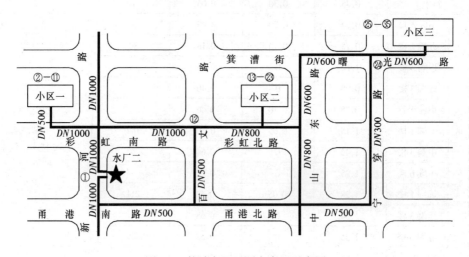

图 3-7 某城市Ⅱ区测点布置示意图

对以上图表作简单分析可知，居住小区给水管网的污染具有以下特点：

1. 取水水源的好坏，不仅关系到出厂水水质，而且间接影响着小区二次污染的严重程度。由表 3-13 可见，水厂一的出厂水浊度为 0.34NTU，在所取的 28 个水样中，仅有 5 个水样的浊度≥1NTU，其合格率为 82.1%；由表 3-14 可见，水厂二的出厂水浊度为 0.82，在所取的 34 个水样中，有 15 个水样的浊度≥1NTU，其合格率仅为 55.9%。

2. 二次供水设施如水池、水箱的存在是小区二次污染的主要原因。由表 3-13 可见，在无水箱的居住小区共 10 个水样点（路中 1~路中 2）的检测中，最大浊度为 0.45，平均浊度为 0.40，基本上达到与国际接轨水平。而在有水箱的居住小区共 18 个水样点（小区二和小区三）的检测中，最大浊度为 1.96NTU，平均浊度为 0.94 NTU，已经接近于超标的上限。

3. 水箱、水池不仅影响用户龙头出水的浊度，而且使余氯值大大降低，以致为零，造成细菌孳生、繁殖。由表3-14可见，出厂水细菌为0，而到小区一水池出水的细菌值则为120个/mL，已经超出GB5749—85细菌指标，且水箱供水用户龙头水的细菌值明显高于管道直供楼层用户。

综上所述，我国居住小区管网系统二次污染是相当严重的。但是也应该看到，随着有关政策、法规的相继出台及直饮水入户工程的不断实施，随着小区管网改造力度的加强及各种配套设施的日益完善，我国居住小区管网系统二次污染状况在不久的将来会得到逐步的改善。

参 考 文 献

[1] 宋仁元，沈大年等．城市供水水质要求的发展和基本对策．城镇供水，No.2，2004：5~10．

[2] Craun et al. Waterboene Disease Outbreaks Caused by Distribution System Deficiencies. AWAA, Vol.93, No.9, 2001: 64~75.

[3] 黄晓东．加拿大多伦多2001年第二季度水质报告评价．给水排水，Vol.27，No.7，2002：9~12．

[4] EPA. Consumer Confidence Reports: Final Rule. http://www.epa.gov/safewater/dwinfo.htm.

[5] Johann Mutschmann Fritz Stimmelmayr. Taschenbuch der Wasserversorgung 11. Stuttgart: Franckh-Kosmos Verlags-GmbH &Co. 1995.

[6] 钱孟康．欧美城市给水处理技术考察与比较．给水排水，Vol.27，No.4，2001：10~13．

[7] 张晓健，李爽．消毒副产物总致癌风险的首要指标参数——卤乙酸．给水排水，Vo26，No.8，2000：1~5．

[8] 聂梅生主编．中国水工业科技与产业．中国建筑工业出版社，2000：269~275．

[9] 汪光焘等．2000年城市供水行业技术进步发展规划．中国建筑工业出版社，1993：281~290．

[10] Xu Yi, Sun Wei, Wang Dongsheng, Tang Hongxiao. Coagulation of micropolluted Pearl River water with IPF—PACLs, Journal of Environmental Sciences. No.18, 2004: 585~588.

[11] 罗岳平．自来水管道内腐蚀对管网水质的影响研究．中国给水排水，Vol.14，No.2，1998：58~60．

[12] 宁波市自来水总公司．居住小区给水管网防治二次污染技术研究．2004．

第4章 管网系统二次污染的原因分析

一般来讲，经过水厂处理的水都能达到国家所要求的水质标准，但出厂水需要通过复杂庞大的管网系统才能输送到用户，管线长度可达数十至上百公里，水在管网及构筑物中的滞留时间长的可达数日，庞大的地下管网就如同一个大型的反应器。

实验证明，水在这样的反应器内发生着复杂的物理、化学和生物的变化，使管网结构稳定性被破坏，从而导致水质发生变化，造成管网对水质的污染。在经过管网附件和管网构筑物时，各种内在的、外在的因素也会导致水被污染，水质变坏。

4.1 出厂水中不同物质对管网水的二次污染

4.1.1 出厂水水质状况

出厂水水质状况包括两方面，一是水质合格率，二是水质的稳定性。在《城市供水水质标准》（CJ/T206—2005）中，水质检测合格率包括：综合合格率、出厂水合格率、管网水合格率、42项常规检验项目合格率、51项非常规检验项目合格率，其中综合合格率为42个检验项目的加权平均合格率；管网水检验项目合格率为：浑浊度、色度、臭和味、余氯、细菌总数、总大肠菌群、COD_{Mn}（管网水末梢）共7项的合格率；出厂水检测项目合格率为：浑浊度、色度、臭和味、余氯、肉眼可见物、COD_{Mn}、细菌总数、总大肠菌群、耐热大肠菌群共9项的合格率。

如果出厂水的合格率本身不高，将导致水质在管网中受到污染的机会和程度将大大增加。如出厂水加氯量不够，在管网中就可能使细菌、大肠杆菌等微生物大量繁殖，从而影响管网水水质，而加氯量过多，则会引起余氯对金属管的腐蚀导致静止水中铁锈沉积、结垢，遇水流动而冲起，从而产生黄、红水现象。如果出厂水中含锰过高，在管网中被氧化成二氧化锰并沉积于管壁，形成粒膜状泥渣，遇水压波动剥落而形成黑水。

研究资料表明，当水中的浊度为2.5NTU，水中有机物去除了27.3%；浊度降至1.5NTU，水中有机物去除了60.0%；浊度降至0.5NTU，水中有机物去除了79.6%；浊度降至0.1NTU，绝大多数有机物予以去除，致病微生物的含量也大大地降低。有机物含量降低，减少了加氯消毒后有机卤代烃的含量，也减少了氯与有机物在管网中继续反应的程度。

一般来说，出厂水的合格率、出厂水水质的好坏决定于原水水质和水厂水处理工艺。目前作为饮用水水源的有：地下水、江河水和湖泊、水库水。地下水是水在地层中渗透聚集而成，存在于土层和岩层中，在渗透过程中，水中大部分的悬浮物、胶体物被拦截去除，所以外观清澈、悬浮杂质少、浑浊度低，有机物和细菌含量少，水温、水质稳定，不易受外界环境的影响和污染，故一般不需要处理，但因地下水在流经土壤和地层时溶解了各种可溶性盐类，所以地下水中含盐量和硬度较高，有时铁、锰较高，需要处理。

江河水主要是靠大气降水，雪山融水和地下水补给，水在地面流动汇集的过程中，由于水流的冲刷卷带大量的泥砂、黏土、腐殖质、微生物、有机物，所以需要在水厂进行净化处理，水体中的物理、化学和微生物含量主要是受气候、自然地理、土壤植被等因素的影响。周围环境对江河水水质影响也很大，来自工业废水、生活污水和某些人为的污染，使各种有害物质侵入水体后造成水质的恶化。

湖泊、水库水主要是由江河水和溪流来补给，一般情况下，水流缓慢，水体相对稳定，水的浑浊度低，透明度高，加上日照射条件好，因此各种水藻和浮游生物易繁殖，使水产生色、臭、味，严重时使水体处于富营养化状态。所谓富营养化，是指过量的营养成分（N、P）集蓄在湖泊、水库的水体中，使水中的浮游生物异常繁殖，导致水体自上而下的处于缺氧和无氧状态，水质恶化。

从全国来说，目前绝大部分水厂采用的是常规处理工艺，常规处理工艺对于微污染原水中的氨氮、COD、BOD等的去除效果比较差；取自富营养化水源或微污染水源水，虽经水厂常规工艺处理，其出厂水中有机物及氨氮等含量偏高，如果在常规工艺处理之前加生物预处理，之后加臭氧活性炭深度处理，则情况大为好转；如果取自Ⅰ～Ⅱ类水源水，则经水厂常规处理后的出水，基本达到《城市供水水质标准》（CJ/T206—2005）。很明显，即使经过了深度处理，取自富营养化水源或微污染水源水的出厂水仍存在着二次污染的诸多因素，而取自Ⅰ～Ⅱ类水源水的出厂水虽然也有二次污染的因子，但相对来说较少较轻，1998年浙江省某市自来水公司对公司所有的水源水和出厂水进行了Ames实验。实验发现，在出厂水都符合当时的《生活饮用水卫生标准》（GB5749—85）的情况下，Ames实验的结果并不相同。水质较好的原水，通过常规处理以后，出厂水Ames实验的结果有可能呈阴性；水质较差的原水，其出厂水的Ames实验呈阳性。因而，水源的好坏对于出厂水水质状况有很重要的意义。

从近几年的全国大中城市水质调查的报表可知，我国大中城市自来水公司水厂的出厂水水质基本符合《生活饮用水卫生标准》。35项指标全年综合平均合格率为99.39%，4项常规指标全年综合平均合格率也达到98.73%。

关于出厂水的化学稳定性和生物稳定性见第五章。

4.1.2 出厂水中的无机污染物

水厂出水中含有多种物质，其种类及含量大小，取决于原水水质和水厂的处理工艺。现对出厂水中所含主要无机物质对二次污染的影响分述如下。

1. 铁与锰对二次污染的影响

无论是地表水水源还是地下水水源，均含有一定的铁和锰，而且水中的铁和锰像一对"孪生兄弟"互相共存着。铁和锰其实都是人的重要养料，铁是人体的成分之一，约占人体重量的0.004%，是构成血液中血红素的主要成分，在呼吸中起着催化剂的作用；人体中含锰约为体重的0.003%，大部分分布在心脏，其次是肝脏和肾脏。但过量的铁会使水带有铁腥味，人体摄入过多的铁，容易引起胃肠障碍而下痢。过量的锰呈毒性，长期过量摄取将造成前脑皮质等神经损伤。同时用含铁、锰的水洗涤白色织物会使衣物发黄，生活用水中的铁和锰会在卫生设备上留下黄斑。在工业中的纺织、造纸、印染、钛白粉及胶卷等工业采用含铁、锰的水作为洗涤用水，或生产过程中加到原料中去，会降低产品的白色和光泽，影响颜色的鲜艳性，进一步还会影响生产设备的运行。食品工业和酿造工业如果用含铁、锰较高的水作为原料，会严重影响产品的色、香、味。因此，我国《生活饮用水卫生标准》、卫生部的《生活饮用水水质卫生规范》和《城市供水水质标准》（CJ/T206—2005）均规定：铁≤0.3mg/L；锰≤0.1mg/L。

目前，不少水厂所取的原水中铁、锰含量呈季节变化，造成水厂出水中铁、锰也呈季节性超标；少数水厂出水中铁、锰含量一年四季均超标，进入输水管及配水管网后，特别是进入居住小区管网后，再加上管道本身腐蚀产生的"铁锈"，综合起来，则水中铁、锰严重超标，造成较严重的二次污染。因铁、锰会逐渐沉积在管壁上，不仅会缩小过水断面，降低输水能力，当集中用水、流量增加、流速提高时，铁、锰的沉淀物会冲刷下来；另外，铁、锰在水不流动处（或流动很缓慢处）及管道末端累积沉淀时，更会严重污染水质，即出现所谓的"黑水"和"黄水"现象。

通过实验发现，在某些时期水厂的原水和出厂水中的锰和铁的含量均会超标，在水厂的管材中发现管内壁有一层褐色沉淀，其分布均匀、平滑，并稍有黏稠，同时还发现出厂水取样管沉积物明显厚于原水管道。经检测，其中的沉积物主要是铁、锰。取样管更换后几个月，又出现了上述的沉积现象，经检测其中的沉积物主要仍是铁、锰，而同期原水和出厂水中的铁、锰含量极低。在使用该水厂出厂水做原水的纯净水厂的工艺玻璃管中有一层沉积，呈棕色，经检测成分为铁、锰，对滤砂反冲洗水中的铁、锰含量进行分析，反冲洗水的铁、锰含量分别为 2.9mg/L 和 23.3 mg/L。在新建才一年半的 $DN1000$ 大口径管道内竟均匀地附着一层褐色黏稠物，厚约1mm，用手指擦去此物后发现管道内壁白色涂层保持完好。截取的管材内的样品经风干后褐色黏稠物呈疏松的铁锈色微小颗粒，数日后，转呈黄棕色，经分析其主要成分为铁、锰，且锰含量大大高于铁含量。

实验证明，旧供水管道运行中产生黄水的铁、锰主要来源于金属管道的腐蚀生锈；而新供水管网运行中产生黄水的铁、锰主要来源于自来水中的离子态铁、锰的沉淀积累，而黄水现象的原因是当供水管网受外界影响发生流速突变时，管网中疏松的铁、锰高价态氧化沉积物因水体紊流而被搅起，分散于水中，从而使水呈现黄色，甚至褐色。表4-1、表4-2 中可以很好地说明这个问题。

以河水为原水的管道内铁、锰情况　　　　　　　　表 4-1

取样点	管道材质	有关说明	铁含量（%）	锰含量（%）	铁/锰
甲水厂原水管	无缝钢管	已生锈结垢很牢固	60.1	0.252	238
甲水厂出厂水管	无缝钢管	已生锈结垢易剥落	52.47	0.066	795
相应供水管	铸铁管	已生锈结垢很牢固	51.03	0.057	895

以水库水为原水的管道内铁、锰情况　　　　　　　表 4-2

取 样 点	管道材质	有 关 说 明	铁含量（%）	锰含量（%）	铁/锰
乙水厂原水管	PVC 管	四壁沉积均匀、黏稠性	0.72	21.1	0.03
乙水厂出厂水管	PVC 管	四壁沉积均匀、黏稠性	2.88	15.2	0.19
相应供水管	钢管	沉积均匀、黏稠性，内防腐涂层无损	1.54	11.22	0.14

从表4-1可见，该市以内河水为原水的管网中，铁、锰主要来自于金属管道的生锈腐

蚀，表现为铁含量大大高于锰含量。与局部出现黄水现象的本质相似。

从表4-2可以看出，在以水库水为原水的管网中，铁、锰主要来自沉积，表现为铁含量大大低于锰含量。与大面积出现黄水现象的本质相似。

某市自来水公司的一个水厂在一年的某些季节总会出现比较多的水质问题，在这些季节市民对水质问题的投诉增多，打开给水管道，发现管道中有比较多的褐色、黏稠类的物质。且在这段时间内水厂的氯耗增加很快，前加氯达到每千吨十多公斤之多，在加氯后，平流池中的水变红，经过科研人员的艰苦调查，终于找到问题的原因：这是一起典型的锰含量过高引起的现象。

用方程式表示如下（环境中的锰以MnO_2表示）：

$$MnO_2 \xrightarrow{缺氧环境} Mn^{2+} \tag{4-1}$$

$$Mn^{2+} \xrightarrow{过氯化} MnO_4^- \tag{4-2}$$

$$MnO_4^- \xrightarrow{管网中} MnO_2 \tag{4-3}$$

在水体缺氧的情况下，水体环境中化合状态的锰形成了二价锰离子，而溶于水中（锰离子的浓度决定于外界的各种条件，如：温度、酸碱度、溶解氧值等），导致水中锰离子的含量迅速增加，通过引水管道，富含锰离子的水被送到水厂，在加氯后，因为氯具有比较强的氧化性，所以这些二价锰离子被氧化，为了氧化这些二价锰离子，必须耗费一定量的液氯，为了维持水中一定的游离氯，必须投加更多的氯气，这就是该水厂前加氯如此之高的原因，在大量投加液氯时，一部分二价锰离子被氧化成七价锰离子。众所周知，即使少量的高锰酸盐投加到水里，水体就会呈现比较明显的红色，在平流池中随着二价锰离子被氧化成七价锰离子，平流池的水就呈现了高锰酸盐的红色。

在过滤时，因为七价锰离子是溶解状态，所以通过滤层的水中还含有比较多的高锰酸盐，因为高锰酸盐具有比较强的氧化性，在管网中这些高锰酸盐被还原成二氧化锰，这些二氧化锰随着管网到达居民家里，便出现"黑水"现象。而一部分二氧化锰沉淀下来，便形成褐色、黏稠的管垢类物质附着在管壁。

2. 钙与镁对二次污染的影响

无论是地面水还是地下水，均含有钙（Ca^{2+}）、镁（Mg^{2+}）离子。一般来说，地下水中钙、镁离子含量高于地面水。水中钙、镁离子的总含量称为水的硬度，它分为碳酸盐硬度[$Ca(HCO_3)_2$、$Mg(HCO_3)_2$]和非碳酸盐硬度（$CaSO_4$、$CaCl_2$、$MgSO_4$、$MgCl_2$）。前者煮沸后会沉淀去除，故称为暂时硬度；后者由于在水中溶解度很大，除$CaSO_4$在200℃以上水温可能产生沉淀之外，都不会因煮沸而沉淀，统称为永久硬度。饮含钙、镁离子的硬水有利于人体的健康。美国对253个城镇饮水的调查和分析发现，喝硬水比喝软水（即去除钙、镁离子的水）不易得心血管病，软水地区心血管病死亡率比硬水地区高10%～15%，硬水中的钙、镁能够降低心脏受冲击的危险。水中TDS（含盐量）越高，心脏病发作率越少。饮水中适当含量的硬度与TDS是有益的，适中的硬度为170mg/L左右。

水中的钙、镁离子也会带来一定的危害，如水中的暂时硬度会造成开水壶底结垢，烧开水时多消耗能量；用肥皂洗衣服时使肥皂耗量增加等。在工业给水中的锅炉用水、纺织、印染、造纸等用水都会造成危害。更主要的是对生活饮用水给水管网来说，产生的水垢易造成水质的二次污染。水中暂时硬度中有碳酸氢根，水中又有氢氧根离子，则与钙、镁离子反应产生沉淀物：

$$Ca^{2+} + HCO_3^- + OH^- \rightarrow CaCO_3\downarrow + H_2O \tag{4-4}$$

$$Mg^{2+} + 2OH^- \rightarrow Mg(OH)_2\downarrow \tag{4-5}$$

$CaCO_3$ 与 $Mg(OH)_2$ 沉淀在管道内形成水垢，逐渐积累成为结垢层，而结垢层是细菌、微生物繁殖孳生的场所。微生物不断附着生成而形成生物膜，不仅细菌数增加，而且生物膜老化剥落引起臭、味及色度增加，多方面污染了水质。同时结垢层厚度随着时间的延续而不断增加，使管道过水断面缩小，影响输水能力。

判断管网中钙离子与碳酸盐系统的稳定性采用 Langelier 饱和指数，而饮用水中镁的沉淀形式是 $Mg(OH)_2$，因此判断饮用水中镁离子的稳定性，只要比较 $Mg(OH)_2$ 的实际溶度积计算值与沉淀溶解平衡的溶度积差异即可。

4.1.3 出厂水中的有机污染物

由于工业的迅速发展和城市人口的集中，大量含有有毒、有害物质的工业废水和生活污水，未经适当处理即排入天然水体，直接或间接污染城市的给水水源，其中，以有机污染的矛盾最为突出。特别是微生物所需要的，作为营养基质的有机物，更促进微生物生长繁殖引起的污染。

根据现有的检测仪器和分析技术，水源水中已检出 2221 种有机物。饮用水（指自来水）中检出 756 种，其中 20 种为致癌物，23 种为可疑致癌物，18 种为促癌物，56 种为致突变物。目前不少城市自来水的 Ames 试验结果为阳性，有的甚至有强烈的致突变性。一般来说，因地面水受到不同程度的生活污水、各类工业废水及农药的污染，水中有机物的种类、含量及危害远大于地下水，但目前地下水、特别是地下水中的潜水也受到了污染。20 世纪 90 年代中，对某城市靠近污染河流的地下水采用色质联机（GC/MS）分析检测，发现有 156 种有机物，其中有 67 种为致癌、致畸、致突变的"三致"物质；21 世纪初，另一城市距污染 3km 的地下水同样采用（GC/MS）检测分析，结果检测到 96 种有机物，有 12 种为三致物质。可见，地面水水源和地下水水源都受到有机物的污染，一般地下水是不经过处理直接作为自来水向城市供水；地面水虽经水厂净化处理，但常规处理工艺基本上难以去除水中的有机物，会造成对人们身体健康的危害。

某市自来水公司在 2000 年对该地区的水源（江、河、水库）中在不同季节所含有机物的情况进行了调查，结果在主要河流中发现了 105 种有机物；在湖泊中发现 156 中有机物，有机物种类有烃类、芳香族类、酯、醛、酮、杂环化合物类等，其中 EPA 优控物最多的有 8 种。

在《生活饮用水卫生标准》和《城市供水水质标准》中对于有机物的测定项有：三氯甲烷、四氯化碳、苯并（a）芘、滴滴涕、六六六、林丹等。

4.2 供水管材对管网水质的影响

4.2.1 不同管材及配件自身分解物的影响

供水管材及配件在输水过程中，自身分解物的种类及含量直接影响到供水水质，这是同行业的工程和科研技术人员所公认的。但究竟在目前常采用的生活饮用水管道与配件分解哪些物质，含量是多少？是否符合2001年6月卫生部颁布的《生活饮用水输配设备及防护材料卫生安全评价规范》。因目前生产饮用水管材和配件的厂家，虽然取得了合格证书，但其检测的标准是采用旧的（GB/T17219—1998）原标准；另一方面，假如是同一种管材（如UPVC管），如采用的生产原料不同，也会导致管材质量与分解物质的差别。为此，某市自来水总公司于2003年组织人力和物力，对目前采用的钢塑管、铝塑管、U-PVC、PVC、PE、PP-R 6种型号内径为50mm（配件内径为100mm）由国内12个厂家生产的19种管材（长度取2m）和24种配件，分别进行了1天、3天、5天的浸泡试验与检测。浸泡用的试剂、检测用的仪器设备及全过程的操作等均符合规范标准和要求。

1. 管材的浸泡试验

在浸泡试验前，样品必须经过预处理：用自来水将试样清洗干净，并连续冲洗30min，然后用浸泡水立即进行浸泡。

配制pH值为8、硬度100mg/L、有效氯为2.0mg/L的浸泡水方法如下：取25mL碳酸氢钠的缓冲液［0.04 mol/L碳酸氢钠缓冲液：称取3.36g无水碳酸钠（Na_2CO_3），溶于水中，稀释至1.0L，充分混匀，每周新鲜配制］、25mL的钙硬度储备液［0.04 mol/L钙硬度储备液，称取4.44g无水氯化钙（$CaCl_2$），溶于水中，稀释至1.0L，充分混匀，每周新鲜配制］以及所需的氯储备液［0.025mol/L氯储备液：取7.3mL试剂级次氯酸钠（5% NaClO），用纯水稀释至200mL，贮存于密闭具塞的棕色瓶中，于20℃避光保存，每周新鲜配制］，用纯水（用超纯装置制得超纯水，电导率小于2μS/cm）稀释至1L，按此比例配制实际所需的浸泡水。

其中有效氯含量的测定方法为：取50mL氯储备液，采用碘量法立即分析总余氯，将此值定义为"A"。

测定所需的余氯：为了获得2.0mg/L余氯，需要向浸泡水中加入氯储备液的量，按式（4-6）计算：

$$V = 2.0mg/L \times B/A \tag{4-6}$$

式中 V——需加入氯储备液的体积，mL；

B——标准浸泡水的体积，L；

A——氯储备液的浓度，mg/mL。

试验时的浸泡条件为：受试产品接触浸泡水的表面积与浸泡水的容积之比应不小于在实际使用条件下最大的比例。

浸泡试验时：试验用浸泡水充满受试水管，不留空隙，两端用包有聚四氟乙烯薄膜的干净橡皮塞塞紧，在25℃±5℃避光条件下浸泡24h±1h，72h±2h，120h±2h，另取相同容积玻璃容器，加满试验用浸泡水，在相同条件下对应放置24h±1h，72h±2h，120h±2h，作空白对照。

浸泡水的收集和保存：浸泡一段时间后，立即将浸泡水放入预先洗净的样品瓶中。一般收集至分析间隔的时间尽可能缩短。某些项目需尽快测定。

各项目的检验方法按《生活饮用水检验规范》（2001）执行。

管材的1d（24h）、3d（72h）和5d（120h）的浸泡检测结果，分别见表4-3、表4-4、表4-5。表中属基本检测项目为15项，增加检测项目为13项，共28项。检测结果分别如下。

表 4-3

生活饮用水管材浸泡 24h(±1h)检测数据

项目	钢塑管						U—PVC管				PP—R管				PE管			PVC管18	铝塑管19	允许增量
	1	2	3	4	5	6	7	8	9	10	11	12	13	14	15	16	17			
色度(度)	1	2	1	0	0	1	1	4	0	0	1	1	1	0	0	1	1	1	1	5
浊度(NTU)	0.13	0.20	0.09	0.16	0.25	0.09	0.16	0.15	0.20	0.28	0.24	0.12	0.04	0.08	0.10	0.14	0.14	0.30	0.15	0.20
臭与味	无	无	无	无	无	无	无	无	无	无	无	无	无	无	无	无	无	无	无	无
肉眼可见物	无	无	无	无	无	无	无	无	无	无	无	无	无	无	无	无	无	无	无	无
pH值	0.1	0.1	0	0	0	0.1	0.1	0.1	0	0	0.1	0.1	0.1	0.1	0.1	0	0	0.2	0.1	0.5
溶解性总固体 mg/L	7	6	8	6	7	7	6	9	5	6	8	6	8	7	9	4	7	12	14	10
耗氧量(mg/L)	0.36	0.52	0.20	0.24	0.08	0.20	0.24	0.24	0.14	0.10	0.36	0.09	0.20	0.28	0.08	0.08	0.36	0.28	0.60	1
砷($\mu g/L$)	0.20	0.02	0.20	0.10	0.08	0.02	0.01	0.01	0.03	0.02	0.01	0.02	0.03	0.02	0.01	0.04	0.03	0.05	0.02	5
镉($\mu g/L$)	0.04	0.23	0.05	0.12	0.07	0.08	0.11	0.01	0.05	0.08	0.03	0.01	0.03	0.02	0.03	0.02	0.03	0.19	0.04	0.5
铬($\mu g/L$)	<4	<4	<4	<4	<4	<4	<4	<4	<4	<4	<4	<4	<4	<4	<4	<4	<4	<4	<4	5
铝($\mu g/L$)	12	6	5	8	12	15	7	8	18	16	14	9	8	10	5	6	21	16	28	20
铅($\mu g/L$)	0.7	0.3	7.6	0.3	1.3	1.2	5.6	0.5	0.6	0.8	1.3	0.2	0.3	0.6	0.2	0.3	1.0	0.8	0.5	1
汞($\mu g/L$)	0.03	0.01	0.02	0.02	0.02	0.04	0.03	0.01	0.01	0.02	0.01	0.02	0.01	0.02	0.01	0.03	0.01	0.08	0.02	0.20
三氯甲烷($\mu g/L$)	1.2	3.5	0.9	2.0	4.0	5.3	1.9	4.5	5.8	2.0	5.4	3.7	2.9	6.5	3.6	5.2	1.9	7.2	3.0	6.0
挥发酚($\mu g/L$)	0.6	0.2	0.5	1.2	1.2	0.5	1.4	1.5	1.8	0.9	1.7	0.4	1.5	1.2	1.3	1.2	0.6	1.6	1.2	2

续表

项目	钢塑管					U-PVC管					PP-R管				PE管				PVC管18	铝塑管19	允许增量
	1	2	3	4	5	6	7	8	9	10	11	12	13	14	15	16	17				
铁(mg/L)	<0.05	<0.05	<0.05	<0.05	<0.05	<0.05	<0.05	<0.05	<0.05	<0.05	<0.05	<0.05	<0.05	<0.05	<0.05	<0.05	<0.05	<0.05	<0.05	0.06
锰(mg/L)	<0.02	<0.02	<0.02	<0.02	<0.02	<0.02	<0.02	<0.02	<0.02	<0.02	<0.02	<0.02	<0.02	<0.02	<0.02	<0.02	<0.02	<0.02	<0.02	0.02
铜(mg/L)	<0.05	<0.05	<0.05	<0.05	<0.05	<0.05	<0.05	<0.05	<0.05	<0.05	<0.05	<0.05	<0.05	<0.05	<0.05	<0.05	<0.05	<0.05	<0.05	0.2
锌(mg/L)	<0.03	<0.03	0.05	<0.03	0.05	<0.03	<0.03	<0.03	<0.03	0.04	<0.03	<0.03	<0.03	<0.03	<0.03	<0.03	<0.03	<0.03	<0.03	0.2
钡(μg/L)	<5	<5	<5	<5	<5	<5	<5	<5	<5	25.6	<5	<5	<5	<5	<5	<5	<5	<5	9.7	50
镍(μg/L)	0.6	0.9	2.5	1.5	2.8	0.2	1.4	0.4	1.1	0.1	0.3	0.7	1.5	0.4	0.1	0.2	1.0	1.8	4.1	2
锑(μg/L)	<0.3	<0.3	<0.3	<0.3	<0.3	<0.3	<0.3	<0.3	<0.3	<0.3	<0.3	<0.3	<0.3	<0.3	<0.3	<0.3	<0.3	<0.3	<0.3	0.5
四氯化碳(μg/L)	<0.1	<0.1	<0.1	<0.1	<0.1	<0.1	<0.1	<0.1	<0.1	<0.1	<0.1	<0.1	<0.1	<0.1	<0.1	<0.1	<0.1	<0.1	<0.1	0.2
银(μg/L)	0	<0.1	<0.1	0.1	<0.1	0	0	0	<0.1	<0.1	<0.1	0.3	<0.1	0.2	<0.1	0	<0.1	0.1	<0.1	5
苯乙烯(μg/L)	<1	<1	<1	<1	<1	<1	<1	<1	<1	<1	<1	<1	<1	<1	<1	<1	<1	<1	<1	2
环氧氯丙烷(μg/L)	<0.05	<0.05	<0.05	<0.05	<0.05	<0.05	<0.05	<0.05	<0.05	<0.05	<0.05	<0.05	<0.05	<0.05	<0.05	<0.05	<0.05	<0.05	<0.05	2
甲醛(mg/L)	<1	<1	<1	<1	<1	<1	<1	<1	<1	<1	<1	<1	<1	<1	<1	<1	<1	<1	<0.05	0.05
苯(μg/L)	<1	<1	<1	<1	<1	<1	<1	<1	<1	<1	<1	<1	<1	<1	<1	<1	<1	<1	<1	1

说明：
1. 测试的19种管材，由12个厂家提供，用编号代替；
2. 续表为增测项目，共13项。

生活饮用水管材浸泡72h(±2h)检测数据

表4-4

项目	钢塑管 1	2	3	4	5	6	U—PVC管 7	8	9	10	PP—R管 11	12	13	14	PE管 15	16	17	PVC管18	铝塑管19	允许增量
色度(度)	1	3	1	2	1	1	1	4	0	0	1	1	2	0	2	1	3		1	5
浊度(NTU)	0.15	0.20	0.15	0.18	0.28	0.10	0.20	0.18	0.22	0.30	0.25	0.07	0.10	0.09	0.12	0.15	0.12		0.21	0.2
臭与味	无	无	无	无	无	无	无	无	无	无	无	无	无	无	无	无	无		无	无
肉眼可见物	无	无	无	无	无	无	无	无	无	无	无	无	无	无	无	无	无		无	无
pH值	0.1	0.1	0	0.1	0	0	0.1	0.1	无	0.1	0	0.1	0.1	0.1	0.1	0.1	0.1		0.1	0.5
溶解性总固体 mg/L	9	6	8	6	8	9	7	8	8	8	8	9	7	8	10	7	8		18	10
耗氧量(mg/L)	0.35	0.60	0.20	0.26	0.15	0.30	0.25	0.35	0.15	0.11	0.28	0.11	0.18	0.32	0.11	0.07	0.34		0.65	1
砷(μg/L)	0.24	0.03	0.20	0.10	0.07	0.03	0.01	0.02	0.04	0.02	0.02	0.03	0.03	0.03	0.02	0.04	0.04		0.03	5
镉(μg/L)	0.04	0.15	0.05	0.14	0.08	0.09	0.12	0.02	0.05	0.09	0.03	0.02	0.04	0.02	0.03	0.03	0.03		0.04	0.5
铬(μg/L)	0.40	0.32	0.55	0.04	0.21	0.07	0.03	0.02	0.04	0.04	0.02	0.03	0.03	0.02	0.07	0.03	0.02		0.03	5
铝(μg/L)	14	6	4	7	15	18	6	12	18	17	15	12	9	9	7	7	20		26	20
铅(μg/L)	0.6	0.4	6.3	0.2	1.1	0.8	5.5	0.8	0.7	1.2	1.2	0.2	0.2	0.5	0.3	0.4	0.9		0.6	1
汞(μg/L)	0.04	0.01	0.03	0.02	0.03	0.04	0.03	0.02	0.01	0.02	0.01	0.02	0.01	0.03	0.01	0.04	0.01		0.02	0.2
三氯甲烷(μg/L)	2.0	3.3	1.2	3.1	5.0	5.5	1.7	4.7	5.8	2.8	5.5	3.5	3.2	5.8	1.9	5.6	2.7		3.2	6
挥发酚(μg/L)	0.7	0.2	0.6	1.3	1.4	0.7	1.4	1.4	1.6	1.0	1.7	0.5	1.3	1.8	1.5	1.6	1.7		1.1	2

续表

项目	钢塑管					U-PVC管					PP-R管				PE管			PVC管 18	铝塑管 19	允许增量
	1	2	3	4	5	6	7	8	9	10	11	12	13	14	15	16	17			
铁(mg/L)	<0.05	<0.05	<0.05	<0.05	<0.05	<0.05	<0.05	<0.05	<0.05	<0.05	<0.05	<0.05	<0.05	<0.05	<0.05	<0.05	<0.05		<0.05	0.06
锰(mg/L)	<0.02	<0.02	<0.02	<0.02	<0.02	<0.02	<0.02	<0.02	<0.02	<0.02	<0.02	<0.02	<0.02	<0.02	<0.02	<0.02	<0.02		<0.02	0.02
铜(mg/L)	<0.05	<0.05	<0.05	<0.05	<0.05	<0.05	<0.05	<0.05	<0.05	<0.05	<0.05	<0.05	<0.05	<0.05	<0.05	<0.05	<0.05		<0.05	0.2
锌(mg/L)	<0.03	<0.03	<0.03	0.07	0.05	0.12	<0.03	<0.03	0.04	<0.03	<0.03	<0.03	0.12	<0.03	<0.03	<0.03	<0.03		<0.03	0.2
钡(μg/L)	5.3	<5	<5	<5	6.3	<5	<5	<5	<5	<5	<5	6.5	<5	8.3	<5	<5	5.0		8.6	50
镍(μg/L)	1.1	0.9	2.1	1.1	3.2	0.2	1.2	1.2	2.1	0.3	0.5	0.3	3.6	1.0	0.1	0.2	2.5		4.1	2
锑(μg/L)	<0.3	<0.3	<0.3	<0.3	<0.3	<0.3	<0.3	<0.3	<0.3	<0.3	<0.3	<0.3	<0.3	<0.3	<0.3	<0.3	<0.3		<0.3	0.5
四氯化碳(μg/L)	<0.1	<0.1	<0.1	<0.1	<0.1	<0.1	<0.1	<0.1	<0.1	<0.1	<0.1	0.3	<0.1	<0.1	<0.1	<0.1	<0.1		<0.1	0.2
银(μg/L)	<0.1	<0.1	<0.1	<0.1	<0.1	<0.1	<0.1	<0.1	<0.1	<0.1	<0.1	<0.1	<0.1	<0.1	<0.1	0	<0.1		<0.1	5
苯乙烯(μg/L)	<1	<1	<1	<1	<1	<1	<1	<1	<1	<1	<1	<1	<1	<1	<1	<1	<1		<1	2
环氧氯丙烷(μg/L)	<1	<1	<1	<1	<1	<1	<1	<1	<1	<1	<1	<1	<1	<1	<1	<1	<1		<1	2
甲醛(mg/L)	<0.05	<0.05	<0.05	<0.05	<0.05	<0.05	<0.05	<0.05	<0.05	<0.05	<0.05	<0.05	<0.05	<0.05	<0.05	<0.05	<0.05		<0.05	0.05
苯(μg/L)	<1	<1	<1	<1	<1	<1	<1	<1	<1	<1	<1	<1	<1	<1	<1	<1	<1		<1	1
说明	1. 测试的19种管材，由12个厂家提供，用编号代替； 2. 续表为增测项目，共13项； 3. "允许增量"仍采用浸泡24h的数值。																			

生活饮用水管材浸泡120h(±2h)检测数据

表 4-5

项 目	钢塑管						U—PVC管				PP—R管			PE管			PVC管18	铝塑管19	允许增量
	1	2	3	4	5	6	7	8	9	10	11	12	13	14	15	16	17		
色度(度)	1	3	2	2	2	1		4	0			1	2			2	3	1	5
浊度(NTU)	0.16	0.21	0.17	0.18	0.29	0.10		0.19	0.22			0.14	0.11			0.15	0.16	0.20	0.2
臭与味	无	无	无	无	无	无		无	无			无	无			无	无	无	无
肉眼可见物	无	无	无	无	无	无		无	无			无	无			无	无	无	无
pH值	0.1	0.1	0.1	0	0	0.1		0.1	0.1			0.1	0.1			0.1	0.1	0.1	0.5
溶解性总固体 mg/L	9	6	8	6	8	9		9	8			11	9			8	8	17	10
耗氧量(mg/L)	0.36	0.65	0.20	0.27	0.14	0.32		0.36	0.16			0.10	0.16			0.08	0.36	0.64	1
砷(μg/L)	0.23	0.03	0.21	0.10	0.08	0.03		0.02	0.03			0.03	0.03			0.04	0.03	0.03	5
镉(μg/L)	0.04	0.16	0.05	0.14	0.08	0.08		0.02	0.05			0.02	0.03			0.03	0.04	0.04	0.5
铬(μg/L)	0.4	0.31	0.55	0.04	0.20	0.07		0.02	0.04			0.03	0.04			0.03	0.03	0.03	5
铅(μg/L)	15	6	5	8	14	18		13	19			14	8			7	8	22	20
铝(μg/L)	0.7	0.4	7.8	0.3	1.4	1.1		0.8	0.7			0.2	0.3			0.4	0.36	0.5	1
汞(μg/L)	0.04	0.01	0.03	0.02	0.02	0.04		0.02	0.01			0.02	0.01			0.04	0.02	0.02	0.2
三氯甲烷(μg/L)	2.1	3.4	1.3	3.2	5	5.5		4.5	5.7			3.8	3.0			5.5	2.6	3.1	6
挥发酚(μg/L)	0.7	0.2	0.5	1.3	1.2	0.6		1.5	1.8			0.5	1.6			1.5	0.6	1.2	2

续表

项目	钢塑管						U-PVC管				PP-R管				PE管			PVC管 18	铝塑管 19	允许增量
	1	2	3	4	5	6	7	8	9	10	11	12	13	14	15	16	17			
铁(mg/L)	<0.05	<0.05	<0.05	<0.05	<0.05	<0.05		<0.05	<0.05			<0.05	<0.05			<0.05	<0.05		<0.05	0.06
锰(mg/L)	<0.02	<0.02	<0.02	<0.02	<0.02	<0.02		<0.02	<0.02			<0.02	<0.02			<0.02	<0.02		<0.02	0.02
铜(mg/L)	<0.05	<0.05	<0.05	<0.05	<0.05	<0.05		<0.05	<0.05			<0.05	<0.05			<0.05	<0.05		<0.05	0.2
锌(mg/L)	<0.03	<0.03	0.05	0.06	<0.03	0.08		0.15	<0.03			<0.03	0.10			<0.03	<0.03		<0.03	0.2
钡(μg/L)	<5	<5	<5	<5	5.6	<5		<5	<5			6.6	<5			<5	5.1		9.2	50
镍(μg/L)	0.5	0.7	2.1	1.1	3.0	2.3		0.4	2.1			3.7	1.6			0.2	1.0		4.3	2
锑(μg/L)	<0.3	<0.3	<0.3	<0.3	<0.3	<0.3		<0.3	<0.3			<0.3	<0.3			<0.3	<0.3		<0.3	0.5
四氯化碳(μg/L)	<0.1	<0.1	<0.1	<0.1	0.8	<0.1		0.4	0.6			<0.1	<0.1			<0.1	<0.1		<0.1	0.2
银(μg/L)	<0.1	<0.1	<0.1	<0.1	<0.1	<0.1		<0.1	<0.1			<0.1	<0.1			<0.1	<0.1		<0.1	5
苯乙烯(μg/L)	<1	<1	<1	<1	<1	<1		<1	<1			<1	<1			<1	<1		<1	2
环氧氯丙烷(μg/L)	<1	<1	<1	<1	<1	<1		<1	<1			<1	<1			<1	<1		<1	2
甲醛(mg/L)	<0.05	<0.05	<0.05	<0.05	<0.05	<0.05		<0.05	<0.05			<0.05	<0.05			<0.05	<0.05		<0.05	0.05
苯(μg/L)	<1	<1	<1	<1	<1	<1		<1	<1			<1	<1			<1	<1		<1	1

说 明
1. 测试的19种管材,由12个厂家提供,用编号代替;
2. 续表为增量项目,共13项;
3. "允许增量"数据仍采用浸泡24h的数值。

(1) 浸泡 1 天的检测结果（结合表 4-3）

色度：原国家标准 GB/T17219—1998 规定，浸泡 1 天后不增加色度，新卫生规范允许增加 5 度，按原标准则 19 种中有 12 种超标不合格（1 种 U-PVC 管增加 4 度），按新规范则全部不超标。

浊度（NTU）：新规范规定的增量为 ≤0.2NTU，老标准为 ≤0.5NTU，按新规范，则钢塑管、U-PVC、PP-R 及 PVC 管各有一种超标；按老标准全部合格。

pH 值：原标准 GB/T17219—1998 规定：浸泡后不改变 pH 值，则检测后 19 种有 12 种超标（不合格）。而新规范允许值为 0.5，则全部合格。

铝：原标准无此检测项目，按新规范有 2 种超标。

铅：原国标 GB/T17219—1998 规定允许增量为 $5\mu g/L$，则有 2 种管材超标；新规范规定增量值为 $1\mu g/L$，则 19 种中有 5 种管材超标。

三氯甲烷、挥发酚：挥发酚都未超标；三氯甲烷有 2 种管材超标。

镍：规定增量值为 $\leq 2\mu g/L$，有 3 种管材超标。

臭和味、肉眼可见物、耗氧量、砷、镉、铬、汞、铁、锰、铜、锌、钡、锑、银、四氯化碳、苯乙烯、环氧氯丙烷、甲醛及苯等 18 种都未超标，符合要求。

(2) 浸泡 3 天、5 天的检测结果（结合表 4-4、4-5）

对 18 种管材（表 4-4）浸泡 3 天检测，13 种管材浸泡 5 天检测（表 4-5），结果如下：

色度：浸泡 3 天，9 种管材增加 1 度，增加 2 度、3 度和 4 度的各 2 种，按原国标有 15 种不符合，按现规范均合格；浸泡 5 天，4 种管材增加 1 度，5 种管材增加 2 度，2 种管材增加 3 度，1 种管材增加 4 度，按原国标 13 种中有 12 种不合格，按现规范都合适。

浊度：所有管材均有增加，按允许增值不超过 0.2NTU 要求，浸泡 3 天有 5 种管材达到或超过 0.2NTU；浸泡 5 天，13 种中 3 种管材超过 0.2NTU。

pH 值：浸泡 3 天，18 种管材中 13 种增加 0.1；浸泡 5 天，13 种管材中 11 种管材增加 0.1。与浸泡 1 天相比，pH 值变化不大，均 <0.5 的增量值。

溶解性总固体：浸泡 3 天，有 1 种管材超过 10mg/L 允许增量值；浸泡 5 天有 2 种管材超过允许增量值，与浸泡 1 天相比，增量变幅并不大。

铝：浸泡 3 天有 1 种达到 $20\mu g/L$ 允许增量值；浸泡 5 天，13 种中有 2 种超过允许增量值。

铅：浸泡 3 天有 5 种管材超过允许增量值 $1\mu g/L$，其中最大达到 $6.3\mu g/L$；浸泡 5 天 13 种中有 4 种超标，最大值达到 $7.8\mu g/L$。

镍：浸泡 3 天、5 天各有 6 种管材超过 $2\mu g/L$ 的允许增量值。

臭和味、耗氧量、汞、三氯甲烷、挥发酚、铁、锰、铜、锌、钡、锑、银等均合格。

2. 配件的浸泡试验

对 24 种配件进行了 1 天（24h）浸泡试验，18 种配件 3 天（72h）试验，13 种配件 5 天（120h）试验。试验检测结果分别见表 4-6、4-7、4-8。检测项目为 28 项，其中 15 项为基本检测项目，13 项为增加检测项目，检测结果分述以下：

(1) 浸泡 1 天的检测结果（见表 4-6）

对 24 种管配件浸泡 24h 的检测结果的评定为：

生活饮用水管材配件浸泡24h检测数据

表4-6

编号 项目	1	2	3	4	5	6	7	8	9	10	11	12	13	14	15	16	17	18	19	20	21	22	23	24
色度(度)	0	4	2	1	2	0	1	0	0	0	0	0	0	0	0	0	1	0	1	0	0	0	0	0
浊度(NTU)	0.16	1.58	0.77	0.54	1.02	0.01	0	0.03	0.23	0.03	0.06	0.05	0	0.08	0.10	0.08	0.15	0.09	0.16	0.15	0.08	0.14	0.12	0.08
臭与味	无	无	无	无	无	无	无	无	无	无	无	无	无	无	无	无	无	无	无	无	无	无	无	无
肉眼可见物	无	无	无	无	无	无	无	无	无	无	无	无	无	无	无	无	无	无	无	无	无	无	无	无
pH值	0	0	0	0	0	0	0	0	0.2	0.1	0.1	0.1	0	0	0	0	0	0.1	0	0.1	0	0.1	0	0
溶解性总固体(mg/L)	15	5	9	6	10	7	6	9	8	7	23	15	12	14	8	6	17	7	6	9	4	7	5	6
耗氧量(mg/L)	1.04	0.68	1.08	0.28	0.40	0.24	0	0.52	0.72	0.01	0.04	0	0.08	0.08	0.84	0.12	1.36	0.20	0.24	0.32	0.43	0.16	0.14	0.40
砷(μg/L)	<0.02	<0.02	<0.02	<0.02	<0.02	<0.02	<0.02	<0.02	<0.02	<0.02	<0.02	<0.02	<0.02	<0.02	<0.02	<0.02	<0.02	<0.02	<0.02	<0.02	<0.02	<0.02	<0.02	<0.02
镉(μg/L)	0.04	0.12	0.05	0.13	0.11	0.11	0.10	0.03	0.09	0.12	0.14	0.09	0.10	0.05	0.06	0.02	0.04	0.11	0.03	0.05	0.08	0.10	0.15	0.04
铬(μg/L)	<4	<4	<4	<4	<4	<4	<4	<4	<4	<4	<4	<4	<4	<4	<4	<4	<4	<4	<4	<4	<4	<4	<4	<4
铜(μg/L)	18	25	22	11	<8	<8	<8	<8	<8	<8	<8	<8	<8	<8	<8	<8	<8	<8	<8	<8	<8	<8	<8	<8
铅(μg/L)	0.2	0.5	0.1	0.6	0.6	0.6	0.7	7.6	1.2	0.8	0.8	0.7	0.7	0.7	1.5	5.6	2.9	1.6	0.4	0.5	0.8	0.4	1.5	0.8
汞(μg/L)	0.02	0.02	0.02	0.02	0.02	0.02	0.02	0.03	0.03	0.03	0.03	0.03	0.03	0.03	0.03	0.03	0.03	0.04	0.03	0.03	0.04	0.03	0.04	0.03
三氯甲烷(μg/L)	1.7	5.7	2.6	3.0	1.0	3.3	2.0	4.5	4.8	4.1	5.6	3.8	3.8	2.8	2.8	3.1	2.3	3.2	1.9	1.5	1.8	1.1	3.0	3.0
挥发酚(μg/L)	1.1	0.7	2.0	0.5	0.4	0.6	0.4	0.7	1.0	0.5	1.0	1.1	0.6	1.7	1.3	0.9	3.7	0.5	1.1	1.3	0.3	0.7	1.0	0.9

续表

编号 项目	1	2	3	4	5	6	7	8	9	10	11	12	13	14	15	16	17	18	19	20	21	22	23	24
铁(mg/L)	<0.05	0.35	0.24	0.42	2.00	<0.05	<0.05	<0.05	<0.05	<0.05	<0.05	<0.05	<0.05	<0.05	<0.05	<0.05	<0.05	<0.05	<0.05	<0.05	<0.05	<0.05	<0.05	<0.05
锰(mg/L)	<0.02	<0.02	<0.02	<0.02	<0.02	<0.02	<0.02	<0.02	<0.02	<0.02	<0.02	<0.02	<0.02	<0.02	<0.02	<0.02	<0.02	<0.02	<0.02	<0.02	<0.02	<0.02	<0.02	<0.02
铜(mg/L)	<0.05	<0.05	<0.05	<0.05	<0.05	<0.05	<0.05	<0.05	<0.05	<0.05	<0.05	<0.05	<0.05	<0.05	<0.05	<0.05	<0.05	<0.05	<0.05	<0.05	<0.05	<0.05	<0.05	<0.05
锌(mg/L)	0.10	1.49	1.69	0.30	0.44	0.06	0.01	<0.03	<0.03	<0.03	<0.03	<0.03	<0.03	<0.03	0.06	<0.03	<0.03	0.18	0.07	0.01	0.01	0.01	<0.03	<0.03
钡(μg/L)	2.5	<5	<5	<5	<5	<5	<5	<5	<5	<5	<5	<5	<5	<5	<5	<5	<5	<5	<5	<5	<5	<5	<5	<5
镍(μg/L)	1.6	1.2	2.5	1.0	0.8	0.7	1.4	0.4	1.1	1.4	1.7	0.4	0.6	0.9	0.5	1.5	1.7	0.6	1.4	0.4	1.1	0.9	0.8	0.1
锑(μg/L)	<0.3	<0.3	<0.3	<0.3	<0.3	<0.3	<0.3	<0.3	<0.3	<0.3	<0.3	<0.3	<0.3	<0.3	0.5	<0.3	0.7	<0.3	<0.3	<0.3	0.8	<0.3	0.6	<0.3
四氯化碳(μg/L)	<0.1	<0.1	<0.1	<0.1	<0.1	<0.1	<0.1	<0.1	<0.1	<0.1	<0.1	<0.1	<0.1	<0.1	<0.1	<0.1	<0.1	<0.1	<0.1	<0.1	<0.1	<0.1	<0.1	<0.1
银(μg/L)	<0.1	<0.1	<0.1	0.1	<0.1	0	<0.1	0	<0.1	<0.1	<0.1	<0.1	0	<0.1	<0.1	<0.1	<0.1	0	0	0	<0.1	<0.1	<0.1	<0.1
苯乙烯(μg/L)	<1	<1	<1	<1	<1	<1	<1	<1	<1	<1	<1	<1	<1	<1	<1	<1	<1	<1	<1	<1	<1	<1	<1	<1
环氧氯丙烷(μg/L)	<1	<1	<1	<1	<1	<1	<1	<1	<1	<1	<1	<1	<1	<1	<1	<1	<1	<1	<1	<1	<1	<1	<1	<1
甲醛(mg/L)	<0.05	<0.05	<0.05	<0.05	<0.05	<0.05	<0.05	<0.05	<0.05	<0.05	<0.05	<0.05	<0.05	<0.05	<0.05	<0.05	<0.05	<0.05	<0.05	<0.05	<0.05	<0.05	<0.05	<0.05
苯(μg/L)	<1	<1	<1	<1	<1	<1	<1	<1	<1	<1	<1	<1	<1	<1	<1	<1	<1	<1	<1	<1	<1	<1	<1	<1

说　明　1. 测试的24种配件由12个厂家提供,以编号代替;2. 续表为增测项目。

生活饮用水管材配件浸泡72h检测数据

表 4-7

编号 项目	1	2	3	4	5	6	7	8	9	10	11	12	13	14	15	16	17	18	19	20	21	22	23	24
色度(度)	2	3	3	1	0	0	1	0	0				1	1		0		1	0		0	0	0	0
浊度(NTU)	1.93	0.83	3.03	0.07	0.24	0.10	0.16	1.13	0.02				0.04	0.18		0.83		0.08	0.11		0.07	0.12	0.14	0.10
臭与味	无	无	无	无	无	无	无	无	无				无	无		无		无	无		无	无	无	无
肉眼可见物	无	无	无	无	无	无	无	无	无				无	无		无		无	无		无	无	无	无
pH值	0	0.1	0	0.1	0.1	0.1	0.1	0.1	0.1				0.1	0.1		0		0	0.1		0	0	0	0
溶解性总固体(mg/L)	4	10	11	15	7	12	7	7	6				13	15		9		6	7		5	7	6	5
耗氧量 mg/L	0.56	0.56	0.82	0.16	0.32	0.18	0.22	0.43	0.56				0.32	0.10		0.14		0.18	0.21		0.44	0.17	0.16	0.36
砷(μg/L)	<0.02	<0.02	<0.02	<0.02	<0.02	<0.02	<0.02	<0.02	<0.02				<0.02	<0.02		<0.02		<0.02	<0.02		<0.02	<0.02	<0.02	<0.02
镉(μg/L)	<0.03	<0.03	<0.03	<0.03	<0.03	<0.03	<0.03	<0.03	<0.03				0.06	<0.03		<0.03		<0.03	<0.03		<0.03	<0.03	<0.03	<0.03
铬(μg/L)	<4	<4	<4	<4	<4	<4	<4	<4	<4				<4	<4		<4		<4	<4		<4	<4	<4	<4
铝(μg/L)	22	1	4	6	21	15	11	23	7				11	5		4		17	13		9	9	10	12
铅(μg/L)	0.2	0.3	0.1	1.2	1.1	1.2	0.4	7.8	0.3				0.8	1.0		6.8		1.7	0.5		1.6	1.2	1.2	2.9
汞(μg/L)	0.05	0.03	0.01	0.05	0.02	0.06	0.03	0.03	0.03				0.05	0.03		0.02		0.03	0.04		0.04	0.05	0.03	0.04
三氯甲烷(μg/L)	1.3	4.8	1.3	2.5	0.8	1.8	0.8	2.7	5.1				3.3	2.5		2.6		2.4	1.6		1.6	1.2	2.5	2.8
挥发酚(μg/L)	1.3	1.4	0.5	0.6	1.3	1.2	0.5	2.1	0.8				0.9	1.1		0.5		0.5	0.7		0.4	0.5	0.7	0.8

续表

编号 项目	1	2	3	4	5	6	7	8	9	10	11	12	13	14	15	16	17	18	19	20	21	22	23	24
铁(mg/L)	0.19	<0.05	0.15	<0.05	<0.05	<0.05	<0.05	<0.05	<0.05				<0.05	<0.05		0.12		<0.05	<0.05		<0.05	<0.05	<0.05	<0.05
锰(mg/L)	<0.02	<0.02	<0.02	<0.02	<0.02	<0.02	<0.02	<0.02	<0.02				<0.02	<0.02		<0.02		<0.02	<0.02		<0.02	<0.02	<0.02	<0.02
铜(mg/L)	<0.05	<0.05	<0.05	<0.05	<0.05	<0.05	<0.05	<0.05	<0.05				<0.05	<0.05		<0.05		<0.05	<0.05		<0.05	<0.05	<0.05	<0.05
锌(mg/L)	1.79	1.68	1.32	1.65	1.84	<0.03	<0.03	<0.03	<0.03				0.04	0.27		0.05		1.09	0.09		<0.03	0.01	0.26	0.05
钡(μg/L)	<5	<5	<5	<5	<5	<5	<5	<5	<5				2.6	<5		12.9		2.1	0.3		4.4	<5	4.5	7.8
镍(μg/L)	1.6	1.1	8.0	1.5	4.3	1.0	1.3	3.3	1.1				9.4	0.9		5.1		0.4	0.9		2.9	0.9	9.0	5.1
锑(μg/L)	<0.3	<0.3	<0.3	<0.3	<0.3	<0.3	<0.3	<0.3	<0.3				<0.3	<0.3		<0.3		<0.3	<0.3		<0.3	<0.3	<0.3	<0.3
四氯化碳(μg/L)	<0.1	<0.1	<0.1	<0.1	<0.1	<0.1	<0.1	<0.1	<0.1				<0.1	<0.1		<0.1		<0.1	<0.1		<0.1	<0.1	<0.1	<0.1
银(μg/L)	0	<0.1	<0.1	0.1	<0.1	0	<0.1	0	<0.1				0	0.4		0.1		0	0		<0.1	<0.1	<0.1	<0.1
苯乙烯(μg/L)	<1	<1	<1	<1	<1	<1	<1	<1	<1				<1	<1		<1		<1	<1		<1	<1	<1	<1
环氧氯丙烷(μg/L)	<1	<1	<1	<1	<1	<1	<1	<1	<1				<1	<1		<1		<1	<1		<1	<1	<1	<1
甲醛(mg/L)	<0.05	0.08	<0.05	<0.05	<0.05	<0.05	<0.05	<0.05	<0.05				<0.05	<0.05		<0.05		<0.05	<0.05		<0.05	<0.05	<0.05	<0.05
苯(μg/L)	<1	<1	<1	<1	<1	<1	<1	<1	<1			<1	<1	<1	<1	<1		<1	<1		<1	<1	<1	<1
说　明	1. 测试的24种配件由12个厂家提供，以编号代替；2. 续表为增测项目。																							

表 4-8 生活饮用水管材配件浸泡 120h 检测数据

编号 项目	1	2	3	4	5	6	7	8	9	10	11	12	13	14	15	16	17	18	19	20	21	22	23	24
色度(度)		5	4		0	0	0		0				1	0				0	1		0	0		1
浊度(NTU)		2.14	2.04		1.81	0.05	0.20		0.94				0.36	0.05				0.11	0.13		0.10	0.15		0.09
臭与味		无	无		无	无	无		无				无	无				无	无		无	无		无
肉眼可见物		无	无		无	无	无		无				无	无				无	无		无	无		无
pH值		0.1	0.1		0.1	0	0.1		0.1				0.2	0.1				0.1	0		0.1	0.1		0
溶解性总固体(mg/L)		7	10		16	11	11		13				18	14				7	6		5	6		7
耗氧量 mg/L		1.58	1.20		1.12	1.21	0.24		0.58				0.20	0.5				0.21	0.22		0.43	0.15		0.38
砷(μg/L)		<0.02	<0.02		<0.02	<0.02	<0.02		<0.02				<0.02	<0.02				<0.02	<0.02		<0.02	<0.02		<0.02
镉(μg/L)		<0.03	<0.03		<0.03	<0.03	<0.03		<0.03				<0.03	<0.03				<0.03	<0.03		<0.03	<0.03		<0.03
铬(μg/L)		<4	<4		<4	<4	<4		<4				<4	<4				<4	<4		<4	<4		<4
铝(μg/L)		1	2		18	9	2		2				11	2				16	11		<8	8		<8
铅(μg/L)		0.2	0.1		0.7	0.5	0.3		0.2				0.5	0.6				1.2	0.8		1.2	0.8		3.3
汞(μg/L)		0.03	0.03		0.03	0.05	0.04		0.03				0.03	0.03				0.03	0.11		0.04	0.08		0.08
三氯甲烷(μg/L)		6.4	1.6		1.2	2.4	2.1		4.5				2.6	2.6				2.8	2.0		2.0	1.0		3.2
挥发酚 μg/L		1.9	0.4		1.7	1.1	0.7		0.7				1.1	1.3				0.4	0.9		0.3	0.6		0.9

续表

项目\编号	1	2	3	4	5	6	7	8	9	10	11	12	13	14	15	16	17	18	19	20	21	22	23	24
铁(mg/L)		<0.05	<0.05		0.34	<0.05	<0.05		<0.05				<0.05	<0.05				<0.05	<0.05		<0.05	<0.05		<0.05
锰(mg/L)		<0.02	<0.02		<0.02	<0.02	<0.02		<0.02				<0.02	<0.02				<0.02	<0.02		<0.02	<0.02		<0.02
铜(mg/L)		<0.05	<0.05		<0.05	<0.05	<0.05		<0.05				<0.05	<0.05				<0.05	<0.05		<0.05	<0.05		<0.05
锌(mg/L)		1.39	1.08		1.53	<0.03	<0.03		0.04				<0.03	<0.03				2.13	0.04		0.05	0.14		0.05
钡(μg/L)		23.3	<5		4.3	0.3	5.0		<5				<5	<5				<5	<5		<5	<5		<5
镍(μg/L)		3.9	6.6		4.0	0.8	1.5		1.2				4.8	0.7				0.6	2.1		3.1	0.9		4.9
锑(μg/L)		<0.3	<0.3		<0.3	<0.3	<0.3		<0.3				<0.3	<0.3				<0.3	<0.3		<0.3	<0.3		<0.3
四氯化碳(μg/L)		<0.1	<0.1		<0.1	<0.1	<0.1		<0.1				<0.1	<0.1				<0.1	<0.1		<0.1	<0.1		<0.1
银(μg/L)		<0.1	<0.1		<0.1	<0.1	<0.1		<0.1				0	<0.1				0	0		<0.1	<0.1		<0.1
苯乙烯(μg/L)		<1	<1		<1	<1	<1		<1				<1	<1				<1	<1		<1	<1		<1
环氧氯丙烷(μg/L)		<1	<1		<1	<1	<1		<1				<1	<1				<1	<1		<1	<1		<1
甲醛(mg/L)		0.08	0.06		0.06	<0.05	<0.05		<0.05				<0.05	<0.05				<0.05	<0.05		<0.05	<0.05		<0.05
苯(μg/L)		<1	<1		<1	<1	<1		<1				<1	<1				<1	<1		<1	<1		<1

说　明　1. 测试的24种配件由12个厂家提供,以编号代替;2. 续表为增测项目。

色度：按原国标要求，有7种不合格，按现规范增量不超过5度规定，24种全部合格。

浊度：由5种管配件超过规定的增量值0.2NTU，其中2种超过1.0NTU。

溶解性总固体：18种合格，6种超过增量规定值6mg/L，其中1种达到23mg/L。

耗氧量：21种合格，3种超过增量规定值1mg/L。

铝：24种中有2种超过增量规定值20μg/L，其他均合格。

铅：有7种超过增量规定值1μg/L，有3种超过5μg/L。

铁：有4种超过增量规定值0.05mg/L，其中有1种高达2mg/L。

锌：有4种超过增量规定值0.2mg/L，其中有2种分别高达1.49mg/L和1.69mg/L。

镍：有1种达到2.5μg/L，超过增量规定值2μg/L，其余均合格。

锑：有5种超过增量规定值0.5μg/L，其他均＜0.3μg/L（合格）。

臭与味、肉眼可见物、pH值、砷、镉、铬、汞、三氯甲烷、挥发酚、锰、铜、钡、银、四氯化碳、苯乙烯、环氧氯丙烷、甲醛、苯等各项检测结果均符合规范要求。

(2) 浸泡3天、5天的检测结果

浸泡3天的18种配件中，色度增加1度的5种，增加2度的1种，增加3度的2种；浸泡5天的13种配件中，增加1度的1种，增加4度的1种，增加5度的1种。按原国标要求，共有11种配件不合要求。按现规范色度增量值低于5度要求，则有1种配件不合要求。

浊度：浸泡3天的18种配件中，有7种超过增量规定值0.2NTU，其中3种超过1NTU；浸泡5天的13种配件中，有5种超过0.2NTU，也有3种超过1NTU。共计有12种配件超标。

溶解性总固体：浸泡3天和5天后，分别有5种和6种（共11种）配件超过增量规定值10mg/L。

耗氧量：浸泡3天的均合格。浸泡5天的，13种中有3种超过规定值1mg/L。

铝：浸泡3天后，有3种配件略超过增量规定值20μg/L，浸泡5天的13种配件均合格。

铅：浸泡3天的有8种配件超过增量规定值1μg/L，其中有2种高达5μg/L，浸泡5天的有3种超过1μg/L。

三氯甲烷：浸泡3天的均未超过增量规定值6μg/L，浸泡5天的有1种达6.4μg/L。

挥发酚：浸泡3天的有1种达到2.1μg/L，超过规定值2μg/L。浸泡5天的均＜2μg/L。

铁：浸泡3天的有3种超过增量规定值0.06mg/L，并且均＞0.1mg/L；浸泡5天的有1种超过0.06mg/L，并且高达0.34mg/L。

锌：浸泡3天的，有8种超过增量规定值0.2mg/L，其中1种高达1.84mg/L；浸泡5天的有4种超过0.2mg/L，其中有1种高达2.13mg/L。

钡：浸泡3天的有2种超过增量规定值＜5μg/L，其中1种高达12.9μg/L；浸泡5天的也有2种超标，其中1种高达23.3μg/L。

镍：浸泡3天有8种超过增量规定值2μg/L，其中最高达9.4μg/L；浸泡5天有7种超标，最高达6.6μg/L。

甲醛：浸泡3天有1种超过增量规定值0.05mg/L；浸泡5天有3种超标。

臭和味、pH值、砷、镉、铬、汞、锰、铜、锑、银、四氯化碳、苯乙烯、环氧氯丙烷、苯等均未超标。

3. 浸泡试验结果分析

(1) 浸泡试验的目的，是了解掌握居住小区给水管材与配件分解哪些物质，数量是多少，是否会对供水水质造成二次污染。从试验结果可见，28项检测指标中除"臭与味"、"肉眼可见物"两项指标外，其余26项指标均有分解物检出。从总体上来说，大多数检测值小于"增量允许值"，但也有约1/4～1/5的检测值超过"增量允许值"，有的超过几倍，如浊度，超过增量规定值0.2NTU的有33种，其中超过1NTU的有8种，最大值为3.03NTU，是规定值的15倍；溶解性总固体允许增量值为10mg/L，有29种超过规定值，最大为23mg/L，是规定值的2.3倍；又如重金属元素铅，增量规定值为1μg/L，有36种超过1μg/L，其中>5μg/L的有9种，各有2种达到7.6μg/L和7.8μg/L，分别是规定值的7.6倍和7.8倍。

(2) 表中的编号是生产厂家的代号，可见同一种管材和配件，不同生产厂家，其质量和分解物的数量也不同，有的差异较大。如浊度来说，同样是钢塑管，浸泡1天，编号5为0.25NTU（超标），而编号3为0.09NTU，相差近3倍；U—PVC管，浸泡1天，编号9为0.28NTU（超标），而编号6为0.09NTU。再以铅来说，同样是钢塑管，浸泡1天 编号3为7.6μg/L（>1μg/L，超标），而编号4为0.4μg/L，编号3是编号4的25倍。又如同样是U—PVC管，浸泡1天，编号7为5.6μg/L（超标），而编号8为0.5μg/L，编号7是编号8的11倍。上述说明，不同生产厂家在生产的管材材质上存在着明显的差异。因此在购置管材及管配件时应选择合格的厂家，以保证质量。

(3) 试验所取管材长度为2m，配件各为1个，而输水管道常在几百米以上，甚至数公里，配件也有几十个、几百个，则分解出的物质数量就更大，如果累计起来，危害更大，有些分解出来的物质还可能与水中的其他物质反应，生成新的物质。总之，结论是肯定的，管材及配件存在着对供水水质的二次污染。

4.2.2 管道属性对水质的影响

出厂水进入管网后，除在水体中继续进行各种反应外，同管道的管壁也进行着各种反应。这些反应有生物性的、物理性的、化学性的，除了受出厂水水质影响外，与管道的属性关系密切，管道属性包括管道材质、管道使用年限、管径、防腐等。

1. 金属管道和非金属管道对管网水的影响

从管道的原材料来说，给水可分为：金属管道和非金属管。从管道的种类来分，我国常用的输配水管道有：铸铁管、钢管、给水塑料管（UPVC管、PE管等）、预应力钢筋混凝土管、玻璃钢管、铝塑复合管、衬里钢管（PVC衬里、PE粉末树脂衬里）等。

(1) 金属管道

室外金属给水管道主要是钢管、铸铁管等。以防腐蚀性能来说，钢管可分为保护层型、无保护层型与质地型，如黑铁管（不镀锌钢管）、镀锌管和钢塑复合管。一般来说，钢管的耐腐蚀性能较差，管壁内外都必须有防腐措施；铸铁管可分为灰铸铁管和球墨铸铁管，灰铸铁管有较强的耐腐蚀性，但质地较脆、抗冲击和抗震能力较差、重量较大，易发生接口漏水、水管断裂和爆管事故；球墨铸铁管抗腐蚀性能远高于钢管，强度是灰铸铁管的多倍，且重量较轻，很少发生爆管、渗水和漏水现象。

据调查，目前我国城市供水管网中，铸铁管仍占有相当大的比例，约占80%以上，近几年逐渐淘汰了灰口铸铁管，大量使用球墨铸铁管。台北市在1996年敷设3412km管道中，球墨铸铁管占84.8%；东京市城市供水管网中，球墨铸铁管约占90%；美国近几年，年安装供水管道23万km，球墨铸铁管占47.7%。数据说明球墨铸铁管是城市供水管网的主要材料。在国外DN50～2900mm之间均有球墨铸铁管的产品，在国内DN100～2200mm之间也有球墨铸铁管的产品。由于供水管网的建设费用通常占供水系统建设费用的50%～70%，因此如何通过技术经济分析确定供水管网的建设规模，恰当选用管材及设备是管网合理运行的保证。

当出厂水带有腐蚀性或管道使用年限过长时，金属管内壁就会发生腐蚀、结垢、沉积现象，石田方夫在调查金属管道的腐蚀情况时发现，其一，镀锌管从使用1年到17年的，共10例，均有不同程度腐蚀，其中有1例埋地安装仅1年就因局部腐蚀而穿孔；装在室内的消防管，因使用频率不高，内壁锈蚀严重，出现瘤状物，但未穿孔。其二，钢管从使用6个月至18年的5例，内壁均全部腐蚀，其中1例为使用18年的蒸汽凝结水管管壁明显变薄；另一例使用6个月的冷却水管在水泵吸入侧的内壁全部出现黑色腐蚀，且有剥离。其三，铸铁管用于冷却水1例，使用6个月，内壁有黄色结晶物。其四，铜管13例运行时间为3个月到16年3个月，其中1例使用2年10个月的黄铜管产生腐蚀；紫铜管6例使用9到16年，出现不同程度、不同深度方向的腐蚀。这些腐蚀、结垢现象，在外界条件变化时就会影响饮用水水质。

2001年某市某村村民反映他们所用的自来水水质有问题，新买的铝制水壶在使用不长的时间后就会结上一层厚厚的水垢，且烧开的水有一股味道，经调查发现，原水各项指标良好，但居民家中自来水中的锌含量达到1.5mg/L，该村自来水工程为自建项目，使用的管道为镀锌管，投入使用的时间仅两年多，由此可见镀锌管对饮用水污染之严重。

2005年春末夏初，山东某市不少居民家中出现黄水现象，在采取了改变原水、排污等措施后，多数居民区供水水质已经恢复正常，而一些小区内部的水质仍未好转。调查发现，水发黄地区大部分居民楼已经建成使用20年左右，楼内管道所用管材均为镀锌管，进楼管道直径大于50mm的均为铸铁管，直径小于或等于50mm的均为镀锌管。而另外一些使用PE管等新型供水管材居民楼的区域内，自来水公司采取措施后则一直未出现过黄水现象。

(2) 非金属管道

室外非金属给水管道有混凝土管、钢筋混凝土管、石棉水泥管、玻璃钢管、塑料管和（钢骨架增强）塑料复合管等几大类。室内非金属管材有塑料管和塑料复合管。其中预应力钢筋混凝土管耐腐蚀、管壁光滑、水力条件好，但重量大；玻璃钢管耐腐蚀、不结垢、能长期保持较高的输水能力、强度高、粗糙系数小；塑料管具有强度高、表面光滑、不易结垢、水头损失小、耐腐蚀重量轻等特点，但管材的强度低、膨胀系数较大，塑料管有多种，如聚乙烯管、聚丙烯管和丙烯腈-丁二烯-苯乙烯塑料管等。

在同样距离和基本相同的流速情况下，在水泥管中水体余氯的衰减速率明显低于在钢管中，南方某市测定无内防腐管中单位距离余氯衰减速率为0.833mg/(L·km)，水泥管中为0.139mg/(L·km)，而在敷设年代较早、无内防腐致使腐蚀严重的管道中衰减速率，又明显高于在较新、有内防腐的管道中的衰减速率。

为了了解镀锌管和塑料管（UPVC）对水质的影响，分别对采用这两种不同供水管材的居民小区管网水进行抽样检测，结果见表4-9。

镀锌管和塑料管对水质影响的抽样检测表　　　　　　　　　　表4-9

管材	浊度（NTU）	色度	铁（mg/L）	锌（mg/L）
镀锌管	0.3~1.6	<5.0~6.5	<0.10~0.20	<0.02~0.14
塑料管	0.2~0.4	<5.0	<0.10	<0.02~0.04

从表中可以看出，塑料管对水质的影响大大低于镀锌管对水质的影响，虽然如此，因塑料管是高分子合成材料，存在稳定性问题，当使用时间较长时，这些材料会产生分解现象，分解出的有机分子会溶于水中，虽然量很小，但对水质的污染程度和对人体健康的影响却是不可忽视的。

还有塑料材料当中一些物质的溶出也会对水质产生影响，如生产PVC材料时，经常会使用铅盐作为稳定剂，使用时间较长时，PVC热稳定剂的铅盐会析出直接造成饮用水的重金属污染。UPVC管的粘接接头易老化，长期使用水中易产生臭味。

有人用纯净水测定了不同材料的污染值（单位面积的材料使单位体积去离子水电阻率的增加值叫该材料对净水的污染值），结果见表4-10。

不同材料对纯净水的污染值　　　　　　　　　　表4-10

材料	聚四氟乙烯管	聚丙烯管	ABS管	有机玻璃管	不锈钢管	硬聚氯乙烯管	灰聚氯乙烯管
污染值（mg/L）	0.070	0.138	0.210	0.810	1.000	4.250	4.460

从表中可以看出，所有的管材均存在污染值，硬聚氯乙烯管和灰聚氯乙烯管的污染值比不锈钢管还要大。

石棉水泥管中，对人体健康有严重影响的石棉纤维从出厂水到管网有不同程度的增加。

2. 管道使用年限及管道内防腐对管网水质的影响

无论是金属管道还是非金属管道，随着使用年限的增加，对管网水水质的影响都会增大。

2005年5月，某市发生大面积的黄水现象，经调查发现，外界诱因是水厂加氯量的增大和用户用水量的突然增加，根本原因是该区给水管道使用年限过长，腐蚀、结垢严重，在水质条件发生改变时，就发生了水质污染事件，而同市的另一个区，同样的情况，黄水情况就好得多，因为该区给水管道使用的年限较短。

对于没有防腐内层的金属管道，随着使用年限的增加，将会发生严重的腐蚀、结垢，甚至穿孔现象。实践表明，对于未作防腐处理的铸铁管道，使用年限超过5年的，其腐蚀、污垢将达到严重的程度，引起水质恶化，管道使用年限越长，腐蚀越严重，水质状况越糟。通过对较早年代，由铸铁管和钢管组成的管线与由水泥管和水泥砂浆内衬组成的管线对比实验可以发现，前者管道中的铁离子浓度升幅较大，为0.034mg/（L·km），后者较小，为0.007mg/（L·km）。而水泥管中铁离子浓度升高，可能主要是由金属管道配件的污染，以及内防腐脱落后，管道腐蚀造成的。

对于涂沥青类物质内衬的管道，随着时间的增长，由于内壁腐蚀、结垢，导致水中铁、锰、铅、锌等金属物质和各种细菌指标的含量增大。同时沥青涂层含有的致癌物质会被溶出进入水中，严重污染水质。

水泥砂浆衬里的铸铁管等作为管材的城市给水干管，除余氯稍有降低，浑浊度、溶解性总固体等略有升高外，其他指标与出厂水相比较无明显差异。但有时水泥砂浆经长期浸泡、冲刷，水泥成分渗出流失，以致引起水泥砂浆结构松散，部分脱落的水泥砂浆流至用户表前，有的甚至导致阀门不能启闭；有时因管道施工回填后变形引起砂浆爆裂，部分脱落；由于水的碱化作用，不仅降低了管径的有效过水断面，而且对水质也产生不良的影响。在这些情况下，腐蚀和结垢是不可避免的。使用环氧系列涂料、氟碳涂料能比较好地克服上述缺点和不足。

塑料管材也会随着使用时间的增长，产生沉积现象和微生物生长现象。

3. 管道属性对水质影响的表现形式

由于管材本身的成分、内壁材料和质量对管网水质造成影响，主要表现如表4-11。

管材材质因素所致影响　　　　　　　表4-11

表现形式	原因
黄红水	管材老化或镀锌层附着力差，局部脱落而产生锈蚀，铁锈溶于水中
黑渣	铸铁管内壁的防护涂层，如沥青等脱落碎裂
白水	镀锌管中的锌溶于水中超出限值，常见于新的镀锌管水嘴早晨放出夜间滞留的水
pH值高	管材内壁砂浆衬里中的碱渗出
金属含量高	金属管材质量及防腐层不符合国家标准
有机物含量高	塑料管材连接处的胶水成分及溶出物
其他	管材年久失修、破损、断裂、漏水等，致脏水进入，造成水质污染

4.3 管道腐蚀与结垢对水质的影响

4.3.1 管道的腐蚀和结垢

1. 管道的腐蚀

金属管道的腐蚀是一个世界性的问题，腐蚀起因多种多样，主要有双金属电池腐蚀、浓度电池腐蚀、化学腐蚀和微生物腐蚀。双金属电池腐蚀是由两种不同的金属或不同成分组成的一种金属（合金），接触于同一水体而发生的腐蚀，是电化学腐蚀的一种形式；浓度电池腐蚀是由于金属离子浓度、溶解氧浓度等不同，产生电池效应而发生的腐蚀，是电化学腐蚀的另一种形式；化学腐蚀是直接或间接与水化学反应引起的腐蚀，在给水系统金属腐蚀的过程中，纯粹的化学腐蚀比微生物催化下的电化学腐蚀次要得多，它总是与电化学腐蚀交叉一起进行的；微生物腐蚀是指有铁细菌和硫酸盐还原菌参与下的腐蚀过程，前者是给水系统腐蚀中非常有害的细菌，会造成结瘤、产生"红水"事件，而后者在给水系统的金属厌氧腐蚀过程中，会加剧电化学腐蚀和还原的硫化氢与铁作用的腐蚀。

金属管道腐蚀程度的鉴别方法见表 4-12。

金属管道腐蚀程度的鉴别方法　　　　　表 4-12

	腐蚀程度	表面情况	颜　色	去锈工具及方法	去锈后表面状况
钢材	轻锈（浮锈）	呈较均匀细末	黄或淡红	用粗布或棕刷	轻微损伤氧化膜
	中锈（迹锈）	呈粉末状	红褐、淡赭	硬棕刷、钢丝刷	部分氧化膜脱落、表面粗糙或锈眼
	重锈（层锈）	片状锈层或凸起锈斑	暗褐、红黄	硬钢丝刷、钢丝刷	呈现麻坑
	水渍	受雨、海水侵蚀呈水纹印记	灰黑、暗红	麻布	轻者无锈痕，重者有印痕
铜材	水纹印	成平滑水纹状暗印	褐色	麻布	平滑印痕
	迹锈	呈不平水纹	黑、浅绿	粗麻布、棕刷	稍呈粗糙
	绿锈	凸起呈斑点或层状	深绿	硬棕刷	呈麻坑
锌铝材	白浮锈	呈细粉末	白	用布	留有平滑暗灰色锈印
	白迹锈	有斑点或水纹	白	用布	稍呈粗糙
	白重锈	凸起	白	麻布	呈现小坑

2. 管道的结垢

给水管道中水垢中的物质来源大致有 3 种：即由铁锈产生的锈垢；钙镁离子产生的结垢和水中悬浮杂质沉淀而形成的泥垢。

锈垢。它是由水的腐蚀作用产生的，在整个管壁上生成单独的或连续的隆起物，瘤状沉积物的硬度很大，和管壁的粘结力也十分大，瘤的高度可达 30～40mm 或更高一些。

泥垢。它形成的因素有三，其一是由管内的砂子和浮游微粒与水流缓慢或不流动的死水区接触、碰撞而逐渐沉淀形成的；其二是在管道维护或抢修过程中有泥浆水进入沉淀形成的；其三是微生物生长繁殖形成的生物膜，被水流冲刷、剥落的黏垢等沉淀形成的。在水中有溶解的铁质时就特别厉害，底部沉积物具有非结晶构造，初始时利用冲洗可以容易地把它和管壁及管底分开，但是随着时间的增长，它就胶结起来，变得很密实，并且和管道粘住，泥垢在给水管道中较为普遍。泥垢相对来说比较散，易被冲起而漂浮。

钙垢。它是由所输送的水中含有的过饱和碳酸钙（镁）沉淀而形成的，在小直径的管内，这种沉积物是由水的腐蚀作用产生的，水中微生物（铁细菌）在生存期的活动，也能生成这种沉积物，不均匀沉积物可随时间而增多，几乎能够充满整个管子断面使城市的供水遭到很大影响。由钙、镁离子形成的水垢在管道中较常见和普遍。对于饱和指数 $LSI > 0$ 和稳定指数 $RSI < 6.0$ 的不稳定水质，往往会在供水管道内产生钙垢和镁垢。因镁与钙的性质相似，故统称为钙垢。

上述三种水垢的特点是：泥垢较松散，钙垢较坚硬，锈垢如果是属管自身锈蚀、腐蚀引起的，则造成管内壁凹凸不平，粗糙度增加；如果是水中含有的重碳酸铁 $[Fe(HCO_3)_2]$ 分解氧化形成的，则不论哪种管材的管道内均会存在。水垢是上述三种垢的总称。

4.3.2 水垢的成分分析

水垢是沉积物、锈蚀物和黏垢这三者相互结合成的复合体，它主要以锈瘤的形式存在。管垢中含有大量的铁、锰、铝和各种细菌及藻类。

1. 水垢中的化学成分

对某地管壁进行X-射线能谱分析表明：锈瘤主要是由铁、钙、锰、硅、磷、镁、铝和硫组成，还有少量铜和镉。从水泥砂浆衬里的铁管中刮除的锈瘤，用发射光谱分析显示有9.87%的材料是铁。这些粗糙不规则的锈瘤表面能为微生物提供很大的表面积和保护。

取下镀锌管中和铸铁管中的水垢进行化学元素和各种元素的含量分析，结果如表4-13。

铸铁管与镀锌管水垢的化学成分（以氧化物计，质量分数） 表4-13

项目	Fe_2O_3	SiO_2	ZnO	SO_3	Al_2O_3	Na_2O	CaO	MnO	Cr_2O_3	Cl	P_2O_5	MgO
铸铁管	92.62	1.64	0.09	2.17	0.18	0.33	1.42	0.20	0.05	0.49	0.57	0.23
镀锌管	95.13	2.10	0.89	0.72	0.19	0.45	0.14	0.08	0.05	0.04	0.04	0.16

2. 水垢中的微生物及生物膜

有充分的证据证明绝大多数配水管网中管壁都有微生物麇集。对水垢进行电析有以下特征：其一，坚硬且多孔的表面；其二，表面薄层以下有许多晶体；其三，表层附近麇集微生物。

（1）水垢中的微生物

Allen等发现，在美国各个水厂的管网管垢中，都有很大数量的球状菌、杆状菌、丝状菌和藻类。具有铁细菌特点的螺旋茎的盖氏铁柄杆菌属也大量出现在水样和管壁上，这类菌属能将二氧化碳还原成细菌细胞所需的能量，同时通过分子氧把Fe^{2+}氧化成Fe^{3+}，随着细菌的生长，铁离子——氢氧化铁的形式聚集，并沉淀在管壁。研究还发现，铁细菌并不是引起管道腐蚀的起因，而是细菌的活动助长了差异充气电池而加快了腐蚀，当硫酸还原菌侵入铁细菌所产生的凸起物中时，环境状况就会变得更加厌氧，而且在局部阳极和阴极表面之间的电位差变得更大，进一步加快腐蚀。扫描电镜显示$10\sim50\mu m$粒径的颗粒上17%附着有细菌，密度大约为每个颗粒上有10~100个。

铁细菌是一种特殊的营养菌类，它依靠铁盐的氧化，以及在有机物含量极少的清洁水中，利用细菌本身生存过程中所产生的能而生存。这样，铁细菌附着在管内壁上后，在生存过程中能吸收亚铁盐和排除氢氧化铁，形成凸起物，这种凸起物的核心经常是由黑色的硫化铁组成，凸起物主要是由氢氧化铁组成。由于铁细菌在生存期间能排出超过其本身体积499倍的氢氧化铁，所以有时能使水管严重堵塞，并且这些凸起物是沿着管内壁四周生成的。大量的亚铁离子储存于铁细菌，而在细菌表面生成了氧化后的产物（三价铁的氢氧化物），为棕色黏泥。

Olson检查出水泥砂浆衬里的水管表面不动杆菌属（*acinetobacter*）密度高达10×10^8个/cm^2。Tuovinen和Hsu从管壁的锈瘤中检查出细菌个数在$40\sim3.1\times10^8$个/g之间，微生物的种类繁多，有硫酸盐还原菌、硝酸盐还原菌、硝化细菌、硫氧化菌和各种不明种类的异养菌。

硫酸盐还原菌是一种腐蚀性很强的厌氧细菌，它常存在于管内壁上，在没有氧的条件下，在金属管道电化学过程中主要在阴极起极化剂的作用，能把硫酸盐还原成硫化物，这样就加快了管道的腐蚀结垢速度。据报道，在铁、硫细菌参与下的腐蚀速度会增大 300～500 倍。

还有一种需氧的自养硫细菌（如排硫杆菌和蚀固硫杆菌）在有氧条件下能使硫或其他硫酸化合物（如硫代硫酸盐）氧化，反应最终产生硫酸，让细菌在实验室培养基上生长，可使 pH 降低到 0.7 这样强的酸性显然会促使金属腐蚀。厌氧的硫酸还原菌能分解含硫的有机物，产生硫化氢，在金属的电化学反应中，硫化氢与铁离子反应而使阳极去极化，从而促使腐蚀；研究人员还发现，水中产生甲烷的细菌会消耗阴极氢，从而使金属管道内部微弱的原电池反应去极化，促进管道的腐蚀。

Nagy 和 Olson 报道：管壁不同，异养菌的密度范围在 $10～4.7\times10^4$ 个/cm^2 之间，酵母菌（$yeasts$）的数量范围是 0～560 个/cm^2，丝状细菌（$fungi$）的数量范围是 0～20CFU/cm^2。

Donlan 和 Pipes 把一种管垢取样装置放在费城郊外的给水管网中，发现当水温在 20～25℃时，在 28～114d 内细菌麇集生长在挂片上达 $10^4～10^8$ 个/cm^2。Nagy 等发现当水中自由余氯为 1～2mg/L 时，异养菌的个数仍高达 1.9×10^4 个/cm^2，和管壁生物膜有关的细菌有黄杆菌属（$flavobacterium$）、不动杆菌属（$acinetobacter$）、芽孢杆菌属（$bacillus$）、假单孢菌属（$pseudomonas$）、产碱杆菌属（$alcaligenes$）、无色杆菌属（$achromobacter$）和节杆菌属（$arthrobacter$），其中节杆菌属是主要种类，约占 20%。

Nagy 和 Olson 还发现管线的服务年限和细菌的密度之间有着某种关系，据估计每增加 10 年服务期，管壁上异养菌的数量就增加一个对数，造成这种现象的原因是管道内流速的分布不均，管壁处的流速最低，冲刷作用最小，这就为细菌的繁殖提供了"避风港"，水中的余氯只会杀伤生物膜外侧的细菌，而内侧的细菌没有任何损伤，一旦管壁上生物膜被脱落就形成污染。Seidler 等在贮水池的黏质层中分离出了克雷伯氏菌（$klebsiella$）。Olson 在南加州的水泥砂浆衬里的管子中，检测到大肠埃希氏杆菌（$E.coli$）。Victoreen 从配水管网的锈瘤中分离出了阴沟肠杆菌（$enterobacter.cloacac$）和黏质沙雷氏菌（$serratia,marcescens$）。

贺北平博士对南方某市自来水管网的管道内壁进行了研究，管道内壁有黄色锈瘤，最大瘤高 40mm，直径为 40～50mm。取管垢在 550℃加热 30min，可挥发性物质为 13% 左右（在 550℃减重），进行菌种鉴定后发现了黏质沙雷氏菌和乙酸钙不动杆菌产碱亚种（$aceinetobater\ calcoaceticuss\ subsp.Alcaligenes$），其中黏质沙雷氏菌是条件致病菌。

(2) 管道内的生物膜

水在管道内流动过程中有些水中化合物会发生复杂的分解或化合作用。水中含有的能被细菌利用的营养物，水与管内壁的材质亦会发生化学作用，使管道内微生物繁殖并附着在管壁，管壁表面的细胞不仅增加水中悬浮细胞的继续沉积，而且其数量主要通过随后的粘附生长来增加，在管内形成的微生物覆盖层被称为生物膜。

生物膜并不是孤立的，通常与各种有机、无机沉积物以及细胞分泌物粘结在一起。生物膜造成管壁局部表面电位差而使管道腐蚀、结垢形成水垢。结垢和腐蚀的产物以及管道的粗糙内壁又为细菌的繁殖提供了场所，主要表现在细菌学指标、总有机碳、总铁、锌、锰、色度、浊度、亚硝酸盐氮、酚类等在水中增多，致使超过国标规定值。造成这种水质二次污染的主要环节和因素是配水管网的管内壁粗糙不平、水流速度较低。

在管道生物膜中，微生物生活在一个与流动水体完全不同的微环境中，微生物大体上是不动的，被包藏于水化的基质中。生物膜中细胞密度比悬浮状态的要大，在较纯的系统中甚至可高出 5～6 个数量级，形成生物膜的微生物种类很多，这些不同种的微生物在长时间接触可能产生协同的微同生作用。生物膜的基质具有抗药物影响的性能，基质的物理化学性质决定了微生物的生命活动。一般情况下，基质中水分含量达到 70%～95%，细菌黏液物质（胞外高聚物）在干燥重量的 60%～95% 范围内波动，而纯微生物含量只占有机质的一小部分。生物膜的厚度随环境条件而变化很大，在有强剪切力的系统中，微生物膜只有几个微米厚，而在弱剪切力的系统中微生物的沉积可达数厘米厚。在天然水流系统中，生物膜的厚度大都在 50～150μm 之间，Charaeklis 等人发现，单菌种铜绿菌生物膜的稳定厚度为 40μm，而多菌种生物膜在相同条件下的厚度为 140μm，从流体力学来看，生物膜的性质与凝胶相似，都是黏弹性的，这样就会造成水流系统中摩擦阻力的超比例增加。

在自然状态下，水中病毒可能有三种存在的形式：即单个病毒颗粒；许多病毒聚集在一起；吸附或包埋在固体中。进入水中的游离病毒很容易以某种还不十分清楚的方式与悬浮物结合。试验发现病毒很容易吸附悬浮于水中的固体，如黏土、砂以及管道中的污垢、锈垢、淤泥及沉淀物上，这也就很容易吸附在管壁的生物膜上。吸附在悬浮物上的病毒并没有被灭活，仍具有感染实验动物和寄生细胞的能力。病毒的吸附作用不仅可延长病毒的存活时间，而且可以起到病毒抵抗消毒剂的灭活作用。根据资料报道，附着在颗粒表面的细菌改变了它们的生理特性，对营养物的摄取更具灵活性，对恶劣环境如饥饿、重金属和氯具有更强的抵抗力，附着后比附着前的抵抗能力增加 150～3000 倍。

4.3.3 腐蚀和结垢对水质的影响

1. 管道的腐蚀对水质的影响

金属管道被腐蚀后，在管道表面形成一层蓬松的铁垢。在水流的物理冲刷下，铁垢中的二价铁离子被释放出来，它可以继续被氧化成三价铁离子，形成红色颗粒物导致水的色度升高，严重时产生"黄水"现象。铁从管垢释放后，在管网中形成铁的颗粒悬浮物，因此当管网中铁释放量增加后，管网水中的颗粒悬浮物也相应增加，从而导致管网水的浊度增加，对北方某市管网水研究发现，当水中铁离子含量 >1mg/L 时，管网水的浊度 >6NTU。铁含量和浊度之间有一定的线性关系。

管道的锈蚀必将导致水中游离余氯含量迅速减少，会使微生物在管网中重新生长，导致菌落总数等生物学指标超标。为了保持水中的游离余氯含量，必须加大消毒剂的用量，但这又会使消毒副产物、对人体有害的"三致"物质增加，同时，因为氯是强氧化性物质，随着加氯量的增大，一方面氯对管道的腐蚀性增强，导致管道的腐蚀更加严重，另一方面，氯还会将因腐蚀而产生的二价铁氧化成三价铁，导致产生"黄水"现象。

2. 生物膜对管网水的影响

在输水系统中，管道内生物膜的存在与孳生增大水的流动阻力，增加管道的粗糙度（即 n 值），使得输水管的输送效率下降，影响水压，使管道的使用寿命缩短，这是因为水压的下降，影响用户的正常用水，不得不采用提高水压的方法来满足，这样使二级泵站动力消耗增加，使管网的服务年限降低，并有可能造成管道爆漏。拆除一段 1965 年建造的小区住宅给水管道，直径为 DN40 的镀锌管，结果管壁腐蚀、结垢严重、管内凹凸不平，其过水断面仅相当于 DN15 的管子，还伴有微生物，可见情况相当严重。据上海、天津等定期测试管网粗糙系数统计，过去无实施防腐措施的管道，其输水能力已下降 1/3 以上。

生物膜的存在使供水水质变差，卫生合格的出厂水可能在输送管网中重新被污染，此时，微生物的主要来源一般不是水体中细菌的繁殖，而是配水系统中微生物的生长，生物膜不仅连续地接纳浮游细胞，而且间歇地通过撕裂薄层将细菌释放到流动的水中，形成局部的"红水"或"黑水"现象，水体通过生物膜的作用产生细菌，依流动条件不同而异，一般情况下，水压的骤然升高可使大量的生物膜从管壁脱落，同时管道内的生物膜为致病菌提供了生存环境，如病原大肠杆菌在水体不能生存时，却能在生物膜中存活下来，因而，生物膜造成了水质的二次污染。

而生物膜的存在又加速了、加重了锈蚀现象的发生，使得水质更加恶化。

4.3.4 管道生物膜的评价方法

目前，评价管壁生物膜生长引起的微生物风险，实现对生物膜生长的控制，研究生物膜的生长性（包括群落结构分析、生物膜生长动力学、消毒剂对其的灭活特性等）已成为各国研究人员共同关注的问题，由于在实际管网中无法实现对生物膜生长过程和条件的有效控制，因此目前主要采取两类模拟方法进行：一类为类似于实际管网的管道模拟系统，另一类为规模更小的反应器模拟系统。前者为一种简化了的、比实际管网管道距离短，但是可以模拟实际管网水力条件的实验规模的模拟系统，一般有两种设计方法：非循环设计（Once-Through Design）和循环设计（Recirculating Design）。而反应器模拟系统如 AR（Annular Reactor）反应器，因为体积小、研究费用相对较低更多被人们使用。

Piriou 等研究用 PICCOBIO 软件来预测配水管网中的细菌变化，在模型中用不同的数学方法表达出悬浮细菌和固定细菌的区别，并把反应发生的位置分为溶液中、水和生物膜交界面、生物膜内 3 个部分，得到如下结果：

$$氯引起的悬浮细菌死亡率 = K_{mort}[Cl_2] = A_0\{1-\exp[-B[Cl_2]]/(1+A[Cl_2])\}$$
$$until\ [Cl_2] \geqslant [Cl_2]_{lim} \tag{4-7}$$

式中　$K_{mort}[Cl_2]$ ——悬浮细菌死亡率；

　　　A_0、A、B ——常量；

　　　$[Cl_2]$ ——氯浓度；

　　　$[Cl_2]_{lim}$ ——对细菌作用的氯限定浓度。

$$水和生物膜交界处细菌分离速率 = K_{det} \cdot E \cdot Z \tag{4-8}$$
$$生物膜内分离系数 = K_{det} \cdot V_{max} \cdot [S_b/(S_b+K_s)] \cdot E^2 \cdot Z \tag{4-9}$$

式中　K_{det} ——分离速率系数；

　　　V_{max} ——最大消耗速率；

　　　S_b ——生物膜中营养物质浓度；

　　　K_s ——Monod 半饱和系数；

　　　E ——生物膜厚度；

　　　Z ——生物膜中成团细胞的密度。

4.4 二次供水设施对水质的污染

高层建筑以及地势较高地方的供水设施和供水方式同低层建筑、地势较低地方的供水设施和供水方式是不一样的，低层建筑是由自来水公司通过管道直接供水，而高层建筑供水则需通过二次供水设施才能获得。通常，二次供水设施包括高位水箱、低位水池或蓄水池、水泵、输水管道及净化消毒设施。自来水首先进入低位水池，然后通过水泵输送到高位水箱，再通过重力作用供给高层的各住户，如采用智能化泵站，则不需设立高位水箱。在供给用户之前还必须经二次消毒设施，对水进行二次消毒，才能保证饮用水的安全与卫生。

为什么符合《生活饮用水卫生标准》的管网水，经过二次供水设施后，水质就下降了，甚至恶化为不合格水，这是因为水体在经过二次供水设施后被污染了。二次供水系统中二次污染的原因是多方面的，既与水质本身的性质有关，又与同水接触的管道性质有关，也与外界许多条件相联系。在物理、化学、生物学等因素综合作用下，水中某种物质（污染物）量或者提高，或者降低，导致水质的变化。另外，系统外的各种因素的影响，尤其污染物直接渗入，直接改变系统内的水质，造成水质的恶化。

4.4.1 造成污染的主要原因

具体分析起来，造成二次供水水质恶化，主要有以下几种原因。

1. 部分供水系统中管道材质选用不当，存在着金属污染的问题。有些施工单位或房地产开发商在建设过程中偷工减料，用冷镀锌钢管代替热镀锌钢管。冷镀锌钢管除了老化生锈会出现含铁锈的"黄水"外，还容易爆裂渗漏，自来水极易被污染。

2. 设计或施工不规范，没有按室内给水排水设计及施工规范的要求进行。例如，按规范贮水池进水管高度必须高于最高水位，否则容易使进水口浸在水中造成二次污染，但一些设计、施工人员偏偏不按规范行事。如1997年竣工的某银行大楼，在二次供水系统的设计施工时，将负一层的地下贮水池的进水管与水泵的吸水管设在同一位置，水池的另一端则成死水，导致大量浮游生物的繁殖。

3. 贮水设备的结构不合理，进出水管的位置不合适，造成水池内出现死水区。饮用水管道、非饮用水管道与贮水设备的连接不合理等。如生活饮用水管道与非饮用水管道连接等。泄水管与下水管连接不合理，一旦停电、停水时，水管内形成负压，将下水吸入自来水管，进入供水设施。贮水池的人孔、通气管、溢流管等构造不合理及溢流、排污管与市政排水管道连接不妥造成倒灌。如人孔封闭不严，通气管、溢流管没有安装防止异物进入水池（箱）的设备等。

4. 二次供水管理不善，未定期进行水质检验，按规范进行清洗、消毒，致使水质逐步恶化。有些屋顶水箱缺乏维护，更没有定期的治理措施，甚至连水箱盖都没有锁，长期打开。贮水设备的配套不完善，如人孔盖板密封不严密，埋地部分无防渗漏措施，溢、泄水管出口无网罩，无二次消毒设备等。

根据卫生饮用水的基本要求，凡设立屋顶水箱至少半年要清洗一次。城市高楼除少数宾馆基本按要求做到了以外，由于费用关系，很大一部分宿舍楼的屋顶水箱都未做定期清洗。有些屋顶水箱，甚至从房屋建成开始就再没有清洗过，其水质严重不符合饮用水标准。

据报导，某省地税局办公楼10余名工作人员同时出现腹痛腹泻症状，经取样分析，原因就在于屋顶水箱未作清洗，也没有任何清毒措施，大肠杆菌含量高得惊人。值得指出的是，该办公楼新建还不到一年。

少数用户的二次供水设施没有按要求登记，也没有定期进行清洗、消毒。根据近几年的跟踪调查中发现，凡是从来未进行清洗、消毒的蓄水箱（池），其水质常规项目指标的合格率均低于10%，如果每年清洗、消毒一次，在清洗前，采集水样进行化验，其合格率亦不足30%。

4.4.2 屋顶水箱（水塔）对水质的污染

在城市水厂生产能力不足、管网供水能力差、城市水压普遍偏低的情况下，设置屋顶水箱是解决供水矛盾简单实用而且行之有效的措施。水箱容积由用户户数及人口计算确定，一般在 $10m^3$ 左右。

1. 屋顶水箱主要作用

(1) 屋顶水箱具有调蓄与节能功能。屋顶水箱通常在夜间等用水低谷时利用管网余压补充蓄水，待水箱水满时，由浮球阀关闭进水。在用水高峰管网压力下降时出水，解决了4层（含4层）以上居民用水高峰时的用水问题，缓解了供水量和管网供水压力不足的矛盾。

(2) 有利于水厂的运行管理。屋顶水箱的调蓄功能降低了水厂供水的时变化系数，方便了水厂管理和供水泵房调度，减少了水厂清水池调蓄容量，节省了投资。

(3) 提高了供水安全性。水厂和管网的施工、维修会导致局部区域暂时停水，屋顶水箱的调节能力可以降低受影响的程度。

2. 屋顶水箱实际工作状况

(1) 管网压力较高的地区（多数是水厂和二次供水设备附近），用水高峰时，水箱一边进水一边出水，其进出水量基本相同，水箱只在事故停水时起到临时水源的作用，屋顶水箱实际未起调节作用。

(2) 另一些管网压力较好的地区，用水高峰时，一些水箱边进水边出水，但进水量小于出水量，水箱起到了一定的调节作用。

(3) 大部分地区用水高峰时由水箱供水，用水低谷时水箱进水，水箱真正起到了调节作用。

3. 屋顶水箱对水质污染的原因分析

(1) 目前在用的绝大部分是钢筋混凝土结构的或用砖砌筑、内外用水泥砂浆抹涂的老式屋顶水箱，水箱本身有缺陷。其内壁较粗糙，给藻类等生物提供了生存良机，缺乏必要的内衬处理或涂料，很容易附着污垢、孳生青苔；混凝土和钢筋混凝土贮水设备水泥砂浆抹面中的有害渗出物，影响贮水设备内贮水水质；有些屋顶水箱的平面采用含铅瓷片贴内层，同样也会对水质产生污染；一般来说这类密封性较差，外界污染物如灰尘、小昆虫容易进入水箱污染水质，且不易清洗干净。

有些金属水箱的内表面涂层为防锈漆，防锈漆附着力极差，一般3~6个月就脱落，尤其不抗水力冲刷，其中主要成分是二氧化铅，易造成水中铅含量增加。沥青衬里可能导致水中苯类挥发性酚类和总 α、β 放射性等指标增大。

管道布置欠合理，易出现死水区；人孔、通气孔（管）、溢流管封口处理不当，导致蚊虫及其他虫类、老鼠或异物进入；水箱内水体停留时间过长，体积大、贮水量过多，来不及及时地更换等，这些都是水箱本身的原因引起水质污染。

（2）由于屋顶水箱属于房屋产权单位（或个人）所有，由物业公司或产权单位管理，不少管理单位对水箱管理不到位。有的水箱没有盖上，老鼠、鸟类等小动物淹死在水箱中，污染水质，有的地方还出现在水箱中洗衣服的情况。水箱得不到清洗，污垢、青苔、铁锈等在水中形成二次污染。

（3）随着近几年来城市供水状况的改善，部分地区的水箱高峰时也能够进水，水箱边进水边出水，局部区域成为死水区，长期下来水质变差，余氯量降低，容易孳生病菌，引起二次污染。

（4）用户用水量较小而蓄水箱相对较大，自来水在蓄水箱（池）中滞留时间较长。北方某自来水公司对自来水在蓄水箱（池）中蓄存不同时间的水质变化情况进行了监测，结果表明：随着蓄存时间的增加，水质常规 4 项指标逐步恶化，特别是在夏季高温时，高位水箱中水的余氯含量迅速减少，12h 后细菌总数、总大肠菌群显著增加直至超标（见表 4-14），这种水不宜直接饮用，应引起人们的高度重视。

高位水箱水质变化情况　　　　　　　　　　表 4-14

蓄存时间（h）	0	6	12	24	48
浊度（NTU）	1.5	1.5	1.6	2.0	2.8
余氯（mg/L）	0.30	0.05	0	0	0
细菌总数（cfu/mL）	8	8	22	56	165
总大肠菌群（cfu/100mL）	<1	<1	<1	5	18

成都市自来水公司对水箱中不同贮存时间的水质变化进行了监测，结果如表 4-15 所示，其情况同上面的结果差不多，这说明了水箱对水质的二次污染现象是共同存在的问题。

不同贮存时间高位水箱水质变化情况　　　　　　　　　　表 4-15

贮存时间（h）	0	6	12	24	48
余氯（mg/L）	0.4	0	0	0	0
浊度（NTU）	1.1	1.1	1.2	1.6	2.4
细菌总数（个/mL）	4	3	6	46	147
总大肠菌群（个/L）	<3	<3	<3	5	18
总有机碳（mg/L）	1.08	1.09	1.09	1.17	1.23

4.4.3 水池对水质的污染

目前居住小区内，把消防用水与生活用水合建在一起的水池很多，单求安全可靠，致使贮水设备容积过大，同时因消防用水的贮量，生活用水不得动用，而消防用水的使用时间是不确定的，只有发生火灾时才用，故往往数年甚至几十年不用，这样必然会造成底层水（近池底的水）成为不流动的死水，水在水池中停留时间过长，使细菌、大肠杆菌繁殖的速度加快，影响饮用水水质。

水池多数用钢筋混凝土建筑，内壁衬水泥砂浆，由于因建设的缺陷和结构的非完整性造成对水质的污染。多数是水池的密封性能差、不加盖或排气孔不装纱网、内壁没有用无害瓷片、玻璃钢等镶贴或镶贴不牢被剥落，使微生物、藻类寄生在内壁上而污染水质。

水流入水池后，因水池体积和面积比水箱大，水中的余氯更易挥发，因此余氯的消失比水箱快，但地面水池多数在室内地下或半地下，不象屋顶水箱直接受太阳辐射，因此水温变化相对较小，虽然存在与水箱类似的污染，但细菌微生物的生长繁殖略轻于水箱。

4.4.4 饮用水在蓄贮过程中二次污染数学模型

生活饮用水在水池（水箱）蓄贮过程中发生二次污染的原因是多方面的，其过程复杂，影响因素很多，既与水质本身的性质有关，又与同水接触的界面性质有关，也与外界许多条件相联系。水的二次污染的实质是污染物在水中的迁移转化，这种迁移转化是一种物理、化学和生物的综合作用过程，这些变化包括：溶解与结晶、沉淀与悬浮、吸附与解吸、氧化与还原、电化学、离子互换、水解电离以及降解、异化同化等，为了了解这些变化，建立定量描述水质在蓄贮过程中变化的数学模型十分重要，意义也重大。

1. 建立饮用水在蓄贮过程中的水质模型

（1）基本方程

将水体看作一个均匀系统，根据质量平衡原理，可得完全混合式水质模型微分方程：

$$dC/dt = W_{in}/V - (Q/V) C + r \tag{4-10}$$

式中 C——时间 t 时，水中某污染物浓度，mg/L；

W_{in}——单位时间某污染物入流总量，g/h；

Q——水的出流量，m³/h；

V——水体体积，m³；

r——单位时间水质变化综合项；

W_{in}/V——污染物负荷函数，即单位水体污染物输入速率，mg/(L·h)。

$$W_{in} = Q_{in} C_{in} \tag{4-11}$$

式中 Q_{in}——系统入流水量，m³/h；

C_{in}——进水污染物浓度，mg/L。

（2）水质变化动力学模型

由式（4-10）可知，水质变化由两部分组成：一是水流流动、混合造成的流体传质过程；二是水中污染物在各种作用下的质量变化，即水质变化综合项 r，它是水质变化的反应动力学项，反映了水质变化的实质。因而确定这一项是求解水质模型的关键。

根据黑箱理论和水质变化规律的宏观估计，建立如下综合的反应动力学模型：

$$r = \kappa (C_{max} - C) + R \tag{4-12}$$

式中 κ——反应动力学速率常数，h⁻¹；

C_{max}——水中某污染物浓度，mg/L；

C——水中某污染物最大生成潜能，mg/L；

R——系统外直接渗入造成的某污染物变化率，mg/(L·h)。

R由两部分组成：一是系统内的质量变化项$\kappa(C_{max}-C)$，二是系统外质量变化项，C_{max}是在固定条件下，即与水接触界面材料性质一定，水中杂质一定等条件下，水中某种（类）污染物可能生成的最大量值。

(3) 二次污染水质模型解析

将式 (4-10) 和式 (4-12) 合并得：

$$dC/dt = W_{in}/V - (Q/V)C + \kappa(C_{max} - C) + R \tag{4-13}$$

当为稳态输入时，W_{in}为常数，假定水池保持在最高水位，有效容积为V，则可求得稳态水质C_e为：

$$C_e = [1/(1+\kappa T)](C_{in} + \kappa T C_{max} + TR) \tag{4-14}$$

式中 T——最大理论水力停留时间，h。

2. 水质模型参数的估计

以COD_{Mn}为指标对模型进行评价。

(1) C_{max}的试验估计

水在蓄贮过程中，COD_{Mn}最大生成潜能C_{max}与水质及蓄贮装置材质有关，即C_{max}由两部分组成：

$$C_{max} = C_{max材质} + C_{max水质} \tag{4-15}$$

$C_{max材质}$和$C_{max水质}$可以通过试验进行估计，表4-16给出了6种材质的$C_{max材质}$试验估计值。

水箱（池）中$C_{max材质}$试验估计值　　　　表4-16

材质类型	混凝土	红丹防锈钢板	环氧树脂防腐钢板	玻璃钢	PVC-U	不锈钢
$C_{max材质}$ (mg/L)	2.1	2.4	0.9	0.8	1.0	0.5

在水温为10~20℃，水流速度为0.5~1.5m/s，进水$COD_{Mn} \leq 2$mg/L条件下，测得东北以地表水为水源的自来水$C_{max水质}$为2.0mg/L，以地下水为水源的自来水$C_{max水质}$为1.8 mg/L。

(2) 参数κ的估计

水在水池（箱）蓄贮中的水质变化动力学速率常数κ只与水的温度有关，而与水池（箱）的材质和水流速度无关，在20℃试验条件下，求得$\kappa_{20℃} = 0.092h^{-1}$。由温度对反应动力学常数影响原理，得：

$$\kappa_{COD_{Mn}\cdot T} = \kappa_{COD_{Mn}\cdot 20℃} \cdot \theta^{T-20} \tag{4-16}$$

式中 θ——温度修正系数，可取$\theta = 1.065$；

T——水温。

(3) 参数R的估计

非事故情况下，非洁净空气与水接触可造成水中COD_{Mn}值的微小提高，大量实验表明，R值变化范围在0.005~0.08mg/(L·h)，空气洁净时，R值可取0.005~0.01mg/(L·

h）；空气质量一般时，R 值可取 $0.02\sim0.04$mg/（L·h）；空气质量较差时，R 值可取 $0.05\sim0.08$mg/（L·h）。

通过将水质模型同实验情况的验证，在蓄贮设备较小时（300m³左右）发现实际检测数据同水质模型计算曲线吻合较好，但在过大的水池中，实际检测数据较模型计算值偏高，其原因是在较大水池中，水流并非完全混合式，并且有的水池还存在严重的短路和死水区，实际停留时间小于理论计算时间，由此造成实际检测值高于模型计算值。

水质模型还可以用于计算水在水池（箱）中的极限停留时间。随着水在水池（箱）停留时间的增加，水中的 COD_{Mn} 不断升高。若规定水中最大允许 COD_{Mn} 值为 3mg/L，假定进入水池（箱）中 COD_{Mn} 为 2mg/L，$C_{max水质}$ 为 2.0mg/L，水温取 20℃，可得不同材质浸于完全混合式水池（箱）中的极限停留时间 T（表 4-17）。

水在水池（箱）中的极限停留时间 T（min）　　　　　表 4-17

材质类型	混凝土	红丹防锈钢	环氧树脂防腐钢板	玻璃钢	PVC-U	不锈钢
T	11	9	68	84	50	90

若停留时间大于表 4-17 中的数值，出水的 COD_{Mn} 值将大于最大允许值 3mg/L。

4.5 加氯消毒对管网水质的影响

早在 1903 年，人们就开始应用氯来消毒饮用水，到现在已有 100 多年的历史，由于投加氯的设备简单，初期投资和经常费用均比较低；氯的来源广泛，价格低廉，所以国内外至今仍广泛应用氯进行自来水的消毒处理。

4.5.1 余氯的作用

水中加氯主要是 3 个作用：

1. 杀灭水中的微生物、细菌、病毒等。特别是病原微生物的控制仍然是供水水质安全保障的最基础和最敏感的问题，能够破坏细菌的酶系统，使水中的致病菌和寄生虫卵死亡。病原微生物分为细菌、病毒及寄生原虫，为保证安全供水，依靠投加的氯来消灭病原微生物，或控制其数量，如细菌总数≤80CFU/mL。为使管网水中不使病原微生物复活和繁殖，必须有一定量的余氯，直到管网末梢还应保持≥0.05mg/L 的余氯。

2. 氧化水中的有机物，特别是对易降解的有机物经氯氧化后，分解为 CO_2、H_2O 等无害无机物质；对于大分子、难降解的有机物，经氯氧化后成小分子、易降解的有机物。如果再次氧化则就可能被氧化分解为无机物而去除，可以改善水的感官性状，具有灭藻、除臭、除味的能力。对于取自微污染水的水厂，常采用二次加氯，其第二次加氯是在滤池之后，目的是为了在管网中保持一定的余氯；其第一次加氯是投加在反应池之前，目的是氧化水中的有机物，经反应、沉淀、过滤而去除。

3. 预加氯氧化往往与混凝药剂同时同一地点投加，在混凝过程中还起到了较好的助凝作用。因此氯在水中起到了多功能的作用。

关于饮用水加氯消毒的副产物及其危害见第 6 章 6.8 节。

4.5.2 管网中消毒副产物的变化规律

在配水管网中,不仅消毒剂与其他物质反应会改变水中消毒副产物的含量,消毒副产物本身也可能不断转化而发生量的改变。

1. 三卤甲烷

出厂水进入管网后,由于水中余氯与前体物继续反应生成 THMs,使 THMs 在管网中呈上升趋势,但随着时间的增加,水中 THMs 前体物与余氯浓度逐渐降低,反应速率下降,THMs 增加的趋势逐渐变缓,而 THMs 又难以生物降解,致使在管网后期基本维持在一个稳定的数值。

南方某市在某年的 7 月份进行了一次管网水中三卤甲烷的测试,共检出 3 种三卤甲烷物质,以三氯甲烷为主,其次分别为一溴二氯甲烷、二溴一氯甲烷,三者分别占总量的 60%、30%、10%。

试验还发现在一个管网末梢的死水区,水中 THMs 的含量达到 60μg/L,远远高于其他地方的含量,同时测定出水中 pH 达到 10,有研究表明碱性条件能够促使水中一些 THMs 前体物如芳香族化合物的碳环脱落,更容易被氯离子取代形成三卤甲烷。

成都市自来水总公司同清华大学一起对管网水中的三卤甲烷变化规律进行研究,发现从出厂水到管网转输点三氯甲烷增加较快;从管网转输点到末梢,三氯甲烷的增加趋势较缓慢。这主要是因为从出厂到管网转输点(郫县),一部分在清水池中未能反应的三氯甲烷前体物和余氯继续反应生成三氯甲烷,到管网转输点,反应基本上完成,从管网转输点到管网末梢,余氯和三氯甲烷前体物浓度都有所降低,因此增加较缓慢;而且三氯甲烷属于生物难降解有机物,所以三氯甲烷在管网中呈现先上升后不变的趋势。

为了确定配水管网中三卤甲烷的浓度,李欣等人对三卤甲烷的影响因素进行研究,认为管网水中的 TOC 和余氯浓度是两个最重要的因素,表示式为:

$$d[THM]/dt = k[Cl_2]^n[TOC]^m \tag{4-17}$$

式中 $[Cl_2]$——水中氯的浓度;

$[TOC]$——形成三卤甲烷的前驱物浓度;

n——相对于氯的反应级数;

m——相对于前驱物质的反应级数;

k——THM 生成的速率常数。

通过用腐殖酸作为三卤甲烷形成的前驱物质,所有溶液用磷酸盐调整到 pH = 7 进行的实验,发现 THM 的生成级数为二级,反应相对于氯是一级反应,相对于前驱物质也是一级反应。

实验引入了 THM 生成能的概念,将其表示为 THMFP,THMFP 表示在水体中天然有机物与氯形成 THM 的潜能。在引入这个概念后,可将生成物表示为

$$d[THM]/dt = K[Cl_2][THMFP - THM] \tag{4-18}$$

为了确定 K 值,在水厂取原水 1000mL,加入氯,配制成试样水:$T = 25.1℃$;$pH = 7.9$;$[TOC] = 3.12mg/L$;$[Cl_2]_0 = 1.50 mg/L$;$[THMFP] = 40.07μg/L$。每隔一段时间,取出抗坏血酸终止氯化反应,测定 THM 生成量,使用最小二乘法,由测定数据求出:

$$K = 0.117L/(mg·h)$$

则可以计算出 THM 的浓度为

$$[THM] = [THMFP] - [THMFP]\exp(-K_t[Cl_2]) \tag{4-19}$$

在配水管网中，当 $t=0$ 时，$[THM] = [THM]_0$，上式变为

$$[THM] = [THMFP] - [THMFP-THM_0]\exp(-K_t[Cl_2]) \tag{4-20}$$

在直列管路中：

$$[THM]_j = [THMFP] - [THMFP-THM_i]\exp(-K_t[Cl_2]_i) \tag{4-21}$$

式中　$[THM]_i$——管路上端 i 点处的 THM 浓度；

　　　$[THM]_j$——管路下端 j 点处 THM 的浓度。

对于环状管网，在合流节点处的 THM 浓度可以用下式求出：

$$[THM]_j = \sum q_{ji}[THM]_{ij}/Q_j \quad (i=1\sim n) \tag{4-22}$$

式中　Q_j——合流节点 j 处的节点流量；

　　　q_{ji}——管段流量。

Windsor Sung 对消毒副产物进行研究，得到管网中消毒副产物的模型为：

$$TTHMS = \alpha[OH]^j \{C_0[1-\exp(-k\tau)]\}^m (UV254)^n (algae)^p \tag{4-23}$$

式中　$C_0[1-\exp(-k\tau)]$——从氯投加点到取样点之间的耗氯量；

　　　　　　　　　τ——传输时间；

　　　　　　　　$algae$——藻类浓度；

　　　　　a、j、m、n、p——指数系数。

对于 TTHM 中的主要成分氯仿：

$$[CHCl_3] = 2.3 \times 10^6 [OH]^{0.52} \{C_0[1-\exp(-k\tau)]\}^{0.56} (UV254)^{0.57} (algae)^{-0.10} \tag{4-24}$$

2. 卤乙酸

南方某市供水系统中卤乙酸的含量在 $5\sim 22\mu g/L$，所检出的卤乙酸有两种：二氯乙酸和三氯乙酸，其中三氯乙酸约占 57%，二氯乙酸约占 43%，卤乙酸在管网中的浓度变化呈逐渐降低的趋势，这说明管道微生物对卤乙酸的生物降解作用大于管网水中余氯继续和前体物生成卤乙酸的作用。

与三卤甲烷的变化趋势正好相反，在管网末梢的卤乙酸的浓度急剧下降，在高 pH 下，卤乙酸的官能团的聚合度发生改变，使氯化反应类型发生改变，另外，卤乙酸是一种有机酸，碱性条件下大部分卤乙酸被中和或者是由于有机官能团形态的改变使生成受到了抑制。

成都市自来水公司对管网中卤乙酸的变化情况进行了研究，发现：成都市管网水中卤乙酸浓度在 $2\sim 23\mu g/L$；季节变化对卤乙酸影响较大。冬季水温较低而且原水中有机物浓度较低，管网水中卤乙酸浓度基本在 $2\sim 7\mu g/L$ 之间；春秋季温度相对冬季有所升高，管网水中卤乙酸浓度约在 $10\sim 15\mu g/L$；夏季温度较高，有机物浓度也高，管网水中卤乙酸浓度约在 $15\sim 23\mu g/L$。二氯乙酸由出厂后，随着管线距离的增加浓度增加，在管网转输点（郫县）达到最高值；在市区管网中二氯乙酸呈现不变或缓慢下降的趋势。但不同季节，二氯乙酸在管网中的变化情况也有所不同。出厂后到转输点，二氯乙酸在夏季增加的速度比春、秋季快，冬季最慢。从转输点开始情况却截然相反，夏季下降得比春、秋季

快,冬季基本保持不变。主要原因如下:第一,夏季水温高达20℃,而且夏季后加氯量比其他季节高,这样二氯乙酸前体物与余氯的反应速度加快。第二,夏季温度较高,管网中细菌活性较高,同时,随着管线距离的增加,余氯逐渐减少,对细菌的抑制作用减弱,这样管网中细菌对二氯乙酸的降解能力增强,二氯乙酸在管网末梢处有所降低。这一点与国内外的研究结论相一致。三氯乙酸在管网中的变化与二氯乙酸相似,后氯化后,随着管线距离的增加,三氯乙酸浓度增加。与二氯乙酸情况不同之处在于,三氯乙酸在管网入口处(路政处)达到最大,随着管线的延长,三氯乙酸浓度保持不变或有所降低,但幅度较小。而且可以知道,季节变化对三氯乙酸的降解影响较小。根据已有的研究结论,可以推断,三氯乙酸可能是化学降解。

因而成都市管网中二氯乙酸和三氯乙酸的峰值并不是在离开清水池进入输水管道处,而是分别在距离水厂5km的转输点(二氯乙酸)和距离水厂27km的管网入口处(三氯乙酸),浓度与出厂水比较增长约一倍。这一结论与国内外的文献报道的结论有所不同。这与成都市的水厂和管网的分布有关。成都市第六水厂位于成都的西北方向,距离成都市区大约27km,为此设计的清水池停留时间较短。氯和卤乙酸前体物在清水池没有完全反应,在离开水厂后随着管线距离的增加,氯与有机物继续反应生成卤乙酸。

对5种标准的卤乙酸在管网中的含量,模拟结果为:

$$[卤乙酸] = 4.8 \times 10^4 [OH]^{0.35} \{C_0 [1 - \exp(-k\tau)]\}^{0.43} (UV254)^{0.34} \quad (4-25)$$

4.5.3 氯消毒引起的其他反应

1. 氯与无机物反应

氯气会使水的碱度降低,因为氯在水中反应时将会产生强酸和次氯酸,而如果以次氯酸盐的形式加氯,碱度将会有所增加,并可能伴随结垢。

氯还会与还原性无机物如 Mn^{2+}、Fe^{2+}、NO_2^-、S^{2-} 反应,而且速度很快,次氯酸也会把亚硝酸盐氧化成硝酸盐。

氯与氨反应将会生成一系列氯化氨的化合物,即一氯胺、二氯胺和三氯胺,这些氨最后又被氧化成氨气或各种含氮的无氯产物。

为了氧化掉水中含有的大量氨和氮化合物,就必须采取折点加氯的方法。一般情况下,折点前的余氯全部是氯胺,水中一氯胺、二氯胺和三氯胺的数量将随水的酸碱度的变化而变化。当 $pH \geq 7.0$ 时,一氯胺在水中出现;当 $pH = 5.0$ 时,二氯胺将在水中出现,并呈游离状态;当 $pH \leq 4.0$ 时,三氯胺在水中出现,但数量不太大。

当水源水中有机物的含量主要是氨和氮的化合物时,采用折点加氯的原理来降低水中的色度,去除水中的恶臭,消除水中的酚、铁、锰等物质。

2. 氯与有机物的反应

氯与许多有机物的反应如同氯与氨的反应一样,比较容易。

(1) 氯与分子中带有 $[-NH_2]$、$[-NH]$ 或 $[-N]$ 等基团的有机胺反应,如:氯与甲胺的反应:$HOCl + CH_3NH_2 \rightarrow CH_3NHCl + H_2O$ \quad (4-26)

再与氯反应生成二氯甲胺:$CH_3NHCl + HOCl \rightarrow CH_3NCl_2 + H_2O$ \quad (4-27)

(2) 氯与酚反应

氯与酚和含酚基的化合物是很容易发生取代反应的,氯化后的酚气味很大。

4.5.4 饮用水中余氯的毒性

任宗明等用大型蚤进行了水中余氯的急性和慢性毒性实验。采用 48h 的暴露实验测定水中余氯对大型蚤存活率的影响,采用 40d 暴露实验确定余氯对大型蚤生长及生殖力的影响。

实验中用次氯酸钠配制四种不同余氯浓度的实验溶液(0.16mg/L、0.32 mg/L、0.48 mg/L、0.64 mg/L)。在 24h、48h 暴露实验中,采用 SRW(Standard Reference Water,标准稀释水)作对照,以是否能移动为指标确定水中大型蚤的存活率,实验过程不投加食物。

慢性毒性实验以 SRW 作对照,根据 48h 暴露实验中得出的大型蚤的最小致死剂量(MLD)为暴露剂量,测定 40d 后大型蚤的生长和生殖指标变化。

结果发现,随着体内余氯浓度的增加,大型蚤的死亡率逐渐增加,计算得到 24h 和 48h 的 EC_{50} 值分别为 0.43mg/L 和 0.27mg/L。在余氯浓度为 0.16mg/L 的水中 24h 和 48h 存活率均大于 95%,因此 0.16mg/L 可以作为余氯对大型蚤毒性的 MLD 值(最小致死剂量)。

当水体中余氯浓度为 0.16mg/L 时,慢性毒性实验得到表 4-18 实验结果。

慢性毒性测试中余氯对大型蚤的影响　　　　　　表 4-18

项　目	存活率 (%)	体长 (mm)	第一胎幼蚤时间 (h)	生殖胎数 (胎)	幼蚤数量 (只)
对照组	93.9	4.59 ± 0.37	120.3 ± 49.2	16.2 ± 1.3	98.1 ± 35.4
实验组	60.0	3.41 ± 0.48	449 ± 229	3.8 ± 2.5	5.8 ± 4.5

从表 4-18 可得,水中余氯对大型蚤的体长和生殖能力都有很大的影响,反映出试验动物暴露期间受到水中余氯的严重影响,对其生殖生理系统产生相当程度的损伤。

4.6　管网水力运行状况对水质造成的影响

4.6.1　层流和紊流的影响

层流是当流速比较小的时候液体质点互相不混掺的流动,此时,流体质点作有条不紊的平行的线状运动。紊流是当流速比较大的时候,存在涡体并且质点互相混掺的流动,此时,流体质点的运动轨迹极不规则,其流速大小和流动方向随时间而变化。对于管网中的水体来说,层流运动时,端面流速分布曲线为抛物线,在形成已长成的液流后,流速分布将不再变化。

对某一管径的管网来说,当管网水流速大于某一流速时,就会形成紊流运动;当管网水流速小于此流速时,则会形成层流运动;当流速一定时,小于某一管径的管网水,就会形成紊流运动;而大于此管径的管网水,则会形成层流运动。

在管网水成层流状态时,水体对管壁的冲刷作用较弱,悬浮物向管壁沉淀作用或细菌等微生物向管壁的附着作用较强,导致了微生物和悬浮物更容易附着在管壁上,从而使得微生物腐蚀作用等更加容易发生,这时,层流状态对水质的影响是负面的,但从另外一个方面来说,当管壁上有较多的沉淀和腐蚀物时,因层流运动对管壁的冲刷作用较弱,不会引起管壁附着物的脱落和沉淀层的被冲起,不会引起水质有很大的变化。

当管网水成紊流运动状态时,因水流质点的方向和大小不定,对管壁的冲刷作用较强,一方面使得水体中的悬浮物和微生物不容易附着在管壁,这对管网水水质是有利的;但另一方面当管壁有较多的沉淀物和附着物时,紊乱的水流将会把它们冲起,从而严重影响水质。

在某一管道内,在水流状态从层流到紊流的过程中,还存在着另外一种影响:即在与水接触的管内表面,有一层似乎不流动的薄水层,流速增大,该水层变薄,通过该水层水流中的氧的扩散、补给容易,故促进锈蚀;当管内流速再加快,氧的补给量增多,铁管表面由于氧过剩,趋于钝态化,反使腐蚀减小;如流速继续增大,剧烈紊流将导致发生气蚀,因机械作用使铁管表面产生空隙腐蚀。

4.6.2 管内水流流速、流态造成的危害与影响

管内水流流速的大与小,管壁的层流处、管道的各种弯头处、接头处及"死水处"、管网建成后的初始流速或新建管道的流速等,对水质的二次污染有密切关系。因城市管网不可能按初期供水的流量、流速进行设计埋设,而是待流量逐渐增加而进行不断更换的。一般从较长时间考虑,按规划年限的供水量(有的还按远期规划年限供水量)一次性进行设计和铺设,而且是按规划年限的最大日、最大时供水量来确定管径的大小。因此在未到达规划年限供水量时,管网内的流量和流速均偏小,特别是运行初期的起始流速更小,则影响和危害就更大。目前城市供水管网的流速普遍偏小,现以某市某区的管道及流速的调查与分析为例来加以说明。

据统计,某市某区 $DN100$ 以上管道中,其中水泥管 30%,球墨管 30%,铸铁管 35%,钢管 3%,UPVC 及其他管材 2%。根据 2002 年的供水量和各种管道直径的计算与分析,其流速的分布如图 4-1 所示。

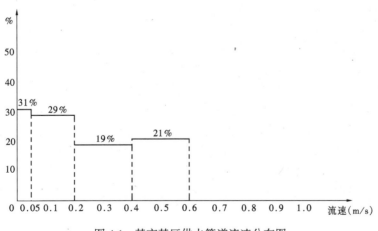

图 4-1 某市某区供水管道流速分布图
注:>0.4m/s 流速的管道共占 21%

从图 4-1 可见:该区流速为 0~0.05m/s 的占 31%;流速 0.05~0.2m/s 的占 29%;流

速 0.2～0.4m/s 的占 19%；而 >0.4m/s 的为 21%，即流速 <0.4m/s 的共占 79%。在 >0.4m/s 中，最大流速没有超过 0.7m/s。按设计要求，不淤流速（即泥砂等不会产生沉淀的流速）应≥0.7m/s，而该区现有的全部管道流速均未达到不淤流速，也就是说管道中的物质在这样小的流速下均会沉淀下来，待流向改变，水量增加，流速增大时又会被冲刷起来而污染水质。

流速 <0.05m/s 的占 31%，可见水流非常缓慢，不仅会产生沉淀，而且有利于微生物的生长和繁殖，水流流速慢更易污染。该区的流速分布具有一定的代表性，不少城市管道的流速具有该区的相似之处。按理管道的流速应在经济流速范围内，但实际上绝大多数城市管道的流速均未达到经济流速，而且差距甚大。要达到经济流速还要相当长的时期，不仅投资大，不经济，而且对水质造成危害。

管道内流速小，水流缓慢会产生多种不利的影响。水厂出水水质虽然较好，但进入输配水管网后（含小区管网），水中会含有无机物、微生物等，甚至含有颗粒物质，在流速很小的情况下，部分无机物及微小的颗粒物质均会在管内沉淀下来；管内由微生物形成的生物膜，在新陈代谢过程中被剥落，在很小流速下马上会在管内沉淀，而且使水变色。总之，管内流速小，使水中各种物质容易沉积而污染水质。

微生物在小流速下很容易生存。不仅在层流区，在管壁处的流速更小，几乎是"静止"状态，水中又有有机营养物，则细菌很容易生长繁殖而形成生物膜，又因流速小易被冲刷，这就更有利于细菌的生长。水中虽然有一定的余氯，但仅能杀伤生物膜外侧的细菌，而内侧的细菌却无任何损伤，则生物膜不断剥落而污染水质。同时流速越小，管内沉积物也越多。实验发现各类病毒很容易吸附在沉积物和管壁的生物膜上，并具有感染实验动物和寄生细胞的能力。病毒的吸附作用不仅可延长病毒的存活时间，而且可以保护病毒抵抗消毒剂的灭活作用。据资料报道，附着在沉积物上的细菌改变了它们的生理特性，对营养物的摄取更具灵活性，对恶劣环境如饥饿、重金属和氯具有更强的抵抗力。因此，流速小的水或不流动的"死水"，细菌和病毒更容易生长繁殖，饮用这种水与饮用正常流动的水相比，就更会引起各种疾病，这也是流速小产生的危害。

"流水不腐"是指流动的水不易变坏、变质。如流速很小，流动很慢甚至不流动，则水在管道内停留时间越长，水体自身及水与管道和附属设施之间越可能发生各种物理化学与生物化学的变化，再加上由于上述原因而导致的水质变坏，这就是流速小引起的水质污染，这种污染在一定程度上比其他原因造成的污染更严重。

流速是影响浊度的另一个重要的因素。流速与浊度之间的关系可以用两个过程来表示，其一，水体对管壁冲刷作用，是增加水体浊度的过程。其二，水体悬浮物向管壁附着或沉淀作用，是水体自净的过程。当流速较大时，冲刷作用大于沉淀作用，表现为浊度升高；当流速较小时沉淀作用大于冲刷作用，表现为浊度降低。实验发现，流速的变化是影响浊度更重要的原因，当流速突然发生变化时，浊度都会有一个相应的变化，并且与其变化幅度紧密相关。

4.7 水在管网中停留时间的影响

出厂水进入管网后，会发生各种变化。由于合格的出厂水仍含有微量的铁、锰等金属离子，余氯、碳酸盐、COD_{Mn} 等各种无机、有机化合物及残留的微生物，因而出厂水在管网内的停留时间越长，则水体自身及水体与管网、水箱等输配水设施所接触表面之间，越可能发生各种物理化学和生物化学的变化，最终影响管网水水质。

大量检测结果表明，随着自来水在管道中滞留时间的延长，水质逐渐变差。当滞留时间超过24h后，水质严重恶化，且有异味，不宜直接饮用。由于水中余氯含量的减少，细菌等开始繁殖，导致4项常规指标的合格率显著降低。

有人对管网末梢、死角及未按时冲洗的消火栓进行采样检验后发现，其余氯、浊度、细菌总数、总大肠菌群的合格率均低于90%。因此，分别采集用户水龙头停用不同时间后最先放出的1升水进行检测，来研究滞留时间对水质的影响（见表4-19）。

不同停留时间水龙头水质　　　　表4-19

滞留时间（h）	0	12	24	48
色度	6	10	30	50
浊度（NTU）	1.8	2.4	5.5	11.9
余氯（mg/L）	0.32	0.05	0	0
细菌总数（cfu）	6	15	87	230
总大肠菌群（cfu/100mL）	<1	<1	7	16
总铁（mg/L）	0.13	0.28	0.48	1.35
锰（mg/L）	<0.05	0.08	0.12	0.18
锌（mg/L）	<0.05	0.06	0.07	0.10
总有机碳（mg/L）	1.4	1.5	1.8	2.3

从表4-19可见，随着自来水在管网停留时间的增加，各项指标值，如：色度、浊度、细菌、大肠菌群、铁、锰等指标值迅速增加，其中的很多指标值已经超过生活饮用水的卫生要求。

4.7.1 形成水在管网中停留的原因

造成管网水停留时间过长的原因主要是：部分大口径管道流速较低；局部管道没有形成网状，呈枝状，如管道末梢、阀门及消火栓等水滞留时间过长，流动性差，造成水质变差，在管网中压力变小时，这部分管道中的水就会进入管网，从而造成污染现象。铺设的管道过大，而用户用水量较小；因情况变化，用户用水量发生较大改变，使得原来的管道过大等；在一天的不同时段，因用水量的不同，也形成了水在管网中的停留，在用水高峰期，管线中水流速度快，停留时间短，在用水平均时段和用水低谷时段，则停留时间较长。

宁波某一旅游度假区酒店旅客反映酒店自来水水质不佳，从酒店和水厂各取样分析，发现水质明显变差，后经调查发现，酒店和水厂相距约4000m，为了以后发展需要，铺设了一条较大口径的供水管，但酒店的用水量不大，仅管道中的自来水就可以供酒店3天之需，导致自来水在管网中停留时间过长，使得水质变差（见表4-20）。

某酒店用水与水厂出水水质对比情况　　　　　　表 4-20

项　　目	含铁量 (mg/L)	游离余氯/总氯 (mg/L/mg/L)	菌落总数 (cfu/mL)	大肠菌群 (cfu/100mL)
水厂出厂水	<0.05	0.10/0.20	20	0
酒店自来水	0.20	<0.05/<0.05	460	1

4.7.2　不同管材对水停留时间的污染影响

因管材材质不同，受管网水的作用和影响不同，同样，不同的管材对停留水的影响也不相同。

对于没有防腐内层的金属管，如镀锌管、铸铁管来说，水在管网中停留导致管材中尤其是腐蚀引起水垢中的成分溶入到水中，导致一些指标增加，一些指标减小现象，如水在镀锌管中停留一个晚上，水中的锌含量有时可以达到 1mg/L 以上，铁含量可以达到 0.50mg/L 以上，同时 COD_{Mn} 增高，余氯含量减小。

对于有防腐衬里的金属管道，如水泥砂浆衬里，水在管道中停留时，能溶解水泥砂浆中的石灰成分，使水中的溶解性总固体增大，由于氧化钙呈碱性，也使得水的 pH 值升高，同时产生致浊物，硬度有一定变化。

因塑料管材腐蚀、结垢现象十分轻微，所以，当管网水在塑料管中停留时，除余氯会有少量下降外，无大的变化。但有些塑料管材，由于微生物容易附着在上面，导致有生物膜存在的现象；有的塑料管会发生单体和添加剂渗出的现象，从而污染水质。此外，塑料管是一种高聚物，必然存在老化现象，随着使用时间的增长，老化程度增大，水停留在管网中时，水的物理化学性能将会加速这种老化现象，导致老化分解物影响水质。但总的来说，塑料管的污染程度小于其他类的管材。

4.7.3　水在小区管网中停留对水质的污染

用户室内管道对水质的影响是输水过程中水质降低的重要因素，大量的水质检测结果表明，由于用户室内管道均是小口径管道，几乎没有采用涂衬等防锈、防腐保护措施，再加上内部管道的管材质量较差，随着自来水在用户管道内滞留时间的增长，导致水中余氯含量迅速减少，浊度、色度、铁、锰、铅、锌、溶解性总固体、细菌等指标升高，水质降低。

华北某市自来水公司曾发动本单位职工在全市范围内进行户内水样抽查化验，结果发现泡管水对感观指标有明显污染，其中浊度超标现象严重，在 37 个采样点中，有 35 个泡管水的浊度高于新鲜水，其中增幅超过 50% 的有 22 个点，占总采样点的 59%，7 处泡管水不符合标准，占总采样点的 18.9%；1 处新鲜水超标，占总采样点的 2.7%，所有泡管水的余氯含量均低于新鲜水，其中 16 处泡管水的余氯不符合标准，占总采样点的 43.2%。经过对 7 个外观及浊度超标的采样点的 14 个样品进行铁含量分析，发现 6 处泡管水的铁含量超标，占总采样点的 16.2%。

4.8 其他因素对管网水质造成的影响

引起水质二次污染的原因是多种多样的。除上述原因之外，还有以下几个方面，分述如下。

4.8.1 消火栓的污染

无论是城市管网还是居住小区管网，室外给水规范规定：每120m左右设一只消火栓，而消火栓至每根城市管道（或小区内管道）至少有一段2m长不流动的"死水"段。一个城市 $DN \geqslant 100mm$ 的管子长度有几百km甚至上千km，则不流动的"死水"管道要达数千米。

每个消火栓的"死水"段内的水质很差。某市自来水公司每隔一段时间就要通过消火栓进行管道排污工作，排出来的水有的呈黑色，有浓重的腥臭味，有的甚至要排半个小时才能看到清水。由此可见，这段水的水质差且污水数量较大，一旦停水时，这段"死水"会倒流入管网内而污染水质，居住小区内则会更加明显和严重。

4.8.2 用户入户管的污染

水龙头是输配水的终点，也是腐蚀最严重的部位。这与水龙头处存在多种水—固、气—固、水—气界面，水腐蚀和大气腐蚀同时进行，材料损耗速度快等有关。特别是老的涂锌水龙头腐蚀更为严重，为防止在用户终端水质恶化，应推广应用耐腐蚀能力强的水龙头。

北京某学院某住宅楼有18层，1~3层由外网直接供水，4~18层由水池—水泵—高位水箱供水，高区系统水质检测如表4-21。

北京某学院住宅楼水样检测结果汇总表　　表4-21

取样点位置	氯仿 ($\mu g/L$)	细菌总数 （个/mL）	总大肠菌群 （个/L）	铁 （mg/L）	余氯 （mg/L）
水池	22.0	0	0	0.04	0.10
18层	24.0	0	0	0.13	0.06
4层	24.1	0	3	0.41	0.05

从表4-21中看出，外网的水刚进入室内生活贮水池时，各项水质指标均符合国家标准，随着水流程长度的增加，各项水质指标数值也在变化，到达最后一层时（即第4层），铁含量已超过国家标准，总大肠菌群数和余氯两项指标也已达标准限值，这说明水在流经镀锌钢管时受到了污染，而且流程长度越长，水质污染越严重。

4.8.3 居住小区时段用水的影响

居住小区生活用水是有一定规律性的，多数集中在早、中、晚几个时间段，其余时间用水量很少，甚至出现不用水（主要是深夜时段）。在这种情况下，小口径配水管及入户管内基本上处于停滞状态，这就有利于微生物随机碰撞后发生粘附，繁殖并稳定生长，使细菌数超标，并使管道在较短时间内出现腐蚀与微生物双污染，夏天水温高，污染更为严重。这种污染日复一日，年复一年，春、夏、秋、冬都存在，仅因季节的不同而污染程度有所不同。

4.8.4 外界造成的二次污染

在某些情况下，供水系统会受到外来的二次污染，造成水质周期性或间断性的恶化，如管网系统渗漏造成的污染；用水点处的外部水虹吸倒流；分质供水系统、不同供水系统和不同用途供水系统的相互连通；水池、水箱的外界污染等。

由于管道施工不规范，新铺管道冲洗消毒不彻底；树状管道铺设过长，造成末端滞水；泄水阀、排气阀位置不当，淹没在水坑中，一旦阀体损坏，就会使污水进入管道中；与自备水源或非饮用水管道连接时没有采取防污措施；直接用泵从管网上抽水造成负压时的污物侵入；有些管道、阀门长期浸泡在水中，有可能使污水进入其中。

4.8.5 管道抢修过程造成的污染

不论哪个城市，供水管道爆破或各种原因造成破损的情况时有发生，而且必须及时抢修。不少城市每年发生的管道爆破次数达几百次，甚至上千次。表4-22是杭州市2002年1月~11月各类管道的抢修统计表；表4-23是宁波市2002年1月~12月管道爆破统计表。

杭州市2002年1月~11月各类管道抢修统计表（共2893次） 表4-22

DN（mm）	≤50	100	150	200	300	400	500	600	800	900	1000	1200
数量（处）	1956	524	153	136	72	14	3	15	12	3	4	1
比例（%）	67.61	18.11	5.29	4.7	2.49	0.44	0.1	0.52	0.41	0.1	0.14	0.03

宁波市2002年1月~12月管道爆破统计表 表4-23

地区	爆破总次数	各种水泥管		铸铁管		球墨管		钢管	
		次数	比例（%）	次数	比例（%）	次数	比例（%）	次数	比例（%）
江南	402	182	45.2	201	50			19	4.7
江北	105	88	83.8	17	16.1				
镇海	35	28	80.0	4	11.4	3	8.5		
北仑	87	39	44.8	36	41.3	12	13.7		
合计	629	337	53.5	258	41	15	2.3	19	3

注：球墨铸铁管、钢管爆管主要由施工挖掘不慎引起。

从表4-22可见：小管子爆破抢修的多，大管子少。2002年1月~11月杭州市共抢修管道2893次，直径≤DN50的占67.61%，≤DN100的占85.72%，≤DN200的占95.71%，从表4-23可见：从管材看，各种水泥管最容易爆破，占53.5%，其次是铸铁管，占41%，这两类管子占爆管总数的94.5%。一般管道抢修须在一定范围内停水，相当一部分管道抢修时须切管、调换管配件。在管道抢修过程中，对管网水质的影响主要为以下两方面。

1. 流速、流向的突变对水质的影响

如前所述，管道内存在锈垢、泥垢、生物膜及沉淀物、绒状物等，还有些属不流动的"死水区"。而管道抢修时，往往快速启闭阀门，这样会对管网中的某些管段内水的流向发生较大扰动，在一定程度上会急剧改变水的流动状态，会使管内的沉淀物冲刷起来，或使"死水"在水流作用下流动起来，使水质变差，甚至恶化。而管道抢修完毕通水后，又会冲刷停水管段内的沉淀物，使流动的水受到污染。

2. 抢修时污水对水质的影响

除爆破管道明确爆管位置之外，对漏水管道的抢修，一般先不停水，而是沿自来水泄漏的方向开挖路面，边抽水，边寻找管道破损的位置。当找到漏水点，挖好抢修工作坑时，泄漏出来的自来水与四周的泥土、杂质浸泡在一起，已浑浊不堪，变成了污水。一旦关闭阀门，打开泄水阀门，排空管道或由于停水范围内一些用户不知情况，打开水龙头用水，就有可能使污水沿管道破损处进入管网中。而实际上常常可以见到抢修工作坑内，抽水设备功率小，污水面在关闭阀门后仍长时间高于管道顶部，须不停地抽水降低水位才可施工。结果是管道破损位置长时间受污水浸泡，使污水、污物进入管道中。待抢修完毕，开启阀门，水流流通时，原进入破损管段内的污水随着水流扩散到后续管网的各管段中。

管道抢修对水质的影响主要为上述两个方面，但从表4-22、4-23可知：管道的爆破、破损、抢修发生在城市的各处，特别是发生在各居住小区内的 $DN \leqslant 100mm$ 的管子。每年要抢修数百次、上千次，则对管道水质的影响面广、量大。如何防止管道抢修对水质的污染，是值得重视和研究的问题。

参 考 文 献

[1] 何维华. 再谈水质稳定、管网改造及运行管理的相互关系. 给水排水, 第12期, 2004年: 21～25.
[2] 傅金祥等. 我国城镇供水水质安全面临的问题与保障对策. 给水排水, 29 (1), 2003年: 35～39.
[3] 陈义标等. 绍兴市供水管网中黄水产生的原因及其防治对策. 给水排水, 30 (9), 2004年: 17～20.
[4] 黄晓东等. 氯化反应条件对三氯甲烷生成量的影响. 中国给水排水, 第6期, 2002年.
[5] 尤作亮等. 配水管网中水质变化规律及主要影响因素. 给水排水, 31 (1), 2005年: 21～26.
[6] 冷震. 影响管网水质的因素及对策. 城镇供水, 第5期, 2000年: 10～12.
[7] 成纯赞. 金属管道的腐蚀及防腐对策. 给水排水, 30 (11), 2004年: 93～96.
[8] 孙建等. 供水管材对管网水质的影响. 城镇供水, 第3期, 2004年: 34～35.
[9] 童祯恭等. 供水管网水质安全及其保障措施探讨. 净水技术, 第1期, 2005年: 49～53.
[10] 郭晓朝等. 给水钢管的点蚀及其防治措施. 城镇供水, 第4期, 1998年: 47～50.
[11] 牛璋彬等. 给水管网中金属离子化学稳定性分析. 中国给水排水, 21 (5), 2005年: 18～21.
[12] 吴红伟等. 配水管网中管垢形成的特点和防治措施. 中国给水排水, 14 (3), 1998年: 37～39.
[13] 张朝. 输水管道中生物膜的危害及其防治方法. 城镇供水, 第1期, 2001年: 9～11.
[14] 罗乐平. 自来水管道内腐蚀对管网水质影响的研究. 中国给水排水, 14 (2), 1998年: 58～60.
[15] 鲁巍等. 研究供水管壁生物膜的模拟系统. 中国给水排水, 21 (1), 2005年: 22～24.
[16] 徐洪福等. 配水系统的水质模型研究概况. 中国给水排水, 18 (3), 2002年: 33～36.
[17] 张惠英. 我国城市二次供水污染现状及防治措施的探讨. 湖南大学学报, 27 (6), 2000年: 86～89.

[18] 陈忠林等. 饮用水加氯消毒副产物及其控制技术的发展. 哈尔滨建筑大学学报, 33 (6), 2000 年: 35~39.

[19] 王丽花等. 消毒副产物在给水处理工艺和给水管网中的变化规律. 中国土木工程学会水工业分会给水委员会第八次年会, 2001 年.

[20] 曹瑞钰. 氯消毒机理、危害及脱氯. 中国给水排水, 第 4 期, 1995 年: 36~39.

[21] 任宗明等. 饮用水中余氯对大型蚤的急性和慢性毒性. 给水排水, 31 (4), 2005 年: 26~28.

[22] 席永红等. 某市供水管网水质问题及对策. 给水排水, 第 12 期, 2004 年: 30~31.

[23] 徐兵等. 改善城市供水管网水质的实践与探讨. 给水排水, 第 12 期, 2002 年: 13~16.

[24] 薛清花. 城市生活给水水质二次污染原因和对策. 引进与咨询, 第 5 期, 2001 年: 57~58.

[25] 侯会乔. 城市供水二次污染的分析及防治措施. 城市管理与科技, 5 (4), 2003 年: 175~177.

[26] 张培德等. 供水管道抢修对水质"二次污染"的探讨. 给水排水, 29 (8), 2003 年: 80~81.

[27] 汤波等. 解决南京市多层住宅屋顶水箱二次污染的对策. 给水排水, 第 3 期, 2003 年: 38~40.

[28] 李君文. 饮水氯消毒与强致突变物. 中国给水排水, 9 (4), 1993 年: 46~48.

[29] 赵玉华. 饮用水在蓄贮过程中二次污染数学模拟与应用研究. 给水排水, 27 (3), 2001: 33~35.

第5章 水质不稳定产生的污染与防治

5.1 水质稳定性概述

5.1.1 饮用水水质稳定的重要性

管网中二次污染的实质是污染物质在水中的迁移转化，这种迁移转化是一种物理、化学和生物学的综合作用过程，其实质是水质的不稳定性引起的。而水质的不稳定性现已被国内外公认为管网水质二次污染的主要因素。水质的不稳定分为化学不稳定性和生物不稳定性两种，都会造成细菌生长繁殖和管壁产生腐蚀与结垢，从而污染水质。对于取自地面水水源的饮用水，一般生物不稳定性对水质产生的危害和污染大于化学不稳定性；而取自地下水水源的饮用水则相反，一般化学不稳定性对水质产生的危害和污染要大于生物不稳定性，这里研究讨论的通常是对取自地面水水源来说的。

饮用水的安全性是对人体健康来说的，主要是化学物风险和微生物风险两个方面。化学物风险一般是指水中产生化学不稳定性的碱度、总硬度、无机盐类及有机物；微生物风险主要来自病源微生物随饮用水的传播及对饮用者的直接威胁。而微生物学指标和有机物指标的变化是普遍关心且研究较多的问题，目前对管网中的细菌增殖主要研究了余氯和营养基础的作用，对有机物的研究主要集中在可生物降解有机物对给水管网和管网水质的影响方面，且生物不稳定性对管网造成二次污染问题。

化学稳定的饮用水是管网系统中不会产生无机盐类沉淀、结垢、腐蚀等的水；生物稳定的饮用水是指管网系统中不会引起大肠杆菌等异养细菌再生长的水。事实上不存在绝对的化学稳定性和生物稳定性的饮用水（指的是自来水，不是纯水、高纯水），或多或少存在着水质不稳定的因素，我们的目标和出发点是尽可能地提高饮用水水质稳定性，防治和减轻水在管网中造成的二次污染，使用户水龙头的水始终达到生活饮用水水质标准。

5.1.2 水的化学稳定性概念

化学不稳定的水会在管道中产生结垢、碱度（OH^-）腐蚀、二氧化碳（CO_2）腐蚀等，从而污染水质。水是否化学稳定与水中离子的组合和碳酸平衡有关。

1. 水中的离子与假想组合

水是一种极性分子，是一种溶解力很强的物质，水在地面或地下流动过程中会溶解各种物质，而且含量差别也很大。在不考虑外界人为因素和工农业污染的情况下，天然水中引起水质化学不稳定的主要是水中形成无机盐类的离子和有关的溶解性气体。无论是地面水还是地下水，水中常见的阳离子为：钙离子 Ca^{2+}、镁离子 Mg^{2+}、钠离子 Na^+、钾离子 K^+、铁离子 Fe^{3+}、锰离子 Mn^{2+}、铜离子 Cu^{2+} 等，天然水源中含量较大的是 Ca^{2+}、Mg^{2+}、Na^+ 3种离子；水中常见的阴离子为：重碳酸根 HCO_3^-、硫酸根 SO_4^{2-}、盐酸根 Cl^-、碳酸

根 CO_3^{2-}、硅酸根 $HSiO_3^-$、硝酸根 NO_3^- 等，天然水中含量较大的是 HCO_3^-、SO_4^{2-}、Cl^- 3种。溶解在水中常见的气体为：二氧化碳 CO_2、氧 O_2、氮 N_2、氯 Cl_2、硫化氢 H_2S 等，其中主要的是 CO_2 和 O_2。

按当量（即毫克当量/升或克当量/m^3）计，水中阳离子的当量与阴离子的当量是相等的，故水呈电中性。水中阴阳离子是按当量组合成假想化合物，其组合的顺序是按阴阳离子的选择性大小进行的。阳离子与阴离子组合的顺序为：Mn^{2+}、Fe^{2+}、Al^{3+}、Ca^{2+}、Mg^{2+}、NH_4^+、Na^+，最后为 K^+。在一般天然水中主要为 Ca^{2+}、Mg^{2+}、Na^+（含 K^+）3种离子，则 Ca^{2+} 首先与阴离子组合，Ca^{2+} 组合完了，再由 Mg^{2+} 与剩余下来的阴离子组合，$Na^+ + K^+$ 则与最后余下来的阴离子组合；阴离子与阳离子的组合顺序为：PO_4^{3-}、HCO_3^-、CO_3^{2-}、OH^-、F^-、SO_4^{2-}、N_2^-、Cl^-。天然水中主要为 HCO_3^-、SO_4^{2-} 和 Cl^-，则 HCO_3^- 先与水中阳离子组合，HCO_3^- 组合完了，再由 SO_4^{2-} 与剩余的阳离子组合，最后由 Cl^- 与没有组合完的阳离子组合。

为说清楚问题，现举一个组合实例来说明组合顺序和化合物。

阳离子：Ca^{2+}　　　　72mg/L　　　　阴离子：HCO_3^-　　　158mg/L
　　　　Mg^{2+}　　　　14.6mg/L　　　　　　　 SO_4^{2-}　　　38mg/L
　　　　$Na^+ + K^+$　　4.6mg/L（以 Na^+ 计）　　Cl^-　　　　57.6mg/L

水中阴阳离子是按等当量组合的，则首先把阴阳离子的 mg/L 化成为当量数（毫克当量/升）。Ca^{2+} 的1个当量值为 20mg/L，Mg^{2+} 为 12mg/L，Na^+ 为 23mg/L；HCO_3^- 的1个当量值为 61mg/L，SO_4^{2-} 为 47mg/L，Cl^- 为 36mg/L，则它们的当量数分别为：

Ca^{2+}　　　　72/20 = 3.6　　　　　　HCO_3^-　　　158/61 = 2.6
Mg^{2+}　　　　14.6/12 = 1.2　　　　　SO_4^{2-}　　　38/47 = 0.8
$Na^+ + K^+$　　4.6/23 = 0.2　　　　　　Cl^-　　　　　57.6/36 = 1.6
阳离子总和　　5.0meq/L　　　　　　　阴离子总和　　5.0meq/L

根据组合顺序为：Ca^{2+} 的 3.6 先与 2.6 HCO_3^- 组合成 2.6 个 $Ca(HCO_3)_2$，余下来的 1Ca^{2+} 与 0.8 SO_4^{2-} 组合成 0.8 个 $CaSO_4$，还有 0.2 Ca^{2+} 与 1.6 Cl^- 组合成 0.2$CaCl_2$，这样还有 1.4 Cl^- 与 1.2 Mg^{2+} 组合成 1.2 个 $MgCl_2$，还有 0.2 个 Cl^- 与 0.2 个 Na^+ 组合成 0.2 个 NaCl，组合结果得：

$$Ca(HCO_3)_2 = 2.6meq/L$$
$$CaSO_4 = 0.8meq/L$$
$$CaCl_2 = 0.2meq/L$$
$$MgCl_2 = 1.2meq/L$$
$$NaCl = 0.2meq/L$$

水中 HCO_3^- 与 Ca^{2+}、Mg^{2+} 组合成 $Ca(HCO_3)_2$、$Mg(HCO_3)_2$ 称为碳酸盐硬度，又因加热而能沉淀去除，故也称"暂时硬度"；水中 SO_4^{2-}、Cl^- 与 Ca^{2+}、Mg^{2+} 组合成 $CaSO_4$、$CaCl_2$、$MgSO_4$、$MgCl_2$ 称为非碳酸盐硬度，又因加热不能去除而称为"永久硬度"；两者之和称为水的总硬度，是水的化学不稳定性的重要因素，在给水管道中会产生 $CaCO_3$、$Mg(OH)_2$ 沉淀而结垢，污染供水水质。

2. 水的碳酸平衡

天然水中通常含有碳酸（H_2CO_3 或 CO_2），而碳酸 H_2CO_3 是很弱的酸，它的离解程度很弱，虽然可以离解为 H^+ 及 HCO_3^-，但离解度很小，而 HCO_3^- 进一步离解为 H^+ 和 CO_3^{2-} 更困难。但当条件改变时，水中的 CO_3^{2-} 也会增加。碳酸在水中的离解（电离）分二级进行：

一级离解：

$$CO_2 + H_2O \rightleftharpoons H_2CO_3 \rightleftharpoons H^+ + HCO_3^- \tag{5-1}$$

二级离解：

$$HCO_3^- \rightleftharpoons H^+ + CO_3^{2-} \tag{5-2}$$

一级与二级的平衡常数表达式分别为：

$$K_1 = [H^+][HCO_3^-]/[H_2CO_3] \tag{5-3}$$

$$K_2 = [H^+][CO_3^{2-}]/[HCO_3^-] \tag{5-4}$$

式中 K_1 和 K_2 分别为第一级和第二级离解常数，其值与温度有关。方括号内表示浓度，单位为克分子/升或克离子/升。水中碳酸（H_2CO_3 或 CO_2）、重碳酸根离子（HCO_3^-）和碳酸根离子（CO_3^{2-}）统称碳酸化合物。如果水中碳酸化合物总浓度用 C 表示，则

$$C = [H_2CO_3] + [HCO_3^-] + [CO_3^{2-}] \tag{5-5}$$

在碳酸平衡中，氢离子 H^+ 浓度起着决定性作用。根据式（5-3）、（5-4）计算，在一定温度下不同氢离子 H^+ 浓度（即不同 pH 值）时，不同碳酸成分的浓度百分比见表 5-1。

不同 pH 值各种形式碳酸成分的百分比（%）　　　表 5-1

碳酸形式	pH 值						
	4	5	6	7	8	9	10
$H_2CO_3 + CO_2$	99.7	97.0	76.7	24.99	3.22	0.32	0.02
HCO_3^-	0.3	3.08	23.3	74.98	96.70	95.84	71.43
CO_3^{2-}				0.03	0.08	3.84	28.55

从表 5-1 可见，HCO_3^- 是不稳定的，氢离子 H^+ 浓度增加（即 pH 值降低），则反应式的平衡向左方移动，HCO_3^- 和 CO_3^{2-} 转化为 H_2CO_3；反之，H^+ 浓度减少，则 H_2CO_3 分解为 HCO_3^-，HCO_3^- 又分解为 CO_3^{2-}。当水的 pH 值 <4 时，水中实际上没有 HCO_3^- 离子，完全以 CO_2 和 H_2CO_3 形式存在；当 pH 值 = 7~10 时，主要以 HCO_3^- 形式存在。当 pH 值 = 8.4 时，水中几乎全是 HCO_3^- 形式存在。生活饮用水的水源水一般接近中性，通常 pH 值在 6~8 之间，因此水中主要是 HCO_3^-，其次是 H_2CO_3（CO_2）。

水的化学稳定性与水中重碳酸盐、碳酸盐和二氧化碳（即碳酸）之间平衡有关，以重碳酸钙 $Ca(HCO_3)_2$ 为例，当水中二氧化碳 CO_2 含量少时，则产生碳酸钙沉淀；当超过平衡时，则产生二氧化碳腐蚀。反应式见（5-6）。这对产生碳酸镁来说也如此，见式（5-7）、（5-8）。

$$Ca(HCO_3)_2 \rightleftharpoons CaCO_3 \downarrow + CO_2 + H_2O \tag{5-6}$$

$$Mg(HCO_3)_2 \rightleftharpoons MgCO_3 + H_2O + CO_2 \tag{5-7}$$

$$MgCO_3 + H_2O \rightleftharpoons Mg(OH)_2 \downarrow + CO_2 \tag{5-8}$$

可见水中的假想化合物与碳酸之间的平衡关系是生活饮用水产生化学不稳定性的原

因。对于除盐水，即纯水（含高纯水）来说，因水中已基本上去除了全部阳离子（Ca^{2+}、Mg^{2+}、Fe^{2+}、Mn^{2+}、Na^+、K^+、Al^{3+} 等）和全部阴离子（PO_4^{3-}、HCO_3^-、CO_3^{2-}、OH^-、F^-、SO_4^{2-}、NO_3^-、Cl^- 等），水中就无假想化合物及碳酸，所以也就不存在水的化学稳定性问题。

5.1.3 水的生物稳定性概念

饮用水生物稳定的，在输配水管网流动或短暂停留的过程中，不会促使微生物生成。生物不稳定的饮用水，则会促使微生物的生长、繁殖，并形成生物膜，使细菌超标、膜剥落结垢、管道腐蚀等，使水质受到二次污染。造成生物不稳定的主要原因是水中存在细菌等微生物和微生物所需要的营养物（主要是有机物），要使饮用水达到生物稳定，防治在管网系统中受到二次污染，则就必须杀灭微生物和去除水中有机物等营养物。

未被污染的地面水中有机物，是由天然腐殖质、藻类渗出物及细菌残骸组成。一般来说天然有机物是无害的，然而从客观上讲，应去除由天然有机物形成的颜色、气味和异味。在大多数情况下通过水厂的加药混和、反应沉淀、过滤消毒（杀菌）基本上能达到饮用水水质要求，故不是主要的处理及水质污染对象。主要研究和处理的是取自微污染水源中的有机物以及对饮用水的二次污染。

衡量水体污染程度的主要为溶解性总有机碳、氨氮、溶解氧饱和率、总含盐量和有机氯。而有机碳中有可同化有机碳（AOC）和生物可降解溶解性有机碳（BDOC）。AOC 是指可生物降解有机物中能被细菌转化成细胞体的部分；BDOC 是水中有机物中能被异养菌利用（无机化和合成细胞体）的部分。可见，AOC 是有机物中最易被细菌吸收，直接同化成细菌体的部分，是 BDOC 的一部分；BDOC 是水中细菌和其他微生物新陈代谢的物质和能量的来源，包括其同化作用和异化作用的消耗。它们是衡量水质生物稳定性既有联系又有区别的两个指标，同时国际上已普遍认同把 AOC 和 BDOC 作为饮用水生物稳定性的评价指标，它们的含量越低，细菌越不易生成繁殖。

20 世纪 80 年代开始，较多国家对饮用水水质生物稳定性问题引起了高度重视并进行了研究。研究的重点是给水管网内生物膜的生长、管网水细菌再生长与水中有机物含量的关系。经研究普遍认为，出厂水中存在可生物降解的有机物（BDOM）是管网中异养细菌重新生长的主要原因，提出了生物稳定性概念。饮用水生物稳定性是指饮用水中可生物降解有机物支持异养细菌生长的潜力，即当有机物成为异养细菌生长的限制因素时，水中有机营养基质支持细菌生长的最大可能性。饮用水生物稳定性高，则表明水中细菌生长所需的有机营养物含量低，细菌不易生长；反之，表明水中细菌生长所需要的有机营养物含量高，细菌容易生长，说明水的生物稳定性差。

5.2 化学不稳定性的危害及判别

5.2.1 化学不稳定性对水质的危害

供水管道的腐蚀和结垢是普遍存在的问题，也是生活饮用水水质被二次污染的主要原因之一。管内的垢按成分可分为水中溶解盐类的沉淀物，如 $CaCO_3\downarrow$、$Mg(OH)_2\downarrow$；腐蚀形成的产物，如 $Fe(OH)_3\downarrow$，称锈垢；悬浮固体沉淀物，称泥垢，总称为水垢。水垢不仅本身会污染水质，而且是细菌等微生物的"避风港"和繁殖地，不仅使细菌值超标，而且细菌等微生物在生长繁殖的过程中形成生物膜，而生物膜在管内水流流动和冲刷过程中被剥落，又造成了对水质的污染。同时管内的水垢减小了过水断面积，降低了输水能力，根据国内实例，原 $DN100$ 的金属管使用不到 30 年，过水断面缩小到 41%；根据美国新英格兰区 19 个城市的实测资料，沥青衬里的铸铁管，在使用 30 年后，其平均输水能力损失 52%。管道的腐蚀和结垢使维护和水处理等直接费用和一些间接费用增加，严重的使管道报废而重新更换。

管道的腐蚀和结垢，不仅使水的浊度、色度、细菌数等增加，甚至超标，还会增加包括重金属在内的金属元素。美国芝加哥市对管网水与水厂出水进行实测比较，有 15%~67% 的水样中，镉、铬、钴、铜、铅、铁、锰、镍、银、锌等元素浓度都有增加。西雅图的镉、铜、铁、铅、锰、锌的浓度增加 45%~61%，使西雅图在 6 种金属中分别有 5%~76% 的水样超过饮用水水质标准。而波士顿有 19%~65% 的管网水中铜、铁、铅的浓度超过饮用水水质标准。美国的生活饮用水水质标准比我国要求高和严。我国管网水的污染相对来说更为严重，如我国有些城市的部分地方常出现由铁、锰引起的"黑水"和"黄水"，造成无法饮用。上述情况世界各国都有共性和普遍性，其原因都是生活饮用水中化学不稳定性引起的腐蚀与结垢造成的对水质二次污染的结果。

腐蚀问题不仅是对不衬里的金属管来说的，也是对金属管表面的非金属保护层和非金属材料同样存在的问题。配水管网的管材有钢筋混凝土管、石棉水泥管、混凝土管、水泥砂浆衬里的钢管和铸铁管等，同样会受到腐蚀水的侵蚀。而对金属的腐蚀更为直接、明显和严重。管道的腐蚀分为碱度腐蚀、氧化腐蚀、电化学腐蚀等，其结果均产生 $Fe(OH)_3$ 沉淀，即为铁锈，产生铁锈水。

1. 电化学腐蚀

电化学腐蚀是最基本及最常见的一种腐蚀形式。电化学的腐蚀过程也就是一个原电池（电化学电池）的工作过程。如通常所见的电路一样，必须具备阳极、阴极、内电路和外电路。外电路可以是阳极和阴极的连接，内电路可以是阳极和阴极接触的电解质溶液。下列 3 种情况均可产生电化学腐蚀：①不同金属相互接触；②金属内部组成的不均匀或金属表面液体浓度有差异；③金属表面不均匀。上述 3 种的任意一种条件下电化学电池形成的示意图见图 5-1 所示。

对于金属管来说，水作为一种电解液，具有明显的电化学性质。而金属本身含有较多杂质，金属与杂质之间存在着电位差，在水的介质中形成了无数微腐蚀电池，在金属管表面某一部位，因铁被腐蚀成离子进入水中成为阳极，所释放出来的电子（e^-）传递到金属管表面的另一部分而成为阴极，这就形成了电化学电池，腐蚀便会发生，当水中存在足够的溶解氧时，腐蚀会不断地继续下去。

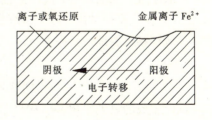

图 5-1 腐蚀电池示意图

金属管的腐蚀过程与所接触的水的温度和水质有关，特别是与水的 pH 值的关系更为密切，有时也与所受压力有关。现在讨论的是指在一般的水质和水温的条件下，对腐蚀的过程进行论述。

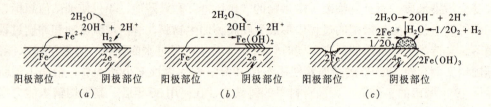

图 5-2　金属的电化学腐蚀过程
(a) H_2的极化作用；(b) Fe(OH)$_2$的极化作用；(c) O_2的去极化作用

金属的电化学腐蚀过程如图 5-2 所示。图 (a) 表示金属表面某个部位的金属原子溶解水中，产生了氧化反应，构成了一个腐蚀电池的阳极，并释放出电子，其氧化反应式为：

$$Fe \rightarrow Fe^{2+} + 2e^- \tag{5-9}$$

阳极释放出来的电子在金属内沿一条阻力小的路线到达阴极部位，溶解的 Fe^{2+} 也要向阴极部位运动，在酸性条件下氢离子的还原反应为：

$$2H^+ + 2e^- \rightarrow 2H \rightarrow H_2 \tag{5-10}$$

在中性水的条件下，氧的还原反应为：

$$O_2 + 2H_2O + 4e^- \rightarrow 4OH^- \tag{5-11}$$

进而溶液中的金属离子（Fe^{2+}）在阴极与氢氧根离子反应生成氢氧化物：

$$Fe^{2+} + 2OH^- \rightarrow Fe(OH)_2 \tag{5-12}$$

当水中没有氧时，则就不存在式 (5-11)，没有 OH^- 产生，反应到式 (5-10) 及 (5-12) 就停住了，这时阴极部位的表面为 H_2 或 Fe(OH)$_2$ 所遮盖，就会阻止电子继续转移，金属的表面不再和水直接接触，反应式 (5-10) 及 (5-12) 就不再继续发生，反过来抑制了反应式 (5-9) 的发生，金属离子（Fe^{2+}）不再溶解于水，也无电子流动，保护金属不再腐蚀，如图 5-2 中 (a)、(b) 所示。反应式 (5-9) 是分两步进行的，第一步氢离子（H^+）得到了 1 个电子还原成为氢原子附着在阴极的金属表面形成保护膜，使金属不再被腐蚀；第二步在酸性或缺氧条件下，氢原子通常形成氢分子（H_2）而逸出，从而失去了氢原子的保护膜。通常把阴极氢原子层的形成称作极化，氢原子层的去除称为去极化。

一般来说，天然水体或 pH 值接近中性的水中均含有溶解氧（饱和溶解氧量约 8～14mg/L），阴极部位的反应还要继续进行下去。H 原子保护层和 Fe(OH)$_2$ 保护层就不再存在，金属继续被腐蚀。反应如下：

$$2H + O_2/2 \rightarrow H_2O \tag{5-13}$$

$$4\ Fe(OH)_2 + O_2 + 2H_2O \rightarrow 4\ Fe(OH)_3 \downarrow \tag{5-14}$$

反应生成的氢氧化物 Fe(OH)$_3$ 沉积在金属表面，形成铁锈。由于水中存在着氧而产生反应式 (5-13) 及 (5-14)，使反应式 (5-10) ～ (5-12) 必然也还要继续下去，因而反过来推动反应式 (5-9) 的进行，金属就会不断溶解于水，也就是不断受到腐蚀，如图 5-2 (c) 所示。

在化学腐蚀过程中，溶液中的溶解氧和 pH 值对金属腐蚀进程起着至关重要的作用。

当溶液中无溶解氧时，阴极反应将以式（5-10）进行。这时，反应生成的原子态 H 和氢气会覆盖在阴极表面上，产生超电压的极化作用。只有当溶液的 pH＜4 时，H^+ 离子成为决定性因素，电极反应才能持续进行，而当 pH＞5 时，腐蚀作用就会停止下来。在溶液中存在溶解氧时，情况就不同了，在酸性条件下，按反应式（5-13）进行而生成水，不会产生极化作用；在中性条件下，可完全按式（5-11）进行反应，使腐蚀作用加强。实际上，当 pH＞6 时，溶解氧是决定腐蚀的主要因素。当溶液的 pH＞9 时，金属的腐蚀速度会降低。

从反应式和图 5-2 可见，阳极部位是受腐蚀部位，阴极部位是腐蚀生成物堆积的部位。当腐蚀在整个金属表面基本均匀地进行时，腐蚀的速度较慢，危害相对较小，这种腐蚀称为全面腐蚀；当腐蚀集中于金属表面的某些部位时称局部腐蚀，局部腐蚀的速度很快，容易锈穿，危害性也大。无论那种腐蚀，对供水水质均会造成污染，应当防治。

2. 酸、碱腐蚀

水的酸度是水中给出质子物质的总量；水的碱度是水中接受质子物质的总量。酸度和碱度都是水的一种综合特性的度量，只有当水中的化学成分已知时，才能被解释为具体的物质。生活饮用水规定的 pH 值为 6.5～8.5，规定此值范围一是为了人体健康，二是不使供水系统设备、管道等受到严重腐蚀。

酸度包括强无机酸（如 HNO_3、HCl、H_2SO_4 等），弱酸（如碳酸、醋酸、单宁酸等）和水解盐（如硫酸亚铁、硫酸铝等）。酸不仅有腐蚀性，而且对化学反应速率、化学物品的形态和生物过程等有影响。酸度的测定可反映水质的变化情况。测定的酸度数值大小与所用指示剂和滴定终止的 pH 值有关。常用 mg/L（以 $CaCO_3$ 计）表示。

生活饮用水中除水厂净化处理中投加的混凝剂硫酸亚铁（$FeSO_4$）、硫酸铝[$Al_2(SO_4)_3$]等水解盐之外，主要存在的是弱酸碳酸（H_2CO_3）。碳酸按碳酸平衡一级离解、二级离解的反应式（5-1）、（5-2）生成 CO_3^{2-}，CO_3^{2-} 在水中的反应为：

$$CO_3^{2-} + H_2O = 2OH^- + CO_2 \uparrow \tag{5-15}$$

生成了 OH^- 碱度，成为碱度腐蚀。

碱度包括水中重碳酸盐碱度（HCO_3^-）、碳酸盐碱度（CO_3^{2-}）和氢氧化物碱度（OH^-），水中 HCO_3^-、CO_3^{2-}、OH^- 3 种离子的总和称为总碱度。一般天然水中只含有 HCO_3^- 碱度，碱性强的水中才会有 CO_3^{2-}、OH^- 两种碱度。水中碱度用 mg/L（以 $CaCO_3$ 计）表示。但弱碱 HCO_3^- 根据碳酸平衡和式（5-15）反应，生成强碱 OH^-，造成对铁的腐蚀为：

$$Fe^{3+} + 3OH^- \rightarrow Fe(OH)_3 \downarrow \tag{5-16}$$

腐蚀的结果仍为铁锈，从而污染水质。

3. 钙、镁沉淀物

无论是地面水还是地下水，水中均含有钙（Ca^{2+}）、镁（Mg^{2+}）离子，不同的是地下水中含量多些，地面水中相对少些。根据假想化合物的组合，主要为暂时硬度 $Ca(HCO_3)_2$ 及 $Mg(HCO_3)_2$，$CaCl_2$、$MgCl_2$、$CaSO_4$、$MgSO_4$ 等永久硬度很少，可能还有 $Fe(HCO_3)_3$、$NaHCO_3$。因水中存在碳酸 H_2CO_3 及重碳酸根 HCO_3^-，按碳酸平衡结果均会产生氢氧根离子 OH^-，则就与第四章所述，会与钙、镁离子及铁离子产生沉淀物：

$$Ca^{2+} + HCO_3^- + OH^- \rightarrow CaCO_3 \downarrow + H_2O \tag{5-17}$$

$$Mg^{2+} + 2OH^- \rightarrow Mg(OH)_2 \downarrow \tag{5-18}$$

$$Fe^{3+} + 3OH^- \rightarrow Fe(OH)_3 \downarrow \tag{5-19}$$

主要是产生 $CaCO_3$ 及 $Mg(OH)_2$ 沉淀，在给水管内形成水垢。初次少量沉积物会形成保护膜，能防止管道的腐蚀。但 $CaCO_3$ 及 $Mg(OH)_2$ 的沉淀在不断地进行和累积，而且很不均匀，形成凹凸不平的结垢层。这样不仅缩小了过水断面积，增加了水流的阻力，增加了能耗，而且成为细菌、微生物隐蔽和繁殖挛生的场所。因细菌藏在水垢的缝隙中，水中余氯不易杀灭它们，遇到营养有机物时，就生长繁殖。这样水垢对水质造成两方面的危害：一是细菌数增加，有时会超标；二是微生物不断附着而形成生物膜，生物膜老化后被剥落引起臭、味及色度增加而污染水质。

5.2.2 化学不稳定性的判别

水质稳定的水是指既不会形成水垢又无腐蚀性的水。反之，化学不稳定的水，会造成管网中管道产生腐蚀和结垢两种危害。在不考虑电化学过程及水中胶体物影响的前提下，常采用饱和指数 LSI 配合稳定指数 RSI 来判别出厂水（进入管网水）的稳定性。

水的腐蚀性和结垢性可看作是水——碳酸盐系统的一种行为表现。当水中的碳酸钙含量超过其饱和值时，会出现碳酸钙沉淀，引起结垢；反之，当水中的碳酸钙含量低于饱和值时，则水对碳酸钙具有溶解能力，能将已沉淀的 $CaCO_3$ 溶解于水中。前者称为结垢型的水，后者称为腐蚀型的水，总称为不稳定的水。腐蚀型的水，对用混凝土或钢筋混凝土这类材料制作的管道来说，可从输水管壁内把碳酸钙溶解出来；对金属管来说，则会溶解掉原先沉积在金属表面的碳酸钙，使金属表面裸露在水溶液中，产生腐蚀过程。为了对水质的腐蚀性和结垢性进行控制，必须有一个能对水质的稳定性进行鉴别的指数。

1. 郎格利尔指数（LSI）

郎格利尔饱和指数 LSI（Langelier Saturation Index）是根据水中碳酸盐的平衡关系，提出了饱和 pH 值（用 pHs 表示）指数概念，以判别碳酸钙为代表的水垢是否会析出，并以水的实际 pH 值（用 pHo 表示）与饱和 pHs 值的差值来判断水垢的析出，此差值称饱和指数，也称郎格利尔指数，用公式表示为：

$$LSI = pHo - pHs \tag{5-20}$$

式中　LSI——饱和指数；
　　　pHo——水的实测 pH 值；
　　　pHs——水的碳酸钙饱和平衡时 pH 值。

根据饱和指数 LSI 值，可对水的特性进行以下判别：

当 $LSI = pHo - pHs > 0$ 时，结垢；

当 $LSI = pHo - pHs = 0$ 时，不结垢，不腐蚀，称为水质稳定；

当 $LSI = pHo - pHs < 0$ 时，腐蚀。

pHs 可采用式（5-21）、（5-22）进行计算而得。

$$pHs = pK_2' + pCa^{2+} - pK_s' - \lg\{2[Alk] - [OH^-]_s + [H^+]_s\} \\ + \lg[2K_2'/[H^+]_s + 1] - \lg\gamma_m \tag{5-21}$$

式中　pCa^{2+}——Ca^{2+}离子浓度的负对数；

　　　[Alk]——碱度；

　　　K'_2——HCO_3^-离解平衡常数；

　　　K'_s——饱和时碳酸钙离解平衡常数；

　　　γ_m——氢离子活度系数；

　　　$[H^+]_s$——饱和时氢离子浓度；

　　　$[OH^-]_s$——饱和时氢氧根离子浓度。

当测出水中的 OH^- 和 Ca^{2+} 浓度后，可根据式（5-21）求出水的 pHs 值。因 $[H^+]_s$ 出现在式的右边，不能直接计算 pHs，只能采用试算法。为简化计算，当 pH 值在 6.5～9.5 时，$\{2[Alk] - [OH^-]_s + [H^+]_s\}$ 中的 $[H^+]_s$ 和 $[OH^-]_s$、$[2K'_2/[H^+]_s + 1]$ 中的 $2K'_2/[H^+]_s$ 均可忽略不计，因此式（5-21）可简化为：

$$pHs = pK'_2 + pCa^{2+} - pK'_s - lg2[Alk] - lg\gamma_m \tag{5-22}$$

天然水体中的 pH 值一般在 6.5～9.5 之间，因此可用简化式（5-22）计算 pHs。在计算 pHs 过程中还会用到一些有关公式，为说清楚问题和掌握计算方法，现举一个计算例题来加以说明。

测得某水中碱度 1.9×10^{-3} mol/L（以 $CaCO_3$ 计），钙离子浓度 2.4×10^{-3} mol/L，实测水的 pH 值为 6.83，溶解性总固体含量为 500mg/L，水温为 21℃，试计算该水的郎格利尔指数，并判别水中的 $CaCO_3$ 是溶解还是沉淀。

pCa^{2+} 是 Ca^{2+} 离子浓度的负对数，则按题意得：

$$pCa^{2+} = lg[1/(2.4 \times 10^{-3})] = 2.62$$

应用公式 $I = (2.5 \times 10^{-5}) \times (TSD)$ 计算水的离子强度：

$$I = 2.5 \times 10^{-5} \times 500 = 0.0125 mol/L$$

将 I 值代入计算式 $lg\gamma = -AZ^2[I^{1/2}/(1+I^{1/2}) - 0.21]$ 中计算 $lg\gamma_m$：

$$lg\gamma_m = -1.82 \times 10^6 \times (78.3 \times 294)^{-3/2} \times I^2 [0.0125^{1/2}/(1+0.0125^{1/2})$$
$$- 0.3 \times 0.0125] = -0.0515$$

计算中的 294 为开氏温度，即 $T = 273 + 21 = 294$

pK'_2 的计算：

由计算式 $pK'_2 = 2902.39/T + 0.02379T - 6.498$，先求出 pK_2 的值为：

$$pK_2 = 2902.39/294 + 0.02379 \times 294 - 6.498 = 10.36$$

计算钙离子活性系数 γ_D 值：

$$lg\gamma_D = -1.82 \times 10^6 \times (78.3 \times 294)^{-3/2} \times 2^2 [0.0125^{1/2}/(1+0.0125^{1/2})$$
$$- 0.3 \times 0.0125] = -0.2 \quad 得：\gamma_D = 0.63$$

根据 HCO_3^- 离解平衡常数（K'_2）计算式 $K'_2 = K_2/\gamma_D$ 得：

$$K'_2 = 10^{-10.36}/0.63 = 10^{-10.16}$$

$$pK'_2 = lg(1/10^{-10.16}) = 10.16$$

计算 pK'_s 值：

根据公式 $pK'_s = 0.01183t + 8.03$，式中 t 为水温（21℃）

得：
$$pKs = 0.01183 \times 21 + 8.03 = 8.28$$
$$Ks = [\gamma_D Ca^{2+}][\gamma_D CO_3^{2-}]$$
$$K'_s = [Ca^{2+}][CO_3^{2-}] = Ks/\gamma_D^2 = 10^{-8.28}/0.63^2 = 10^{-7.88}$$
$$PK'_s = \lg(1/10^{-7.88}) = 7.88$$

得：
$$pHs = 10.16 + 2.62 - 7.88 - \lg(2 \times 1.9 \times 10^{-3}) + 0.05 = 7.37$$
$$LSI = 6.83 - 7.37 = -0.54$$

故此水是未饱和的，$CaCO_3$ 趋向于溶解而进行腐蚀。

2. 雷兹纳指数（RSI）

LSI 饱和指数在实际应用中有两点不足之处，一是对同样的两个 LSI 值不能进行稳定性的比较。例如，pH 分别为 7.5 和 9.0 两个水样，其 pHs 分别为 6.65 和 8.14，计算结果得 LSI 分别为 +0.85 和 +0.86，即都是 LSI>0，则两者应都是结垢性的，但实际上只是第一个水样是结垢的，而第二个水样却是腐蚀性的；二是当 LSI 值在 0 附近时，容易得出与实际相反的结论。RSI 稳定指数（Ryzmar Stalility Index）针对这些不足之处，通过实验提出一个经验性的稳定指数为：

$$RSI = 2pHs - pHo \tag{5-23}$$

式中　　RSI——稳定指数，也称雷兹纳指数；

pHs、pHo——同式（5-20）。

利用 RSI 稳定指数判断水的特性倾向见表 5-2。LSI 与 RSI 在配水管网中的应用见表 5-3。表 5-4 为推荐值、国标值与水厂出水检测值的比较。表 5-4 中碱度、总硬度、盐类是产生化学不稳定性的因素；COD_{Mn}（耗氧量）是产生生物不稳定性的因素。

用稳定指数（RSI）对水质特性的判断　　表 5-2

稳定指数 RSI = 2pHs − pHo	水的特性倾向	稳定指数 RSI = 2pHs − pHo	水的特性倾向
RSI = 2pHs − pHo < 3.7	严重结垢	6.0 < RSI = 2pHs − pHo < 7.5	轻微腐蚀
3.7 < RSI = 2pHs − pHo < 6.0	轻度结垢	7.5 < RSI = 2pHs − pHo	严重腐蚀
RSI = 2pHs − pHo ≅ 6.0	基本稳定		

LSI 与 RSI 在配水管网中的应用　　表 5-3

地点编号	LSI (15℃)	RSI	管网中铁的平均吸收量 (mg/L)	管网中铁的最大值 (mg/L)	地点编号	LSI (15℃)	RSI	管网中铁的平均吸收量 (mg/L)	管网中铁的最大值 (mg/L)
1	−2.05	11.10	0.17	0.60	11	−1.18	10.62	0.03	0.14
2	−0.71	8.80	0.15	0.75	12	−0.14	8.70	0	0.12
3	−0.59	8.48	0.08	0.30	13	0.20	7.30	0.05	0.18
4	−0.60	9.50	0	0.09	14	−0.57	8.94	0.04	0.07
5	−1.24	10.18	0.04	0.04	15	−1.86	11.82	0.10	0.20
6	0.08	7.34	0.08	0.15	16	0.29	7.22	0	痕量
7	−1.01	9.12	0.06	0.10	17	−1.00	9.70	0.04	0.05
8	−0.31	8.02	0.01	0.08	18	−3.60	13.60	0.24	0.35
9	−0.17	7.74	0.03	0.25	19	−2.09	11.09	0.22	0.65
10	0.32	8.26	0	0.10	20	−2.97	12.94	0.72	1.68

在水厂净化处理过程中,仅投加混凝药剂和氯,未投加任何水质稳定药剂,因此对水厂出水水质判断是可取的。现用饱和指数 LSI 和稳定指数 RSI 对表 5-4 中水厂 1 与水厂 2 的出水水质进行判断。两个水厂出水的 pH 值(即 pHo)均为 6.9,饱和时的 pH 值(即 pHs)按式(5-22)计算均为 >7.5。则饱和指数 LSI 值为:

$$LSI = pHs - pHo = 6.9 - (>7.5) = <-0.6 < 0,为较严重腐蚀。$$

用稳定指数 RSI 值判断为:

$$RSI = 2pHs - pHo = 2 \times (>7.5) - 6.9 = >8.1,为严重腐蚀。$$

推荐值、国标值与水厂出水检测值的比较　　　　表 5-4

项目	pH 值	碱度(mg/L)(以 $CaCO_3$ 计)	总硬度(mg/L)(以 $CaCO_3$ 计)	盐(mg/L)(以 $Cl^- + SO_4^{2-}$ 计)	COD_{Mn}(mg/L)
国标值	6.5~8.5	参考指标	≤450	≤250	参考指标
推荐值	8.0~8.5	33~82	37.5~75.0	要少	少量(≤3)
水厂 1	6.90	131~198	98.8~167.8	偏高	4.30
水厂 2	6.90	54~70	101.1~151.0	偏高	4.00

可见两个水厂的出水(流入管网的水)化学稳定性差,对管网有较强的腐蚀作用,会对管网水水质造成二次污染。由于目前较多水厂采用硫酸铝、三氯化铁、硫酸亚铁作混凝剂和采用氯消毒,使出厂水略偏酸性,一般 pH 值在 6.8 左右,因此这两个水厂出水的 pH 值具有一定的代表性和普遍性。如果用表 5-4 中的 pH 推荐 8.0~8.5 来进行计算判断,则得 LSI = 0~0.5;RSI = 6.5~7.0,均接近于"基本稳定"范围,按 LSI 指数判断为轻微结垢;按 RSI 指数判断为轻微腐蚀,接近于"不结垢、不腐蚀",可见推荐出厂水 pH = 8.0~8.5 是有根据和道理的,能使 LSI ≈ 0,RSI ≈ 6.0。因此,我国有些水厂,在出厂水中投加碱,把出厂水的 pH 值调到 8.0,原因就在于此。

5.3 生物不稳定性的危害及判别

5.3.1 生物不稳定性对水质的危害

1. 微生物腐蚀

微生物腐蚀是指由于微生物直接或间接地参加腐蚀过程所引起的破坏作用。一般来说微生物腐蚀很难单独存在,往往总是和电化学腐蚀同时发生,两者也很难截然分开。引起腐蚀的微生物一般为细菌及真菌,但也有藻类及原生动物等。许多产生黏垢的微生物,虽然不直接参加腐蚀过程的反应,但黏垢覆盖在金属表面,为腐蚀反应创造了条件,是引起间接腐蚀的原因。

在发生微生物腐蚀的部位,一定有大量的微生物生长,同时也是产生黏垢物的部位。在一个微生物生长的体系内,微生物的种类是很多的,同时随着微生物生长的过程及生存条件的变化,微生物的种类也会不断变化,因此在发生微生物腐蚀的条件下,很难确定哪几种微生物是产生腐蚀的因素。在显微镜下检验黏垢时,同样也只能得到其中的微生物的局部概念。这些说明,目前对于微生物腐蚀有关的微生物知识还是不够的,因此对微生物的腐蚀尚没有完整的知识。目前还停留在当发现某些细菌和真菌时,才根据经验认为微生物腐蚀有可能发生。

微生物腐蚀理论可分为厌氧腐蚀和需氧腐蚀两类。在空气中或者自由氧中才能生长的细菌称为需氧菌,反之称为厌氧菌。厌氧腐蚀是由厌氧菌引起的,最典型的是硫酸盐还原菌的腐蚀作用,同时也是微生物腐蚀中研究得较清楚的内容。硫酸盐还原菌的腐蚀过程如下。

在阳极部位发生铁的溶解:

$$4Fe \rightarrow Fe^{2+} + 3Fe^{2+} + 8e^- \tag{5-24}$$

阴极部位的反应较复杂,因阴极部位没有自由氧,阴极的去极化靠硫酸盐还原菌的氢化的作用,反应为:

$$8H_2O \rightarrow 8H^+ + 6OH^- + 2OH^- \tag{5-25}$$

$$8H^+ + 8e^- \rightarrow 8H \tag{5-26}$$

$$8H^+ + SO_4^{2-} \xrightarrow{\text{氢化酶}} S^{2-} + 4H_2O \tag{5-27}$$

$$Fe^{2+} + S^{2-} \rightarrow FeS \tag{5-28}$$

$$3Fe^{2+} + 6OH^- \rightarrow 3Fe(OH)_2 \tag{5-29}$$

反应式(5-27)为硫酸盐的还原反应,六价的硫还原为两价的硫,在还原过程中起到了去极化作用,细菌得到了生长的能量。腐蚀的生成物为 FeS 及 Fe(OH)$_2$。

当水中有 CO_2 时,S^{2-} 和 Fe^{2+} 的反应为:

$$S^{2-} + 2H_2CO_3 \rightarrow H_2S + 2HCO_3^- \tag{5-30}$$

$$Fe^{2+} + H_2S \rightarrow FeS + 2H^+ \tag{5-31}$$

反应式(5-30)、(5-31)代替了反应式(5-28),在反应过程中产生 H_2S。

硫酸盐还原菌引起的腐蚀过程图 5-3。

需氧微生物腐蚀的典型例子是与铁细菌有关的腐蚀现象。铁细菌是一种分布比较广的细菌,一般认为只有在含纯无机铁质的水里才会大量生长,而在有机物很多的水里,即使铁的含量相当高,也没有铁细菌。铁细菌吸取水中的两价铁离子,分泌出氢氧化铁,一般在微酸性水中发育最有利。铁细菌分泌的氢氧化铁可在管壁上形成铁瘤,铁瘤及管壁上的铁细菌丛可以引起充气差的腐蚀电池,在铁瘤及菌丛内部,由于缺乏溶解氧,往往又出现厌氧腐蚀。

铁细菌可分线状铁细菌和普通铁细菌两种。线状铁细菌分为纤发菌和泉发菌两属。这种铁细菌呈线状,包在由线体分泌物氢氧化铁构成的管子里面,称为衣鞘。线状铁细菌属的一些菌种的发育过程中,不断分泌氢氧化铁制造衣鞘,又不断爬出衣鞘,直到最后

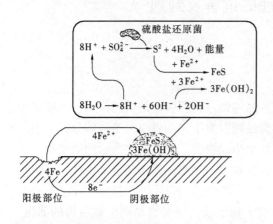

图 5-3 硫酸盐还原菌的腐蚀过程

落壳，所遗留的铁质小管成为"锈水"的来源。铁细菌属常以固定在管壁上的菌丛出现，线体外也有衣鞘，给水管的铁细菌危害大都是这属铁细菌引起。

普通铁细菌分嘉氏铁柄杆菌、鞘铁细菌及链球铁细菌3属。嘉氏铁柄杆菌也是常提到的一种腐蚀细菌，但目前的一种解释是，在这种细菌大量生长所形成的密实覆盖物下面，厌氧的硫酸盐还原菌直接参与了腐蚀过程；鞘铁细菌一般在水生植物表面或水面以薄膜状出现；链球铁细菌则定居在线状藻类表面。

《铁细菌》一书的作者霍洛得尼认为典型的铁细菌就具有3个生理特征：一是对Fe^{2+}氧化成Fe^{3+}有催化作用；二是利用反应获取生长所需的能量；三是分泌形成某种定形结构的大量氢氧化铁，其总量超过细菌原生质很多倍。这一狭义的铁细菌定义，成为霍洛得尼对铁细菌种类评价的依据。

另一个极端的铁细菌定义是：凡是能从各种亚氧化铁和氧化铁溶液中沉淀出氢氧化铁的细菌，统名为铁细菌。

铁细菌的营养分为自养的、异养的、兼性的3种形式。在微生物学中把细菌的化学成分写成$C_5H_7NO_2$，这虽然是粗糙的表达方法，但具有方便、实用的好处。C、O、N和H 4种元素分别约占细菌干重成分的50%、20%、14%和8%（总计占92%），细菌生长最需要最多的元素是C。当$C_5H_7NO_2$中的C必须由含碳的动植物提供，同时又是生长限制的营养物时，这种细菌称为异养菌；当$C_5H_7NO_2$中的C是以无机碳CO_2作为惟一来源，而生长限制的营养物则为别的元素（如NH_4^+—N、Fe^{2+}、Mn^{2+}）时，这种细菌称为自养菌；当$C_5H_7NO_2$中的C既可有机物提供，也可由CO_2提供时，这种细菌称为兼性菌。一般来说，$C_5H_7NO_2$中的N和O则分别由水中的NH_4^+—N中的N和O提供，不属于生长限制的营养物。

需氧腐蚀菌中还有一种硫杆菌，其代谢过程中所产生的硫酸，浓度可达5%~10%。细菌和真菌的代谢过程中，往往产生很多有机酸，这些酸往往也引起管材的腐蚀。

球衣菌、细枝发菌、纤发菌、泉发菌和嘉利翁氏菌等这几个属的铁细菌都属于氧化铁的细菌。这些属的铁细菌中，赭色纤发菌、生发纤发菌、锈色嘉利翁氏菌、小嘉利翁氏菌和大嘉利翁氏菌5种属于自养性铁细菌，必须在含亚铁的水中才能生长。厚鞘纤发菌则属于兼性营养菌，在含亚铁和不含亚铁的水中都能生长。多孢铁细菌的需铁状态可能界乎自养和兼性营养之间。至于铁单胞菌属的两种，其营养类型还尚不清楚。

2. 生物不稳定性对水质的危害

微生物的生长繁殖造成对给水管网的腐蚀和水质的污染是由生物不稳定性引起的，目前水厂出水经加氯消毒后，虽杀灭了绝大多数微生物，但仍有少量的细菌未被杀死，细菌数达标并不等于水中细菌为零，而且未被氯杀死的细菌其生命力又往往比较顽强。同时出厂水中或多或少存在着有机物，对于取自微污染水源的水或富营养化水源的水，其水厂出水的有机物含量更高，以高锰酸钾耗氧量计，多数情况下均为$COD_{Mn} > 5mg/L$。这样就会使水中的细菌和复活的细菌利用这些有机营养物而生长繁殖。可见出厂水中存在有机物是微生物在管网中繁殖的必要条件，氯消毒后未被杀死的细菌自我修复生长以及外源细菌进入管道是细菌生长的内在因素，而管道内存在的管壁粗糙度、边界层效应、层流区、悬浮及胶体物质的沉淀物、腐蚀、锈垢、钙、镁形成的水垢等为细菌的繁殖生长提供了基地。

为防止管网中微生物再生长繁殖而污染水质，水在出水厂前均要投加氯，一般要求管网中的余氯量为 0.3mg/L 左右，管网末梢为 ≥0.05mg/L。但在以下两种情况下余氯往往被消失：一是管网水流入地面水池（含调节水库、加压泵站水池等）和屋顶水箱后，水的停留时间较长而水中余氯被挥发消失；二是水中存在相对较多的有机物及细菌等微生物，余氯不断地用于氧化有机物和杀死微生物而被消失。水在没有余氯的情况下细菌易自我修复，又在富含有机营养物的条件下，细菌会生长繁殖而形成生物膜。即使水中含有一定量的余氯，但在管壁层流处（传质很差）、弯头、接头、异径管、丁字管等的坑凹处都是残留细菌的隐蔽所。当水中余氯量较大时，细菌不活动，而当余氯量少或消失时，细菌就会活动，摄取水中营养物质而生长繁殖。况且有些细菌已有抗氯性，少量的余氯可能不起作用。细菌生长繁殖形成生物膜，造成管壁局部表面电位差而致使管道腐蚀，在新陈代谢过程中生物膜不断老化被剥落，使水质变差。主要表现在细菌学指标、总有机碳、总铁、锌、锰、色度、浊度、臭、味、亚硝酸盐氮、酚类等增多，致使超过《生活饮用水水质标准》规定值。研究表明，生物不稳定性是管网水质受到二次污染的主要原因之一。

很明显，各水厂经净化处理后的出水基本上都达到了《生活饮用水水质标准》规定的各项指标，但不是纯净水，水中还含有某些无机物、有机物、微生物等。同时水在管道内流动过程中有些水中的化合物会发生复杂的分解或化合作用。水中所含能被细菌利用的营养物，水及水中物质与管壁的材质也会发生化学反应作用，使管内微生物繁殖并在管内壁形成生物膜和沉淀物。生物膜又诱导造成管道腐蚀、结垢、形成管垢。结垢和腐蚀的产物以及管道的粗糙内壁又为细菌的繁殖提供了场所，这样往复循环地进行着，使水不断地受到污染。

细菌及其数量与管道的材料和使用年限是否有关，经过长期的检测和观察，结果证明管道的材料和使用年限与细菌的密度之间有较密切的关系。从不同的管材检测来看，镀锌管、钢管、铸铁管等细菌易繁殖、数量多、密度大。而各类塑料管、球墨铸铁管、玻璃钢管及内衬牢固、光洁的管子相对细菌数少得多，这与管道的腐蚀、结垢、微生物的生长繁殖等密切相关。

造成生活饮用水生物不稳定性的主要原因之一是水中还含有较多的有机物。有机物成为细菌的营养物使细菌繁殖生长而污染水质。另一方面管网水中的余氯继续氧化有机物，使水中有毒有害的消毒副产物量增加，直接影响到人体健康。根据几个城市的实测资料证明，对取自微污染水源的管网水，Ames 试验结果均为阳性。说明不仅这些饮用水中存在对人体不利的有毒有害物质，而且数量还不少。这种情况也是水的生物不稳定性造成的。管网中水由氯氧化有机物产生的有毒有害物多数属于致癌、致畸、致突变物质，主要是三卤甲烷（THMs），还有四氯化碳、1，2-二氯乙烷等。三卤甲烷含量中，除溴仿以外，大部分的氯仿、二氯一溴甲烷和一氯二溴甲烷等，都是加氯后形成的。因此氯氧化有机物产生的有毒有害物质更应引起足够的重视。

5.3.2 生物不稳定性的判别

1. AOC 与 BDOC 的特性关系

生物稳定的饮用水是指配水管网系统中不会引起大肠杆菌等异养细菌再生长的饮用水。反之，生物不稳定的饮用水，在管网系统中产生大肠杆菌等细菌繁殖生长，指数超标，使饮用水受到二次污染。长期以来，有机碳被认为是控制饮用水中异养细菌繁殖的最主要营养物质，可同化有机碳（AOC）含量的多与少被普遍认为是控制给水管网中细菌再生长的限制因素。但 AOC 又是生物可降解溶解性有机碳（BDOC）的一部分。因此国际上普遍把 AOC 和 BDOC 作为饮用水生物稳定性的评价指标。

在有机物中，生物可同化有机碳 AOC 是最易被微生物利用合成细胞体的有机物，与异养细菌在给水管网中的生长繁殖密切相关。通过调查实际的给水管网系统发现，AOC 在管网中逐渐下降，AOC 下降最多时，细菌计数也最多。因此，在现阶段的研究中，主要采用 AOC 这一指标来评价水的生物稳定性。

针对不同的原水水质或季节的水样研究发现，AOC、BDOC 和 DOC（溶解性有机碳）之间的比值均变化较大，各指标之间的定量关系并不明显。有机物分子量分布的研究表明，AOC 与 BDOC 主要由小分子量物质引起，这使得它们在水厂常规处理工艺中去除率较低，一般在 30% 以下，这对水厂生物稳定性饮用水的制备在净化处理工艺选用与组合上提出了新的更高要求。

用 AOC 评价水处理工艺和消毒药剂对水生物稳定性的影响时，以下趋向应关注：
（1）用氯胺消毒的生物稳定性优于用液氯消毒；
（2）采用二氧化氯替代液氯进行原水的预氯化措施，可降低 AOC 值；
（3）合理保持出厂水的余氯在偏低范围，必要时在管网适当地段进行补充加氯，可降低管网水的 AOC 值；
（4）膜过滤法处理水的生物稳定性差，AOC 值高；
（5）生物活性炭（GAC）法净化处理，水的生物稳定性好；
（6）美国、日本等国经实际应用证明，经臭氧（O_3）氧化杀菌处理后的水，虽然其他处理效果好，但 AOC 值高。

2. 生物不稳定性的判别

AOC 与异养菌生长潜力有较好的相关性，大部分研究者将其作为评价管网水中细菌生长潜力的首要指标。建立 AOC 与细菌生长即生物稳定性之间的关系成为研究者共同的研究重点。Van Der Kooij 经调查结果认为：当 AOC < 10μg 乙酸碳/L 时异养菌几乎不能生长，认为饮用水的生物稳定性很好。Lechevallier 提出 AOC 浓度应限制在 50μg 乙酸碳/L，以保证水质稳定性；当 AOC 浓度低于 100μg 乙酸碳/L 时，给水管网中大肠杆菌数大为减少。这为判别饮用水生物稳定性奠定了基础。

AOC 的浓度与细菌的繁殖有密切关系。国际上对 AOC 的测定所采用的菌种是从水中分离出来的荧光假单胞菌 P_{17} 和螺旋菌 NOX。AOC 越低，水的生物稳定性越好。一般认为：在不加氯时，AOC ≤ 10μg 乙酸碳/L 的水为生物稳定水，异养菌不发生增殖；水经加氯后 AOC 在 50~100μg 乙酸碳/L 的水，细菌孳生受到抑制，生物稳定性好；AOC > 200μg 乙酸碳/L 时的水，生物稳定性差，细菌迅速增长繁殖。AOC 浓度的计算公式为：

$$AOC (\mu g 乙酸碳/L) = [P_{17}(cfu/mL)/4.1 \times 10^6 + NOX(cfu/mL)/1.2 \times 10^7] \times 10^3 mL/L \tag{5-32}$$

Dukan 等学者通过动态模型计算出 BDOC 的浓度低于 0.2~0.25mg/L 时能达到水的生物稳定。而 Laurenl 等学者通过 SANCHO 模型计算出 BDOC < 0.15mg/L 时异养菌在水中不能生长。如果按 BDOC 值来衡量表 5-4 中的水厂 1 和水厂 2 出水的生物稳定性，则见表 5-5。

水厂 1 出水 BDOC 为 0.97mg/L，水厂 2 出水 BDOC 为 0.81mg/L，以 0.25mg/L 来衡量，分别为 0.25 的 3.64 倍和 3.24 倍，可见出厂水的有机物含量偏高，属生物不稳定的饮用水。为管网中的残留和复活的细菌、微生物的生命活动提供了较为丰富的营养物质，使细菌生长繁殖，必然会使管网水造成由生物不稳定产生的二次污染。

水厂出水有机物检测结果　　　　　　　　　表 5-5

厂　名	水　厂　1			水　厂　2		
项　目	COD_{Mn} (mg/L)	BDOC (mg/L)	NH_3-N (mg/L)	COD_{Mn} (mg/L)	BDOC (mg/L)	NH_3-N (mg/L)
最大值	7.10		4.60	6.50		3.80
最小值	2.20		0.05	2.10		0.05
平均值	4.30	约 0.97	0.20	4.00	约 0.81	0.15

5.4　AOC 的测定

5.4.1　AOC 的测定方法

生物可同化有机碳 AOC（Assimilable Organic Carbon）的测定方法由荷兰 Van der Kooij 博士由 1982 年首先提出，他的测定方法以饮用水中普遍存在的荧光假单胞菌 P_{17}（*fluorescent Pseudomonads*）为测试菌，以乙酸钠作为标准基质，对生长到稳定期时的细菌进行平板计数，根据不同乙酸钠浓度和在此浓度下 P17 菌达到生长稳定期的数量作标准曲线，得到一条有较好线性相关性的直线。求出其生长因子为 $Y = 4.1 \times 10^6 cfu/\mu g$ 乙酸碳。对待测试水样，在取样后 7h 时间内进行巴斯德灭菌（60℃，30min 水浴）以破坏植物细胞和灭活非芽胞细菌，然后接种荧光假单胞菌 P_{17} 在 15℃ 条件下培养，培养过程中每天进行计数，根据稳定期细菌数通过生长因子换算成乙酸碳浓度。尽管 P_{17} 可以利用水中大部分生长易降解有机物，如氨基酸、羧酸、乙醇、碳水化合物（多糖除外），但不能利用草酸，而水处理中臭氧氧化有机物通常产生草酸，且草酸是一般的异养细菌易利用的有机营养基质，因此为弥补这一缺陷，Van der Kooij 对上述方法进行了补充和修改，增加了一种螺旋菌 NOX（*spirillum*）作为测试菌种，NOX 可以草酸作生长基质，弥补了 P_{17} 菌的不足之处，使 AOC 测定结果更为完美。Kooij 得出 NOX 的生长因子 $Y = 1.2 \times 10^7 cfu/\mu g$ 乙酸碳或 $Y = 2.9 \times 10^6 cfu/\mu g$ 草酸碳。从而得出了前述的 AOC 浓度计算公式（5-32）。此方法和计算式后来被广泛用来评价饮用水在输配水管网中的生物稳定性及水处理工艺对可同化有机碳的去除效能。

Kooij 的 AOC 测定方法的操作步骤较复杂，培养时间较长，为了满足日常测定的需要，有关研究学者对此方法进行了改进。对 AOC 测定中 P_{17} 和 NOX 的接种方法目前有 3 种：第一种是将待测水样分成两份，分别接种 P_{17} 和 NOX，将测定结果相加作为总的 AOC 值，这种方法可简称为分别接种法；第二种方法在水样中同时接种 P_{17} 和 NOX，因为两种菌的形状和大小差别较大，比较容易区分，因此可以通过平板计数数出各自的细菌数，相加后得到 AOC 浓度，这种方法可称为同时接种法；第三种方法由我国刘文君、王亚娟等人经过研究试验提出来的，此法是先接种 P_{17} 于水样中，当 P_{17} 达到生长稳定期后将该水样巴氏菌

以杀死 P_{17} 菌，然后将水样再接种 NOX 菌，将 P_{17} 细菌数和 NOX 细菌数分别转换成 AOC—乙酸碳浓度和 AOC—草酸碳浓度，这种方法可称为先后接种法。此 3 种接种方法各有其优缺点，以下再述。

5.4.2 测定方法的比较

第一种分别接种测定法中，因为 P_{17} 和 NOX 菌有共同的营养基质，如乙酸和其他羧酸类物质，因此采用此法接种时会重复计算了水样中两种菌株都能利用的那部分共同基质的有机部分，会使测定值的结果偏大，而对于不同的水样，两菌种可共同利用的有机物含量可能不同，这种误差的大小也可能不同。因此，分别接种法在对不同水样进行测定时，其可比性较差，有较大的缺陷。

第二种同时接种测定法，比第一种分别接种有改进，避免了分别接种法的缺陷，但由于接种的两种菌株大小不一，达到稳定期的时间不同（P_{17} 为 2~3d，NOX 为 4~5d），当稀释倍数不合适时，在同一培养皿上，有时会发生计数时 NOX 被 P_{17} 掩盖的现象，影响测定结果，因此，采用第二种接种方法时应对水样中 AOC 含量范围有所了解。同时对两种种菌在对基质利用方面相互影响关系目前尚不清楚。

第三种先后接种比较符合 NOX 是对 P_{17} 不能利用的基质补充的原理，因为稳定期的到来是由于细菌营养物尤其是生长限制因子耗尽，因此在 P_{17} 达到稳定期后再接种 NOX 菌显然是对 P_{17} 菌的补充。但会出现 P_{17} 菌体的溶解和代谢产物使 NOX 值偏大的现象，不过由于属于系统误差，不影响不同水样测定值的可比性。但这种方法测定时间较长（第一、第二种方法需要时间为 6~7d，第三种方法需要时间为 9~12 d），这也是在实际应用中要考虑的。

5.4.3 测定方法的试验研究

刘文君、王亚娟等对上述 3 种测定方法进行了试验研究，同时还研究了 P_{17}、NOX 菌株的产率系统，考查了某些试验条件的改变对测定结果的影响等。该试验研究对于如何测定 AOC 值及其对结果的分析和讨论具有一定的意义和指导作用，故对该试验作较全面系统的介绍。

1. 试验方法

(1) 菌种

荧光假单胞菌 P_{17} 菌株和螺旋菌 NOX 菌株，在 6℃冰箱中用 LLA 斜面作纯种保存。

(2) 器皿处理方法

所有玻璃器皿均按无碳化要求处理。非玻璃器皿（如移液枪头等）用稀酸浸泡，然后依次用自来水、蒸馏水、超纯水冲洗干净。高压灭菌。

(3) 水样采集和处理

水样收集于 250mL 预先处理好的磨口玻璃瓶中。若水样中含有余氯，应加入适量的硫代硫酸钠溶液加以中和；水样在 7h 内送到实验室。在 70℃的水浴锅中巴氏消毒 30min 以杀死非芽孢细菌和原生动物，水样保存于 6℃冰箱中，尽快测定。

(4) 接种体积确定

按公式（5-33）计算加入待测水样中的接种液体积（水样的接种浓度按 10^4 cfu/mL 计

算)。

$$\text{接种液体积} = (10^4 \text{cfu/mL}) \times (40\text{mL}) / \text{接种液浓度 (cfu/mL)} \tag{5-33}$$

(5) 水样的接种

在 50mL 具塞磨口三角瓶中装入处理后的水样。方法一 水样分别接种 P_{17} 和 NOX；方法二 水样同时接种 P_{17} 和 NOX；方法三 水样先接种 P_{17}，培养至稳定期后巴氏灭菌再接种 NOX。每种菌种的接种浓度约为 10^4 cfu/mL。

(6) 水样的培养

将接种后的水样放至 22～25℃ 的生化培养箱中静置黑暗培养 3d，一般可达稳定期。到达稳定期即可进行平板计数。

(7) 细菌的平板计算

从 50mL 培养瓶中取 $100\mu L$ 摇匀培养液，用无机盐溶液稀释 10^3 或 10^4 倍。取 $100\mu L$ 涂布于 LLA 平板，置于 25℃ 培养箱中培养。平板培养 3～5d 后计数。P_{17} 菌落首先出现，颜色为淡黄色，大小为 3～4mm；NOX 菌落为乳白色，大小为 1～2mm。

(8) 测定精度的控制

为了消除试验过程的有机物污染、产率系数的不同对试验结果的影响，在试验中分别做空白对照和产率对照。

(9) 空白对照

在 50mL 培养瓶中加入 40mL 无碳水，并加入 $100\mu L$ 稀释了 10 倍的无机盐溶液。若水样中加了硫代硫酸钠以中和余氯，则空白对照中也加入等量的硫代硫酸钠。巴氏消毒后，按与待测水样相同的步骤接种、培养、计数。每种方法做对应的空白对照。

(10) 产率对照

在 50mL 培养瓶中加入 40mL 含 $100\mu g$ 乙酸碳/L 的乙酸钠溶液，并加入 $100\mu L$ 稀释了 10 倍的无机盐溶液。若水样中加了硫代硫酸钠以中和余氯，则产率对照中也加入等量的硫代硫酸钠。巴氏消毒后，按与待测水样相同的步骤接种、培养、计数。每种方法做对应的产率对照。

(11) 产率系数与 AOC 的计算

① P_{17} 和 NOX 菌株的产率系数计算

所谓产率系数就是细菌利用单位数量的有机碳标准物能产出的最大细胞数量。将产率对照的菌落密度减去空白对照的菌落密度计算出 P_{17} 和 NOX 的产率系数。计算式见 (5-34)、(5-35)。

$$P_{17} \text{产率系数} = [P_{17} \text{产率对照 (cfu/mL)} - P_{17} \text{空白对照 (cfu/mL)}]$$
$$\times 1000\text{mL/L}/100\mu g \text{乙酸碳/L} \tag{5-34}$$

$$\text{NOX 产率系数} = [\text{NOX 产率对照 (cfu/mL)} - \text{NOX 空白对照 (cfu/mL)}]$$
$$\times 1000\text{mL/L}/100\mu g \text{乙酸碳/L} \tag{5-35}$$

② AOC 的计算

将待测水样的菌落密度减去空白对照的菌落密度，利用产率系数，即可求得 AOC 值，计算式见 (5-36)～(5-38)。

$$\text{AOC}_{P_{17}} (\mu g \text{乙酸碳/L}) = [\text{水样 } P_{17} \text{ (cfu/mL)}$$
$$- P_{17} \text{空白对照 (cfu/mL)}] \times 10^3 / P_{17} \text{产率系数} \tag{5-36}$$

$$AOC_{NOX}（\mu g 乙酸碳/L） = [水样 NOX（cfu/mL） - NOX 空白对照（cfu/mL）]$$
$$\times 10^3/NOX 产率系数 \tag{5-37}$$
$$水样总 AOC（\mu g 乙酸碳/L） = AOC_{P_{17}} + AOC_{NOX} \tag{5-38}$$

2. 结果与分析

(1) 产率系数

试验中利用标准乙酸钠溶液共进行四组对比试验，所用的标准乙酸钠溶液浓度分别为 200μg 乙酸碳/L 和 100μg 乙酸碳/L。利用式（5-34）、（5-35），求得试验中每组 P_{17} 菌株和 NOX 菌株的产率系数列于表 5-6 中。

P_{17} 和 NOX 的产率系数　　　　表 5-6

组别	$P_{17}/10^7$ cfu/ μg 乙酸碳	NOX/10^7 cfu/ μg 乙酸碳	说　　　明
1	1.2	1.6	培养接种液用 400mg 乙酸碳/L 溶液，标准乙酸钠溶液浓度为 200 μg 乙酸碳/L。接种浓度为 10^4 cfu/mL
2	1.6	3.1	培养接种液用 400mg 乙酸碳/L 溶液，标准乙酸钠溶液浓度为 200 μg 乙酸碳/L。接种浓度为 10^4 cfu/mL
3	1.6	2.0	培养接种液用 400mg 乙酸碳/L 溶液，标准乙酸钠溶液浓度为 200 μg 乙酸碳/L。接种浓度为 6×10^4 cfu/mL
4	1.1	1.7	培养接种液用 400mg 乙酸碳/L 溶液，标准乙酸钠溶液浓度为 200 μg 乙酸碳/L。接种浓度为 10^4 cfu/mL
平均	1.4	1.8	NOX 产率系数平均时未包括 3.1

与 Van der Kooij 给出的 15℃，接种浓度为 500cfu/mL 条件下 P_{17} 的产率系数 4.1×10^6 cfu/μg 乙酸碳，NOX 的产率系数 1.2×10^7 cfu/μg 乙酸碳相比，本试验测得的 P_{17} 菌株和 NOX 菌株的产率系数都明显偏大。Le - Chevallier 等人研究认为，温度对细菌生长有多重效应。升高温度能提高细菌的生长速度，也提高内源呼吸的速度，总体效果会使细菌产量降低。他们还发现，升高温度时细菌产量的降低 P_{17} 比 NOX 更明显。本试验的结果与上述结论相反，在 25℃条件下得到的 P_{17} 和 NOX 的产率系数都比 Van der Kooij 在 15℃条件下得到产率系数大，而且这种增大 P_{17} 比 NOX 更明显。

Frias 等人对 P_{17} 在不同条件下的产率系数进行了研究，他们对比了 P_{17} 在培养温度分别为 4℃、15℃、23℃、30℃、37℃、44℃时的产率系数，结果得出 15℃时产率系数最大。升高温度会使产率降低，但也有例外情况发生，他们研究发现，菌种的保存时间对产率系数有明显影响。用保存时间分别为 1 天、1 个月、1 年的菌种对同一水样同时做试验，发现产率的大小基本符合以下关系：1 天 > 1 个月 > 1 年，最大差别可达到 10 倍以上。他们分别用商业矿泉水、自来水、矿物盐溶液中添加一定量的乙酸钠做对比试验，发现不同的水介质对 P_{17} 的产率也有较大影响，差别可达 2 倍以上。他们的每组对比试验都在第一次试验后相隔一定时间再做重复试验。结果发现最大差别可达 10 倍以上。在所有的培养温度为 15℃的试验结果中，P_{17} 的产率系数从 $3.3 \times 10^6 \sim 1.5 \times 10^8$ cfu/μg 乙酸碳不等。可见 P_{17} 的产率系数受各种因素的影响很大。因此在做 AOC 试验时应每次都做产率对照，利用本次试验得出的产率系数来计算水样的 AOC 值，而不能简单地借用 Van der Kooij 给出的产率系数。接种浓度对产率系数的影响不明显，这与 Lechevallier 的研究结果相吻合。

(2) 3 种方法 AOC 浓度测定结果与分析

将 3 种方法对已知浓度的标准乙酸钠配水水样和实际水样的 AOC 值测定结果列于表 5-7 中。

3 种方法测定的 AOC 值（μg 乙酸碳/L）　　　　表 5-7

水样		200μg 乙酸碳/L	200μg 乙酸碳/L	200μg 乙酸碳/L	100μg 乙酸碳/L	实际水样 1	实际水样 2
方法一	AOC_{P17}	200	200	200	100	235	207
	AOC_{NOX}	200	200	200	100	34	37
	总 AOC	400	400	400	200	269	240
方法二	AOC_{P17}	223	234	228	120	238	202
	AOC_{NOX}	25	15	25	18	10	20
	总 AOC	248	249	253	138	248	220
方法三	AOC_{P17}	200	200	200	100	235	207
	AOC_{NOX}	75	59	70	39	10	28
	总 AOC	275	259	270	139	245	235

由表 5-7 数据可以看出：当用标准乙酸钠溶液作为水样，分别用 3 种方法测定 AOC 时，方法一测得 AOC 值最大，方法三次之，方法二测得的 AOC 值最小。这种结果较容易理解：水样所用的乙酸钠是 P_{17} 和 NOX 都能利用的有机物，当用两种菌株分别接种时，各自测得的 AOC 值就是水样中的标准乙酸碳浓度。把 $AOC_{P_{17}}$ 与 AOC_{NOX} 相加，总 AOC 为水样中乙酸碳浓度的 2 倍。把 P_{17} 菌株先接种到水样中培养，到达生长稳定期时，水样中的乙酸碳全部被 P_{17} 利用，即 $AOC_{P_{17}}$ 就等于水样中的乙酸碳浓度。当巴氏消毒杀死 P_{17} 再接种 NOX 时，P_{17} 菌体溶解产生的有机物及 P_{17} 的代谢产物中一部分可以被 NOX 菌株利用，得到 AOC_{NOX} 的值。但 AOC_{NOX} 比 $AOC_{P_{17}}$ 小得多（也就是方法三的 AOC_{NOX} 比方法一的 AOC_{NOX} 小得多），所以方法三的总 AOC 值比方法一的总 AOC 值明显偏小。方法二把 P_{17} 和 NOX 两种菌株同时接种到乙酸钠溶液中时，两种菌株发生营养竞争作用。从 $AOC_{P_{17}}$ 与 AOC_{NOX} 的数值大小来看，AOC_{NOX} 远小于 $AOC_{P_{17}}$，可见 P_{17} 在营养竞争中明显处于优势。水样中的有机物大部分被 P_{17} 菌株生长繁殖所利用，NOX 只能利用小部分。方法二的 $AOC_{P_{17}}$ 比方法一、三的 $AOC_{P_{17}}$ 更大，原因可能是：NOX 的代谢产物可以被 P_{17} 利用，这会使 $AOC_{P_{17}}$ 有所增大。另外，AOC 与 P_{17} 同时存在时，可能产生单向协同生长作用，即 NOX 能促进 P_{17} 的生长，因而使 P_{17} 的细胞产量增大，但 NOX 的生长要受到 P_{17} 生长的抑制。

与方法一、三相比，方法二测得的 AOC_{NOX} 值明显偏小，这也可以用 P_{17} 与 NOX 的营养竞争来解释。当 P_{17} 与 NOX 同时存在并且接种浓度相当时，由于 P_{17} 很容易利用乙酸钠，而 NOX 则不太容易利用乙酸钠，所以 NOX 菌株生长缓慢，其细胞产量比水样中乙酸钠被 P_{17} 降解利用以后，NOX 的细胞产量（方法三）还要低。方法二中 AOC_{NOX} 偏小的另一方面原因是由于平板计数。当两种菌株同时涂布于平板时，由于 P_{17} 菌株生长快，可能会掩盖 NOX 菌落。当平板上 P_{17} 菌落数较多（>400 个）时，NOX 菌落发育不良，菌落很小，不容易辨认，这都会使 NOX 菌落计数值偏低。

方法二的 $AOC_{P_{17}}$ 值偏大，AOC_{NOX} 偏小，两者共同作用的结果是：方法二的总 AOC 值比方法三的总 AOC 值都小。

实际水样中的有机物种类繁多，成分也复杂，很难确定 3 种方法测得的 AOC 值之间是否一定存在某种相对的大小关系。如果水样中两种菌株都能利用的有机物质（如乙酸钠）较多，则方法一中 $AOC_{P_{17}}$ 和 AOC_{NOX} 重复计算的部分较大，方法一测得的总 AOC 值会比另两种方法测得的总 AOC 值都大。如果水样中两种菌株的交叉营养物较小，那么方法一中重复计算的部分很小，方法三中 P_{17} 的菌体溶解或代谢产物对 AOC_{NOX} 的影响会较大，有可能使方法三的总 AOC 值大于方法一的总 AOC 值。对于方法二，P_{17} 与 NOX 的相互作用可能会因水样中有机物的不同而不同，在未弄清二者的相互作用机理的条件下，很难预测其总 AOC 值与前两种方法所得总 AOC 值的相对大小关系。

从试验中所用的两个实际水样来看，方法一的总 AOC 值都比另两种方法的总 AOC 值大，说明水样中两种菌株都能利用的有机物质比较多。方法二与方法三的结果则认为没有明显的相对大小关系。

分析每个水样分别用 3 种方法测得的 AOC 值，计算 $AOC_{NOX}/AOC_{P_{17}}$ 的值，列于表 5-8 之中，由表 5-8 中数据可见：AOC_{NOX} 与 $AOC_{P_{17}}$ 的比值大小顺序为：方法一＞方法三＞方法二。

$AOC_{NOX}/AOC_{P_{17}}$（%） 表 5-8

水 样	200μg 乙酸碳/L	200μg 乙酸碳/L	200μg 乙酸碳/L	100μg 乙酸碳/L	实际水样 1	实际水样 2
方法一	100	100	100	100	14	18
方法二	11	6	11	15	4	10
方法三	38	30	35	39	4	14

（3）3 种试验方法的选用

1）试验时间

从 3 种方法的试验过程来看，方法三（先后接种法）所需要的时间最长，从接种 P_{17} 到 NOX 平板计数大约需要 9～12d 时间。方法一（分别接种法）和方法二（同时接种法）所需时间基本相同，从接种到平板计数需 6～7d 时间。

2）所需试验器皿的数量

方法一所需的器皿数为另两种方法的两倍。方法二、三所需的器皿数相同，每个水样需要 50mL 培养瓶 2 个，稀释用的 20mL 小试管 6 或 8 个，平板计数用的培养皿 4 个。

3）可操作性

经过多次试验，3 种方法的可操作性的基本结论为：方法一的平板计数比较容易，但工作量大。方法二的工作量比较小，但平板计数比较困难。P_{17} 菌落生长迅速，容易掩盖 NOX 菌落。当每个平板上 P_{17} 菌落数较多，尤其是大于 400cfu/皿时，NOX 菌落发育不良，计数困难。方法三的试验过程比较复杂，工作量较大。对 P_{17} 进行巴氏消毒时如果不够彻底，P_{17} 不能被全部杀死，会对之后 NOX 的培养和计数造成影响。

3 种方法测定 NOX 值可靠性问题，在本节的"5.4.2 测定方法的比较"中已述。综合上述，实验室试验到底选用哪一种方法测定 AOC 值，可以根据实际情况而定。如果需要在短时间内得到试验结果，可选用第一种方法，但测定值会偏大些；如果对水样中 AOC 的浓度范围比较了解，使平板计数时 P_{17} 菌落数在 30~200cfu/皿之间，可选用方法二；如果时间充分，对水样缺乏了解，则可选用方法三。这种方法的试验结果在不同水样间的横向可比性较好，便于确定衡量标准及与标准的比较。究竟采用哪种方法，根据各自的要求和条件决定。

5.4.4 BRP 测定法

前述较详细地介绍了 AOC 测定法来评价管网中细菌再生长潜力。AOC 测定的基本过程为：在待测水样中接种测试菌，采用平板计数测定其生长稳定期的细菌数，再通过该细菌在标准待测物中所得的产率系数折算，而求得水样中可同化有机物的浓度。此种方法虽然是目前公认的、普遍采用的方法，但存在以下缺陷：

a. 测试菌为单一菌种，有可能只能利用水中某些营养基质，而不能体现实际供水管网中多种细菌混合生长状况及它们之间的相互关系；

b. 测试菌在水样中悬浮生长，不能体现细菌胞外酶对高分子量有机物的分解作用；

c. 菌种来源和保存困难，测定操作繁琐，难以满足日常测定的需要，测定时间长。

近年来，日本学者提出了一种以测试水样土著细菌为接菌物，以总细菌数来衡量细菌再生长状况的测定方法——细菌再生潜力（BRP）法受到研究者们的重视。该方法采用制水净化处理工艺中沉淀池或滤池出水中细菌为接种菌种，待测水样中含有的营养物质为细菌生长所需营养基质，恒温培养一定时间后，对水样进行细菌计数，所得结果即为该水样的 BRP 值，以 cfu/mL 为计量单位。BRP 值的大小可直接反映水样中支持细菌再生长能力的高低。

BRP 与 AOC 相比具有以下优势：

a. 接种菌种为同源土著菌种，在水样中生长具有更好的适应能力；

b. 接种菌种为混合菌种，对营养基质的利用更为充分；

c. 方法简单，在常规条件下便可完成。

BRP 方法的提出丰富了饮用水生物稳定性的研究方法，特别为试验条件有限的给水厂和普通实验室进行细菌再生长研究提供了有效手段。而 BRP 方法中水样同源土著菌种的采用，也使得其对细菌再生长潜力的反应更为准确。

但 BRP 法也存在一些缺陷：由于不同水源水样测定时采用了不同的接种细菌，使得水样间 BRP 值的可比性不如 AOC 法好；还没有像 AOC 一样，建立与生物稳定性间的关系。此外，BRP 作为一种新兴的评价指标，其测定方法尚不够完美，各国学者在 BRP 测定的具体操作上存在着较大的差别，对接种液体积、培养时间、细菌计数方法等操作条件还需进行系统的研究与优化。

5.5 磷、AOC 作为生物稳定性控制指标的可行性

5.5.1 磷作为饮用水生物稳定控制指标的可能性

1. 磷是水体状况的重要指标

磷是一种活泼元素，在自然界中不以游离状态存在。磷是动、植物和微生物生长的基本养料，并和氮一样是通过分解和光合作用而循环。磷主要以磷酸盐形式在地面水和地下水中出现。水中的磷离子是以 $H_2PO_4^-$ 形式存在还是以 HPO_4^{2-} 形式存在，取决于水的 pH 值。当 pH 值在 2～7 之间，水中的磷酸盐离子多以 $H_2PO_4^-$ 离子形式存在，而当 pH 值在 7～12 之间，则多以 HPO_4^{2-} 离子形式存在。由于磷酸盐很容易被植物和微生物所利用，由光合作用转化为蛋白质，所以天然地面水中一般不会发现很高浓度的磷。受纳水体中的磷主要来源于大量使用合成洗涤剂的城市生活污水。

磷酸盐被认为是水生植物和微生物过量生长的关键因素之一，这对鱼类等水生物的生存受到很大影响，还会引起水体的富营养化。但近几年研究认为，碳是富营养化过程中的主要养料，而不是磷。根据这一理论，有机物被细菌分解而释放出二氧化碳，并因利用了大量碳源、阳光和微量磷、氮和其他养料，而使藻类不断夺走水中的溶解氧时，就会出现富营养化。

在天然水和污水中，磷主要以正磷酸盐、聚合磷酸盐或缩合磷酸盐及有机磷化合物的形式出现。磷的主要形式为正磷酸盐，随着 pH 值的不同，磷能以不同的化学形式出现。水的 pH 值通常在中性范围，正磷酸盐的主要形式是 HPO_4^{2-}。在水溶液中，聚合磷酸盐逐渐水解成正盐的形式。提高温度，降低 pH 值或者存在细菌酶时将加速此化学还原速度。在污水生化处理过程中，有机磷转化成正磷酸盐，聚合磷酸可卡因也被水解成正盐形式。用化学方法从水中除磷时，这种还原现象非常有利，因为正磷酸盐是最容易进行化学沉淀的磷。

在生活污水中，磷主要来源于人们的排泄物及食物残渣，约占总磷量的 50%，其余的 50% 通常由以磷酸盐为增洁物质的洗涤剂所提供。据报道，每年每人粪便所产生的磷量为 0.23～1.04kg，年平均值约 0.54kg/人。使用磷酸盐洗涤剂平均每年产生的磷约为 1.04kg/人。根据这两个近似值，从家庭进入生活污水的磷为每年每人 1.58kg。

以各种磷酸盐形式存在的磷，与天然水、污水和水处理中各种各样的生物和化学过程存在着很大关系。无论是在污、废水处理过程中，还是取自微污染水源水的生物预处理中，以及生活饮用水中，微生物均利用磷酸盐作为营养料。污、废水和天然水中，含有大量与有机物结合的磷酸盐。事实上，有人经研究分析，估计天然水中磷酸盐的含量中约有 30%～60% 的总磷酸盐是与有机物相结合的，则两者共同成为细菌、微生物的营养基质。

2. 磷对微生物生长的限制作用

从生物学角度来讲，微生物的繁殖和生长需要多种营养物质，除了碳元素、氮元素之外，还需要磷、硫、钾、钠、钙、镁等大量元素及锰、铜、铝、锌等微量元素，这些营养物质按一定比例被微生物摄取。其中磷在微生物的生命代谢过程中是极其重要和必须的元素之一，在细菌细胞中有多种含磷物质参与代谢过程。一般认为，微生物生长需要的有机磷和磷比例为 100:1，而细菌在饮用水中生长所需要的磷略高，碳磷比为 100:（1.7～2.0）。在磷充足的好氧条件下，微生物将聚合磷酸盐转化为 ATP，作为能量储存，当外部磷不足时，异氧菌通过激酶利用储藏的磷合成核酸和磷脂。磷脂是所有细菌细胞中都含有的一种成分，细胞膜的单位结构由磷脂双分子层与蛋白质组成，并且在细胞膜中所占的份额是固定的。磷酸是 DNA 和 RNA 的重要组成成分，是合成核酸和某些蛋白质的必要元素。另外细胞内所含物质中的异染颗粒的主要成分也是多聚磷酸盐，是磷源和能源的贮藏物。

由于磷对微生物繁殖和生长的关键性作用,目前世界各国对于控制水体中的含磷量都特别重视,已在许多方面得到应用。例如,在污水的生物处理工艺中,一般要求 $BOD_5:N:P$ 为 100:5:1;在某些工业废水的生物处理中,投加适量的氮和磷,以保证微生物种群的正常生长。从另一个角度看,如果破坏此营养平衡,就势必会限制微生物的生长和繁殖,影响生物处理的效果。一些研究表明,在生物滤池和生物活性炭滤池的进水中添加磷源可以提高水中污染物的去除率。桑军强等考察了磷源对陶粒滤池生物膜的影响发现,对于我国北方某磷含量较低的水源水,添加磷源后,生物陶粒滤池内的微生物数量和活性均得到改善,对原水中的有机物去除率明显提高。再比如,水体富营养化判断标准是总氮低于 0.2mg/L,总磷低于 0.02mg/L,如果水体中磷含量超过 0.02mg/L,就可能出现藻类大量繁殖的富营养现象。还有研究指出,对于有机物含量较高的饮用水,水中溶解性正磷酸盐浓度低于 $10\mu g/L$ 时,磷对水中细菌生长限制因子作用将会表现出来。Sathasivan 等也指出,当磷浓度为 $1\sim3\mu g/L$ 时,磷可能成为饮用水中微生物生长的限制因子。这说明,无论是从饮用水生物处理的角度,还是从饮用水生物稳定性角度考虑,水中的磷起着极其重要的作用。因此,在实际水处理工艺中,尽可能地采取措施降低水中磷含量,将会大大降低水中细菌的再生能力,提高饮用水的生物稳定性。

3. 水处理工艺对磷的去除效果

水厂常规净化处理工艺对水中有机物特别是可生物降解有机物的去除率较低,一般小于 30%,主要是粘附在凝聚体上通过沉淀、过滤去除。而对磷的去除率相当高,因磷酸盐中的磷酸钙 [是磷酸盐的主要组成部分,$Ca_5(PO_4)_3(OH)$]、磷酸铵镁($MgNH_4PO_4$)、磷酸铁 [$FePO_4$、$Fe_3(PO_4)_2$]、磷酸铝($AlPO_4$)等均能经沉淀去除。桑军强等在试验中证实,常规的混凝、沉淀、过滤的处理工艺对原水中 MAP(微生物可利用磷)的去除率达 90% 以上,对原水中 TP 的去除率在 80% 以上。相对于严重的有机污染,在我国相当部分的水源中,TP 的含量较低,尤其是 2002 年新实施的《地表水环境质量标准》中对 TP 提出了更高的要求:一类水体低于 $10\mu g/L$,二类水体低于 $25\mu g/L$,三类水体低于 $50\mu g/L$。有研究表明,当原水中的 TP 为 $80\mu g/L$ 左右时,常规的水处理工艺可将水中的 TP 降到 5 $\mu g/L$ 左右。在 TP 中,正磷酸盐是容易被细菌直接吸收作为营养利用的磷源,而环境中的磷元素往往同大分子有机物相结合或以胶态存在,降低了微生物对磷源利用的可能性。实际上能被细菌利用的磷仅占 TP 的一部分。因此,在饮用水净化处理工艺中尽可能去除原水中的 TP,就可能使磷成为管网中细菌生长的限制因子。

由上述可见,与碳一样,磷也是水中微生物生长的限制因素之一,而且常规水处理工艺对磷的去除比对 AOC 的去除更有效。此外,由于 AOC 的测定对分析操作环境要求高,耗时也较长(5d 以上),不能在线反映水质情况,对大多数给水厂来说,难以将此项指标纳入日常分析检测,而对 TP 的检测则简单的多,且现有的检测方法对 TP 的最低检测限值达 $2\mu g/L$。所以,从很大程度上讲,磷含量可能是决定管网中微生物再生长及水的生物稳定性的更具有价值的控制性因素。

5.5.2 磷与 AOC 共同作为控制生物稳定性指标的可行性

微生物的生长繁殖需要按一定比例的多种营养物质,而且不同的微生物所需要的营养物质也不同。对于饮用水的生物稳定性来说，主要是限制大肠杆菌等异养细菌的生长繁殖。从上面论述可见，磷和碳一样，也是这类微生物生长的主要限制因子之一，同样可以作为饮用水的生物稳定性的控制指标，而且在分析检测和水处理工艺的处理效果方面与AOC相比较更具有实际应用价值。但磷并不能完全取代AOC这一既成传统又能控制饮用水生物稳定性的指标。已有研究者指出，在AOC浓度显著低于$10\mu g/L$时，仍可以从水中分离出大肠杆菌。还有研究发现，即使总磷含量低于$2\mu g/L$，仍能够维持微生物大量繁殖。所以，仅通过控制AOC或磷含量单一的指标使水保持良好的生物稳定性是较困难的。

饮用水生物处理系统（如取自微污染水源水的生物预处理、生物滤池及深度处理中的臭氧活性炭生物过滤等）属于基质限制型，所含的各种营养元素均处于较低的水平（生物预处理相对较高些），对于微生物而言，当各种营养元素的含量不符合合适的比例时，任何一种处于较低含量的营养元素均可能成为微生物生长代谢的限制因子。在某种特定条件下，当碳源、氮源充足而磷源短缺时，则磷就会对微生物的生长起限制作用；同样，当磷源充足碳源短缺时，AOC将成为水的生物稳定性的限制因子。于鑫在研究中发现，对某水源水进行生物处理时，在原水中加入一定量的磷元素后，碳成为滤池出水中的主要限制因子；而不加磷经生物处理，磷在出水中的限制因子作用更强。由此可见，对于某特定的水体，碳和磷都可能成为饮用水中微生物生长繁殖的限制因子。因此，将磷与AOC共同作为饮用水生物稳定性的控制指标，在实际生产工艺中同时控制磷和AOC含量，或者针对某些水质特性，重点采用其中一种控制指标，则可能取得更理想的效果。

为此，需要研究饮用水中磷和AOC的含量对水的生物稳定性的共同影响程度及相互的制约关系，这对今后深度水处理技术中，是以去除AOC为主要目的还是以去除磷为控制性指标，或者是两者都控制到一定含量范围内以及今后对水源选择、水厂处理工艺流程、混凝剂种类、消毒剂种类与投加、深度处理技术、管配件材质、经济技术比较等都有较大的影响。另外，磷作为微生物生长繁殖的关键营养元素已在污水处理领域得到广泛重视并取得明显效果，但在饮用水除磷方面，除微污染水源水生物预处理中进行除磷研究之外，在水厂常规处理和深度处理中对除磷研究很少，至今未见专题报导。其主要原因可能在于对饮用水中磷的作用未得到充分的认识和足够的重视，没能与饮用水的水质，尤其是饮用水的处理要求方面有很大不同，特别是在限制含量方面的差异极大，另外可能采用的除磷处理技术和方法也受水处理工艺和水质要求的很大约束。因此，研究和开发用于饮用水处理的除磷技术和方法，直接关系到利用磷含量来控制饮用水生物稳定性的目的能否实现。这方面的研究如获得成功，这将为饮用水的生物稳定性控制开辟一条新的途径，对提高饮用水卫生安全性有重要意义。

综合上述，AOC是目前国际上公认的控制饮用水生物稳定性指标，而且按规定值（不加氯时AOC$\leq 10\ \mu g$乙酸碳$/L$，加氯后AOC在$50\sim 100\ \mu g$乙酸碳$/L$）来衡量饮用水的生物稳定性也比较符合实际。但存在测定较复杂、时间长、采用的器皿多等问题。同时，在考虑AOC为主后未考虑关于微生物生长繁殖的其他限制因子，因此用单一的AOC含量来控制饮用水的生物稳定性还存在一些不足之处；与碳一样，磷也是水中微生物生长繁殖的主要限制因素之一，从某种角度来讲，磷含量可能是决定管网水的生物稳定性的更具有实用价值的控制指标；研究饮用水中磷和AOC的含量对水的生物稳定性的共同影响程度和相互限制关系，以及饮用水深度除磷处理技术，可能为饮用水的生物稳定性控制开辟一条新的途径。

以上陈述了磷作为饮用水生物稳定性控制指标的可能性及磷与 AOC 共同作为生物稳定性控制指标的可行性。这些论述应该说理论上是可行的，但还是更需要进行科学试验，得到系统而客观的试验数据，再在实践中加以应用来证实是可行的，这才能证明此论点是正确的。据了解目前有关高校正在进行试验，不久可能会见到相关的报道。

5.6　饮用水中不稳定性物质在管网中的变化及污染

饮用水中水质不稳定性物质主要有无机物和有机物两大类。不同的水源，所含的无机、有机物质成分和数量不同；水厂不同的净化处理工艺和方法，对不同物质的去除率也不同，这就造成进入管网水中不稳定物质的成分与数量的不同，造成管网中水质不同的变化和污染。因此，为尽可能地说清楚这方面的问题，本节阐述天然水中所含的物质；水厂对这些物质的去除方法及大致的去除率；剩余物质在管网中的变化和可能造成对水质的污染。

5.6.1　天然水中所含的物质

这里指的天然水是指地面水和地下水两大类。地下水包括泉水、潜水、承压水、裂隙水、溶洞水等；地面水包括湖泊水、水库水、江河水、微污染水及海水等。地下水虽然名称不同，但都是地下渗流形成，所含的物质大致相同，故进行总体论述；地面水的不同水源，其所含的物质有较大的区别，故分别论述。但对水中无机物来说，地面水与地下水的成分多数相同，但数量上有较大不同。

1. 天然水中的悬浮物、胶体和溶解物

这里指的原水中物质是指在地面水取水过程中经格栅、格网已去除较大颗粒物质后的水质。水中物质总体上来说可分为悬浮物和溶解于水中的形成真溶液的低分子及离子物质两大类，其物质成分及尺寸大小如图 5-4 所示。低分子及离子物质主要包括：溶解于水中的无机盐类，基本上以阳离子与阴离子形式存在；溶解性气体，一般为氧、二氧化碳及可能有硫化氢等气体。这些物质均很小，以埃（A°）、微米（μm）、纳米（毫微米，nm）表示。大于 0.1mm 的物质较易去除，故悬浮物的大小其上限可取 0.1mm，下限为 1nm。在给水处理中主要研究对象为胶体物质。

原生动物、藻类、细菌及病毒总称为微生物。从图 5-4 可见，悬浮物质包括：占悬浮物绝大数量的泥砂；虫类、原生动物；藻类；细菌、病毒、高分子有机物，如蛋白质、腐殖酸等。

浑浊度通称浊度，是衡量水质好与差的一项重要指标，从技术意义上讲，是用来反映水中悬浮物含量的一个水质替代参数。对浊度有以下三种测定和表示方法：

JTU 表示法：以硅藻土或高岭土作为浊度标准液，用杰克逊蜡烛浊度计测得的浊度表示单位。

NTU 表示法：以甲腊作浊度标准液，用散射光浊度仪测得的浊度。

FTU 表示法：采用透射光浊度仪测得的浊度。

采用两种不同的浊度标准液和 3 种测试仪，所得的 3 种结果不存在物理学上的等量关

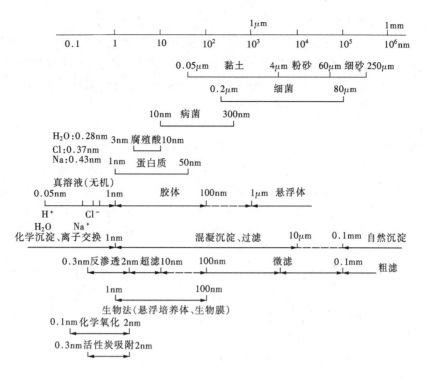

图 5-4 水中的杂质与处理方法

系。从根据实测结果比较，1JTU 与 1NTU 的数值基本较近。由于 NTU 浊度采用化学试剂在严格控制的条件下制成标准液进行测定，因此采用 NTU 作为国际、国内的通用标准。

图 5-4 中的颗粒尺寸系按球形计，且各类物质的尺寸界限只是大体的概念，而不是绝对的。把图 5-4 简化成表 5-9，并把水中物质按溶解物、胶体物及悬浮物分类，悬浮物与胶体之间的尺寸界限，根据颗粒形状和密度不同而略有变化。

水中物质分类及分辨工具　　　　　　表 5-9

物质	溶解物（低分子、离子）	胶体物	悬浮物	
颗粒尺寸	0.1nm　　1nm	10nm　　100nm	$1\mu m$　　$10\mu m$	$100\mu m$　　1mm
分辨工具	电子显微镜可见	超显微镜可见	显微镜可见	肉眼可见
水的外观	透　明	浑　浊	浑　浊	

由表 5-9 可见，粒径在 100nm～$1\mu m$ 之间属于胶体和悬浮物之间的过渡阶段。小颗粒悬浮物往往也具有一定的胶体特性，只有当粒径大于 $10\mu m$ 时，才与胶体有明显差别。

(1) 悬浮物和胶体杂质

悬浮物尺寸较大，易于在水中下沉或上浮。密度小于水的，则可上浮到水面，一般是体积较大而密度小的某些有机物；易于下沉的一般是大颗粒泥砂及矿物质废渣等。

胶体颗粒尺寸很小，在水中长期静止也难下沉。水中的胶体通常有黏土，某些细菌及病毒、腐殖质、蛋白质及有机高分子物质等。天然水中的胶体一般带负电荷，有时也含有少量带正电荷的金属氢氧化物胶体。

粒径大于0.1mm的泥砂通常在水中自行下沉而去除；悬浮物和胶体物是使水产生浑浊现象的根源，是饮用水处理的主要对象，须投加混凝剂方可去除，其中有机物如腐殖质及藻类等，往往会造成水的色、臭、味；随生活污水排入水体的病菌、病毒及原生动物等病原体会通过水传播疾病，须消毒杀菌。

(2) 溶解物质

溶解物质分无机物和有机物两类。无机物溶解物质指水中所含的无机低分子和离子，它们与水所构成的均相体系，外观透明，属于真溶液。有的无机溶解物可使水产生色、臭、味。无机溶解物主要是水质要求高的某些工业用水的去除对象，但有毒、有害无机溶解物也是生活饮用水的去除对象。有机溶解物主要来源于水源污染，也有天然的腐殖质等存在。在饮用水处理中，溶解的有机物已成为重点去除对象之一，也是当前重点研究内容之一。

天然水中溶解的气体主要是前述的氧、氮、二氧化碳和少量的硫化氢；天然水中所含阳离子如前述的主要是 Ca^{2+}、Mg^{2+}、Na^+；阴离子为 HCO_3^-、SO_2^{2-}、Cl^-。其次是 K^+、Fe^{2+}、Mn^{2+}、Cu^{2+} 等阳离子和 $HSiO_3^-$、CO_3^{2-}、NO_3^- 等阴离子。这些阴阳离子以假想化合物存在于水中并保持碳酸平衡。

2. 天然水中的无机物、有机物及污染物

(1) 无机物

天然水中的无机物占了水中物质的大部分，主要是前述的溶解离子，气体及悬浮的泥砂等。除上述讲的主要阴阳离子之外，还含有微量的其他元素，一般以 μg/L 计。这些微量元素中，金属以阳离子的形式存在，如表5-10中的锂、铷、铯、铍、锶等，非金属元素则在有关的酸根中出现。表5-11列出了水中可能含有的无机有毒物质的来源及对人体的危害。其中铬、钴、锰、钼、镍、钒、锡、锌、硒、氟等10种，是人体营养的必需物质，但当水中的浓度超过一定量后，对身体有害，至于镉、铅、汞、铍、砷等不属于人体必需元素，均会影响人体健康。

天然水中的微量元素　　　　　　　　　　　表5-10

金　属　元　素	非金属元素的存在形式
Li（锂）Ba（钡）Ni（镍）Zn（锌）	As: AsO_2^-　B: $H_2BO_3^-$　P: $H_2PO_4^-$
R_6（铷）Ti（钛）Co（钴）Cd（镉）	$H_2AsO_3^-$　HBO_3^{2-}　HPO_4^{2-}
C_S（铯）V（钒）Cu（铜）Hg（汞）	$H_2AsO_4^-$　BO_3^{3-}　PO_4^{3-}
Be（铍）Cr（铬）Ag（银）Ge（锗）	$HAsO_4^{2-}$　$HB_4O_4^-$
Sr（锶）Mo（钼）Sn（锡）Pb（铅）	AsO_4^{3-}　$B_4O_7^{2-}$

水中无机有毒物质来源及对人体的危害　　　　　　　表5-11

名　称	来　　源	对人体危害的主要部位
镉（Cd）	电镀、颜料和增塑剂工业废水	肾脏、生殖系统、骨骼、致癌
铬（Cr）	电镀和制革工业废水、天然矿石	胃肠道、肝、骨骼、致癌
铅（Pb）	冶金和蓄电池工业废水、管配件、天然岩石	造血系统、神经、肾、骨骼
钴（Co）	颜料和陶瓷工业废水	神经、血液、甲状腺

续表

名　称	来　　源	对人体危害的主要部位
锰（Mn）	电池工业废水、天然矿石	中枢神经
汞（Hg）	农药、电解食盐、牙科汞合金等废水	中枢神经、肾、肝
钼（Mo）	冶金、玻璃、陶瓷和颜料工业废水、天然矿石	肝、血液
镍（Ni）	冶金、食品加工和杀真菌剂工业废水	胃肠道、中枢神经
银（Ag）	显相纸工业废水，银消毒饮水等	血液、皮肤
钒（V）	冶金工业废水、矿渣中析出	呼吸道、血液、酶系统
锡（Sn）	贮水容器、农药和油漆工业废水	胃肠道
锌（Zn）	肥料和镀锌管工业废水、矿石	神经系统
铍（Be）	合金、电板和导弹燃料等工业废水	肺、血液
钡（Ba）	化工和医疗废水、矿石	肌肉、神经、血管
砷（As）	冶炼和杀虫剂工业废水、矿石	皮肤、胃肠道、毛细血管
硒（Se）	电子、钢铁、颜料、玻璃和陶瓷工业废水	胰、肝、血液
氟（F）	冶炼助溶剂产生之废气废水、矿石	齿、骨骼、肾

水中含有的溶解性无机物，如钠、硝酸、亚硝酸盐、硫酸盐、硬度和镁盐等，如果超过规定的卫生容许量，也会对人体产生不同程度的危害。

(2) 有机物

天然水中常见的有机物为腐殖质，有时也含有多核芳香烃。腐殖质是土壤的有机部分，虽然对化学或生物的侵蚀相对稳定，但最后仍然沿着碳循环和氮循环的途径降解为最简单的化合物。腐殖酸是亲水的、酸性的多分散物质，它们的分子量在几百到数万之间。腐殖质的详细组成仍还不清楚。目前根据试验把它分成了3个组合如图5-5所示。

腐殖质所包含的大部分化合物，能与金属离子等各种无机物从多方面起配合作用。由于这种特性，用某一种溶剂只能把腐殖质中的某一小部分化合物提取出来，同时又会使这部分化合物的分子性质起了变化。在分离的过程中，同样也会引起分子性质的变化。也就是说，在目前所用的提取和分离方法的操作过程中，都不能避免改变腐殖质的原来存在的分子形式。

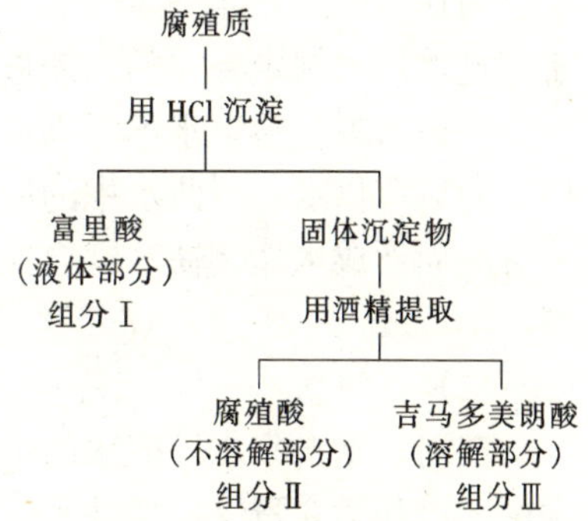

黏土可与天然的腐殖质等有机物形成结合物，这些带有腐殖质的黏土微粒，在水中成为氯消毒中的三卤甲烷等的前躯物。

图 5-5　腐殖质的分离

(3) 污染物质

天然水体的污染物主要来自生活污水、工业废水和农药。随着工业和国民经济的持续高速发展，污废水的处理又未及时跟上，造成水体中污染物浓度不断增加，其中多数是合成的有机物。目前在水中被检出来的有机化合物达1500多种，其中在世界范围内饮用水发现过400～500种。据报导，在鉴别的2221种合成有机物中，有765种出在饮用水中，其中20种为公认的致癌物，23种为可疑致癌物，18种为癌促进剂，56种为诱变物。

一般来说溶解性的有机物污染较难处理，对人体的危害也较大。特别是农药与化工工业造成对水体的污染。因为化工原料及副产物中有苯、苯并（α）芘、溴苯、溴仿、四氯化碳、氯苯、氯仿、氯化氰等数十种"三致"物质。

3. 各种天然水源的水质特性

(1) 地下水

地下水由降水和地面水经地层渗流而形成，主要分为潜水（不透水层以上的浅层水）和承压水（不透水层以下的深层水）两类，泉水是地下水的露头，即地下水自行涌出或喷出地面。由于地下水在地层中缓慢地渗流，经地层连续不断地过滤，使水中的悬浮物、胶质等已基本或绝大部分被去除，故水质清澈透明；同时地下水不易受外界的污染和气温的影响，因而水质、水温较稳定，一般可直接作为生活饮用水，工业上常用作冷却用水。

地下水在渗流过程中流经各种岩层，因而溶解了各种可溶解性矿物质，主要为无机盐类，故其含盐量通常高于地面水（海水除外）。至于含盐量的多少及盐类成分，决定于地下水流经地层的矿物成分、地下水埋深和与岩层接触的时间等。我国水文地质条件较复杂，造成各地区地下水中含盐量相差很大，但大部分地区的含盐量在 200~500mg/L 之间。一般情况下，多雨地区、东南沿海及西南地区，地下水主要受到雨水补给，故含盐量低；干旱地区、西北、内蒙古等，地下水含盐量较高，有些地方为苦咸水，无法饮用。

地下水中无机盐类成分通常与地面水相似，但含量远高于地面水。地下水中主要阳离子为 Ca^{2+}、Mg^{2+}、Na^+、K^+、Fe^{2+}、Mn^{2+} 等，阴离子为 HCO_3^-、SO_4^{2-}、Cl^-、NO_2^-、NO_3^-、SiO_2^{2-} 等。由 Ca^{2+} 和 Mg^{2+} 组成的总硬度通常在 60~300mg/L（以 CaO 计）之间，少数地区高达 300~700mg/L。

地下水中铁与锰往往共存。但铁的含量高于锰。含铁、锰的地下水分布较广，比较集中的地区是松花江流域和长江中下游地区。我国地下水的含铁量一般在 10mg/L 以下，个别可高达 30mg/L；含锰量一般不超过 2~3mg/L，个别有高达 10mg/L。地下水中铁、锰含量超过饮用水规定标准的，需进行除铁除锰处理。

一般来说，地下水不需要处理，仅加氯杀菌消毒（保持一定量余氯）后直接进入管网，向城市供水。因此水中的所有无机盐类同时随水进入管网中，Ca^{2+}、Mg^{2+} 会在管网中沉淀而形成水垢，铁、锰会使水变色。无机盐类是饮用水在管网中化学不稳定的主要因素。

(2) 江河水

江河水是自来水厂取水的主要水源，水质易受环境和自然条件的影响。一般情况下，水中无机盐类含量（包括铁和锰）低于地下水，但水中悬浮物和胶态物质含量较多，浊度远高于地下水。江、河水的含盐量及硬度、铁、锰等一般均在生活饮用水规定范围内，故不是水处理的任务和范围。

我国幅员辽阔，特别是南方地区大小河流纵横交错，因自然地理条件相差悬殊，使各地区江河水的浊度相差也很大。就是同一条河流，上游与下游、夏季与冬季、晴天与雨天等，浑浊度也相差悬殊，最典型的是黄河，黄土高原段的含砂量高于上游段和下游段，暴雨时含砂量少则几 kg/m^3，多则几十至数百 kg/m^3，浊度变化幅度很大。

凡是土质、植被和气候条件较好地区，如华东、东北、西南地区的大部分河流，浊度均低，一年中大部分时间内，江河水较清，只有雨季较浑，年平均浊度一般在 50~400 度之间。自山区、林区、沼泽地区流来的江河水，可能含有较多的腐殖质而呈黄色，或因水藻生长繁殖而使水带蓝绿色。江河水色度的高低也随着季节而变化。江河水的水温更与季节气候变化有直接关系。

江河水的溶解氧一般较高，有的可达到饱和程度。这是因为水在不断地流动过程中，使空气中的氧不断地补充到水中。故有时水虽然受到有机物的污染，仍不会引起水质腐败变质，这就是"流水不腐"的道理。

(3) 湖泊、水库水

湖泊是由河流与地下水补给而形成。水库是人造的湖泊，由无数山间溪流汇集而成，其水质与江河水类似。但由于湖泊和水库中的水流动性小，水在湖、库中贮存时间较长，经过长时期的自然沉淀，浊度远比江河水低，特别是水库水，通常在正常情况下浊度<5NTU。只有在遇到风浪及暴雨时，由于湖、库底沉积物或泥砂泛起，才产生浑浊现象。

如果湖泊的进水量与出水量基本上相等，则湖泊成为大江河的调节水库，如洞庭湖、鄱阳湖实际上成为长江中下游的调节水库。类似这种湖泊，因流动量较大，水的蒸发量相对减少，湖水中可保持较低的含盐量，成为淡水湖泊。干旱地区的内陆湖由于换水条件差，蒸发水量大，不断浓缩使含盐量增加而成咸水湖。一般含盐量<1000mg/L的为淡水湖；含盐量>1000mg/L的为咸水湖，咸水湖水不宜作为饮用水。

水库与湖泊相似，而水质略好于湖泊。它们共同的也是主要的问题是富营养化问题。表层水受日光直接照射，并与空气直接接触，其水温随气温而变化；深层水温受外界影响小而较稳定。故夏季水温自表层至深层逐渐降低，冬季则相反。水温的分层现象造成水中溶解氧和水生生物等活动的分层现象。同时也造成水的内部环流，使整个湖（库）水的水质受到影响。如表层水光合作用充分，生物、微生物繁殖旺盛，而底层水中腐殖质分解，致使自净作用低的湖泊、水库出现富营养化。富营养化可破坏水体生态系统原有的平衡，造成水体出现一系列的恶果。藻类等微生物的大量繁殖，致使一系列异养生物的食物链增长，水体中的耗氧量迅速增加。藻类死亡和沉淀把有机物转入到深层或底层水中，在那里聚集了大量待分解的有机物。在底层缺氧的条件下处于厌氧分解状态，使大量的厌氧菌繁殖起来，底层出现腐化分解现象，并逐渐向上层发展，使水体恶化。

由于我国江河水不断地受到污染，取自水库、湖泊水作为饮用水水源的逐渐增加，但是季节性的大量藻类繁殖，为给水厂的处理带来很大困难。有时在沉淀池、滤池会有大量藻类繁殖，此时，采用气浮池效果较好。同时出厂水中存在较多有机物是造成管网水生物不稳定的主要原因。

5.6.2 给水厂对天然水中物质的去除

目前我国给水厂净化处理基本上均为加药、混和、反应、沉淀、过滤及消毒的常规工艺。因此对于天然水中物质的去除是以常规处理工艺为基础来进行讨论。

由于地下水水质基本上符合生活饮用水水质要求，除必要的除铁除锰之外，一般经加氯后直接进入管网供水。因此这里指的对天然水中物质的去除是对地面水水源而言。净化处理方法是根据水源水质和用水水质要求确定。有的处理方法除设定的处理效果之外，往往又直接和间接地兼收到其他的处理效果，即几种物质同时被去除。常规处理主要是物理与物理化学相结合的方法，对水中物质的去除情况概述以下。

1. 悬浮物、胶体物的去除

在给水厂中，水加药混和后的"混凝、沉淀和过滤"称为水的"澄清工艺"。其处理对象主要是水中的悬浮物和胶体物质，即以降低浊度为主。在沉淀池或澄清池中把絮凝后较大颗粒的絮凝体通过沉淀去除，使过滤后水的浊度一般均<1NTU，使原水中的悬浮物和胶体物质总去除率至少在95%以上，高的达99.5%以上。因此水厂出水进入管网的浊度并不高。

在絮凝形成絮体的过程中，部分有机物、细菌和病毒粘附在絮凝体上，经过沉淀、过滤也被去除。但这仅仅是一部分，是附带去除的。细菌和病毒主要是通过加氯杀菌消毒手段加以灭杀。

原水中无机盐类的阴离子和阳离子，水厂的常规处理工艺是无法去除的，只能通过除盐的方法，即离子交换、电渗析、反渗透等才能去除。因此原水中的阴、阳离子基本上随水厂出水全部进入管网。如前所述成为管网水化学不稳定的主要因素。

2. 常规处理对有机物的去除

从总体上来说，有机物粘附在絮凝体上通过沉淀、过滤的去除率约在30%左右。对于微污染水源，如果采取预加氯进行氧化，则对于小分子、易降解的那部分有机物可有较大部分被去除，而对于大分子、难降解的有机物仍难以去除。常规处理对于AOC为代表的有机物的去除波动较大。AOC的去除率根据实测资料报导，在40.7%~75.4%之间，平均去除率为58.1%。原水AOC浓度高时，相应的去除率也高，水厂出水AOC浓度波动幅度较小。但滤后水加氯消毒后，AOC浓度均有一定程度的增加，增加量为8.4%~32.5%。因此，即使水厂处理对AOC有较好的去除效果，仍然不能保证水厂出水的生物稳定性。因此氯消毒是水厂处理工艺后的一道必须工序，产生的AOC直接进入管网，势必对管网产生生物不稳定的不利影响。

3. 臭、味的去除

在常规处理中，臭和味均得到一定的去除，无特殊情况下，水厂出水的臭和味均能符合要求。但当原水臭和味严重时，仅采用常规处理工艺就不能达到水质要求，需要采取特殊处理方法。这种方法取决于原水中臭和味的来源，如对于水中有机物所产生的臭和味，可用活性炭吸附或氧化法去除；对于溶解性气体或挥发性有机物所产生的臭和味，可采用曝气法去除；因藻类繁殖而产生的臭和味，可采用微滤机或气浮法去除藻类，也可在水中投加除藻药剂；因溶解盐类所产生的臭和味，可采用适当的除盐措施等。可见，除臭和味的过程实际上也是去除某种污染物的过程。污染物与臭和味是互相相关和共存的。因此在给水处理中，对某些污染物质的去除也就同时降低了臭和味。

4. 砂滤和活性炭过滤对水中物质的去除

陈向明、王虹等人分别采用石英砂过滤和活性炭过滤对水中物质的去除进行了试验。试验的原水为某城市的配水管网水，但三致物质1,1,2-三氯乙烷是用人工配置的。砂滤前投加混凝药剂PAC进行微絮凝过滤，滤速为6.5~7m/h；进入活性炭过滤前投加O_3，进行臭氧（氧化）活性炭过滤，O_3投加量3mg/L，反应时间10~13min，活性炭过滤滤速也为6.5~7m/h。

砂过滤对主要几个项目的去除效果见表5-12。衡量水质是否达到饮用水指标的标准为"中国城市供水行业2000年技术进步发展规划水质目标"（88项指标）和"饮用净水水质标准"（CJ94—1999）。砂滤试验证明：对色度、浊度的去除效果较好，出水的色度、浊度分别由12度、4.5NTU降到5度和1NTU，达到水质要求目标。但对三氯甲烷的去除仅在15%左右，而对总有机碳、1，1，2-三氯乙烷的去除效果甚微。

砂滤去除效果　　　　　　　　　　　　　表5-12

序号	项目	砂滤进水	砂滤出水	去除率（%）	88项指标	饮用净水标准
1	色度（度）	12	5	58.3	≤15	≤5
2	浊度（NTU）	4.5	1	77.8	≤3	≤1
3	1，1，2-三氯乙烷（μg/L）	36.6	35.2	3.8	总量≤1	
4	耗氧量（COD_{Mn}）（mg/L）	1.7	1.7		≤5	≤2
5	总有机炭（TOC）（mg/L）	4.3	4.02	6.5		≤4
6	三氯甲烷（μg/L）	48.5	40.3	16.9	≤60	≤30

活性炭去除效果　　　　　　　　　　　　表5-13

序号	项目	砂滤出水	活性炭出水	去除率（%）	88项指标	饮用净水标准
1	色度（度）	5	5		≤15	≤5
2	浊度（NTU）	1.0	0.2	80	≤3	≤1
3	1，1，2-三氯乙烷（μg/L）	35.2	未检出	100	总量≤1	
4	耗氧量（COD_{Mn}）（mg/L）	1.7	0.8	52.9	≤5	≤2
5	总有机炭（TOC）（mg/L）	4.02	3.91	2.7		≤4
6	三氯（卤）甲烷（μg/L）	40.3	0.5	98.8	≤60	≤30

由表5-13臭氧活性炭过滤的出水分析结果表明：经臭氧活性炭过滤后水中有机物的综合指标大幅度降低，微污染物质的种类和数量大幅度减少；臭氧活性炭过滤对有机卤代化合物的去除效果显著，出水中三氯甲烷的含量仅为0.5μg/L，远低于30μg/L，去除率在90%以上；1，1，2-三氯乙烷被全部去除。但臭氧活性炭过滤对COD_{Mn}、TOC的去除率不高；对水中的碱度、总硬度（$Ca^{2+}+Mg^{2+}$）没有去除效果，即活性炭对水中的阴、阳离子无去除能力，无机盐类仍全部保留在水中而进入管网。

再来看一下上海的饮用水水源与处理后的水质情况。目前上海主要有两个水源：一是长江水源，约占上海饮用水原水取水量的30%左右；二是黄浦江上游水源，约占上海饮用水原水取水量的70%左右。上海长江水源基本上属于地面水环境质量标准（GB 3838—88）Ⅱ～Ⅲ类水体；黄浦江水源则属于Ⅲ～Ⅳ类水体，可见长江水源水明显优于黄浦江水源。

长江水浊度月总平均为27NTU；黄浦江上游水为73NTU，黄浦江上游原水的氨氮变化逐年呈缓慢上升趋势，逐月平均变化见图5-6。长江水氨氮的月平均值为0.16mg/L；黄浦江上游水为0.72mg/L，是长江水的4.5倍左右。

图5-7为原水中溶解氧逐月平均变化曲线。图中可见：两条曲线几乎是平行的，说明具有相似的逐月变化规律。7月份最低，1月份最高，说明与气温有很大关系。长江原水中溶解氧的月平均值为8.66mg/L；黄浦江原水为4.97mg/L，长江原水中溶解氧月总平均值是黄浦江水的1.7倍左右。

图5-8为长江和黄浦江上游原水中的耗氧量（COD_{Mn}）逐月平均变化曲线，也几乎是

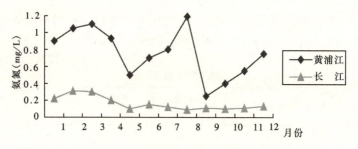

图 5-6 原水氨氮逐月平均变化

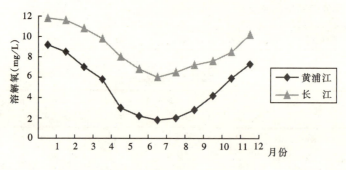

图 5-7 原水溶解氧逐月平均变化

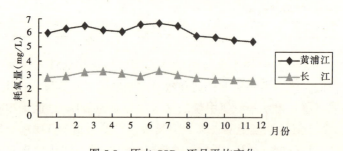

图 5-8 原水 COD_{Mn} 逐月平均变化

平行的,但受气温变化影响不大。

长江与黄浦江原水及出厂水中颗粒粒径和去除率 表 5-14

粒径分布 (μm)	原水颗粒浓度（个/mL）			出厂水颗粒浓度（个/mL）			去除率（%）	
	长江 (A)	黄浦江 (B)	比较 (B/A)	长江 (A)	黄浦江 (B)	比较 (B/A)	长江 (A)	黄浦江 (B)
1~2	24415	143229	5.9	1358	4934	3.6	94.4	96.6
2~5	54704	113110	2.1	153	1090	7.1	99.7	99.0
5~10	8717	13039	1.5	10	172	17.2	99.9	98.7
10~15	593	1172	2.0	2	19	9.5	99.5	98.4
15~20	73	168	2.3	1	4	4.00	98.1	97.7
20~25	8	19	2.4	1	1	1.0	87.7	97.1
25~30	1	2	2.0	0	0	1.0	100	100
>30	0	2		0	0	1.0		100
合计	88511	270741	3.1	1525	6220	4.1	98.3	97.7

表 5-14 是长江水和黄浦江上游水 SS 颗粒数进厂水与出厂水的比较表。粒径从 1~2μm 至 30μm 以上，分为 8 个粒径段，水厂为常规处理工艺。在所测颗粒粒径范围内，黄浦江原水中所含的悬浮物质颗粒数是长江水的 3.1 倍。在各种不同粒径分布段，黄浦江原水中所含悬浮物颗粒数是长江水的 1.5~5.9 倍。从表 5~14 可见：水厂常规处理对水中悬浮物的去除基本上在 90% 以上，平均达到 98% 左右；颗粒粒径 > 15μm 的基本上均被去除。

黄浦江原水中检测出 700 多种有机物。长江和黄浦江原水中的溶解性有机物分子量分别为 4400~800 和 11300~800。

长江、黄浦江原水主要有机物含量及去除率   表 5-15

名　称	原　水		出厂水		去除率（%）	
	长 江	黄浦江	长 江	黄浦江	长 江	黄浦江
DOC（mg/L）	1.83	5.29	1.60	4.18	12.6	20.98
COD_{Mn}（mg/L）	3.03	6.15				
UV_{260}（m^{-1}）	3.84	9.86	1.97	7.10	48.67	28

长江与黄浦江原水中具有代表性的 DOC 及 UV_{260}（波长 260nm 的紫外线吸光度，是一个替代参数）含量经水厂常规处理的去除率见表 5-15。经常规处理后，长江水中的 DOC 去除率仅 12.6%。黄浦江水去除率为 20.9%；UV_{260} 长江水去除率为 48.67%，黄浦江水去除率 28%。可见常规处理对有机物的去除是有限的。这从表 5-12 的试验数据也可见；除可同化有机碳（AOC）在沉淀过程中部分去除之外，在砂滤池中对 TOC、COD_{Mn}、三氯甲烷、1，1，2-三氯乙烷等去除甚微。这样水中的无机盐类和未去除的有机物进入供水管网，存在着化学不稳定和生物不稳定两方面因素。

从表 5-13 数据可见：经臭氧活性炭过滤，1，1，2-三氯乙烷和三氯甲烷等"三致"物质大幅度减少，这有利于人体健康。但总有机碳（TOC）的去除甚微，仍存在水质不稳定因素。

5.6.3 化学不稳定性在管网中的变化及对水质的污染

1. 无机盐类的变化污染

前面已论述，水中存在的主要溶解性气体为：氧（O_2）、二氧化碳（CO_2）、硫化氢（H_2S）、氮（N）；水中的主要阴阳离子为：HCO_3^-、SO_4^{2-}、Cl^-、CO_3^{2-}、NO_3^-、Ca^{2+}、Mg^{2+}、Na^+、K^+、NH_4^+，并以等当量假想组合；水中的碱度主要为 HCO_3^-、CO_3^{2-}、OH^- 及 CO_2。此外还有少量的 Mn^{2+}、Fe^{2+}、Cu^{2+}、$HSiO_3^-$ 等阴阳离子。如果水中存在上述无机物质，则随出厂水进入城市供水管网。一般来说，无论是地面水还是地下水，或多或少均存在 $Ca(HCO_3)_2$ 和 $Mg(HCO_3)_2$。是否还同时存在 $NaHCO_3$、$Fe(HCO_3)_3$、$CaSO_4$、$CaCl_2$、$MgSO_4$、$MgCl_2$ 等视具体水质而定。

$Ca(HCO_3)_2$ 和 $Mg(HCO_3)_2$ 在某些条件下会在管道内产生 $CaCO_3$ 和 $Mg(OH)_2$ 沉淀，形成水垢，反应式见 5-6~5-8。同样 $Fe(HCO_3)_3$ 也会产生 $Fe(OH)_3$ 沉淀。水中的低价 Fe^{2+} 和 Mn^{2+} 被水中溶解的氧氧化成高价 Fe^{3+} 和 Mn^{4+}，从而形成 $Fe(OH)_3$ 和 MnO_2 产生沉淀。前者为水垢，增加水的浑浊度；后者产生色度，严重时会发生由铁、锰引起的"黑水"和"黄水"现象。当然铁与锰的沉淀物也是水垢，会污染水质。

目前多数水厂采用铝盐、铁盐作混凝剂，故出厂水均略偏酸性。为提高出厂水的化学稳定性，表5-4中推荐的pH值为8～8.5，则需要在出厂水中投加碱，提高pH值。如水中存在$CaSO_4$、$CaCl_2$、$MgSO_4$、$MgCl_2$及SiO_2，则投加NaOH，与镁盐的反应为：

$$MgSO_4 + 2NaOH = Mg(OH)_2 \downarrow + Na_2SO_4 \quad (5-39)$$

$$MgCl_2 + 2NaOH = Mg(OH)_2 \downarrow + 2NaCl \quad (5-40)$$

$$MgCl_2 + SiO_2 + 2NaOH = MgSiO_3 \downarrow + 2NaCl + H_2O \quad (5-41)$$

$Mg(OH)_2$、$MgSiO_3$沉淀在管内成为水垢，NaCl、Na_2SO_4溶解度很大，溶解在水中。NaOH与$CaSO_4$、$CaCl_2$反应生成等当量的$Ca(OH)_2$碱，$Ca(OH)_2$又与$MgSO_4$、$MgCl_2$反应生成等当量的$Mg(OH)_2$和$CaSO_4$、$CaCl_2$，可见水中的$CaSO_4$、$CaCl_2$没有变化。

上述产生的这些沉淀物，在管内流速小时（即用水量少时）就会沉淀下来成为水垢；当流速大时（即用水量大时）又会被冲起，污染水质。

2. 化学不稳定引起的细菌繁殖

虽然出厂水中的细菌数符合水质中规定的数值，但仍有细菌进入管道，而管道内的腐蚀和结垢处成为细菌的"避风港"和孳生场所，在有一定营养的条件下，细菌就会生长繁殖，形成"生物膜"（国内外学者称"生长环"），在代谢过程中，膜又因老化而剥落，成为新的沉淀物而污染水质。

根据试验，适合铁细菌生长的pH值范围为5.96～7.89；适合硫酸盐还原菌生长期的pH值范围在5.96～8.35。管道内水的pH值基本上接近中性，很适合于铁细菌和硫酸盐还原菌的生长繁殖。这两种菌是以化学不稳定因子的铁盐和硫酸盐作为生成和依靠条件的，铁细菌是一种特殊的营养菌类，它依靠铁盐的氧化，在有机物含量极少的清洁水中，利用细菌本身生存过程中所产生的能量而生成。这样，铁细菌附着在管壁上后，在生存过程中能吸收亚铁盐和排出氢氧化铁，形成凸起物。由于铁细菌在生存期间能排出超过其本身体积499倍的氢氧化铁，并且大量的亚铁离子储存于铁细菌，而在细菌表面生成了氧化后的三价铁的氢氧化合物，并沿着管内壁四周生成，为棕色黏泥。

硫酸盐还原菌是一种腐蚀性很强的厌氧细菌，常存在于管内壁上，在没有氧的条件下，在金属管道电化学腐蚀过程中主要在阴极起极化剂的作用，能把硫酸盐还原成为硫化合物，这样就加快了管道的腐蚀结垢速度。据报导，在铁细菌的参与下，腐蚀速度会增大300～500倍。

5.6.4 AOC在管网中的变化与污染

目前饮用水中AOC含量的多与少，已公认为判别生物稳定性的指标。为了解AOC在管网中变化及对水质的影响，现以西南某大城市春、夏、秋、冬实测AOC数据（表5-16）来进行分析和讨论。

该市取水水源水质较好，从表5-16可见：从总体上来说，该市供水管网中的AOC浓度较低。春季和冬季AOC值在89～163μg乙酸碳/L之间，属于生物稳定性的临界区间；夏季和秋季管网中的AOC浓度在162～275μg乙酸碳/L之间，明显超过了饮用水生物稳定性的评判标准，说明供水管网内饮用水中存在大肠杆菌等异养菌再生繁殖的隐患。

管网实测 AOC 数据（μg 乙酸碳/L）　　　　　表 5-16

管网测点	春季			夏季			秋季			冬季		
	$AOC-P_{17}$	$AOC-NOX$	AOC	$AOC-P_{17}$	$AOC-NOX$	AOC	$AOC-P_{17}$	$AOC-NOX$	AOC	$AOC-P_{17}$	$AOC-NOX$	AOC
水厂出水	90	20	110	202	32	234	173	21	194	132	23	155
管网转输点	66	23	89	241	34	275	157	26	183	105	27	132
管网起始点	76	25	101	159	28	187	154	23	177	135	28	163
管网中间点	106	20	126	155	23	178	142	20	162	103	25	128
管网末梢	113	22	135	160	31	191	155	22	177	110	23	133

从表 5-16 的检测结果还可见：管网中 $AOC-P_{17}$ 受季节变化的影响较大（年间变幅在 66~241μg 乙酸碳/L 之间）。夏季水源中 AOC 含量和管网中水温（15~17℃）较高，$AOC-P_{17}$ 较大（155~241μg 乙酸碳/L），秋季比夏季低，说明管网中 $AOC-P_{17}$ 与季节和水温的变化有较大关系。而 $AOC-NOX$ 年间变幅仅为 20~34μg 乙酸碳/L，说明 $AOC-NOX$ 受季节和水温的变化影响较小。管网内水中 AOC 的变化是由氯氧化有机物与细菌分解双重作用的结果。氯氧化有机物会引起水中 AOC 的增加，而细菌分解会引起 AOC 的减少。按加氯时生物稳定性标准（AOC 在 50~100μg 乙酸碳/L）来衡量表 5-16，除春季管网转输点 AOC 为 89μg 乙酸碳/L 之外，其他 19 个 AOC 均 >100μg 乙酸碳/L，故属于生物不稳定的水。

长江以南的江南某市取自Ⅲ~Ⅳ类的微污染水源水，对管网水进行选点检测，检测时间为 5 月上旬。管网中从起点到末梢选取 4 个测点水样，居住小区选取 2 个测点水样，这样以利于分析比较。检测结果见表 5-17 中数据。水厂出水（即滤后水）的余氯投加量为 1.5~2.5mg/L。

江南某市 AOC 实测数据（μg 乙酸碳/L）　　　　　表 5-17

检测取样点	$AOC-P_{17}$	$AOC-NOX$	AOC	检测取样点	$AOC-P_{17}$	$AOC-NOX$	AOC
水厂出水	245	32	277	管网末梢点	362	35	397
管网起点	308	28	336	居住小区 1 管网	402	46	448
管网检测点 1	321	34	355	居住小区 2 管网	407	47	454
管网检测点 2	344	33	377				

从表 5-17 可见：一是水厂出水的 AOC 已达 277μg 乙酸碳/L，超过 100μg 乙酸碳/L 的 2.77 倍，明显属于生物不稳定的饮用水，必然存在对管网水的二次污染。同时说明微污染水源水虽然经水厂的常规工艺净化处理，但对水中有机物的去除率较低，使出厂水中有机物含量仍较高；二是从水厂出水，沿管网流动的进程中，AOC 是逐渐增加的，说明水中余氯还未消耗尽，仍在继续不断地氧化有机物。同时说明氯氧化有机物产生的 AOC 量大于细菌分解引起的 AOC 减少的量，故使 AOC 沿程逐渐增加；三是居住小区内管网水的 AOC 值（两个居住小区管网水的 AOC 值较接近）大于城市管网（含管网末梢）水的 AOC 值，从此角度中说明居住小区内管网水质差于城市配水管网中的水质，也就是说，居住小

区内管网水质的污染比城市管网严重；四是从表 5-16 与表 5-17 对比来看，表 5-16 是Ⅱ～Ⅲ类水体的水，表 5-17 是取自微污染水体水，微污染水源水的有机物含量远高于基本上未被污染的水源水含量，反映在管网中水的 AOC 值（表 5-17）也远高于表 5-16 的管网水的 AOC 值，说明水源选择相当重要。为减轻管网水的二次污染，尽可能地提高水的生物稳定性，应加强水厂的净化处理，尽可能地去除有机物，降低出厂水的 AOC 值；五是表 5-16、表 5-17 还可见，无论取自何种地面水水源，水中或多或少存在一定天然的或人工污染的有机物，水厂仅采用常规净化处理工艺，出厂水在管网中的 AOC 值一般均会 > 100μg 乙酸碳/L，仍处于生物不稳定的水，存在着水质的二次污染。

AOC 对水质的污染是水中有机物与微生物共同作用造成的。管网中 AOC 值大，反映了管网中的水受到以下两个方面的污染：一是水中存在足够量余氯的情况下，AOC 值大说明有机物含量多，则氯就会不断地氧化有机物，使水中的三卤甲烷（THMs）等"三致"物质含量不断增加，不利于人体健康。同时余氯量的减少降低了杀菌能力，易使细菌复活生长；二是 AOC 值高，水中存在着较丰富的微生物所需要的营养物质，当出厂水中营养物质浓度足够高时，即使加大氯的投加量，也很难抑制细菌的繁殖，何况在常规的余氯情况下，又有足够的营养物质，就有利于管网微生物的生长繁殖，如前所述，使管壁内形成生物膜，而生物膜又诱导管道的腐蚀与结垢，并连锁的循环进行，使水质不断地受到腐蚀、结垢的污染。

5.6.5 余氯在管网中的衰减变化

消毒及管网水中保持一定量的余氯，是为了灭活细菌，消除水中致病微生物（病毒、病菌、原生动物胞囊等）的致病作用。消毒的方法很多，但较符合我国国情的是绝大多数水厂仍采用氯消毒。对余氯量的要求为：与水接触 30min 后出厂游离氯 ≥ 0.3mg/L；或与水接触 120min 后出厂总氯 ≥ 0.5mg/L；管网末梢水总氯 ≥ 0.05mg/L。

管网中细菌的增值主要与余氯和营养基质有关。余氯与主体水中和管道内壁的细菌等微生物及有关有机物和无机物发生化学反应，因此余氯在城市配水管网中随水流沿程呈现逐渐衰减趋势。

南方某市对 20km² 范围内的城市管网，布置了 36 个测点，对余氯的衰减进行了分析研究。分夏季、秋季、冬季进行一组取样检测，每个季节分 3d 进行，每天按供水低谷、平均和高峰 3 个时限段取 3 次水样。检测的结果与原因分析为以下 3 方面。

1. 管道属性的影响

从检测结果来看，管道属性对余氯衰减影响较大。这里指的管道属性包括管材、敷设年代、管径、防腐等。在相同距离和基本相同流速条件下，在钢管内水中余氯的衰减速率明显高于水泥管，测定的无内防腐钢管中单位距离余氯衰减速率为 0.833mg/（L·km），而水泥管为 0.139mg/（L·km），钢管内水中余氯衰减速率是水泥管的 6 倍。管道敷设年代早（即使用时间长）又无内防腐的管道，因管内结垢、腐蚀、细菌生长繁殖、生物膜等原因，余氯的衰减速率明显高于近期敷设的管道和有内防腐的管道。

检测结果还表明，管径较大的管道消耗氯的速度慢，管径小的管道消耗氯的速度快，这主要原因是大管径管道的比表面积小。管道内水体可与管壁接触的部分所占的比例越小，被消耗的余氯所占比例也越小。

2. 季节变化的影响

在1月份（冬季）和4月份（春季）对同一条线的4个取样点24h连续检测的余氯变化结果表明（1月份检测水温在17℃左右，4月份检测水温在23℃左右），春季的余氯衰减远比冬季大得多。春季的余氯衰减速率为0.245mg/（L·km）。冬季的衰减率为0.045mg/（L·km），春季是冬季的5.4倍。说明不同季节管内水中的耗氯速度之间存在很大差异。因此，为保证经济有效的消毒效果，水厂应根据季节的变化适当调整出厂水的加氯量。

季节变化对余氯衰减变化规律的影响有两个方面因素：一是水质存在季节性的差异，该水源为水库水，冬季水质好于春季，使出厂水也有季节差异，导致管内水耗氯量的差异；二是季节性温度变化造成化学反应速率的不同。温度高时，化学反应速率快，总余氯衰减速率系数较大；反之，则总余氯衰减速率系数较小。

3. 水力工况的影响

图5-9为配水干管在不同用水时段取样点的余氯变化曲线。从图5-9可见，不同用水时段余氯在配水管网中衰减速率变化较大，用水高峰时段余氯衰减最慢，随距离的衰减速率最小，为0.175mg/（L·km）；而用水平均时段和用水低谷时段的余氯衰减速率较高，分别为0.233mg/（L·km）和0.459mg/（L·km）。分别是用水高峰时的1.33倍和2.6倍。这是因为用水高峰时段，

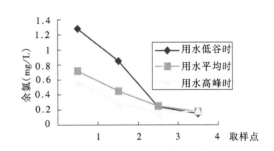

图5-9 不同用水时段余氯变化曲线

用水量大，管内水流速快，水在管道中的停留时间短，水中余氯与管壁之间的接触反应时间短，余氯消耗少，故余氯的衰减速率较慢；与此相反，在用水平均时段和低谷时段，余氯衰减较快。目前不少城市的某些管段或新城市、新城区，管道按规划年限用水量所需要的管径一次敷设，而管内的流量为初始时的用水量，流速很慢（<0.2m/s），这样水在管内停留时间长，余氯衰减相对较快。因此，根据上述情况，为保持管网中和用户符合要求余氯量，必须在用水低谷时段和管内流速小时提高出厂水余氯量。这样就存在出厂水加氯量优化问题，应经过一定时间的试验和检测，得出余氯在配水管网中的衰减变化规律，推算不同时间段的优化加氯量，以节省成本；同时应优化配水管网的水力条件，保持管内的适当流速，减少水中余氯与管壁发生反应时间，减少余氯的衰减量，以保持水中合格的余氯量。

江南某市取自水库水、水质属Ⅱ类水体，经水厂处理后出厂水水质很好。在一个稳定持续的水质条件下，通过改变水厂投氯量调节出厂水余氯，及时跟踪监测管网点的平均余氯的衰减变化，并监测细菌繁殖情况；监测A主干线供水管中耗氯情况；监测在不同的管内余氯浓度下，主干管及管网水中消毒副产物三氯甲烷生成量变化。检测结果与分析以下。

(1) 余氯在A主干管中的衰减

A供水主干管线按供水距离由近至远分为3段管段，每一管段按序设6个取样检测。每个取样点有对应的出厂水余氯量（依次调节出厂水余氯为0.8～0.2mg/L，每一余氯范围持续时间为2周），检测结果见表5-18。

从水厂出水至一、二、三管段的余氯变化趋势经直线拟合的参数见表5-19。

表5-19可见，直线拟合相关系数均≥0.990，说明拟合性良好。根据水厂至第三管段

余氯衰减公式计算,当出厂水余氯在 0.3mg/L 时,第三管段进水余氯为 0.0454mg/L,实际取样检测在水厂出水余氯为 0.3mg/L,第三管段进水余氯为 0.05mg/L,实测值与理论推导公式计算值基本相符合。表明在已知出厂水余氯量情况下,也可根据推导的计算公式来判断远距离输水的余氯消耗量。

各检测点及对应出厂水余氯值 (mg/L)　　　　　　　　　　表 5-18

检测取样点	第一管段		第二管段		第三管段	
	实测余氯	对应出厂水余氯	实测余氯	对应出厂水余氯	实测余氯	对应出厂水余氯
1	0.68	0.80	0.61	0.77	0.53	0.70
2	0.72	0.80	0.69	0.80	0.63	0.80
3	0.58	0.68	0.48	0.60	0.35	0.60
4	0.46	0.54	0.42	0.60	0.40	0.60
5	0.32	0.42	0.20	0.35	0.11	0.35
6	0.17	0.28	0.07	0.30	0.05	0.30

直线拟合参数　　　　　　　　　　表 5-19

供水主干管道	余氯衰减公式	相关系数	备 注
第一管段	$C = 0.9849A - 0.0938$	0.995	1. C——下游余氯
第二管段	$C = 1.1333A - 0.2343$	0.990	2. A——出厂水余氯
第三管段	$C = 1.1596A - 0.3025$	0.995	3. 单位:mg/L

(2) 市区配水管网的余氯衰减

根据市区配水管线的分布及各供水区域实际情况,选取了 22 个监测点,这 22 个监测点基本上能反映市区配水管网的总体情况。监测 22 个管网检测点的余氯变化并计算管网平均余氯值,其结果见表 5-20。

市区管网余氯及对应出厂水余氯表　　　　　　　　　　表 5-20

取样次序	管网平均余氯 (mg/L)	对应出厂水余氯 (mg/L)	取样次序	管网平均余氯 (mg/L)	对应出厂水余氯 (mg/L)
1	0.43	0.70	4	0.33	0.60
2	0.55	0.80	5	0.17	0.40
3	0.37	0.60	6	0.05	0.30

将出厂水余氯与管网平均余氯变化趋势进行直线拟合,并以最小二乘法得出直线拟合公式为:

$$C = 0.9654A - 0.2304 \tag{5-42}$$

式中　C——管网平均余氯 (mg/L);
　　　A——出厂水余氯 (mg/L)。

上述直线拟合相关系数为 0.996,拟合性良好。可见,市区管网平均余氯随出厂水中余氯呈一次线性变化,管网中的余氯量随出厂水余氯量的大小决定。这与 A 主干管情况相似,而且主干管余氯随出厂水余氯的增加而提高比配水管网更明显。

对于3个用水量小的管网末梢进行余氯检测的结果见表5-21。该3处管网末梢因用水量小,流速缓慢,几乎处于停滞状态,管中水质相对较差,故余氯的消耗较大较快。由表5-21可见:3个管网末梢16个余氯值中,有14个余氯≤0.05 mg/L的规定值,其中管网末梢3的6个余氯值均不合格;同时从表5-21可见,管网末梢余氯量的大小已不能反映出厂水的余氯量大小变化,即管网末梢余氯不随出厂水余氯呈一次线性变化。

管网末梢余氯测定值 表5-21

监测点	余氯值 (mg/L)					
出厂水余氯值	0.80	0.80	0.60	0.60	0.35	0.30
管网末梢1	0.30	0.08	0.06	0.05	0.01	0.01
管网末梢2	0.13	0.05	0.01	0.04	0.04	0.01
管网末梢3	0.02	0.01	0.02	0.02	0.01	0.01

(3) 余氯与消毒副产物的关系

按管内水输送距离,选择3个具有代表性的管网配水点监测水中三氯甲烷随余氯变化的情况,结果见表5-22。按输水距离的近至远依次为出厂水→测点1→测点2→测点3。

监测点三氯甲烷测定值 ($\mu g/L$) 表5-22

序号	出厂水		测点1 ($\mu g/L$)	测点2 ($\mu g/L$)	测点3 ($\mu g/L$)
	余氯 (mg/L)	三氯甲烷 ($\mu g/L$)			
1	0.80	1.90	4.70	7.20	10.70
2	0.80	1.00	4.10	7.80	9.08
3	0.60	1.70	5.30	8.20	9.20
4	0.60	<1.0	<1.0	6.40	3.50
5	0.30	<1.0	<1.0	5.80	4.00

从表5-22可见:出厂水在不同余氯条件下,出厂水中三氯甲烷量总的来说都很小,但出厂水中的三氯甲烷含量的大小基本上随出厂水中余氯量大小而变化;3个测点的共同点是当出厂水中余氯量增加时,管网水中的三氯甲烷量也随之显著增加;水厂出水5个余氯量在水中三氯甲烷的生成量基本均随输水距离的增长而增加。管道内水中三氯甲烷的增加是氯氧化有机物的结果,随着输出距离的增加,水在管内的流动时间也长,氯与有机物接触氧化的时间增多,三氯甲烷的生成量也增加,表5-22就证明了这一点。因此适当控制好出厂水的加氯量是必要的。

南方某市在对管网消毒副产物的检测中也证明三卤甲烷(THMs)在管网中呈上升趋势,但随着时间的增加,水中(THMs)前体物和余氯浓度逐渐降低,反应速率下降,THMs增加的趋势逐渐变缓,而THMs又难以生物降解,致使在管网后期基本上维持在一个稳定的数值。

该市7月份测试结果如图5-10所示,三卤甲烷共检出3种,以三氯甲烷为主,约占总量的60%;一溴二氯甲烷约占总量的30%;二溴一氯甲烷约占总量的10%。三氯甲烷的浓度在出厂后逐渐增加,但经2km后基本上不再升高。一溴二氯甲烷和二溴一氯甲烷在管网中浓度变化不大,可能与水中溴离子浓度很低有关。27#检测取样点是管网末梢缓水区,水中THMs含量很高,符合一般的规律,原因可能与流速、污染物、pH值较高等因素有关。有研究表明,在碱性条件下能促进水中一些THMs前体物如芳香族化合物上的碳环脱落,更容易被氯离子取代形成THMs。

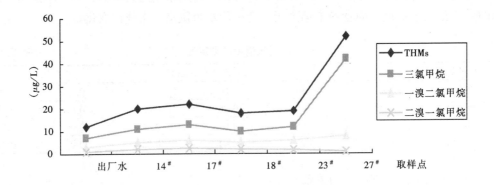

图5-10 THMs在配水管网中的浓度

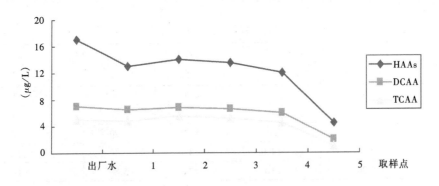

图5-11 卤乙酸在配水管网中的浓度变化

管网中卤乙酸(HAAs)含量在 5~22μg/L 之间,检出的卤乙酸有两种:二氯乙酸(DCAA)和三氯乙酸(TCAA)。其中TCAA约占57%,DCAA约占43%。与THMs不同,HAAs在管网中的浓度变化呈逐渐降低的趋势,但降低的幅度很小,如图5-11所示。这说明管道内微生物对HAAs的生物降解作用大于管内水中余氯继续和前体物生成HAAs的作用。取样点5的卤乙酸浓度急剧降低,这与三卤甲烷的变化趋势正相反。在高pH下,HAAs官能团的聚合度发生改变,使氯化反应类型改变。另外,卤乙酸是有机酸,在碱性条件下大部分HAAs被中和或者是由于有机物官能团形态的改变使其生成受到了抑制。

5.7 提高水质稳定的方法与措施

从化学稳定性来说,要求出厂水的朗格利尔指数 LSI = 0,雷兹纳指数 RSI ≈ 6;从生物稳定性来说,经加氯后要求出厂水中的AOC在 50~100μg 乙酸碳/L。目前我国的水厂出水距这两方面的要求差距较大。但应尽可能地采取措施，逐渐缩小差距，最终达到这两方面的目标值。

5.7.1 适当提高出厂水的pH值

无论是水厂的常规处理工艺，还是后续再加设臭氧活性炭深度处理，对于水中的阳离子和阴离子来说均是无法去除的，它属于除盐的内容。因此在管网中的由阴阳离子引起的化学不稳定性是始终存在的，当然产生化学不稳定的不仅是阴阳离子，除碱度、硬度、盐类等之外，微生物、生物膜等同样会产生化学不稳定。我国出厂水的规定值为$pH = 6.5 \sim 8.5$，而推荐值为$pH = 8.0 \sim 8.5$。由于所投加的混凝药剂等原因，多数水厂出水的pH偏酸性，一般在6.5~6.8之间，这对化学稳定性来说是不利的。为使出厂水达到化学稳定，简便而有效的方法是投加石灰水，提高pH值。

日本石桥多闻在《给水工程的事故与防治措施》一书中指出，供水管道防止内腐蚀，只限于采用铁管涂料覆盖方法是不够的，在接管部位、屋顶水箱、附件等处不易被彻底保护。因此在作好管内的防腐蚀衬里的同时，对进入管网的水调整pH值是必要的。目前日本已有较多供水企业对化学稳定性差的出厂水，进行调整pH的措施。

把出厂水的pH值调至8.0~8.5，在欧美各国应用更为广泛，如法国巴黎郊区的三座水厂及Mery-Sur-Uis水厂、Rouen La Chapelle水厂、瑞士的Prieure水厂、荷兰的Andijk水厂、Berenploat水厂等。美国华盛顿北方水厂取自湖水，出厂水的pH值调至8~8.5，最高达9，当pH值超过8.4之后，铁硫细菌生长基本抑制，延缓生物膜的发育。在碱性介质中，$Fe(OH)_3$等溶解度小，生成纯化膜，减轻腐蚀，也不利于细菌孳生。我国对提高出水的pH值，在认识和重视上还不够，再加上投加石灰的设备及成本等原因，故至今没有实施。少数水厂进行过出厂水中投加石灰液工作，但坚持下来的很少。其实石灰货源充足，价格低廉，投加设备也简单，因此对制水成本的提高来说，是很微小的，但对提高饮用水水质和防治管网管道腐蚀来讲意义重大。从供水水质与国际接轨和实施《城市供水水质标准》(CJ/T 206—2005)来说，对出厂水投加石灰等提高pH至8.0~8.5是发展趋势。

5.7.2 加强常规处理工艺

2000年之前建造的水厂基本上为常规处理工艺，有的取自水库Ⅰ~Ⅱ类水体水的仅设接触过滤。为提高水质和稳定性，不少水厂在常规处理工艺之前或之后要增设新的处理构筑物基本上已没有地方，或建造新的处理构筑物在资金上有困难，则加强或强化常规处理工艺是一条良好的途径，有利于提高去除有机物、悬浮物和胶体物，提高灭菌率、出厂水水质和化学、生物的稳定性。强化常规处理的方法和措施大致为以下几种。

1. 强化絮凝沉淀

水中很大部分的悬浮物、胶体物、细菌及部分有机物等是经絮凝颗粒沉淀（或气浮）去除的。提高这些物质的去除率，使沉淀池的出水浊度长期保持≤3NTU（有利于提高过滤出水水质和过滤周期）。这就要在根据不同水源水质合理选用混凝药剂的基础上，加强或强化混凝与沉淀效果，即使絮凝的"絮体"结大而密实，有利于沉淀或澄清而去除。根据电性中和、吸附架桥和卷扫3种作用的混凝机理理论，强化混凝就是快速和高效降低或消除胶粒的电位，形成"胶粒—高分子—胶粒"的絮凝体，在形成的氢氧化物沉淀过程中进一步网捕、卷扫水中胶粒而沉淀去除。

采用国外引进的快速轴流式搅拌机进行混合,具有混合效率高、混合时间短、要求速度梯度小的优点,同时较常规搅拌机可节能70%;采用水射枪加氯,能使药剂在瞬时(小于6.2s)达到充分混合,较传统的水射器投加可节省加氯量10%,并省略了水射器投加所需的压力供水系统;絮凝剂投加控制采用显示式絮凝控制(FCD)技术,能适应多种药剂的投加和不受水中污染物影响的优点,利于根据不同季节水质而调换药剂或两种药剂同时投加使用,并且具有直观、简单的特点。在反应絮凝过程中,与各种反应设备相比较后,应尽可能采用折板絮凝池(同波、异波折板组合应用,末端可采用平板)。其优点是水流在同波折板之间曲折流动或在异波折板之间缩、放流动连续不断,形成众多的小涡旋,提高了颗粒碰撞絮凝效果。在折板的每一个转角处,两折板之间的空间可以视为CSTR型(完全混合连续式反应器)的单元反应器,众多的CSTR型单元反应器串联起来,就接近PF型反应器(推流式反应器,见图5-12)。与其他已有的絮凝池相比,水流条件大大改善,在总的水流能量消耗中,有效能量消耗比例提高,絮凝时间缩短,仅为隔板絮凝时间的1/2,池子体积和占地面积减小。

虽然澄清、沉淀池形式较多,但这些年来并没有新的进展和新的池型出现。如何根据原水水质及处理水量选择沉淀池或澄清池是首先要认真考虑的问题。目前处理水量在5万m^3/d以上水厂,多数采用平流式沉淀池,虽然占地面积大、土建造价高,但具有对水量、水质、水温变化适应性强的特点,能保证沉淀后的水质(一般能达到≤3NTU)。为节省占地,可把平流沉淀池与清水池上下叠建在一起。近来被采用的高密度澄清池,效果更为理想。研究者仍在从浅池理论、水力条件、雷诺数(Re)、弗罗德数(Fr)等研究探讨提高澄清、沉淀的效率。

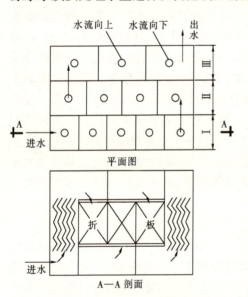

图5-12 多通道折板絮凝池示意图

2. 强化过滤

目前采用V型滤池气水反冲洗较为普遍,近几年设计中,大、中型水厂基本上均采用V型滤池。其主要特点是:采用"均质滤料"和较厚的滤层,增加了过滤周期,保证了出水水质(≤0.5NTU,如原水水质好,滤后水可达到≤0.1NTU);因采用"均质滤料",故滤层深度方向的粒径分布较均匀,反冲时滤层不膨胀,不发生水力分级现象,使滤层含污能力提高;气、水反冲洗再加始终存在的横向表面扫洗,使冲洗彻底,效果好,并大大减少了冲洗水量。V型滤池冲洗过程全部由程序自动控制。

对于目前采用的各种滤池来说,为强化过滤,选用粒径相对较小的滤料和适当增加滤层厚度,或采用双层滤料,并选用适合的滤速,是能进一步去除水中的有机物、细菌乃至病毒等,提高滤后水水质;采用投加助滤剂、选用合适的滤料级配以及合适的冲洗方式、初滤水的排放、加强滤池的运行管理等,都是强化过滤的措施,以做到滤后水浊度

≤0.5NTU。这样，滤后水中残留的细菌、病毒等因失去浑浊物的保护或依附，容易在滤后消毒过程中被杀灭。

3. 混凝药剂与投加点的选择

不同的混凝药剂虽有起到混凝效果的共同作用，但也有其不同的性能和适用条件，应根据原水水质、水温、pH值等进行正确合理的选择。据目前所知，混凝剂种类不少于200~300种，按化学成分可分为无机和有机两大类。有机混凝剂品种很多，主要是高分子物质，在水处理中用得很少；无机混凝剂品种较少，主要是铝盐、铁盐及其聚合物（称无机高分子混凝剂），在水处理中用得最多最普遍。

常用的无机混凝剂及影响因素见表5-23。

常用的无机混凝剂及影响因素 表5-23

	名 称	化 学 式	影 响 因 素	备 注
铝盐系	硫酸铝	$Al_2(SO_4)_3 \cdot 18H_2O$ $Al_2(SO_4)_3 \cdot 14H_2O$	1. 水温：水温低，效果差 2. pH值：影响水解聚合反应 3. 悬浮物浓度：浓度低，效果差	较普遍采用
	明 矾	$KAl(SO_4)_2 \cdot 12H_2O$（钾矾） $NH_4Al(SO_4)_2 \cdot 12H_2O$（铵矾）	明矾性质同硫酸铝，故影响因素基本相同	农村简易给水使用较多
	聚合氯化铝 （PAC）	$[Al_2(OH)_nCl_{6-n}]_m$	1. 水温也有一定影响，但较小些 2. 悬浮物浓度低，效果也差	用得多
	聚合硫酸铝 （PAS）	$[Al_2(OH)_n(SO_4)_{3-n/2}]_m$	性能和效果没有PAC优越	很少应用
铁盐系	三氯化铁	$FeCl_3 \cdot 6H_2O$	基本上不受水温和pH值大小的影响，但腐蚀性较强	在铁盐中最常用
	硫酸亚铁	$FeSO_4 \cdot 7H_2O$（称绿矾）	Fe^{2+}使水带色，需把Fe^{2+}氧化为Fe^{3+}，但需把水的pH值提高到8.5以上	使用时要氧化成三价铁
	聚合硫酸铁 （PFS）	$[Fe_2(OH)_n(SO_4)_{3-n/2}]_m$	对水温和pH值适应性较强	混凝效果优良
	聚合氯化铁 （PFC）	$[Fe_2(OH)_nCl_{6-n}]_m$		还尚在研究中

混凝药剂选择是否恰当，不仅直接影响絮凝效果，主要是关系到水处理效果。混凝在给水处理中起到关键的作用，水厂净化主要是沉淀（或澄清）和过滤两道工序，而这两道工序的处理效果直接与选用药剂和絮凝效果密切相关。如硫酸铝目前使用较普遍，但受水温影响较大，低温水时水解困难，当水温降低到10℃时，硫酸铝的水解常数约降低2~4倍，当水温在5℃左右时，水解速度极其缓慢，几乎不水解，因此对于低温低浊水或冬季时水温低的水，应避免采用硫酸铝药剂，否则就要较大幅度地增加硫酸铝投加量，同时还要投加活化硅酸等高分子助凝剂，但混凝效果不一定理想，故冬季水温低时可采用硫酸铝与三氯化铁按一定比例同时投加使用，效果较好。根据原水水质、水温、pH值等选用哪种

药剂，应进行试验比较后选定，并根据原水水质和沉淀水水质的变化，自动调整投加量。

药剂的投加通常采用泵前投加和泵后投加两种。泵前投加是把药剂投加在水泵吸水管中或喇叭口，其适用条件是取水泵房靠近处理构筑物，其最大特点是利用水泵叶轮进行混合，不需另建混合设施，节省动力，而且大、中、小水厂均适用；泵后加药是指把药剂投加在絮凝池前的适当距离处，经过混合设备充分混合后再进入絮凝池。混合可采用与压力管直径相同的简单、快速、均匀、高效的"管道静态混合器"，混合效率在98%以上，水头损失0.4~0.8m。无论是泵前加药还是泵后加药，投药点与絮凝池的距离要适当，特别是距离不要过大，否则在较长距离管道输送过程中，可能会过早地在管中形成絮体，而形成的絮体在管内流动过程中又可能破碎，破碎的絮体又往往难于重新聚集，不利于絮凝池中的絮凝，这必影响沉淀与过滤效果，使出厂水水质变差，降低管网水质。

4. 季节性水质变化的措施

大雨、暴雨对水源来说，主要是增加漂浮物和浑浊度，对水厂处理来说并没有多大的困难。这里讲的季节性水质变化是指取水水源地有机物、富营养化等的变化。如取自湖泊、水库水和江河某河段水，春夏季节就会有藻类、微生物生长繁殖，有机物和富营养化增加，给常规处理增加困难，处理后的水难以达到要求，对于这种情况可采用以下两种强化措施。

(1) 预氧化

季节变化中的有机物主要由腐殖质、藻类渗出物、细菌残骸等组成，在感官上由有机物形成的颜色、气味和异味。主要是腐殖酸和富里酸的有机物，一般来说属于小分子、易降解的有机物，大分子难降解的有机物很少。因此可以投加氧化剂进行预氧化，把这些有机物氧化为无机物，经混凝、沉淀、过滤而去除。

预氧化采用强氧化剂，如氯、臭氧、高锰酸钾、二氧化氯等，与混凝药剂一起投加，经过混合设备充分混合后，与水中有机物进行氧化。与氯相比，臭氧、二氧化氯、高锰酸钾等成本均比氯氧化高，而且要另设一套投加设备，而水厂本身采用氯消毒杀菌，价格又便宜，而且已有氯的投加系统和设备，同时用氯氧化还起到了混凝过程中的助凝剂作用，一举多得，故采用氯氧化为宜。

对于取自季节性富营养水源水采用氯预氧化的目的在于：杀灭大部分藻类和细菌并氧化有机物，消除藻类和有机物对于后续混凝、沉淀、过滤的干扰和影响。预氧化的评价指标主要为杀藻效果和氧化去除有机物，同时兼顾对氨氮和亚硝酸盐氮等无机还原性污染物的去除。但用氯预氧化要注意和重视氧化副产物。

(2) 投加粉末活性炭

活性炭（GAC）在给水处理中，对去除水中色、臭、味和有机物是公认的有效方法。粉末活性炭对有机物、三氯苯酚、二氯苯酚、腐殖酸、富里酸、色、臭、味等均有很好的去除效果。同济大学等高校作过较长时间的深入研究，早已取得了实用性成果，已在许多水厂中使用。粉末活性炭应用的主要特点是设备投资省，价格便宜，吸附速度快，对短期、季节性及突发性水质污染适应能力强。

粉末活性炭去除有机物等污染物作为一种应急性的措施，在技术使用上要正确解决好炭种选择（见图5-13）、投加量（见图5-14）、投加点（见图5-15）及投加方式等问题；在使用过程中要解决好粉尘污染、精确投加、降低劳动强度、实现自动控制等问题。

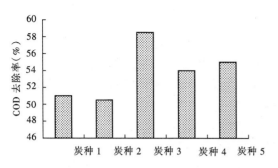

图 5-13 不同炭种对有机物的去除效果

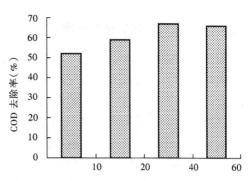

图 5-14 GAC 不同投加量对有机物的去除率

投加量在 30mg/L 之内时，去除率随 GAC 投加量的增加而提高，投加量在 40mg/L 以上时，增加投加量去除率并没有提高，或者说非常缓慢，因此不要认为投加量越大去除率越高，应经济合理地确定投加量；投加点的选择对去除率影响也较大。从图 5-15 可见：投加在絮凝池中间段效果最好，投加在吸水井（即泵前投加，水泵叶轮混和）次之，泵后投加在快速混合处较差。引起不同投加点去除率不同的主要原因是由原水的特性及药剂的混凝与 GAC 的吸附之间互相竞争的结果。GAC 投加在絮凝中端处时，前段投加的混凝药剂经充分混合后，与水中的悬浮物、胶体物等反应，逐渐形成了小颗粒絮凝体，并粘附了部分有机物，混凝剂已起到了主要作用。这时投加

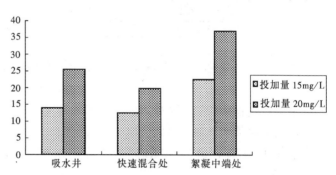

图 5-15 不同投加点 GAC 对有机物的去除率

的粉末 GAC 易吸附水中的有机物，然后又与小颗粒絮凝体粘结成大颗粒絮凝体在沉淀过程中去除。因此，粉末 GAC 投加在絮凝中端处减少了与混凝的竞争，从而各自发挥了主要作用。

对大多数水厂来说，通常情况下经常规工艺处理的水均能达到或优于水质标准，但遇到季节性、间断性或突发水质污染时，常规处理就难以对付，因此采用粉末 GAC 技术是一项实用性很强的技术，其投资相对较省、成本较低。以处理水量 10 万 m^3/d 水厂为例：投加粉末 GAC 的设备系统投资在 120 万元左右，每 $1m^3$ 水投资约 12 元，较之生物预处理方法投资（$1m^3$ 水投资 250 元左右）具有很大的优势；同时经每年平均污染期使用粉末 GAC 投加设备 90d，平均投加量为 15mg/L 计算，其处理成本约 0.02 元/ m^3。

上述预氧化和投加粉末 GAC 两种方法可以单独使用，也可以两者组合同时使用，对于取自污染水源水也同样适用。受生活污水、工业废水及农药等污染的微污染水，其有机物、污染物等一年中根据不同季节也会有所变化，但这种变化不属于间断性、季节性或突发性的变化，其污染物、有机物等相对来说还是较均衡的，故常采用生物接触氧化法等固定构筑物进行处理，采用预氧化、投加 GAC 相对较少。

5.7.3 生物接触氧化预处理

对于微污染水源水，采用生物接触氧化预处理，从20世纪80年代后期至90年代，同济大学等有关高校进入了系统而全面深入地研究，取得了实用性的积极成果，先后在宁波、嘉兴、深圳、上海等城市的有关水厂中应用。生物接触氧化预处理能有效去除水中的氨氮（NH_3-N），降低有机污染物含量，对色度、浊度、藻类、酚、铁和锰等均有一定的去除效果。具有处理成本低、运行管理方便、处理效果稳定可靠等优点。其与水厂常规净化处理工艺相组合的流程示意图见图5-16。图中虚线的加氯预氧化和投加粉末GAC，视原水水质、生物接触氧化的处理效果以及对出厂水的水质要求等决定。有的两者都不采用，有的两者中采用其中的一种，有的两者都采用。如上海浦东张江大桥水厂两者都采用，但粉末GAC投加在混合设备之前，与氯预氧化一起投加，投加量为5~10mg/L。

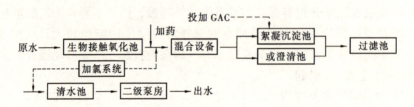

图5-16 生物接触氧化预处理与常规净化处理组合工艺流程示意图

水温对生物接触氧化预处理的效果影响较大，水温高去除效果好，水温降低去除率也降低。以上海某水厂对氨氮的去除为例（见图5-17）。

水温在10℃以上时，氨氮的平均去除率在60%左右；而水温降到10℃以下时，氨氮的平均去除率在37%~41%。水温对有机物等其他物质的去除均有类似的影响。这是因为生物接触池中微生物的生长繁殖与水温密切相关，而生物接触氧化对氨氮、亚硝酸氮、有机物、铁、锰等的去除主要依靠微生物的作用。水温高（特别是20℃以上），微生物生长繁殖好，去除率高；水温低，微生物生长相对差，去除率下降。因此，西北、东北气温低，不利于微生物繁殖生长的地方，不宜采用生物接触氧化预处理工艺。如需采用，则建在室内，提高气温和水温。

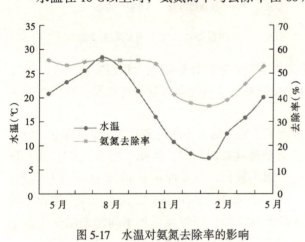

图5-17 水温对氨氮去除率的影响

生物接触氧化预处理采用的填料，目前有YDJ弹性波纹立体填料、颗粒填料（用于淹没式生物滤池）、蜂窝管填料、轻质填料（含浮球、塑料浮珠等填料）。其处理效果与微污染原水中所含有机物种类、含量、可生物降解程度等有关。根据上海惠南水厂（取自大治河水）资料报导，采用YDJ弹性波纹立体填料，生物接触氧化池对主要污染物的去除率见表 5-24。表中数据是春、夏、秋、冬全年的检测值，因水温、气温不同，故去除率也不同。对于 NO_2-N 的去除与 NO_2^- 在生物池中的变化和生物膜是否处于高效段有关。当生物膜处于高效段时，硝化菌把原水 NH_3-N 转化来的 NO_2^- 及原水中 NO_2^- 转变为 NO_3^- 而去除。

生物接触氧化池对污染物的去除（mg/L）　　　　　表 5-24

名 称	进生化池水质		出生化池水质		去 除 率（%）	
	进 水	平 均	出 水	平 均	去除幅度	平 均
NH_3-N	0.19~5.793	2.23	≤1.941	0.472	33.00~99.40	78.7
COD_{Mn}	2.27~7.84	5.41	2.26~6.96	4.75	2.35~29.02	12.36
浊度（NTU）	10.5~72.0	33.28	2.1~60.0	12.92	10.53~89.61	64.43
铁（Fe^{3+}）	0.01~1.251	0.399	≤0.612	0.187	12.10~92.58	48.64
锰（Mn^{4+}）	0.03~0.624	0.24	≤0.221	0.041	13.24~100	69.3
色度（度）	10.0~70.0	36.75	8.0~50.0	27.44	4.3~51.43	24.13
亚硝酸氮					1.67~100	53.47

表 5-25 为上海陆家大桥水厂（组合工艺流程见图 5-16）生物接触氧化预处理及整个组合工艺对污染物的去除。采用的为弹性立体填料，1988 年下半年建成后投入运行，至今较稳定。

生物氧化预处理及组合工艺对污染物的去除（mg/L）　　　　　表 5-25

名 称	生物接触氧化预处理			系统整个组合工艺	
	进 水	出 水	去 除 率（%）	出 厂 水	总去除率（%）
NH_3-N	1.61~3.71	0.64~2.14	平均 60（水温≥10℃） 平均 37~41（水温<10℃）	0.12~1.81	47.38~93.43
COD_{Mn}	4.33~6.64	4.21~6.30	2.22~10.99	2.88~4.91	24.11~42.66
亚硝酸氮	平均 0.121	平均 0.065	平均 46.28	0.005	97.93
铁（Fe）	平均 0.085	平均 0.046	平均 45.88	0.0029	96.59
锰（Mn）	平均 0.091	平均 0.055	平均 39.56	0.03	67.03

原水中有机污染物通常由碳、氢和氧组成的含碳有机物，以及由有机氮、氨氮等组成的含氮有机物，在其接触氧化过程中一般认为：含碳有机物，特别是可生物降解的有机碳（BDOC），在好氧环境中通过微生物作用可分解为 CO_2 及 H_2O 得以去除。

$$\text{含 C 有机物 + 好氧微生物} \xrightarrow{\text{好氧微生物}} CO_2 + H_2O \tag{5-43}$$

含氮有机物在有关微生物的作用下，有些可逐步生物降解生成 NH_3 和 NH_4^+。在亚硝化杆菌和硝化杆菌的作用下进一步硝化合成 NO_2^- 和 NO_3^-，最后完成有机物的无机化过程：

$$2NH_4^+ + 3O_2 \xrightarrow{\text{亚硝化杆菌}} 2NO_2^- + 4H^+ + 2H_2O + 486 + 703KJ \tag{5-44}$$

$$2NO_2^- + O_2 \xrightarrow{\text{硝化杆菌}} 2NO_3^- + 129 + 175KJ \tag{5-45}$$

生物接触氧化预处理主要适用于氨氮含量及有机物含量（特别是可生物降解溶解性有机碳含量）较高的微污染原水处理。同时能去除原水中的氨氮、COD_{Mn}、色度、臭味、浑浊度、铁、锰、酚等污染物，降低原水中可能形成三卤甲烷（THMs）等氯化有机物的前体物总量，提高出厂水水质和安全可靠性。其生物氧化处理工艺形式除目前应用较多、效果较好的生物接触氧化池之外，还有塔式生物滤池、生物转盘、生物流化床、生物陶粒滤池等，由于受到处理水量限制等各种原因而很少采用，故不再作介绍和论述。

5.7.4 臭氧、活性炭深度处理

从表 5-25 可见：经生物接触氧化、氯预氧化、粉末 GAC 吸附及常规处理工艺，COD_{Mn} 的总去除率为 24.11%～42.66%，即出水中 COD_{Mn} 还占原水中的 COD_{Mn} 75.89%～57.34%。如果原水中 $COD_{Mn}=7mg/L$，则出厂水中 $COD_{Mn}=5.3mg/L～4.0mg/L$；如原水 $COD_{Mn}=6mg/L$，则出厂水中 $COD_{Mn}=4.55mg/L～3.44mg/L$。微污染水源的 $COD_{Mn}>6mg/L$ 是常见的，属微污染水的正常范围内。而卫生部颁发《生活饮用水卫生规范》和建设部颁发的《城市供水水质标准》（CJ/T 206—2005）规定 $COD_{Mn}\leq3mg/L$；建设部的《饮用净水水质标准》（CJ 94—1999）则规定 $COD_{Mn}\leq2mg/L$，因此不仅用这 3 个标准来衡量上述出厂水的 COD_{Mn} 值达不到要求，而且反映了出厂水的生物不稳定性，水中的有机营养物使细菌生长繁殖，形成生物膜，产生腐蚀及污染水质，COD_{Mn} 值会进一步增高。饮用水是指用户水龙头的出水水质标准，因此不仅出厂水的 COD_{Mn} 值要远小于 3mg/L，出厂水的其他各项指标均应优于水质标准规定值。故对于取自微污染水源水来说，在常规处理工艺之后，还需增设深度处理工艺。

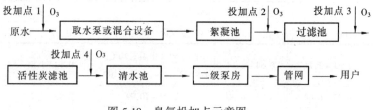

图 5-18 臭氧投加点示意图

臭氧活性炭（GAC）处理工艺和膜法水处理可以说都属于深度水处理范畴。但从膜法处理来说有纳滤（NF）、微滤（MF）、超滤（UF）及反渗透（RO）和电渗析（ED）。纳滤、超滤、微滤是借膜孔筛除的分离作用，具有去除水中微米级颗粒物的能力，除优于常规过滤之外，还具有常规过滤无法去除纳米级微粒的能力，故纳滤、超滤和微滤均可称为膜滤法。经纳滤、超滤和微滤处理的水，水中原有的无机盐类和人体需要的矿物元素，基本上大多数仍保留着。反渗透采用的是半透膜，即只能通过水分子而不能通过溶质分子的膜。在操作压力大于溶液的渗透压力情况下，把溶液中的溶剂（水）通过半透膜压到纯水室。分为浓盐水室和纯水室两水室，达到除盐制取纯水的目的。电渗析采用阳离子膜和阴离子膜两种，在正、负两极的电流作用下，水中的阳离子朝负极运动，阴离子朝正极运动（膜堆由交错排列的阴、阳离子交换膜及交错排列的浓、淡室隔板组成），使淡水室得到的是脱盐水，浓水室（即盐水室）的水排除。因此从概念上来说，反渗透、电渗析属于除盐

制取纯水的工艺，不属于深度处理范围；纳滤、超滤及微滤则属于深度处理，但采用的为膜法，故另作论述。

目前水厂的深度处理主要普遍采用臭氧、活性炭（GAC）处理工艺，这里作一个概要的介绍。

臭氧（O_3）是氧（O_2）的同素异形体，是氧化能力很强的一种氧化剂，比氯和其他常用的氧化剂强，仅次于氟（氟 F_2 的氧化还原电位 Ev = – 2.8V；臭氧 O_3 的 Ev = – 2.07V；氯 Cl_2 的 Ev = – 1.36V）。臭氧在给水处理中用来杀菌、灭活病毒、除藻、除垢；去除水中的色、臭、味；去除水中可溶性铁、锰、氰化物、硫化物、亚硝酸盐；氧化水中的有机物，去除部分有机污染等。臭氧单独使用时，在给水处理工艺中不同的投加点（见图5-18）其目的和作用也不相同。

如图中所示，投加点1（混凝沉淀池前）主要是预氧化，氧化铁、锰及部分有机物，去除色度和臭味，改善絮凝和过滤效果，取代前加氯，减少氯消毒副产物，氧化无机物及促进有机物的氧化降解；投加点2（沉淀池后，滤池之前），由于经过絮凝沉淀，大部分悬浮物、胶体物、污染物及部分铁、锰及小分子可降解的有机物被去除，故该点投臭氧可提高对水中的残留物质的氧化效果，减少投加量，提高滤池效率和过滤效果；投加点4是用来出水消毒，杀灭细菌和去除病毒，但臭氧在管网中没有余氯作用，成本也高，故很少作为消毒剂作用；投加点3（活性炭过滤前），成为臭氧与活性炭过滤联用，即生物活性炭吸附过滤，延长活性炭再生周期。其多功能作用是杀死细菌、去除病菌、氧化水中有机物（如苯酚、洗涤剂、有机农药等）及生物难降解有机物、吸附去除水中重金属、将COD转化为BOD、氧化分解螯合物等。臭氧活性炭吸附过滤深度处理是目前水厂保证出水水质的主要把关工序。

活性炭是经过气化（碳化、活化），造成发达孔隙、以炭作骨架结构的黑色固体物质。其表面积一般在 500～1700m^2/g 炭，具有良好的吸附特性。

活性炭能去除部分有机污染物，常见的吸附去除有机物为：天然水中最常见的有机物——腐殖酸；各种原因产生的异臭（植物性臭、鱼腥臭、霉臭、土臭、芳香臭等）；色度，特别是对由水生植物和藻类繁殖产生的色度更具有良好的去除效果；有效地吸附去除农药和烃类有机物；有机氯化物和洗涤剂等。由于活性炭对致突变物质及氯化致突变物的前驱物具有良好的吸附去除能力，因此降低了饮用水的致突变活性。

活性炭同时能去除水中以下的部分无机污染物：对重金属如锑（Sb）、铋（Bi）六价铬（Cr^{6+}）、锡（Sn）、银（Ag）、汞（Hg）、钴（Co）、锆（Zr）、铅（Pb）、镍（Ni）、钛（Ti）、钒（V）、钼（Mo）等具有良好的吸附去除效果；余氯，活性炭除氯具有吸附与化学反应的双重作用；氰化物，把有毒的氰化物氧化为无毒的氰酸盐；放射性物质，如铀、钍、碘、钴等，浓度极低，危害很大，活性炭能吸附去除；氨氮（NH_3-N），活性炭与臭氧联用时，在 NH_3：O_3 < 1 时，有显著的去除效果，但单一的活性炭对 NH_3-N 几乎无去除效果。

臭氧与活性炭使用功能都很强，两者联用于水厂的深度处理工艺中，则对污染物的去除率和效果均较好，其出水水质能获得较满意的结果。其处理工艺流程如图5-19中（a）、（b）、（c）、（d）所示。图中（d）工艺流程主要适合于原水含铁、锰较高的地下水或地面水；对于处理微污染水源水来说，主要采用图中的（a）和（b）工艺，对于有机物（特

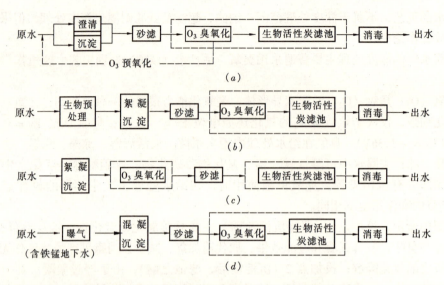

图 5-19 臭氧化生物活性炭深度处理工艺流程示意图
(a) 预氧化+常规处理+臭氧化生物活性炭；(b) 生物预处理+常规处理+臭氧化生物活性炭；(c) 絮凝沉淀+臭氧化+砂滤+生物活性炭；(d) 含铁锰水曝气+常规处理+臭氧化生物活性炭

别是小分子，可降解的有机物）等含量较高、氨氮等含量相对较低的可采用（a）工艺；对于受微污染水源中，氨氮等含量较高的可采用（b）工艺；对于有机物、氨氮等各类污染物含量都相对较高的，可采用（a）和（b）工艺合并处理，即微污染原水→生物接触氧化预处理→O_3预氧化→常规处理→O_3氧化+生物活性炭吸附过滤。

因原水水质和活性炭产品性能差异较大，应在现场进行炭的吸附试验；通过试验确定有关设计参数，如：确定达到水质要求的最小接触时间；确定滤速与被吸附物质去除率的关系；吸附容量与吸附速率；活性炭柱的工作与高度等。同时进入活性炭吸附池水的浊度应<3NTU，否则将会造成炭床堵塞，缩短吸附工作周期，多耗反冲洗水量。

5.7.5 膜法深度处理

这里的膜法深度处理是指纳滤（NF）、微滤（MF）、超滤（UF），不包括属于除盐制取纯水的反渗透（RO）及电渗析（ED）。膜分离技术在20世纪50年代后期进入了广泛而深入的研究，并获得了迅速发展。之后膜分离技术陆续被应用于海水、苦咸水淡化、工业给水处理、纯水制备、废水处理等。这里主要对膜法应用于生活饮用水深度处理作概要论述。

目前欧、美、日等发达国家把NF、MF、UF用于水厂中的深度处理日益增多。美国已有20多座水厂采用膜法深度处理，最大的处理水量15万 m^3/d 的南加州 The Arthur H·桥水厂。美国把微滤和超滤看作为供水行业的发展趋势。近几年美国、日本等应用臭氧、活性炭—纳滤技术处理有机污染水，取得了良好的效果。NF膜主要去除直径1~5nm的溶质粒子，在国外纳滤膜应用最大的是饮用水处理领域，主要去除三卤甲烷中间体、异味、色度、农药、合成洗涤剂、可溶性有机物、蒸发残留物质等。

纳滤膜能有效去除水中致突变物质，经纳滤处理的水使Ames试验阳性水变为阴性水，

TOC去除率可达90%,对AOC也有一定的去除能力(去除率达80%),还可有效地去除硬度(Ca^{2+}、Mg^{2+}),完全去除色度,对THMFP(三卤甲烷前体物),HAAFP(卤代乙酸前体物),CHFP(水合氯醛前体物)的平均去除率分别为97%,94%和86%。纳滤膜对细菌有很好的去除效果,可用作物理消毒取代常规化学消毒。

法国巴黎市郊的Mery-Sur-Oise水厂处理能力由20万 m^3/d 扩大到34万 m^3/d,部分采用纳滤膜处理工艺,1993年2月投入运行,纳滤的处理工艺如图5-20。纳滤工艺由2个独立序列组成,每个序列生产能力 $1470m^3/d$,回收率为85%。纳滤系统的进水来自经澄清池、砂滤池出水,再经调整pH值,防止碳酸盐沉淀;投加防垢剂以避免无机盐类沉淀结垢;然后经5μm精密过滤器进行预过滤,防止颗粒物对膜的污染。高压泵将压力增加到0.8~1.0MPa,维持恒定出水;水经纳滤系统处理后,CO_2由空气吹脱和碳酸纳(苏打)中和得以大部分去除,最后再加氯消毒,加氯量很少,仅保证进入配水管网前的余氯为0.1mg/L。该厂纳滤工艺处理证明对有机物有很好的去除效果(见表5-26)。DOC(溶解性有机碳)平均去除60%,农药如Atrazine(莠去津)和Simazine(西玛津)的去除率达90%以上,出水中残余的微污染物绝大部分低于分析检测限度。纳滤系统可以取代O_3—GAC工艺,而出水水质优于O_3—GAC工艺。当进纳滤的BDOC(可生物降解性有机碳)浓度为0.9mg/L时,纳滤出水的BDOC浓度可降低到0.1mg/L,远低于公认的预防管网细菌孳生的0.3mg/L的BDOC值,说明纳滤出水的生物稳定性相当好。该纳滤采用的为NF-70纳滤膜,其特点是在去除有机污染物的同时,也去除了水中原有的绝大部分无机盐类(硬度、阴、阳离子去除率都在80%左右)。这对水的化学稳定性来说是最好的,也就是说经NF-70纳滤膜的出水,生物稳定性和化学稳定性都很好,在管网中不易受二次污染,但水中的离子、硬度、碱度及一些微量元素对人体的健康是有益的,一般应保留不予去除。新型的NF-200B型纳滤膜,对有机物的去除率与NF-70纳滤膜基本相同,达90%以上,但对Ca^{2+}等离子的渗透性提高了10倍,就是说新型的NF-200B型纳滤膜保持了传统纳滤膜对有机污染物高效去除的优点,同时较多地保留了对人体需要的、有益于健康的矿物元素。因降低了对无机物的去除率,则减轻了对膜的污染,减少了浓缩水的处置等,故NF-200B纳滤膜特别适合于饮用水处理。

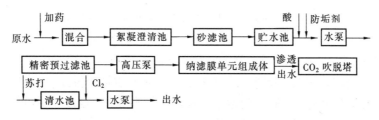

图5-20 Mery-Sur-Oise水厂纳滤深度处理工艺流程示意

常规处理水与纳滤处理水特征　　　　表5-26

项　目	原　水	常规工艺出水	纳滤出水
硬度(以$CaCO_3$)计(mg/L)	295	293	47
DOC(mg/L)	2.70	2.47	0.37
BDOC(mg/L)	0.60	0.75	<0.1
Atrazine(μg/L)	0.19	<0.04	<0.04
Simazine(μg/L)	0.07	<0.02	<0.02

续表

项目		原水	常规工艺出水	纳滤出水
消毒副产物	Cl$_3$CH (μg/L)		4.0	<0.5
	BrCl$_2$CH (μg/L)		4.4	<0.5
	Br$_2$ClCH (μg/L)		6.0	<0.5
	Br$_3$CH (μg/L)		<2.5	<0.5

纳滤技术可处理不同水质的原水，如受污染的地下水，富营养化的湖泊、水库水，受污染的江河水等，其处理后的水均能达到或优于水质标准。纳滤技术具有微滤、超滤技术共有的优点，如处理过程中不产生副产物；处理单元体积小，易于自动化控制；对 pH 值的适用范围广；能有效地去除病毒、细菌、寄生虫、减少消毒剂用量等。同时纳滤技术还具有微滤、超滤所不具备的优点：对消毒副产物的前体物有较好的去除效果，减少消毒副产物的形成；有效去除原水中的 BDOC，降低供水管网中细菌孳生繁殖的可能性，提高了饮用水水质安全；对原水水质的波动变化适应性较强，处理水水质仍能保持稳定。

微孔过滤简称微滤（MF），用于去除 0.02~15μm 大小的颗粒、细菌、病毒、血清及大分子等物质，属于精过滤；超滤（UF）适用于去除 0.005~10μm 直径的颗粒、大于 500 的大分子和胶体、蛋白质、细菌、病毒等。超滤和微滤都是在静压差推动力作用下进行溶质分离的膜过程，超滤的操作工作压力为 0.01~0.2MPa，微滤的操作压力为 0.7~7kPa。两者均应用于多种工业用水的纯水，高纯水制备的最后一道工序中，如图 5-21 所示。从图中的微滤或超滤的设置位置可见，仅用来去除纯水制备系统中各单元遗漏出来的活性炭、树脂的粉末、微粒及微生物污染物。近 10 余年来，微滤、超滤技术应用于饮用水处理正在逐年增加，美国、法国、英国、日本、澳大利亚、南非、荷兰等都已相继建造了微滤超滤净水厂。

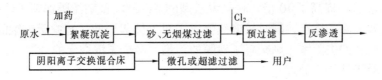

图 5-21 高纯水制备工艺流程示意图

近 10 年来美国、日本等应用臭氧、活性炭——纳滤技术处理有机污染水，工艺流程如图 5-22 所示，处理效果及去除率见表 5-27。在砂滤池前是否投加 PAC 或 O$_3$ 视具体水质情况或处理水质要求而定，一般沉淀池水不投加。砂滤对去除浊度、色度效果较好，对三氯甲烷仅去除 10% 左右，对 1，1，2-三氯乙烷的去除效果甚微。可见常规处理对有机物及其产生的有害副产物去除很少，存在水质不稳定和对人体不利因素。

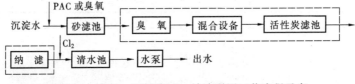

图 5-22 臭氧、活性炭——纳滤联用工艺流程示意

砂滤、活性炭、纳滤总处理效果　　　　　　　　表 5-27

序号	项目	沉淀水	砂滤池出水	去除率（%）	深度处理 GAC出水	深度处理 NF出水	去除率（%）	总去除率（%）	城市供水水质标准	饮用净水标准
1	色度（度）	12	5	58.3	5	5		58.3	≤15	≤5
2	浊度（NTU）	4.5	1.0	77.7	0.2	0.2	80.0	95.5	≤1	≤1
3	pH	7.72	7.91		7.87	7.73			6.5~8.5	6.0~8.5
4	三氯甲烷（μg/L）	48.5	40.3	10.7	0.5	0.3	99.3	99.4	≤60	≤30
5	四氯化碳（μg/L）	0.02	0.02		0.005	0.004	80.0	80.0	≤2	≤2
6	1,1,2-三氯乙烷（μg/L）	36.6	35.2	3.83	未检出	未检出	100	100	≤5	
7	COD$_{Mn}$（mg/L）	1.7	1.7		0.8	0.6	64.7	64.7	≤3	≤2
8	总有机碳（mg/L）	4.3	4.02	6.5	3.91	0.6	85.07	86.0		≤4
9	钒（mg/L）	0.004	0.002	50.0	<0.002	<0.002			≤0.1	
10	油（mg/L）	0.05	0.08		0.03	<0.03	>63	>60		≤0.01
11	铁离子（mg/L）	0.12	0.05	58.3	0.05	0.05		58.3	≤0.3	≤0.2
12	钠离子（mg/L）	35.115	37.244		35.200	20.477	45.6	41.7	≤200	≤200
13	钾离子（mg/L）	1.675	1.641	2.0	1.700	1.012	38.3	39.6		
14	钙离子（mg/L）	26.052	32.064		25.651	12.425	61.2	52.3	≤450	
15	镁离子（mg/L）	7.296	4.864	33.3	6.08	2.189	55	70.0		
16	碱度（以 CaCO$_3$ 计）（mg/L）	57.546	57.546		55.044	32.526	43.5			
17	总硬度（以 CaCO$_3$ 计）（mg/L）	95.076	85.068		89.071	40.032	52.9	57.9	≤450	≤300
18	电导率（μs/cm）	316	316		316	146	53.8	53.8		
19	氯化物（mg/L）				15.143	12.891	14.9		≤250	
20	硫酸盐（mg/L）				6.393	3.12	51.2		≤250	
21	可吸附有机卤素（μg/L）	189.075	199.087		54.407	24.243	88.2	87.8		
22	HCO$_3^-$（mg/L）				73.224	57.969	20.8	20.8		

对于处理微污染水，在常规处理工艺之后增设臭氧活性炭——纳滤二道深度处理工序，其水质不仅优于卫生部的《生活饮用水水质规范》和建设部的《城市供水水质标准》，而且化学稳定性和生物稳定性均很好，有利于防治供水管网的二次污染。

根据微污染水源水质的状况，在常规处理→臭氧活性炭→纳滤的基础上，可适当地进行调整。如：有机物等污染较严重、氨氮含量高，则前置可设生物接触氧化预处理；如果微污染原水含盐量相对较高，则常规处理→臭氧活性炭→纳滤工艺中，选用较高脱盐率的纳滤膜；如果含盐量相对较低，选用低脱盐率的纳滤膜。总之，根据原水水质作调整，保证出厂水水质。

参 考 文 献

[1] 朱月海. 浅述城市供水与国际先进水平接轨. 给水排水, 30 (11), 2004: 15~18.
[2] 朱月海. 出厂水水质不稳定对二次污染的影响. 上海给水排水, 第1期, 2005: 1~5.
[3] 宁波自来水总公司. 居住小区给水管网防治二次污染技术研究, 2004年12月.
[4] 许保玖. 给水处理理论. 中国建筑工业出版社, 2000年10月.
[5] 严煦世, 范瑾初主编. 给水工程. 中国建筑工业出版社, 1999年12月.
[6] 戚盛豪, 汪洪秀, 王家华主编. 给水排水设计手册第三册: 城镇给水, 中国建筑工业出版社, 2004年4月.
[7] 王九思、陈学民等编. 水处理化学. 化工出版社, 2002年5月.
[8] 蒋兴锦编. 饮水的净化与消毒. 中国环境出版社, 1989年9月.
[9] 张捍民, 张威等. 膜技术处理饮用水的研究. 给水排水, 28 (3), 2002: 21~24.
[10] 陈向明, 王虹. 优质饮用水深度处理技术探讨. 给水排水, 27 (8), 2001: 1~4.
[11] 钱孟康. 欧美城市给水处理技术考察与比较. 给水排水, 27 (4), 2001: 10~13.
[12] 黄晓东, 吴为中等. S市富营养化水源水化学预氧化试验研究及初步评价. 给水排水, 27 (7), 2001: 19~22.
[13] 丁卫东, 杨卫权. 生物接触氧化处理大治河原水的试运行介绍. 给水排水, 27 (10) 7~10.
[14] 金伟, 李怀正等. 粉末活性炭吸附技术应用的关键问题. 给水排水, 27 (10), 2001: 11~12.
[15] 刘文君, 王亚娟等. 饮用水中可同化有机炭 (AOC) 的测定方法研究. 给水排水, 26 (11), 2000: 1~5.
[16] 王丽花, 周鸿等. 某市饮用水生物稳定性研究. 给水排水, 27 (12), 2001: 23~25.
[17] 高及云, 李富生等. 浅议上海饮用水水源及处理后水质. 给水排水, 28 (3): 9~11.
[18] 张东, 许建华等. 用生物接触氧化处理与常规工艺净化污染原水. 给水排水, 27 (10): 26~28.
[19] 杨艳玲, 李星等. 饮用水生物稳定性控制指标探讨. 给水排水, 31 (2), 2005: 12~16.
[20] 何维华. 再谈水质稳定、管网改造及运行管理的相互关系. 给水排水, 30 (12), 2004: 21~25.
[21] 方华, 吕锡武等. 管网水细菌再生长限制因子的特性与比较. 给水排水, 30 (120), 2004: 32~35.
[22] 尤作亮, 徐洪福等. 配水管网中水质变化规律及主要影响因素分析. 给水排水, 31 (1), 2005: 21~26.
[23] 张青, 周晓燕等. 余氯在管网中的衰减初探. 华东给水排水, 第一期, 2005: 14~17.

第6章 供水管网系统二次污染防治方法与对策

6.1 科学合理选用供水管材

供水管道的材料,与供水水质有着密切的关系。随着供水事业的发展和科学技术的进步,我国给水管材已逐步改变了过去品种单一、卫生标准低、更新缓慢的缺点。供水管道的品种日益繁多,一些旧管道品种不断被淘汰,新产品、新材料层出不穷,产品的质量也参差不齐。不同的供水管道,其经济性和适用性各不相同。在选用给水管材时,必须对现状供水管道和新产品、新材料进行调查分析,选择性能优良、持久耐用、经济合理、适合供水要求的管道。

6.1.1 管材选用的基本原则

1. 管材应具有较高的安全可靠性,符合卫生和环保要求。作为输送饮用水的管材首先应该对人体无毒害作用,这是选用管材最基本的要求。管材自身长期在水的浸泡中不分解出对人体不利的物质,或含量很少,符合《生活饮用水输配水设备及防护材料的安全性评价标准》(GB/T 17219—1998)和卫生部颁布的《生活饮用水输配水设备卫生安全评价规范》,这是目前评价输送生活饮用水管材卫生安全性的重要依据。

2. 管材不易腐蚀,不积或少积垢。自来水从水厂到用户,要经过较长的管道,往往需要几个小时乃至几天。管网实际上是一个大的反应器,水中含有的有机物、细菌、余氯及其他无机物质,会继续进行生物化学、物理化学等反应,使水受到二次污染。耐腐蚀性能好的管材,自身可避免或减少与水中物质反应而产生副产物,减轻对水质的污染。

3. 管材要有足够的强度,满足内外压力变化的要求。这些压力包括不断变化的供水水压、水锤引起的骤然升压、覆土静荷载、地面动荷载、地基不均匀沉降、温度高低变化引起的胀缩及拉伸等,强度高的管道能在这些压力下不发生爆管、接口脱落、漏水等现象。

4. 管材使用寿命长,维修量少。供水管道敷设后,能满足较长年限的使用要求,无需经常更换、改造或维修。

5. 管材摩阻系数小,水力条件好。供水管道的内壁光洁度好,平整光滑,不易结垢,水头损失小,既保证服务水头(压力),又节省能耗,减少成本。

6. 管材的运输、安装、养护简便。管材应尽量降低施工成本,同时要便于管道的维护与保养,漏损、爆破时便于抢修,减少停水时间。

7. 管材及管配件规格齐全。包括不同管径的管材、各种弯头、异径管、三通、伸缩管(接头)、穿墙套管等,规格齐全,系统配套,抢修时便于更换,同时可与其他不同材质的管材连接。

8. 管道造价相对较低。供水管网的投资占整个供水系统总投资的50%~70%,合理的管道价格对节省管网的投资具有重要的现实意义。

6.1.2 现有管材的评述

1. 钢管（SP）

钢管是目前大口径埋地管道中使用最为广泛的管材，国内最大钢管直径可达$DN4000$。钢管通常选用Q235（A3）镇静钢钢板制作，按其焊接形式可分为螺旋缝焊和直焊钢管。一般直径小于$DN2000$的钢管可用工厂制造的螺旋缝焊管，$DN2000$以上的钢管一般为直缝焊钢管。钢管的机械强度好，可以承受较高的内外压力，管身的可焊性方便制造各种管件，口径可根据需要制作，特别能适应地形复杂及要求较高的管线使用。

易腐蚀是其最大缺点，因此使用钢管必须解决防腐蚀问题。目前钢管内防腐材料有水泥砂浆和环氧树脂等。钢管外防腐主要采取涂层防护和电化学保护。涂层防护是用非金属材料，如石油沥青玻璃布、环氧煤沥青等防护材料涂缠在钢管外壁上，以防止金属与水接触。电化学保护措施有牺牲阳极法及外加电流法两种：牺牲阳极法是使用消耗性的阳极材料（如铝、镁、锌等），隔一定距离用导线连接到管线上，在土壤中形成电路得到保护；外加电流法是通入直流电的阴极保护法，把埋在管线附近的废铁与直流电的阳极连接，电源的阴极连接到管线上，起到保护管线的作用。电化学保护要增加钢管敷设的投资，增加管理维护工作量。

钢管因受运输及装卸条件限制，每节钢管的长度一般在10m左右，因此施工过程中组合焊接工作量大，由于现场施工的接头焊接及内外防腐涂层的施工质量难以达到工厂制作的质量要求，往往会对钢管的安全运行及使用寿命带来影响。特别是在沿海地区，因地下水位较高、土壤腐蚀性强、地质条件差，对钢管的影响更大。但如果钢管内外防护处理得当，使用年限也很长。据介绍，上海杨树浦水厂一根$DN1000$直径的出厂管已使用60年，至今仍然良好。

目前国外已普遍使用承插式焊接接口的钢管，是传统钢管的第二代产品，它把传统钢管的对接焊缝接口改为搭接焊缝接口，提高了接口焊缝的质量，使环向焊缝减少应力集中，避免管道发生爆漏。1999年广州市120万m^3/d的输水工程，在国内首次安装了$DN2000 \sim 2400$的这种承插式焊接接口钢管近10km，其中有近3km是过河管段，至今使用情况良好。

近年来广州地区开始应用扩张成型承插式柔性接口钢管，该管是采用先进的扩张成型工艺，将钢管两端分别扩张成具承插口的新管型，经扩张后的钢管不但保留钢管的强度高、韧性好、能承受大压力等优点，又兼有柔性接口管的安装方便、施工费用低等优点，能适应地基不均匀沉降、管道的弯折伸缩，抗振性能良好，解决了传统钢管接口焊缝易爆裂的弱点，可有效提高管线的质量水平。

2. 铸铁管

(1) 灰口铸铁管（CIP）

灰口铸铁管曾经被广泛使用过，目前各城市供水系统中还存在相当数量的灰口铸铁管。灰口铸铁管按铸造方式不同分为砂型离心铸铁管和连续铸铁管，离心铸铁管早在20世纪60年代已停产，连续铸铁管是60~80年代广泛使用的管材，但管径一般不大于$DN700$。由于材质和制造工艺的缺点，管材质量不够稳定，质脆，抗拉和抗弯强度低，容易爆管，早期安装的管道普遍锈蚀严重，图 6-1 是某市供水系统中灰口铸铁管的锈蚀情况。现在灰口铸铁管已属于淘汰产品，一般不再使用。

图 6-1　某市供水系统中灰口铸铁管的锈蚀情况

(2) 球墨铸铁管（DIP）

球墨铸铁是用低硫、低磷的优质铸铁熔炼后，经球化处理，使其中的碳以球状游离石墨存在，从而消除由片状石墨所引起金属晶体连续性被割断的缺陷。它具有铁的本质，钢的性能，不仅没有失去铸铁的铸造性、耐腐蚀性，还增加了抗拉性、延伸性、弯曲性和耐冲击性，也就是具备了钢的高强度及高韧性。

球墨铸铁管是延伸率、刚度、抗拉强度均较大的金属管道，耐冲击、耐振动性能良好，承受土壤静荷载及地面动荷载的能力通常比其他管材强，可承受内水压力超过 2.0MPa 以上。球墨铸铁管通常首先在外表面喷涂锌层，再喷涂沥青保护，耐腐蚀性好。内衬采用水泥砂浆防腐，改善了管道输水条件。球墨铸铁管的管件规格齐全，能适应新安装需要，也能适应运行管道上不停水引接分支的需要，比非金属管材解决起来方便。球墨铸铁管采用胶圈接口，施工方便，柔性接口承受局部沉陷的能力好，特别在有地下水或管内有少量余水的状况下维修容易。球墨铸铁管通常有 50～100 年的使用寿命，与其他管材相比，使用寿命长。

由于球墨铸铁管性能好，且施工方便，不需要在现场进行焊接及防腐操作，加上产量及口径的增加、管配件的配套供应等，已在国内得到广泛应用，是城市供水管网的主要管材。在国外 $DN50$～$2900mm$ 之间均有球墨铸铁管的产品，在国内 $DN100$～$2200mm$ 之间也有球墨铸铁管的产品，但 $DN \geqslant 1400mm$ 及 $DN \leqslant 200mm$ 的球墨铸铁管，铸造难度大、相对价格高。而且大口径球墨铸铁管管壁薄，承、插口端容易变形，影响管道敷设。因此在国内各城市供水管网中，球墨铸铁管目前宜适用于 $DN300$～$1200mm$ 之间。

3. 预应力混凝土管

预应力混凝土管的优点是：节省钢材，价格低廉（和金属管材相比）；制作工艺简单，对制作场地及生产设备条件要求不高，材料来源容易，便于就地取材；防腐性能好，内壁不结垢，不会减少水管的输水能力；能够承受较高的压力（从 0.4～1.2MPa 不等），具有较好的抗渗性、耐久性。

预应力钢筋混凝土管的缺点是：重量大而质地较脆，装卸和搬运困难，运输、施工、安装不方便；管配件缺乏，使接口尺寸欠精确而造成渗漏，日后维修难度大；在配水管网中应用，因不易开口，施工难度大，尤其在应急抢修方面存在问题较多。这些都制约了该类管道的应用。因此，在城镇供水管网中尽可能不采用，但对输水管来说，中途无开口接用水户，管道又能沿公路或道路一侧敷设，运输又较方便，则采用预应力混凝土管是较经济合理的。

目前预应力混凝土管可分为预应力钢筋混凝土管和预应力钢筒混凝土管两种。

(1) 预应力钢筋混凝土管（PCP）

预应力钢筋混凝土管有振动挤压（一阶段）工艺制造和管芯缠丝（三阶段）工艺制造两种。

一阶段管的制管过程是先把作为环向预应力钢丝的钢筋骨架放到装配好的管模中，布置上纵向钢筋，用电热法或机械法使纵向钢筋获得预应力，然后浇注混凝土，此后向特制的橡胶内膜中注水升压，使胶模膨胀，混凝土、外模和钢筋一道膨胀变形，把混凝土中水分排挤掉。环向钢筋获得了预应力，并立即进行蒸汽养护，待混凝土凝固后将内模中的水压泄放，脱外模即成产品。

三阶段管是指一根管材分3个阶段制成，先做成一个带纵向预应力的混凝土管芯，管芯外缠环向预应力钢丝，然后作水泥砂浆保护层。

振动挤压（一阶段）工艺制造的管道在制作过程中，应力损失达20%~30%，且不稳定，故国外大多数国家已不生产和应用。在设计选材中应尽量选用管芯缠丝（三阶段）工艺管。

预应力钢筋混凝土管为承插式胶圈柔性接头，在软土地基上敷设，需做好管道基础，否则易引起管道不均匀沉降，造成管道承插口处胶圈滑脱而严重漏水或停水事故。

(2) 预应力钢筒混凝土管（PCCP）

预应力钢筒混凝土管是在带钢筒（薄钢筒的厚度约1.5mm左右）的混凝土管芯上，缠绕一层或二层环向预应力钢丝，并作水泥砂浆保护层而制成的管子。管材分两个类型：内衬式管及埋置式管。内衬式（PCCP-L）和埋置式（PCCP-E）的区别，前者系在钢筒内壁成型混凝土层后，在钢筒外表面上缠绕环向预应力钢丝，并作水泥砂浆保护层而制成的管子；后者系在钢筒内、外侧成型混凝土层后，在管芯混凝土外表面上缠绕环向预应力钢丝，并作水泥砂浆保护层而制成的管子。前者采用离心工艺成型，口径偏小（$DN600$~$1200mm$），后者采用立式振动工艺成型，口径偏大（$DN1400mm$~$DN3000$）。

由于管芯中嵌入了一层薄壁钢筒，PCCP管实质上是一种钢板与预应力混凝土的复合管材，因而具有较好的抗渗性。由于承插端的工作面是定型钢制口环，几何尺寸误差小，承插工作面间隙仅1~2mm，O形胶圈占满凹形槽内，密封性能良好，在内水压力下，胶圈无法冲脱，往往滴水不漏，从而改善了一阶段、三阶段管胶圈安装不到位则容易冲脱、承插口容易滴水的问题。PCCP管对管基处理的要求较高，它要求管道基础局部变形不应过大，在砂夹石的管基上应作砂垫层，在松软黏土层上应作砂夹石过渡层，使管道敷设过程中较少产生局部应力集中。

PCCP管的管材价格比金属管便宜，接口的抗渗性好，因此目前大口径输水管中已得到较多采用，但管体自重较重，选用时应考虑从制管厂到工地的运输条件及费用，还应考虑现场的地质情况及施工措施等进行技术经济比较而定。

4. 玻璃钢管（RPMP）

玻璃钢管的全称为玻璃纤维增强热固性树脂夹砂管，属热固性塑料管，采用玻璃纤维、树脂、石英砂等制作而成。目前有两种工艺生产：离心浇注成型法（HOBAS）和纤维缠绕法（VEROC）。纤维缠绕法又分连续缠绕法与往复缠绕法。缠绕工艺管的管长较长，可达20m以上，一般采用承插式胶圈密封柔性接头；离心管管长均为6m，管材不带承口，采用套筒式胶圈密封柔性接头。玻璃钢管有$DN100 \sim 3000mm$共20多种规格。

玻璃钢管重量轻，在相同条件下仅为钢管的40%，预应力混凝土管的20%，运输、吊装、施工连接方便；承压能力高、耐腐蚀、不结垢，不需要任何防腐处理；内壁光滑，水力条件好，粗糙系数n值为$0.008 \sim 0.009$，故阻力小，水头损失少；单根管道长，接口数量少，从而加快了安装速度，减少故障概率。

但玻璃钢管刚度较低，易损坏。管道基础要求较严，必要时需作砂垫层。管坑开挖回填和专业性安装要求高，增加了安装费用。这制约了该类管的普及使用。玻璃钢管破裂维修，通常采用玻璃钢粘补，它必须在干燥的环境下作业，这正是供水管道难以具备的条件。玻璃钢管的内壁应耐磨、有韧性、表面光洁、厚度适当、树脂固化效果好，不允许存在裂纹，否则影响其抗渗性，结构层的纤维有可能游离至水中，影响输水的卫生条件。

一般而言，玻璃钢管在大口径原水引水管道上，国内外使用较多，国内城市输水工程中最大口径已达$DN1600$。而在供水管网中使用较少。

5. 塑料管

塑料管与传统金属管道相比，一般都具有以下优点：自重轻，运输、安装方便；耐腐蚀性好，卫生安全；管道内壁光滑，水力性能好，阻力系数小，不易积垢。但与金属管道相比，其主要缺点有：管材机械强度较弱，刚性差；线性膨胀系数大；原料质量控制不太稳定，有些原料尚需进口；抗紫外线性能较差。但不同的塑料管其性能尚有较大差异，以下对几种常用的塑料管进行一下评述。

（1）硬聚氯乙烯塑料管（UPVC）

UPVC管是国内推广使用较早的塑料管材，属热塑性塑料管，普遍采用挤压成型工艺，是不加或仅加极少量增塑剂的聚氯乙烯脂，在一定条件（温度、压力）下挤压成型。挤出机又分单螺杆、双螺杆，就挤出工艺而言，双螺杆挤出机要优于单螺杆挤出机。其制成品UPVC管材质较轻，密度为$1350 \sim 1460 kg/m^3$。在给水工程中使用压力通常在$0.4MPa \sim 0.8MPa$。连接形式分为承插式胶圈连接型和溶剂黏结型两种。管子直径从$DN20 \sim 630mm$，管子长度分别为4000mm和6000mm。

UPVC管具有一般塑料管的共性优点，且价格较低廉与其他塑料管相比，其强度较低，韧性低，抗冲击能力差，耐热性能差。在实践中发现此类管材有脆性及易老化的问题，在不均匀受力条件下容易爆管。UPVC管在低温时较脆，在温度较高时，如80℃时就呈软状，因此在冬季冰冻地区应用或作热水管应用是不合适的。虽然聚氯乙烯对水质的影响很小，但UPVC管材中加入的添加剂会从塑料中向管壁迁移，并会不同程度地向水中析出，产生不利的影响。

UPVC给水管主要适用于室外埋地供水管道，国内自来水公司统计资料表明，选用口径多在250mm及其以下。在建筑给水（室内给水）方面UPVC管也有应用，但效果并不理想。

(2) 聚乙烯塑料管 (PE)

PE管根据生产管道的聚乙烯原材料不同，分为PE63级（第一代）、PE80级（第二代）、PE100级（第三代）及PE112级（第四代）聚乙烯管材，目前给水中应用的主要是PE80级、PE100级。PE112级是今后原材料应用的发展方向，PE63级承压较低，较少用于给水材料。

密度是聚乙烯的重要性能指标之一，有高密度聚乙烯（HDPE）、中密度聚乙烯（MDPE）、低密度聚乙烯（LDPE）之分。密度越高，相对硬度、软化温度、抗拉强度越高，但脆性增加、柔韧性下降、抗开裂性能下降。给水管道一般采用高密度聚乙烯，高密度聚乙烯密度950kg/m³，较UPVC轻，软化温度120℃，较UPVC管高。聚乙烯管同UPVC管材一样，普遍采用挤压成型生产工艺，管件采用注塑成型生产工艺。管子口径为$DN32 \sim 1600$mm。

PE管的连接方式通常采用电热熔连接及热熔对接两种方式，但目前也出现了承插式柔性接口的HDPE管及管件。电热熔连接是将所需连接的两端插入埋有电热丝的套管中，将电热丝通电，将要连接的管材、管件加热至熔化温度，固定直至接口冷却，从而形成严密牢固的接头。热熔对接连接是将与管轴垂直的两对应端与加热板接触至熔化温度，将两熔化口压紧连接。

PE管除具有一般塑料管的共性优点外，尚有以下优点：

1）卫生条件好。聚乙烯本身是一种无毒塑料，不含重金属添加剂，不结垢，不孳生细菌。

2）柔韧性好，抗冲击强度高，耐强振、扭曲。PE管道的断裂伸长率一般超过500%，这就意味着当地面不均匀沉降时，PE管能够产生抗剪性变形而不断裂，对地面沉降的适应能力非常强，是一种抗振性能优良的管道。

3）电熔焊接和热熔对接技术使接口强度高于管材本体，保证了接口的安全可靠。

4）室外埋地小口径（一般管径$DN300$以内）给水管中，PE管与其他优质管材相比，价格有明显优势。

但HDPE管采用热熔对接时，管内出现缩径凸缘，特别是多角焊机加工的管件内更多，这增大了水流阻力；另外在小区敷设中，工程分散、量小、管件多、沟内作业面窄、与其他管线穿插频繁，热熔对接难度大，需要电源，焊机维护保养麻烦，影响了HDPE管在这方面的推广使用；而采用承插式柔性接口的HDPE管及管件则安装方便，且接口处不存在阻水的凸缘。

目前欧美国家HDPE给水管的用量逐年增加，UPVC管的用量逐年下降。一般的看法是在给水管道工程中，HDPE管最终将取代UPVC管。

(3) 聚丙烯塑料管 (PP-R)

PP-R管道一般口径较小，在室内冷热水供应系统中应用较多。密度为900kg/m³，采用挤压成型工艺生产，PP-R管件采用注塑成型工艺生产。PP-R管材及配件之间采用热熔连接。

聚丙烯管除具有一般塑料管的共性优点外，尚有以下优点：

1）无毒、卫生。它的原料完全由碳、氢元素组成，没有加入有毒的改性剂。

2）耐热、保温性能好。PP-R 管的最高耐热可达 113℃，最高使用温度为 95℃，长期使用温度为 70℃，完全可以满足常用的工业和民用生活热水系统。同时，PP-R 管的导热系数只有钢管的 1/200，具有良好的保温性能，还可节省保温材料的厚度。

3）连接安装简单可靠。同一牌号的 PP-R 给水管经热熔连接后，连接处分子与分子完全熔合在一起，无明显界面，整个管道连为一体，整体性好，在无外力破坏及正常的工作范围条件下不易渗漏。

4）原料可回收。PP-R 的废料经清洁、破碎后可直接作为生产的原料，不会造成环境的污染。

但 PP-R 管连接时需要专用工具，连接表面需加热，加热时间过长或承插口插入过度会造成水流堵塞。管材的线膨胀系数较大，抗紫外线性能差。与其他塑料管相比，在同等压力和介质温度的条件下，管壁最厚。

（4）ABS 工程塑料管

ABS 管是丙烯腈、丁二烯、苯乙烯三种单体共聚物组成的热塑性塑料，具有质优耐用的特性。其中丙烯腈具有耐热性、抗老性、耐化学性；丁二烯具有耐撞击性、高坚韧性、低温特性不变的性能；苯乙烯具有施工容易及管面光滑之特性。主要规格有公称通径 $DN15 \sim 400$ 共 10 多种。管材最高许可压力为 1.6MPa。管件连接采用冷胶溶接法，目前较多用于水处理加药管道、快滤池大阻力配水系统等方面。

ABS 工程塑料管除具有一般塑料管的共性优点外，尚有以下优点：

1）具有良好的冲击强度，是 PVC 管的 5~6 倍；并能承受较高的工作压力，约为 PVC 管的 4 倍。

2）化学性能稳定，无毒无味，能耐酸、碱。

3）管道连接方便，密封性好。

4）韧性强，耐撞击性极好。ABS 管道能在强大外力撞击下，材质不破裂。

其缺点是耐紫外线差，粘接固化时间较长。

6. 复合管

（1）钢塑复合管

钢塑复合管材由于综合了钢铁材料和塑料的各自优点，因此具有钢管的高强度和韧性，同时又具备塑料管材的环保卫生、不积垢、水阻小等优点。在给水领域，钢塑复合管材已经得到广泛应用。常用规格有公称通径 $DN15 \sim 150$ 共 10 多种。连接方式一般为管螺纹连接，也有法兰和沟槽式连接。钢塑管按其生产制造方法的不同分为涂塑型复合钢管和衬塑型复合钢管。

给水涂塑复合钢管通过对热镀锌管内壁进行喷砂处理后将热镀锌管加热，然后通过真空吸涂机在钢管内产生真空后吸涂粉末涂料并高速旋转，将粉末涂料涂覆在钢管内壁。聚乙烯涂层质量可靠，而环氧树脂涂层由于太脆使用不成功。

给水衬塑复合钢管原始管材主要采用热镀锌管，内壁采用 PE、PP-R 和 PVC 等塑料管材。通过共挤出法将塑料管挤出成型并外涂热熔性粘接层，然后套入镀锌钢管内一起在衬塑机组内加热加压并冷却定型后，将塑料管复合在钢管内壁的衬塑复合钢管，主要性能与给水涂塑复合钢管比较类似，对衬塑复合钢管来说，导热系数低，节省了保温与防结露的材料厚度。

钢塑管具有下列性能特点：

1) 优良的机械和物理性能。钢塑管保持钢管的高强韧性，具有较高的耐压、耐冲击、抗破裂性能，可用于工作压力小于 1.6MPa 的低压流体输送，并且具有较柔软的塑性变形能力和良好的保温、耐燃性能。

2) 优异的环保卫生性能，良好的耐腐蚀性能和较长的使用寿命。内壁光滑，不积水垢，耐腐蚀，保证供水水质。由于塑料层在钢管内壁，有效减少了大气层紫外线的照射强度，具有良好的抗老化性能。钢管内壁的塑料层能有效阻止自来水中的氯离子和有害物质对钢管基体的侵蚀，大大提高管材的使用寿命，正常使用条件下钢塑管寿命可达 50 年。

3) 很高的输送效率。钢塑管内壁的摩擦系数仅为 0.009，管内介质流体阻力低于钢管 40%，输送流量增加 10%~20%。由于内壁为塑料层，弹性较好，能减弱供水中水锤现象，消除流体压力冲击和噪声。因此钢塑管具有节能高效的优点。

4) 简单方便的安装性能。钢塑管采用螺纹和管件连接，与传统的镀锌管安装方法相同，简单、安全、可靠，与各种配件、器具连接方便。

给水衬塑复合钢管的缺点是：在相同外管径条件下，过水断面小，水流损失与流速均增大。如果复合效果不好还会出现钢-塑分层的问题。

(2) 铝塑复合管 (PAP)

铝塑复合管是中间层采用焊接铝管，外层和内层采用中密度或高密度聚乙烯或交联高密度聚乙烯，经热熔胶粘合而复合成的一种管道。它是通过挤出成型工艺而制造出的新型复合管材，由聚乙烯层（或交联聚乙烯）—胶粘剂层—铝层—胶粘剂层—聚乙烯层（或交联聚乙烯）5 层结构构成。塑料管与铝管间有一层胶合层（亲和层），使得铝和塑料结合成一体不能剥离。目前用于铝塑复合管的塑料几乎均是 PE 管，铝塑复合管外层聚乙烯厚度不小于 0.4mm，内层聚乙烯不小于 0.8mm（外层厚度的 2 倍），铝带厚度 0.2~0.25mm。胶合层所使用的粘接剂（热熔胶）主要采用共聚改性聚乙烯或化学接枝聚乙烯。PAP 管的规格公称外径有 12~75mm10 种。管道连接方式宜采用卡套式连接。管道宜采用管材生产企业配套的管件及专用工具进行施工安装。

由于铜接头价格贵，还缩小过水断面，通常在室内安装时利用管材的柔软性，各用水端直接从主管分配器连接，减少接头数量及维修概率。

铝塑复合管特性有：1) 良好的耐腐蚀性能，管壁内外均不存在锈蚀的问题，且不含有害成分，化学性能稳定。2) 流阻小，内壁光滑不结垢。3) 抗振动、耐冲击，能有效缓冲管路中的水锤作用，减少管内水流噪声。4) 安装简便。不用套丝，弯曲操作简单，管线连接施工方便。5) 不回弹。由于有塑性良好的铝管层存在，铝塑复合管可任意由弯曲变直或由直变弯并保持变化后的形状，这一特点对于成盘收卷的铝塑复合管用于室内明装施工尤为方便。

但铝塑复合管的管材与管件连接须采用厂家提供的专用连接件。不同厂家提供的专用连接件其连接方式与原理不尽相同。管材与金属管件的热膨胀系统相差较大，易松动漏水。

(3) 钢骨架增强塑料复合管

钢骨架增强塑料复合管是以钢骨架为增强体，以热塑性塑料为连续基材，在自动控制生产线上将两者均匀复合在一起的一种新型双面防腐压力管道。管材经挤出成型连续复合而成，内外壁塑料通过金属骨架上的孔形成一体。塑料与金属在管壁内相互包容，可避免塑料与金属骨架的分离与剥落。基体原料为高密度聚乙烯、聚丙烯、交联聚乙烯，还可加入必要的添加剂、抗氧剂、紫外线稳定剂和着色剂等。增强体原料为优质低碳钢钢板网和低碳素结构钢丝网。按骨架形式可分为：钢板网骨架增强塑料复合管、钢丝网骨架增强塑料复合管。按基体原料可分为：钢骨架增强高密度聚乙烯管、钢骨架增强聚丙烯管、钢骨架增强交联聚乙烯管。

管道连接采用电热熔接头连接，利用管件内部发热体将管件外层塑料与管件内层塑料熔融，形成连接，但由于管子中间钢铁层之间不能熔接使连接处强度降低。它具有钢管的机械强度，又具有塑料管的耐腐蚀性，可适用于 $DN \leqslant 300mm$ 的配水管道及室内冷水主立管道上使用。

该管的特点有：1）较强的承压能力。钢板网骨架增强塑料复合管其管径 $DN50 \sim 200$，其承受压力 $1.00 \sim 2.50MPa$；钢丝网骨架增强塑料复合管其管径 $DN80 \sim 300$，其承受压力 $1.00 \sim 3.50MPa$。2）既有柔韧性，又有较高的强度和刚性。3）卓越的耐腐蚀性能。除少数强氧化剂外，可耐多种化学介质的腐蚀。4）良好的卫生性能。复合管在制造过程中不添加任何重金属盐稳定剂，材质无毒、不孳生细菌，较好地解决了二次污染问题。

钢骨架塑料复合管克服了钢管耐压不耐腐、塑料管耐腐不耐压、钢塑管易脱层等缺陷。

钢骨架塑料复合管的缺点是：管材、管件等造价比较高；管材安装时，切断的端面要作严格的防锈处理；管道不停水引接分支管时，孔口切面锈蚀问题难以处理；配件种类有限，不可避免地要使用钢制配件。

7. 铜管

铜管按材质不同分为：紫铜管、青铜管和黄铜管三大类。建筑给水中采用紫铜管。住宅建筑中的铜管是指薄壁紫铜管。薄壁铜管的连接主要采用钎焊。就是利用毛细现象使焊料渗入管材与承插管件缝隙连接铜管的方式。钎焊又分硬钎焊和软钎焊。两者的区别在于钎焊料熔点高于450℃为硬钎焊，低于450℃为软钎焊。软钎焊的抗拉性能约为硬钎焊的60%，但对焊工的技术要求低。考虑到不是所有场合都可采用钎焊连接方式，因此在不能动用明火处、施工现场间隙较小或焊工技术水平较低时可采用机械连接方式，如卡套式、压接式、插接式、法兰式、沟槽式连接。不同的连接方式对管材要求不同，如沟槽式要求壁厚加厚，表面硬度要加强等。

铜管的主要优点有：（1）经久耐用。铜的化学性能稳定，耐腐蚀，耐热，可在不同的环境中长期使用。（2）具有较好的机械性能和良好的延展性，耐压强度高，同时韧性好，具有优良的抗振、抗冲击性能。（3）使用卫生性能好。据有关资料介绍，铜能抑制细菌的生长，保持饮用水的清洁卫生。（4）可以再生使用。铜管可以再生，国内每年有1/3的铜可再利用，有利于环境保护。

铜管安全卫生性能好、使用年限长，可用于冷热水供应系统及饮用净水系统，虽然总造价相对较高，但随着我国经济的发展和人民生活水平的提高，随着铜管使用技术的进步，会较快地进入逐渐普及的小康家庭。

8. 薄壁不锈钢管

作为给水用不锈钢管主要是SUS304（0Cr19Ni9）和SUS316（0Cr17Ni12Mo2）两种不锈

钢。由特殊焊接工艺处理的薄壁不锈钢管，因其强度高，管壁较薄，造价降低，从而有效地推动了不锈钢管的应用和发展。不锈钢管连接方式有压缩式、压紧式、推进式、焊接式及焊接与传统连接相结合的派生系列的连接方式。

薄壁不锈钢管的主要优点有：(1) 耐腐蚀性佳。因为不锈钢的表面会形成一层薄薄的保护膜，虽然此保护膜厚度约为 3×10^{-6}mm，但非常强韧，即使被破坏，只要有氧气，可马上再生而防止生锈，在冷水管或达100℃热水管等腐蚀性较小的条件下，几乎不用担心会生锈。(2) 卫生可靠。不锈钢长年使用在厨房机械、食品工业、酿造工业及医疗器具等领域，在卫生上的安全性有充分的保证。(3) 重量较轻，可轻松搬运和施工并降低成本。(4) 抗冲击强，具有很高的强度。(5) 韧性好，比一般金属易弯曲、易扭转，不易裂缝，不易折断。

薄壁不锈钢管已开始应用于直饮水管或高标准建筑室内给水管路中。

6.1.3 给水管材的选用

1. 大口径管道

口径在 $DN1200$ 以上，主要有钢管、预应力钢筒混凝土管、球墨铸铁管、玻璃钢管等。钢管可塑性强，口径可以根据工程需要而制作，能满足各种情况，所以使用广泛；预应力钢筒混凝土管（PCCP）的优点是在供水中防腐效果好，价格相对便宜，其缺点是自身重，对地基基础有较高的要求，运输、安装不方便；球墨铸铁管在供水中防腐性能好、耐用，安装方便，缺点是大口径管材铸造难度大，价格相对较贵；玻璃钢管由于自身的刚度不强，使用口径一般在 $DN1800$ 以下，优点是在供水中防腐效果好，价格相对便宜，自身较轻，运输、安装方便，缺点是自身刚度较差，对地基基础有较高的要求，要老化，出现裂纹时结构层的纤维有可能游离至水中，影响输水的卫生条件，一般在大口径原水管道使用较多，在供水管网中使用较少。因此，大口径管道推荐采用预应力钢筒混凝土管、钢管。

2. 中口径管道

口径在 $DN300\sim1200$ 之间，主要有钢管、预应力混凝土管、球墨铸铁管、PE 管等。在这一区间的供水管道中，球墨铸铁管具有明显的性价比优势，使用最为广泛。钢管主要用于过河等特殊地方；预应力混凝土管由于价格优势，也有少量使用；PE 管在这一口径范围内，与球墨铸铁管相比，没有价格优势，应用不多。因此中口径管道应首选球墨铸铁管，预应力混凝土管和 PE 管也可应用。

3. 小口径管道

口径在 $DN100\sim300$ 之间，主要有钢管、球墨铸铁管、PE 管、UPVC 管、钢骨架增强塑料复合管等。钢管主要用于过河等特殊地方；球墨铸铁管在小口径上价格较高；PE 管在这一口径范围内性价比优势明显，近年来应用逐步增多；UPVC 管过去使用较多，但由于管材性能限制，应用逐年减少；钢骨架增强塑料复合管由于价格较高，应用尚不广泛。因此小口径管道推荐应用球墨铸铁管、PE 管。

4. 用户管道

口径在 $DN100$ 以下，主要为进入用户及用户内部使用的管道，因镀锌钢管明令禁止使用，目前可选种类和推出的新产品较多，主要有 UPVC 管、PE 管、钢骨架增强塑料复合管、钢塑复合管、PP-R管、铝塑复合管、薄壁不锈钢管、薄壁紫铜管等。UPVC管由于管材性能限制，应用逐年减少；PE管、钢骨架增强塑料复合管用于埋地管较多；户内管主要是钢塑复合管、PP-R管、铝塑复合管、薄壁不锈钢管、薄壁紫铜管，各种管材各有优缺点，均可适用。

表 6-1 为浙江省某市一小区一户一表（进户内）管道工程各项管材造价对比表。从表中可以看出，薄壁不锈钢管、薄壁紫铜管虽然性能佳，但相对而言价格较高。

一户一表（进户内）管道工程各项管材造价对比表　　　　表 6-1

内容\管材名称	钢塑复合管	PP-R 管	铝塑复合管	薄壁不锈钢管	薄壁紫铜管
连接方式	丝接式	热熔式	卡套式	压缩式	氧炔焊式
每户平均（元）	287	380	414	489	496
比 例	0.59	0.78	0.84	1.00	1.02

注：每单元多层住宅按12户计，未计穿墙、穿楼板的套管安装及墙上、地坪开凿管槽费用，未计水表及水表箱费用。

给水管材的选用要考虑的因素很多，一种管材能在某地区、国家得到充分发展，除了管材自身特性之外，还要取决于该地区的地理环境、工况条件、资源特点、居民习惯及生活质量水平、社会经济发展水平等因素。这也就是为什么某种管材在某地区特别有发展而在另一地区被冷落的原因。若不能具体地针对某一工程考虑，是不能确定哪一种给水管最合适的，即使对同一具体的工程来说，也往往由两种或多种管材组合的选择。

表 6-2 是根据上述情况分析得出的不同口径供水管道的推荐管材。

不同口径供水管道的推荐管材　　　　表 6-2

管 径（mm）		推荐管材（以次序排列）
$DN > 1200$		预应力钢筒混凝土管、钢管、球墨铸铁管
$300 \leqslant DN < 1200$		球墨铸铁管、预应力混凝土管、PE 管
$100 \leqslant DN < 300$	街道	球墨铸铁管、PE 管
	小区	PE 管、球墨铸铁管、钢骨架增强塑料复合管
$DN < 100$	室内管道	薄壁不锈钢管、钢塑复合管、PP-R 管、薄壁铜管、铝塑复合管
	室外埋管	薄壁不锈钢管、PE 管、钢骨架增强塑料复合管

6.2 出厂水水质的控制

在当前城市供水系统中，与水厂出厂水的水质相比，用水户的水质均有不同程度的下降。由于供水管网普遍存在二次污染的问题，因此出厂水的水质控制问题已显得非常重要。对出厂水水质指标而言，需检测的项目很多，下面几项是一些主要的控制指标。

6.2.1 浊度

浊度本身属于感官性指标，但却是最常用、最普遍的评价水质的重要指标，它不仅反映了水的纯净度，而且代表和反映了较多指标与因素，在一定程度上和范围内是多项指标的综合反映。浊度的大小反映水中悬浮物质和溶解性杂质的多与少，而悬浮杂质中包括泥砂、虫类、原生动物、藻类、细菌、微生物、病毒、腐殖酸、蛋白质等，溶解性杂质主要是无机离子。水的浊度越低，这些物质的含量越少，水质越好，因此，浊度可称为反映"多功能"的指标。

浊度对饮用水水质有显著的影响，浊度会促进细菌的生长繁殖，因为营养物质吸附在颗粒的表面上，因而使附着的细菌较那些游离的细菌生长繁殖更快，浊度高的水会削弱消毒剂对微生物的杀灭作用并增加需氯量。而随着浊度降低，水中微生物和其他颗粒性物质随之降低，形成氯消毒副产物的母体，挥发性和半挥发性的有机物也随之降低，致突变活性也有所降低。特别是氯消毒难以灭活的隐性孢子虫、贾第氏虫，它们的去除主要靠浊度降低。隐孢子虫、贾第氏虫具有较高的耐灭活性，传统消毒方法不能对其有效地灭活。研究资料表明，传统的氯化消毒对灭活隐孢子虫的效果较差，二氧化氯在 1.3mg/L 接触 60min，或者自由氯或氯胺，在 80mg/L 接触 90min 条件下，对隐孢子虫卵囊的灭活率仅为 90%。显然仅仅使用传统的氯化消毒工艺不能提供足够的杀死隐孢子虫的剂量。而浊度降至 0.1NTU 以下时，隐孢子虫、贾第鞭毛虫的去除率可达 99% 以上。研究资料表明，浊度降至 0.1NTU 时，绝大多数有机物予以去除，致病微生物的含量也大大地降低。有机物含量降低，也减少了加氯消毒后有机卤代烃的含量。西方发达国家把浊度降至 0.1NTU 甚至接近 0，可有效减少管网中微生物生长所需的营养物质，抑制微生物的生长。

目前 WHO（世界卫生组织）和 EC（欧盟）规定的浊度 < 1NTU。USEPA（美国）把浊度列为微生物学指标，浊度数值的规定提高到 0.3NTU（95% 合格率），主要是从控制微生物风险来考虑，而不仅仅是感官性状，可见浊度与微生物关系密切。日本 1993 年制定的浊度标准规定快适性指标要求出厂水 < 0.1NTU，管网水 < 1NTU。而事实上欧美国家水厂实际出厂水浊度都在 0.1NTU 以下。浙江省在《城市供水现代化建设研究报告》中规定：出厂水浊度 ≤ 0.1NTU，用户水龙头浊度 ≤ 0.5NTU。因此为尽量减少管网二次污染的产生，水厂出厂水浊度目前应 ≤ 0.5NTU，力争达到 ≤ 0.1NTU。

6.2.2 余氯与微生物

2005 年建设部颁布的《城市供水水质标准》规定：细菌总数 < 80CFU/mL，总大肠菌群为 0CFU/100mL，耐热大肠菌群为 0CFU/100mL。从现有水厂工艺来看，出厂水满足上述水质指标难度不大。为控制管网微生物指标，出厂水细菌总数应 < 10CFU/mL，总大肠菌群为 0CFU/100mL，耐热大肠菌群为 0CFU/100mL。

余氯的作用是继续杀灭管网中生长繁殖的细菌。氯是一种强氧化剂，可以与水中管道内壁的细菌等微生物及其他有机物和无机物发生化学反应，因而余氯在供水管网中呈现逐渐衰减趋势。影响余氯衰减变化因素很多，包括管材种类、管径、管道内外防腐状况、供水季节、水力条件等。相关测试数据表明：无内防腐的钢管中余氯衰减速率远大于水泥管；夏季管道中的余氯衰减比冬季快；用水高峰时，水在管道中停留时间短，水中余氯消耗少，用水低谷时，水中余氯消耗多；管径较大的管道消耗氯的速率慢，管径小的管道消耗速率快，这主要是因为大管径管道的水体中，可与管壁接触部分占总水量的比例小，被消耗的余氯所占比例也小。

因此出厂水余氯的控制要根据具体情况（如不同季节、不同供水时段、管道性质、供水距离等等）而定，应加强管网水质的现代化管理手段，在管网系统中合理地布置水质实时监测仪器，把随时测得的余氯、浊度等各项参数及时返回到控制室，并根据这些参数的变化随时调整加氯量。

6.2.3 pH 值

在水质稳定性方面，出厂水要进行化学稳定性处理。目前在改善水质化学稳定性方面比较现实的做法是推行调整 pH 值法，即水在出厂前投加碱性物质，把 pH 值调整至 7～8.5，提高水的稳定性，具体论述见第 5 章。这种方法在欧美等发达国家已得到了广泛的应用，并且取得了很好的效果。

6.2.4 耗氧量（COD_{Mn}）

作为有机物的综合性指标，采用 TOC 比较科学，但测定 TOC 值的仪器设备价格昂贵、测定复杂、工作量大。而耗氧量（COD_{Mn}）测定设备简单，分析测定方便，无需复杂的技术，一般水厂分析人员均可测定，故根据我国实际，测定有机物含量采用耗氧量（COD_{Mn}）的方法。耗氧量又称高锰酸盐指数或锰法化学需氧量。水中亚铁及亚硝酸盐等占耗氧量的份额很少，而由于地质的原因进入水体的腐殖酸则占耗氧量份额较多，粪便及生活污水、工业废水对水体的污染也是耗氧量增加的重要原因，为此耗氧量是水质受有机物污染的重要指标之一，使耗氧量具有非常重要的卫生学意义。

耗氧量作为有机物综合指标，与以下指标有一定的相关性。

1. 水体的异臭与耗氧量正相关。调查者认为耗氧量超过 0.75mg/L，应对该水体密切注意；当耗氧量达到 2mg/L 时，水体可能会发生异臭。受污染江河水的耗氧量往往达到 6～7mg/L，经过水厂常规工艺处理后，出水耗氧量很少低于 3mg/L，一般都臭味不良。

2. 氯化消毒副产物与耗氧量正相关。耗氧量高时，氯化消毒副产物也随之升高。随着 WHO 和世界各发达国家对消毒剂及消毒副产物愈来愈重视，对于加氯消毒产生有机卤代物的健康风险，专门制定了"消毒与消毒副产物条例"。美国在 2001 年 3 月颁布的水质标准中，要求自 2002 年 1 月起，饮用水中的总三卤甲烷（THMs）从 0.1mg/L 降为 0.08mg/L，并增加了卤乙酸浓度不超过 0.06mg/L 的规定。水中 THMs 的增加量是氯与有机物作用产生的，因此在采用氯消毒的情况下，水中有机物含量越少越好，如果出厂水中 COD_{Mn} 较高，则在管网中会继续与氯反应而增加 THMs 值，对人体健康不利。

3. 致突变试验中回复突变率（MR）与耗氧量正相关。耗氧量和 TOC 与 MR 的相关系数分别为 0.95 和 0.96，有较好的相关性。根据国内某一河流从上游到下游 50 余 km，5 个采样点研究的结果，水质的 COD 和 BOD 从上游到下游数值逐步增加，几项致突变及细胞转化试验结果均较一致，从上游到下游从阴性逐步转向阳性到强阳性。流行病学调查男性胃癌和肝癌的标化死亡率从上游到下游逐步增加。因此水质有机污染指标 COD 和 BOD 与水的致突变性、致癌性是相关的，由于耗氧量与 COD 和 BOD 的相关性，也可以认为水的致癌性与耗氧量是相关的。

因此，出厂水应严格控制 COD_{Mn} 值。建设部颁布的《城市供水水质标准》规定用户水龙头的 $COD_{Mn} \leqslant 3mg/L$，则出厂水的 COD_{Mn} 最好控制在 2mg/L 以内。

6.2.5 氨氮和亚硝酸盐

凡是受到污染的水源普遍含有氨氮。在我国不论是水源还是饮用水中氨氮都是影响城镇供水水质安全保障的问题之一。尽管氨氮本身对人体的影响很小,但原水中含有氨氮会影响净水工艺,影响有机物和锰的去除,会在净水构筑物中孳生藻类,会影响水的感官性状指标。它是一种含氮有机物,既为微生物提供营养基质,又是产生亚硝酸盐的来源之一。为降低或去除氨氮,水厂中往往需按原水中氨氮的 10 倍重量投氯,极易增加水中三卤甲烷的含量。含氮有机物——蛋白质在微生物和氧作用下降解释出氨。氨在亚硝化杆菌和硝化杆菌作用下,被氧化为亚硝酸盐和硝酸盐,反应式与 (5-44)、(5-45) 相同,即为:

$$2NH_3 + 3O_2 \xrightarrow{\text{亚硝化杆菌}} 2NO_2^- + 2H^+ + 2H_2O \qquad (6-1)$$

$$2NO_2^- + O_2 \xrightarrow{\text{硝化杆菌}} 2NO_3^- \qquad (6-2)$$

按理论计算,1mg/L 氨氮最终硝化硝酸盐,需耗氧 4.57mg/L。但对于受到氨氮污染的水源,采用传统水处理工艺难以去除氨氮。建设部颁布的《城市供水水质标准》规定:氨氮≤0.5mg/L。

亚硝酸盐能将血液中正常的低铁血红蛋白变成高铁血红蛋白,使其失去输氧能力,致使人体器官缺氧。同时亚硝酸盐与胃内的含氮化合物如仲胺等结合,形成强致癌物质亚硝胺。因此,亚硝酸盐既是潜在的又是现实的危险物质。WHO、美国和欧盟三大标准均列出了亚硝酸作为重要指标,我国"2000 年规划水质标准"(Ⅰ类水司)的亚硝酸盐(以 NO_2^- 计)应小于 0.1mg/L。一般水厂出厂水经加氯后,亚硝酸盐大部分转化为硝酸盐,亚硝酸盐含量不高。供水管网中随着氯的减少,亚硝酸盐含量可能会增加。

因此,氨氮和亚硝酸盐作为水质污染控制性指标,出厂水应达到:氨氮≤0.5mg/L,亚硝酸盐≤0.01mg/L。

6.2.6 铅和砷值

铅并非机体所必须的元素,常随饮水和食物进入人体,摄入量过高可引起中毒,婴儿和儿童会出现身体或智力发育迟缓,成年人会出现肾脏疾病、高血压等。儿童、婴儿、胎儿和妊娠妇女对环境中的铅较成人和一般人群敏感。研究证实,饮用水中铅含量为 0.1mg/L 时,可能引起大量儿童血铅浓度超过 30mg/100mL,这是儿童血铅上限值。对成人而言,如果每日从食物中摄入铅量大于 230μg,则每周从食物和水中摄入的铅量就会超过总耐受量。

WHO(世界卫生组织)和 EC(欧盟)的铅值规定限值为 0.01mg/L。USEPA(美国)规定的最大允许浓度目标值(MCLG)为 0,建设部颁布的《城市供水水质标准》规定限值为 0.01mg/L。考虑到管网中铅有一定程度的析出,出厂水的铅值最好控制在仪器最小检测限以下。

砷是一种致癌物质。砷导致癌症的病例主要来源于我国台湾省的台南地区,此外智利和阿根廷也有类似的资料。这些病例以及其他医学研究表明,砷会引起皮肤癌和膀胱、肾、肺、肝、结肠等内脏部位癌症的发生。

世界卫生组织水质标准的制定主要以砷引起皮肤癌的风险分析为依据。世界卫生组织

(WHO) 1993 年修订饮用水水质标准，将砷的标准值从 50μg/L 提高到 10μg/L 之后，美国环境保护局（USEPA）一直对砷的水质标准修订持慎重态度，原因一是在于砷的毒性，尤其是致癌性的论据当时尚不充分，二是在于美国国内自来水原水中砷含量的分布情况尚未充分掌握，三是在于因美国的水源和饮用水中普遍存在砷，提高砷的标准后对美国自来水行业带来的影响尚不明确。因此，USEPA 在 1996 年大幅度修订安全饮用水条例时，对于砷仍然沿用了原来的标准值（50μg/L），但随后投入了大量人力和财力，有计划地加紧了系统性调查研究。经过几年的工作，USEPA 于 2001 年 1 月 22 日正式颁布了关于饮用水砷标准的最终法规，将作为非强制性标准的最大允许浓度目标值（MCLG）定为 0，强制性标准的最大允许浓度定为 10μg/L。建设部颁布的《城市供水水质标准》规定限值为 0.01mg/L。由于砷的数量在管网中一般不会增加，因此出厂水的砷值可控制在 0.01mg/L 以下。

6.2.7 感官性指标

有些感官性指标并不对供水造成安全性问题，但普通用户判断饮用水水质的好坏主要是根据感官性指标，因这些指标比较直观。用户会对水中的浑浊、有色以及令人不快的嗅和味产生强烈不满，甚至对供水的安全性产生怀疑，因此这类指标要达到用户可接受程度是必不可少的。这些感官性指标引起用户不满的程度因人因地而异，因不同地区的经济和对水质的习惯、生活水平不同，较难对这些不直接影响健康的感官性指标制定出详细而精确的指标值。

WHO 对易引起用户投诉的指标项目作为感官性指标，并考虑到个体与地域的差别，列出了指导性的指标值，列出的易引起用户不满的物质及其参数共 31 项指标。属物理参数的为：色度、嗅和味、水温、浊度；无机物成分：铝、氨、氯化物、铜、硬度、硫化物、铁、锰、溶解氧、pH、钠、硫酸盐、总溶解固体、锌；有机组分：甲苯、二甲苯、乙苯、苯乙烯、一氯苯、1，2－二氯苯、1，4－二氯苯、总三氯苯、合成洗涤剂；消毒剂及消毒副产物：氯、氯酚。但用户直观感觉和投诉的主要是色度、嗅味、浊度等。近些年来，人们对嗅味越来越关注，很多国家都将其列入国标，大部分国家要求嗅味达到人们可接受的程度，有些国家对嗅味提出量化指标。如：日本快适性指标要求的嗅阈值为 3TON，美国、台湾嗅阈值也为 3TON，英国嗅阈目标值为 2TON；法国、德国稀释倍数为 2（12℃）、3（15℃），英国 25℃时稀释倍数为 3。我国在嗅味的控制措施研究上做了大量工作，但嗅味的标准还只是用无异嗅无味来表述，缺乏数量上描述，这使嗅味的控制和产生嗅味物质的去除缺乏明确目标。

对于感官性指标，水厂出水应在达到用户可完全接受的基础上，对某些指标，还应从健康的影响加以理解和认识，适当提高。如浊度，除列入感官性指标外，更重要的是作为一项运行性指标。对于嗅味应进行量化，以嗅阈值取代现有标准的规定。感官性指标在出厂时除氯嗅味之外（因刚加过氯，含氯量相对较高，随着在管网中的逐渐消耗，到用户处氯的嗅味已基本消失），大多数感官性指标是达到标准值的，但由于受到管网系统的二次污染，而污染的原因又是多种复杂的，故水到用户处往往会不合格。因此要求水厂出水感官性指标应尽量低于规定值，以降低管网系统的指标值。

6.3 管网的设计要求

城市供水管网是城市供水系统的重要组成部分,担负着将水厂的自来水输送到各用户的任务,自来水在到达终端用户之前,有很大一部分时间停留在供水管网之内,由于水厂的出厂水在输送过程中水质会发生一系列复杂的物理化学变化,因此在供水管网的设计时,如何减少自来水在管网内停留时间、选择合适的管材、进行合理布局、防止出现死水管段,应该是设计人员在满足室外给水设计规范的前提下重点考虑的问题。关于管材的选用,已经在本章第一节详细阐述,不再赘述,本节将重点阐述供水量预测与流速控制以及管网布局和防止出现死水管道的设计。

6.3.1 供水管网输配水量的预测和合理流速的设计

1. 输配水量的预测

市政供水管网的服务对象一般是一个区域的用户,可能包含居住、商业、工业等性质的用户,为有效发挥管网的供水能力,做到水量分配和能源利用的最优化,在设计之前首先要对该区域的需水量进行预测。

需水量的预测有多种方法,一是区域内用户性质、数量比较明确,在这种情况下,需水量的预测比较简单,可计算每类用户的数量和用水定额后得出;第二种是只知道用地性质,这时就只能利用单位用地用水量指标和用地面积进行预测;另外还有根据多年运行经验得出的经验值进行预测、根据过去配水量数据解析的最小二乘法、GMDH(数据处理的群集模拟)法、过滤法、ARMA 法等多种方法。用上述方法预测该区域对用水的需求,作为管网设计的基础,才能设计出以最优运行状态运作的供水管网系统。

在区域的供水量预测时,除非确定耗水量高于一般工业的区域,建议以规范中的低限作为预测依据,因为目前我国的经济还处于粗放型发展阶段,水耗、能耗均高于世界平均水平,以浙江为例,2003 年每万美元的 GDP 耗水量为 $1813m^3$,而 2002 年的世界平均水平仅为 $270.23m^3$,两者相差 6.7 倍,即使该区域经济在将来会有较大发展,GDP 大幅上升,但随着技术进步、环保意识增强和水资源的约束,该区域内的用水总量并不会有大幅增加,反而可能出现下降趋势,世界发达国家的发展经验已经证实这一点。因此在区域需水量预测的时候,不应一味地按照时间的推移以一定的增幅进行预测,在短期内水量可能会随时间推移递增,如近期很多城市的需水量预测以每年 6% 以上的速度递增,但在产业结构调整、节水潜力巨大的中国,长期内需水量并不是时间 t 的某个单纯递增函数,在经济发展到一定水平的时候,水量的增幅将趋缓甚至出现负增长。

而居住小区内供水管道的管径和流速选择,一般依据《建筑给水排水设计规范》、《居住小区给水排水设计规范》等规范中居民用水定额、用水量等相关内容来确定。在用水量设计时要注意区分最大小时流量与设计秒流量的应用范围,居住组团范围内(3000人以内)生活给水管道设计按其负担的卫生器具总数,以现行的《建筑给水排水设计规范》的生活给水设计秒流量计算;而居住小区(3000人以上)的生活给水干管设计流量按《居住小区给水排水设计规范》3.1.2 条的规定,按照生活用水定额来确定最大小时流量计算。在按照《建筑给水排水设计规范》的生活给水设计秒流量计算方式计算管段流量时,要注意当量很大住宅的设计秒流量计算方式，当一套住宅的卫生器具给水当量很大时，要考虑到卫生器具同时使用的概率，以户当量的概念来确定给水管段的设计流量。用以下公式进行计算：

$$q_g = 0.2 \cdot U \cdot N_g (\text{L/s}) \tag{6-3}$$

式中　U——计算管段的卫生器具给水当量同时留出概率；

　　　N_g——计算管段的卫生器具给水当量总数。

2. 管道流量分配和流速的设计

在确定区域用水需求的基础上，要进一步分析每个管段服务区域的配水量和转输水量，以确定水量的分配方法。分析时要注意把握需水量每日的不规则变化和特殊节日、特殊应用（限制给水）等因素。分配方法将决定管网输配水的效率性和经济性，其方法有 LP 法（线性规划法）和 DP 法（动态规划法）。

通常，在确定用水需求和水量分配方式的基础上，由水力学公式可知，流量 Q、流速 V 和管径 D、过水断面 ω 的关系是：

$$Q = \frac{1}{4} \pi D^2 V = \omega V \tag{6-4}$$

由上式可知，管道的供水流量不仅与管道的直径有关，而且还与所采用的流速有关，在未确定流速之前，有流量、流速和管径 3 个变量的函数是无法确定的，因此在管网计算中流速的选用是先决条件。

根据室外给水设计规范和给水排水设计手册等资料，在管网中为防止产生因水锤引起的破坏作用，供水管网的流速最高不宜超过 2.5m/s，不淤流速（即不会产生泥砂等沉淀的流速）应 ≥ 0.7m/s。从上述公式可以看出，在流量不变的情况下，流速与管径的平方成反比，流速选择愈大，则管径愈小，管网造价低，但水头损失增加，使日常运行所需消耗的动力费用增加，运行费用增加；反之如流速选择愈小，则管径愈大，管网造价高，但水头损失小而运行费用低。目前在设计中，一般用控制每千米管段的水头损失值（1000i）来选用经济流速，通常各城市所采用的经济流速 V_e 范围为：

$D = 100 \sim 300$mm 时，V_e 可选 $0.5 \sim 1.1$m/s；

$D = 400 \sim 600$mm 时，V_e 可选 $1.1 \sim 1.6$m/s；

$D = 700 \sim 1000$mm 时，V_e 可选 $1.6 \sim 2.1$m/s。

在实际的设计工作中，为简化计算，往往根据用水量直接查水力计算表得出相应的流速和管道口径。

3. 管道经济流速选用中应注意的问题

由于国内绝大多数城市长期以来实行低水价政策，供水企业无法承担大型的供水管网建设任务，供水管网大多由政府投资自来水公司建设，而运行费用由供水企业自身承担，因此在传统的设计中一般较多的考虑降低运行费用而对管网建设费用高低的关心处于次要位置，各地自来水公司近 10~15 年的管网建设普遍存在管径偏大的问题。并且管道内流速偏低，管网水易受到二次污染，从而影响供水水质，因此，设计采用的流速应尽可能在经济流速的范围之内，在供水管网设计选择经济流速时应注意解决以下问题：

（1）设计人员在进行具体的设计工作时应做到因地制宜，不可拘泥于规范或设计手册中界定的经济流速。由于各地自来水公司的水厂位置、管网总体布局以及经济发展水平、所在地地形地貌、管网建设费用和用电价格等因素的不同，即使同一城市随着社会技术进步上述因素之间关系也会发生变化，规范中所说的经济流速具体到不同城市并不一定适用，而且在供水压力可以满足的条件下，建议选用较大的流速，不仅可节约建设费用，而且有利于防治供水二次污染。

（2）适当提高管道流速，尽量缩短自来水在管网中停留时间。因为社会经济发展、人民生活水平提高，自来水用户对供水的要求不再仅仅是有水用，而是提高到用好水的阶段。如果管道长期处于低流速状态之中，则管内更易沉积物质；自来水在管网中停留时间的长短直接影响自来水到户水质。研究表明，自来水在管网中停留时间 T 与黄水产生和余氯的消耗成正比。自来水在管网中停留时间越长，余氯的消耗越大，水中的铁、锰离子越容易被氧化以沉积物方式附着于管道内壁，一旦管网内产生紊流或流速、流向变化，就会出现黄水现象，产生二次污染。

（3）注意平衡投资和运行费用之间的关系。近年来随着水务市场化进程的推进，供水企业产权、投资主体和经营主体关系的理顺，供水企业将更加重视管网建设与运行费用之间的最优化产出，传统的市政管网低流速设计重运行轻投资的不平衡做法不再符合地方的经济利益，应对建设和运行费用进行综合分析，找到建设和运行费用之间的最佳结合点。

（4）注意解决规划与现状结合的问题。因城市管网不可能按初期供水的流量、流速进行设计建设，而是随流量逐渐增加而不断进行更换的。一般从较长时间考虑，按规划年限的供水量（有的还按远期规划年期供水量）一次性进行设计和铺设，而且是按规划年限的最大日、最大时供水量来确定管径的大小。因此在未到达规划年限供水量时，管网内的流量和流速均偏小，特别是运行初期的起始流速更小，则影响和危害就更大。在实际的工作中，这种情况不可避免，由此产生的问题需要通过日常运行管理来解决，这就对供水管网运行调度提出更高的要求，在工程设计时就应考虑管网运行调度的需要，布局各类监测点，收集包括流量、压力、余氯、浊度等数据，在技术条件允许的情况下，还可以对管网进行动态监测，一旦发现某段管网水质变差，可以立即实行管网调度、管道排污等手段防止管网内出现二次污染。

6.3.2 供水管网布局的设计

供水管网系统是一个由各种管道、泵站、水塔、调节阀（阀门、减压阀、检查阀）等多种设施构成的水输送系统，通过系统的合理设计及运行管理，可以节约大量工程投资，减少管网二次污染，提高企业经济效益和现代化科学技术水平。如何结合区域位置、产业布局、地块性质及供水企业的运行成本和管理规程等因素，进行管网优化布局，这些都是管网设计人员迫切需要解决的实际问题。

要防止供水管网内自来水二次污染的形成，一方面要使自来水在管网内保持合理的流速；另一方面要选择最优的线路，找出最短路径，减少停留时间。还有很重要的一点就是要提高管网运行的可靠性，减少管网事故的发生。研究表明，绝大部分突发性的二次污染是由于管网事故时维修停水、阀门启闭使管网水产生紊流导致管壁上的铁、锰氧化沉积物被搅动引起的；而且由于埋地供水管道可能浸没于污水中，当管道或阀门渗漏时，一旦管道失压，外部污水进入管道，也会引起二次污染。因此在市政管网的设计时要在符合相关规范的基础上注意解决上述两大问题，并且要随着城市的发展，提出供水管网布局设计的新思路、新方法。

1. 供水管网最优路径的设计

(1) 供水管网优化设计的计算机应用

随着计算机的出现及其应用软件的发展，给水管网优化计算有了很大的发展，在理论及算法上日趋完善。对于给水管网优化问题，国内外给水管网研究工作者已做了大量的研究和探索工作，并取得了丰硕的成果。20世纪70年代中期，利用计算机进行给水管网水力计算的理论和方法在大学和研究机构得到了广泛而深入的研究，成功地开发了许多专业应用软件，如美国Kentucky大学Wood-Charles程序（1972），美国Utah州立大学Jeppson程序（1976），并由软件开发公司推出一些程序，如FAAST、WATSIM（1974）等。我国也随之开始从事这方面的研究，并推出一些实用程序，如给水管网水力计算程序747、749、7512、767等程序（同济大学杨钦教授等），为我国给水行业计算机应用奠定了十分重要的基础。80年代，软件开发走向商品化，并开始重视拟稳定状态水力模拟系统和GIS、CAD技术开发和应用。这一时期典型的程序系统如AQUA（Akron大学，1985）、WADISO（Gessler-Walski，1985）。90年代是软件系统蓬勃发展的时期，出现了大量的商品化软件，如PIPE-FLO、WaterMap、FAAST-3、KYPIPE2、EPANET、WATNET、H2ONET、8M、STONER、SynerGEE等，在国内，同济大学开发完成的软件有HYPNW（1992）、WPNCAD（1994）、WDOC（1998）、WPNCAD（1998）等。各类应用软件向着智能化、图形化方向发展，并为用户提供方便的界面和强大的功能。以管径优选法（Loubser和Gessler，1990）和遗传算法（Murphy、Simpson和Dandy，1993）为代表的优化算法可能会是管网优化技术真正走向市场的途径，以拟稳定状态模拟技术（Gessler和Walski，1989）进行管网系统优化调度，也已开始了工程应用和软件商业化阶段。

在进行新建或扩建管网的规划设计和初步设计时，通过管网优化设计计算，可以使其达到在投资（管径）及常年运行费用（水泵扬程）最小，满足用户对水量和水压要求的情况下，得出最优的管网布局方案。

(2) 一种新的供水管网布局形式——供水管网的高速公路模式

随着我国社会发展，城市化水平日益提高，城市供水范围也得到了前所未有的发展，目前，大多数城市的用水已进入快速增长期，水已成为制约许多城市迅速发展的关键因素之一。以浙江省宁波市为例，到2010年供水的范围将由现在的城市建成区扩展到郊区的乡镇和工业区，原先各自为政的乡镇水厂将基本取消，通过大型水厂和管网系统的建设，实现城乡一体化供水，这对城市供水管网系统的布局提出了新的要求。如果按照传统的管网设计方法，出厂水输送至距离水厂远端的用户需要通过几十公里的管网，自来水将在管网内停留很长的时间，水质和水压都无法得到保证，或者通过中途加压和加药的方法予以解决，但将需要巨大工程投资和运行费用。而且在城市化进程中管网规划和布置的一个重要问题是，当城市的发展重心、投资方向、城市规划、或供水规模发生变化时，按常规方法所设计的管网，由于无法解决优化及对条件变化适应性的矛盾，使设计、管理及施工部门常常处于被动的"修补"地位，从而出现道路的多次"开膛破肚"，造成大量的破坏和人工及资源的浪费。于是，为了解决这些城市供水发展过程中出现新问题，一种新的供水管网布局形式——供水管网的高速公路模式被提了出来。众所周知，高速内环或外环道路，可以大幅度地提高一个城市的交通运输能力，其投资/效益比是相当高的。高速环线之所以能够提高运输能力，主要原因是提高了车速。基于这一思路，供水管网设计的高速公路理论应运而生，它可以将布置于城市边缘的水厂水通过供水高速环线快速输送到城市的各个区域，大大缩短管网停留时间，保证管网水质。在供水高速管网的规划及定线时，应注意以下3个方面：

1）对大中型城市，环线布局应选择城市外围，满足城市向外扩展的需要，在环线上，使环线只与干管相连，不与支管相连，这样在水力上可以减小局部水头损失的影响，在技术上可以避免大口径管线与小口径管线的连接，节省投资。

2）水流从环线上下来后，通过支管连接到用户，这时可使这些支管尽量缩小，提高流速，满足最小水压的要求即可，因为城市供水的快速增长主要来自于城市规模的不断扩大和新增工业、企业的发展，而在市区内，由于人口和工业布局的相对稳定，用水量的变化比较小。

3）在环线规划时，应注重考虑到远期用水量的增长，使之满足远期的供水要求，而无需考虑远期供水的方向，从而避免由于供水重心的变化而造成管网的大变动，使管网的适应范围更广。

应用实例：

供水高速环线形式在国际上已有成功应用经验的有英国伦敦，它是世界上最大的供水环网。国内的某市在全国首次应用高速环线理论正在建设城市供水环网工程（见图6-2）。

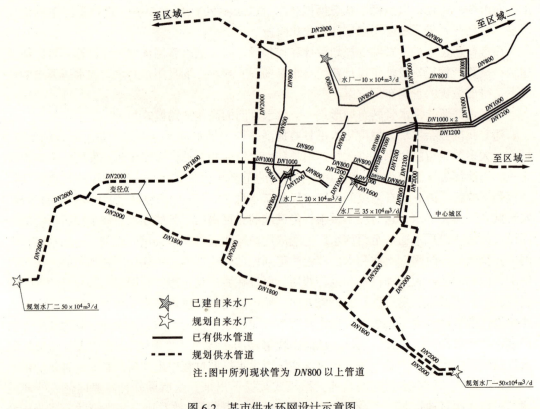

图6-2 某市供水环网设计示意图

由于该市的水资源主要集中在南部丘陵山区地带，为充分利用水库水头，节约能源，规划的两座 50 万 m^3/d 的大型重力流水厂也相应布置于城市南侧外围，而经济发展的重心在城市的东西方向，输水管网在规划时除保证向中心城的正常供水外，在某厂或管道出现事故时，还应能较好地进行其他水厂水量灵活调度，满足事故用水要求。按照上述供水发展情况，应用高速环网理论，建设"南水北调"输配水环网，可以解决以下几个问题：

a. 适应水厂供水和各区域用水量的要求，保证供水压力和安全供水，而且环网安全性高，调度灵活，配水条件好，可使各区域供水压力趋于平衡；

b. 环网建成后，现有市区配水主管可与环网联通，满足中心城区水量、水质要求，减少中心城配水管的新建和改造工程量；

c. 随着城市的快速发展，城市的供水格局发生变化，环网能较好适应这一变化；

d. 增加城市多水源供水的配水能力，提高输配水安全性，保证管网供水压力。

通过反复选址和精确计算，该市的供水环网工程布局为：沿东世纪大道—同三国道（管径 DN2000），沿南大道（管径 DN1800），沿西机场路（管径 DN2000），沿北外环线（管径 DN2000），环网全长 47.30km。根据规划，环网的总供水规模为 96 万 m^3/d，分别由城市南部的 3 座水厂供水，向该市中心城区、东部新城、南郊地区、西北部地区和东北区供水。

对供水环网进行水力模型工况校核，2010 年及 2020 年最大用水时主干管环网上压力最低值均大于 0.30MPa，供水系统中所有点的压力均大于 0.24MPa；事故时的流量为最大用水时的 70%，针对 2020 年管网分别进行 15 种事故工况校核，校核结果表明：主干环网上压力最低值均大于压力 0.30MPa，供水系统中所有点的压力均大于 0.24MPa，满足供水要求。因此，针对该市多水源供水系统实际情况，采用供水主干管环网的供水布置形式，有其明显的优越性，它不仅可以快速地将优质的出厂自来水输送到城市的各用水区域，保证城市的供水水质，而且方便了该市供水系统日常的运行调度和管理，更重要的是对于一个发展迅速的城市而言，它具有较强的适应性。

2. 提高供水管网运行可靠性的设计

(1) 供水管线与城市地下管线综合管廊结合布置

自 18 世纪中叶巴黎在建设下水道的同时在下水道内敷设其他市政管线，形成了综合管廊的雏形以来，综合管廊在国外发达国家的城市建设中被普遍采用，因此他们的很多城市道路非常整洁，地面基本上看不到各种各样的检查井，包括自来水在内的市政管线都布置于综合管廊之内。与综合管廊相比，传统的管线布置方式存在很大的弊端，比如检查井多、影响城市环境和城市景观，且井盖容易被盗缺失，造成安全事故，维修改造路面开挖影响正常的交通，被市民戏称为马路的"拉链现象"等，这些弊端对于那些经济比较发达的以国际化、现代化为目标的大城市来说是非常不利的，而采用综合管廊来布置这些市政管线，可以有效地解决上述弊端。因此，国内那些经济比较发达的大城市在新城建设或具有特殊经济地位的旧城改造区域，已经将地下管线综合管廊的设计建设提到议事日程，国内已经建设完成或在建的有北京中关村西区、深圳福田中心区、广州大学城、宁波东部新城等区域的综合管廊。规模较大的北京中关村西区综合管廊结合地下商业空间开发，全长 1.9km，平均深 12m，最深处达 14m，管廊分 3 层，最上层为长达 1.5km 的单向双车道，它将直接通往各楼座地下车库和公共停车场，目前已经基本完成；第2层铺设热力、煤气、给水、电力、电信5种管道；第3层为停车场和各部门的管理、办公用房。布置于综合管廊中的供水管线，对于防止供水二次污染主要有以下好处：

1) 便于检修或改造扩建，延长管道的使用寿命，有效减少因管网事故导致的供水二次污染。

2) 在开发期限较长、近远期用水量相差很大的区域，在必要的时候还可以考虑预留管位，避免为满足远期用水量而敷设大口径管道造成近期管道内流速过低导致二次污染。

3) 在南方地下水位较高的城市，直接埋地安装的给水管道有可能出现浸没在污水中的现象，当管道或阀门有渗漏时，一旦管道失压，外部污水进入管道，也将引起二次污染。而敷设于管廊内的给水管道可以杜绝这类二次污染。

图6-3和图6-4是两个典型的综合管廊的断面，可以把自来水、热力、电力、中水和电信等综合管线都纳入此综合管廊。

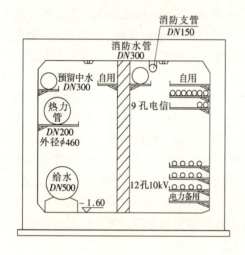

图6-3 综合管廊的典型断面1

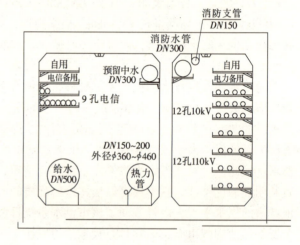

图6-4 综合管廊的典型断面2

(2) 市政供水管网的复线布置问题

在城市市政供水管网的设计中，一般很少考虑沿道路两侧铺设复线，但在交通繁忙、重型车辆密集、道路横断面较宽路段（规范规定大于50m）的路段，如果条件允许的话可考虑铺设复线，在投资略高的情况下，可以减少横穿马路的管道，降低事故发生概率，因为数据表明敷设于快车道下的管道最容易受到外力破坏，同时可以减少检修阀井的设置，简化管网系统，缩小事故时管网停水范围，将由于事故引起的管网二次污染影响面降低到最小程度。

(3) 居住小区双路供水环网设计（见图6-5）

居住小区供水双水源环网设计有利于保持水质，俗语说"流水不腐"，如小区均为树枝网，则树枝网的各末端部分，水经常不流动，一方面容易沉淀、结垢；另一方面细菌、微生物容易生长繁殖而使水变差受污染；到晚上某一时段，可能出现整个小区或某一范围不用水，则整个小区管道或较大范围内的管道水不流动，成为"死水"，产生沉淀和细菌

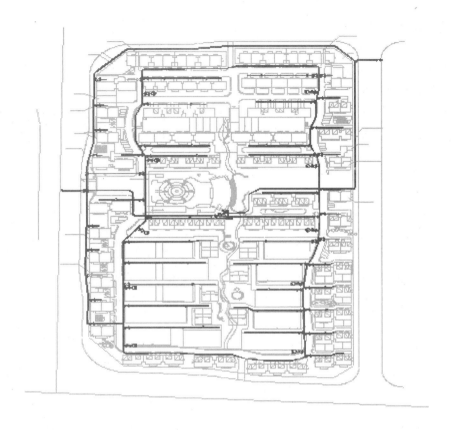

图 6-5 居住小区环状供水管网设计一例

繁殖，第二天清晨集中用水时，水量和流速增大，被沉淀的污物被冲起，使水龙头出水水质变差。单水源、树枝网会造成水质被二次污染的较多因素，如果设计成环网、双水源供水，则小区内管道里的水始终是流动的，至少是较缓慢流动（某一时段），则水质污染会大大减轻。

这样设计还有其他几大优点：

1）单向、单根接入居住小区供水，一旦入小区输水管出现问题（如破裂、维修、更换等），则整个居住小区均停水而无水用；如小区内某一输水支管出现问题，则该输水支管范围内的住户均停水，供水很不安全。如设计成双水源供水（即两个方向或对角线方向从城市管网引入两根输水管入小区），并把小区内管道连成环网，那么不论两根输水管中哪一根损坏或出问题，仍有一根进水管供水，保证了小区供水的安全可靠性；假如小区内某一根输水支管出了问题，因是环网、多方向供水，只要关闭有关阀门，可能不会停水或停水范围很小。因此从供水的安全性来说，居住小区应设计成双水源供水，并设计成环网。

2）有利于保持供水压力均匀。单水源、树枝网供水，会造成同一小区内供水压力不均匀。一般起端（接入小区管道处）压力较大，在小区供水管道末端处压力低。有些小区（城市管网末端）的管道末端，在夏季用水高峰时，三楼水龙头的流量非常小，甚至某一时段会出现断流。如果设计成环网、双水源供水，则原来小区内的管网末端变成了起始端，上述现象和问题就会消失，整个居住小区供水压力相对较均匀。

3) 有利于消防。单水源、树枝网不利于消防：按照规范要求，小区内每隔一定距离要设有消火栓。小区内如发生火灾，救火车能进入小区的，一般均使用小区内消火栓灭火。单水源、树枝网供水，有时流量和压力会不能满足消防时的要求。假如能满足（或基本满足），则整个小区内供水压力会大幅度降低，很多用户就用不到水。如果设计成双水源供水或环形管网，则水量、水压不仅能满足消防灭火的要求，而且消防时基本上不会影响用户用水，或者影响的面很小。

(4) 供水管段埋深的设计

供水企业出于维护和造价的考虑，在满足冰冻和荷载的情况下，一般不愿意增加管道的埋设深度，但城市管线综合规划的原则为"有压让无压"，规划部门在处理管线交叉时，一般要求供水管道避让其他管线，而实际工作中如果供水管线需要频繁穿越其他管线，会造成管道的上下起伏，不仅会增大水头损失，还会增加很多的管件和安全隐患点。因此我们认为在综合管线比较复杂的情况下，供水管道的埋深设计应统筹考虑，宁可初期投入稍微增加一些，适当增加埋设深度，不仅可以使管道敷设顺畅，而且统计表明，较厚的覆土有利于管道的安全。

(5) 供水管道防止水锤和空气破坏的设计

水锤是供水装置中常见的一种物理现象，它在供水装置管路中的破坏力是惊人的，对管网的安全平稳运行是十分有害的，容易造成爆管事故。水锤的产生往往是当阀门或水泵突然关闭时，由于水的惯性大，撞在管壁、弯头、阀门上产生水击现象，水击时使管道振动，造成管道中的局部压力很大，超过正常水压力的几倍甚至几十倍造成的。根据Joukowsky公式

$$h = \frac{av}{g} \tag{6-5}$$

式中　h——水锤压力；

　　　v——管道内水流速度；

　　　g——重力加速度；

　　　a——水锤波的传播速度，主要与阀门前的动水压 p 有关，水压 p 越高，a 值也越大（通常值：p 为 0.1MPa 时，$a = 665$m/s；p 为 0.3MPa 时，$a = 717$m/s；p 为 0.6MPa 时，$a = 777$m/s）。

例：管道正常工作压力为 0.3MPa，流速 v 为 2m/s 时，阀门关闭时，若水锤波 a 为 717m/s，则出现的水锤压力 $h = av/g = 717 \times 2/9.8 \approx 147$m（1.47MPa）约为正常工作压力的 5 倍，在设计时如不预先考虑，一旦出现此类情况，很容易使管道发生破裂，后果非常严重。

消除水锤现象除要在阀门、水泵的启闭时注意延长开关时间外，在设计时应该注意采取的防范措施有：

a. 在水泵附近供水管道上装水锤消除器或安全阀，进行泄水减压。

b. 在泵的出水管道上安装缓闭逆止阀，延长时间，进行缓闭减压，适用于压力 1MPa 以下，管径在 $DN200 \sim 1200$ 的管道，并在止回阀前设置旁通和自动排气阀。

c. 通过水锤计算，正确选择管道的直径、壁厚和泵、阀的型号与规格，适应管道的

运行状况。

管道中的空气是管道事故的另一大诱因,当管道竣工或完成检修作业通水时,未排净的空气混合在水流中,还有溶解的空气由于压力变化可能释出等原因,使管道内有气囊存在,其危害是:在气囊处压缩的空气产生较大的瞬时压力,引起管道的破裂。主要会造成两类事故,一是管道中压力发生变化时,压缩气囊瞬时膨胀使管道中产生水锤引起爆管;二是减少水流的过水断面,增加输水过程中的水头损失,造成管道流量达不到设计标准甚至断水。为防止管路造成气囊,在设计中应注意解决的问题有:

a. 选择性能良好的排气阀,普通排气阀与高质量的排气阀的差价对于一个工程来说微不足道,但如因排气不畅所带来的后果是非常严重的。

b. 排气阀设置标准:设置于管道中的凸起部位,管段如无中间凸起,则设置于管段的高端。

c. 大口径管道排气阀设置时宜在阀前设置排气三通,便于在管道初次通水时通过人工进行排气,防止因自动排气阀排气不畅在管道内形成气囊。

6.3.3 如何防治管网末梢死水

无论是城市管网,还是居住小区的管网,其管网末梢、死角、消火栓处短管段、预留管道和接入用户的管段等,沉积物(结垢、泥垢、污垢)较多,在这些不流动的"死水区",水中余氯含量大大减少,多数为零,微生物细菌繁殖、浊度增加,4项常规指标显著降低(多数为不合格);当管道抢修需要快速启闭阀门时,会对管网中的某些管段内水的流向发生较大扰动,在一定程度上会急剧改变水的流动状态,会使管内的沉淀物冲刷起来,或使"死水"在水流作用下流动起来,使水质变差,甚至恶化,形成二次污染。因此在设计时应考虑如何防治管网内形成末梢死水。

1. 对于用水量变化较大,而设计时必须按最大秒流量进行计算的用户管段,特别是消防专用管道,可能几年都用不上一次,很容易形成死水区,一旦停水时,这段"死水"会倒流入城市输配水管网造成水质污染,在设计时必须考虑在与输配水连接前设置倒流防止器,倒流防止器的具体设计使用详见本章6.6节。

2. 在树枝状配水管网的设计时,如果没有消防要求,配水管网应随用户数量的减少逐渐缩小,末端用户连接应采用下图6-6的形式,不要用下图6-7三通加堵头的形式。

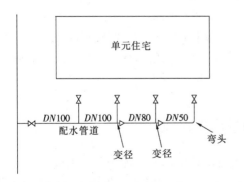

图6-6 配水支管正确连接方式

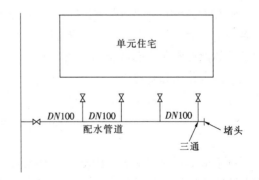

图6-7 配水支管错误连接方式

3. 在管网末端和死水区设计安装排污口

供水管网系统中末端管网和死水区在所难免，需要在日常的管理中予以解决，因此应在这些管段设计管道排污口。排污口应就近河流布置，便于排水操作，如附近没有河流可以排入，可以考虑排入附近的雨水管道，但与给水管道排污管相连的雨水井（见图6-8），应该进行适当加固，以防止排水时冲刷损坏。无论排入河道还是雨水管道，都应在排污口设置倒流防止器，防止管道事故或操作失误时将河水或雨水管内的污水吸入。在一般居住小区的树枝状配水管网中，可以在末端设置消防栓，以备在必要时进行排污。

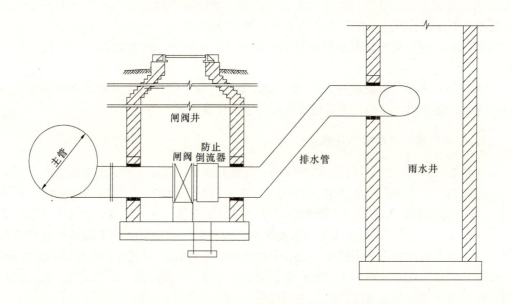

图6-8 给水管道排污口接入雨水井的一种设计图

4. 不要在输配水管道上预留太多接口，一般每一个预留口三通连阀门和法兰短管的长度都在2m左右，每预留一个接口，就会产生一段2m的死水，因此在设计时对不是很明确在近期用水的地块不要预留接口，必要的话可以结合消火栓进行布置，因为规范规定配水管网上每120m要设置一个消火栓，接入管口径不小于$DN100$，如果今后附近地块需要用水，完全可以从消火栓后接水，无需输配水管网上重新停水接管。

5. 用户终端的水龙头、阀门设计应用耐腐蚀的水龙头和阀门管件，因为水龙头处存在多种水—固、气—固、水—气界面，水腐蚀和大气腐蚀同时进行，材料损耗速度快，特别是老的镀锌水龙头腐蚀更为严重，所以为防止在用户终端水质恶化，应推广应用耐腐蚀能力强的水龙头和阀件。

6.4 供水管网施工及验收

对于给水管道的施工，国家已经有比较完善的规范标准体系，现行主要规范有《给水排水管道工程施工及验收规范》（GB 50268—97）、《给水排水管道构筑物施工及验收规范》（GBJ141—90）、《埋地给水钢管水泥砂浆衬里技术标准》（CECS 10—89）、《现场设备、工业管道焊接工程施工及验收规范》（GB 50236—98）等管道专业的施工规范和其他结构、地基处理等方面的通用规范，在给水管网的施工过程中都必须严格遵守，同时为防止在管道施工过程中或由于施工不当引起管网水质的二次污染，在施工过程中还应注意以下的一些事项。

6.4.1 管道施工过程的质量控制

1. 建立健全完善的项目质量保证体系

管道工程的质量控制是一个系统工程，对一些大型的工程项目要求建设单位运用以项目为对象的系统管理方法，通过组成一个临时性的专门的项目管理组织网络，对项目进行高效率的计划、组织、领导和控制，以实现项目全过程的动态管理和项目目标的综合协调与优化，确保工程的进度和质量控制。

建设单位在确定供水管道工程的施工单位后，首先要督促施工单位按照《建设工程项目管理规范》（GB/T 50326—2001）要求建立完善的施工单位层面的项目管理体系，一个施工项目的管理班子至少应包括项目经理、技术负责人、工程施工、质量管理、安全管理、材料管理等部门和专职人员，各行其职、相互监督，确保工程的施工质量。

2. 施工前的准备工作

（1）由建设单位组织设计、施工、监理单位进行设计交底，施工单位应提前对施工图纸进行审查，如施工图有错误，应及时向设计单位提出变更设计的要求。

（2）施工单位在管道工程施工前，应根据施工需要进行调查研究，掌握管道沿线的地形、地貌、建筑物、各种管线和其他设施的情况、工程地质和水文地质资料、工程用地、交通运输及排水条件、施工供水、供电条件、工程材料、施工机械供应条件等；在地表水水体中或岸边施工时，还应掌握地表水的水文和航运资料；在寒冷地区施工时，尚应掌握地表水的冻结及流冰的资料。

（3）编制工程施工组织设计。施工组织设计的内容，主要应包括工程概况、施工部署、施工方法、材料、主要机械设备的供应、保证施工质量、安全、工期、降低成本和提高经济效益的技术组织措施、施工计划、施工总平面图以及保护周围环境的措施等。对主要施工方法，尚应分别编制施工设计。施工组织设计必须经监理单位审核同意后方可实施。

3. 管道接口的施工要求

在给水管网系统中，大大小小的各种连接接头很多，有管道与管道的连接，有管道与三通、异径管、弯头、闸阀、单向阀的连接，连接的方式有胶圈、焊接、熔接、机械连接等，这些连接接头施工中不但要保证连接可靠不漏水，还应注意它的连接平整度和缝隙，因为施工中造成的接头处缝隙，将会产生微生物、沉淀、结垢等多种污染。因此在管道施工工程中应尽可能做到管道接口无缝隙，涂层不剥落和内壁不损坏，以防止接头处对水质的污染。在施工时要注意做到以下几点：

（1）做好技术交底，要求施工单位和施工人员提高认识，管道接头处不仅是要牢靠不漏水，还要保证不使水质受到污染或尽可能减少污染。

（2）承插接口的管道，在安装前要注意检查管口有无毛刺或杂物，橡胶圈有无扭曲、裂纹现象，使用的润滑剂必须是无毒材料，管道推入承口后要用探尺伸入承插口间隙检查胶圈位置是否正确。

(3) 各种接口材料应符合规范规定,圆形橡胶圈应符合国家现行标准《预(自)应力、自应力钢筋混凝土管用橡胶密封圈》的规定;水泥宜采用 425 号水泥;石棉应选用机 4F 级温石棉;油麻应采用纤维较长、无皮质、清洁、松软、富有韧性的油麻;铅的纯度不应小于 99%。

(4) 露天或埋设在对柔性接口橡胶圈有腐蚀作用的土质及地下水中时,应采用对橡胶圈无影响的柔性材料,封堵住外露橡胶圈的接口缝隙。

(5) 管道之间或管道与配件等连接处不要产生缝隙,如接头不能完全吻合,互相间存在缝隙,则应采用不会污染水质的填料加以填平,并做到平整、光滑。

(6) 管道内、外防腐层遭受损伤或局部未做防腐层的部位,下管前应修补,修补后的质量符合规范要求,在施工过程中如接头处有内衬涂料脱落,则应采用相同内衬材料加以涂上,涂层也应平整、光滑,厚度保持一致。

(7) 管道运输过程或安装的工作中断时,应注意用堵头将管口封住,以防止异物进入,在施工过程中要及时将施工产生的砂浆、焊渣、施工器具和进入管道的杂物清理干净。

(8) 接头处如有管道及配件内壁破损,则破损处应给予补好。接头处的管内壁常受到破损,这对钢管、铸铁管、球墨铸铁管来说都会产生锈蚀,形成锈垢,使水变色;水泥管、预应力混凝土管会产生致水浑浊及增加砂粒等;对于塑料管、复合管会分解出不利于人体健康的有害物质,造成水质污染。

4. 严格控制管道的标高,防止形成气囊

根据有关理论计算,管道内存留的气囊引起的气爆压力最高可达 20~40atm,其破坏力相当于静压 40~80atm,对管道的破坏力是非常大的,钢管、球墨铸铁管等性能良好的管道也不能幸免,因此设计时都会在管道的隆起处设置自动排气阀,以排泄积聚在设计管道隆起处的气囊。但是在实际的施工过程中很多施工人员认为给水管道是压力管道,对标高的控制无需象重力流管道这样严格,在安装时有一定的随意性,随意地提高或降低标高来避让障碍,导致原本设计平顺的管道出现起伏,而这些起伏在设计中又没有考虑,隆起处也没有设计自动排气阀,在管道运行后因空气无法排出而形成气囊,对管道的安全运行产生隐患。因此,在管道施工时,施工人员一定要注意严格安装设计标高进行施工,防止因施工不当造成在管道中积聚气囊而造成管道破坏,如必须变更标高,也应经设计单位同意,并在隆起处安装自动排气阀。

5. 注意管道内防腐材料使用和施工质量,防止防腐层渗出对水质产生二次污染

水泥砂浆是我国目前铸铁管和大口径钢管常用的衬里材料,据美国自来水协会杂志(AWWA)报道,如果处理不当,水泥砂浆衬里会造成溶解物质提高,同时产生致浊物,硬度有一定变化,有 NH_3 渗出等。砂粒等被剥落沉积在管内,会成为微生物的生长点;沥青等衬里防腐如选用不当,或操作不规范,不能均匀地涂在内壁上,再加上涂层来不及吹干就匆忙施工等,可能导致水中苯类、挥发性酚类总 α、β 放射性等指标增大而污染水质。因此在施工时必须保证水泥砂浆内防腐层的材料质量应符合规范规定,不得使用对钢管及饮用水水质造成腐蚀或污染的材料;使用外加剂时,其掺量应经试验确定;砂应采用坚硬、洁净、级配良好的天然砂,除符合国家现行标准《普通混凝土用砂质量标准及检验方法》外,其含泥量不应大于 2%,其最大粒径不应大于 1.2mm,级配应根据施工工艺、

管径、现场施工条件，在砂浆配合比设计中选定；水泥应采用425号以上的硅酸盐、普通硅酸盐水泥或矿渣硅酸盐水泥；拌和水必须采用对水泥砂浆强度、耐久性无影响的洁净水。水泥砂浆抗压强度、裂缝宽度、沿管道纵向长度、塌落度要符合《给水排水管道工程施工及验收规范》（GB 50268—97）和《埋地给水钢管水泥砂浆衬里技术标准》（CECS 10—89）要求，水泥砂浆衬里厚度及允许公差见下表6-3。

水泥砂浆衬里厚度及允许公差　　　　表6-3

公称管径 (mm)	衬里厚度（mm）		厚度公差（mm）	
	机械喷涂	手工涂抹	机械喷涂	手工涂抹
500～700	8		+2 / -2	
800～1000	10		+2 / -2	
1100～1500	12	14	+3 / -2	+3 / -2
1600～1800	14	16	+3 / -2	+3 / -2
2000～2200	15	17	+4 / -3	+4 / -3
2400～2600	16	18	+4 / -3	+4 / -3
2600以上	18	20	+4 / -3	+4 / -3

6．尽量减少不同管材之间的连接，减少管件的使用

管道的连接处是管网系统的一个薄弱环节，管道破损漏水大量发生在管道及管配件连接的接口处，特别是不同材质管道之间的连接处，因此在施工时要尽量减少不同管材之间的连接，较小的转折应利用管材自身允许的借转角度进行调整，减少管件的使用，球墨铸铁管和聚乙烯（PE）管道在施工时可以借助接口或自身的材质特性进行弯曲的角度见下表6-4和表6-5。

球墨铸铁管沿曲线安装接口的允许转角　　　　表6-4

接口种类	管径（mm）	允许转角（°）
刚性接口	75～450	2
	500～1200	1
滑入式T形、梯唇形橡胶圈接口及柔性机械式接口	75～600	3
	700～800	2
	≥900	1

聚乙烯（PE）管道允许弯曲半径　　　　　表 6-5

管道公称外径 DN（mm）	允许弯曲半径（mm）
DN≤50	30dn
50＜DN≤160	50dn
160＜DN≤250	75dn
250＜DN≤400	100dn
400＜DN≤630	125dn

7. 注意附属工程阀门井的施工质量

在给水管道的施工时，施工人员往往会比较重视主体工程的施工质量，重点关注管道的质量，而建设单位和监理单位往往也偏重于管道强度和严密性的验收，而忽视阀门井等附属工程的质量把关。但实际上如果阀门井的质量不好出现渗漏的话，一些安装在井中的埋地的自动排气阀被污水浸泡，当管道排水出现负压时，自动排气阀就会将井中的污水吸入管内，造成水质污染。为防止因此而产生的水质二次污染，在施工时应同样关注管道附属工程的质量，要保证井室的施工严格按照规范要求进行，达到设计的强度和抗渗漏要求。

6.4.2 管道强度、严密性试验和清洗消毒

1. 管道的强度及严密性试验

给水管道工作压力一般都大于 0.1MPa 时，应按规范的规定，必须进行压力管道的强度及严密性试验，强度及严密性试验应在管道全部回填土前进行。水压升至试验压力后，保持恒压 10min，检查接口、管身无破损及漏水现象时，管道强度试验为合格。强度及严密性试验的具体步骤和注意事项应符合《给水排水管道工程施工及验收规范》（GB 50268—97）规定。在进行管道水压试验时，还应注意以下事项：

（1）管道灌水应从下游缓慢灌入，以利于将管道的空气排出。

（2）试验管段内如有混凝土支墩或采用混凝土支墩后背，则压力试验必须等到混凝土支墩强度达到设计要求之后方可进行。

（3）试验压力不得超过设计规定，以免使混凝土支墩发生位移，对管道和各种附属设施产生损害，反而影响工程质量和使用寿命，甚至出现安全事故。

（4）在管道升压过程中，要特别注意防止管道中空气的影响，如果管道内存气过多，在开始注水升压时，压力上升缓慢而且不稳，而停泵压力下降缓慢，可能掩盖管道的漏水问题，因此，发现这种现象时，应重新排气后再升压。管道水压试验的试验压力应符合表6-6 的规定。

管道水压试验的试验压力（MPa）　　　　　表 6-6

管材种类	工作压力 P	试验压力	管材种类	工作压力 P	试验压力
钢 管	P	P+0.5 且不应小于 0.9	预应力、自应力混凝土管	≤0.6	1.5P
铸铁及球墨铸铁管	≤0.5	2P		＞0.6	P+0.3
	＞0.5	P+0.5	现浇钢筋混凝土管渠	≥0.1	1.5P

管道严密性试验时，不得有漏水现象，且实测渗水量小于或等于表6-7规定的允许渗水量；当管道内径大于表6-7规定时，实测渗水量应小于或等于按下列公式计算的允许渗水量：

钢管： $Q = 0.05\sqrt{D}$ (6-6)

铸铁管、球墨铸铁管： $Q = 0.1\sqrt{D}$ (6-7)

预应力、自应力混凝土管： $Q = 0.14\sqrt{D}$ (6-8)

式中 Q——允许渗水量（L/(min·km)）；

D——管道内径（mm）。

压力管道严密性试验允许渗水量 表6-7

管道内径 DN (mm)	允许渗水量（L/(min·km)）		
	钢 管	铸铁管、球墨铸铁管	预（自）应力混凝土管
100	0.28	0.70	1.40
125	0.35	0.90	1.56
150	0.42	1.05	1.72
200	0.56	1.40	1.98
250	0.70	1.55	2.22
300	0.85	1.70	2.42
350	0.90	1.80	2.62
400	1.00	1.95	2.80
450	1.05	2.10	2.96
500	1.10	2.20	3.14
600	1.20	2.40	3.44
700	1.30	2.55	3.70
800	1.35	2.70	3.96
900	1.45	2.90	4.20
1000	1.50	3.00	4.42
1100	1.55	3.10	4.60
1200	1.65	3.30	4.70
1300	1.70	—	4.90
1400	1.75	—	5.00

管道内径小于或等于400mm，且长度小于或等于1km的管道，在试验压力下，10min降压不大于0.05MPa时，可认为严密性试验合格；非隐蔽性管道，在试验压力下，10min压力降不大于0.05MPa，且管道及附件无损坏，然后使试验压力降至工作压力，保持恒压2h，进行外观检查，无漏水现象认为严密性试验合格。

2. 管道的冲洗消毒

给水管道通过强度及严密性试验后，在投入运行之前必须进行冲洗消毒。冲洗时应避开用水高峰，以流速不小于1.0m/s的冲洗水连续冲洗，直至出水口处浊度、色度与入水口处冲洗水浊度、色度相同为止。冲洗应尽量安排在夜间用水量较少时进行，冲洗前应制订详细方案，并通知有关水厂和受影响的用户，必要时可要求水厂配合在冲洗时段适当提高出厂水压力，加快冲洗速度。距离较长的管道应分段冲洗，不要将管道上所有的排水阀同时打开，应先关闭中间的控制阀门，打开前端管道的排水阀，等前面的管道冲洗干净之后，关闭前面管段的排水阀门，再打开中间控制阀门和后段管道的排水阀门进行冲洗，以确保冲洗时有足够的水量和水压。

管道完成冲洗之后，应采用含量不低于20mg/L氯离子浓度的清洁水浸泡24h，再次冲洗，直至水质管理部门取样化验合格为止。

6.4.3 供水管网验收及移交管理

工程验收是检验工程质量的最后一道程序，也是保证工程质量的一项重要措施。供水管网工程的验收包括中间验收和竣工验收，中间验收主要是检验埋在地下的隐蔽工程，包括管道及附属构筑物的地基和基础、管道的位置及高程、管道的结构和断面尺寸、管道的接口、变形缝及防腐层、管道及附属构筑物防水层及地下管道交叉的处理。中间验收记录表的格式应符合《给水排水管道工程施工及验收规范》（GB 50268—97）规定。

竣工验收是全面检验供水管道工程是否符合设计要求和工程质量标准，验收合格后工程方可投入使用。工程的竣工验收一般按以下步骤进行：

1．收集、编制竣工资料

竣工验收前，建设、监理单位和有关管理部门应核实竣工验收资料，并进行必要的复验和外观检查。竣工资料应符合建设部城建［2002］221号《市政基础设施工程施工技术文件管理规定》文件和《给水排水管道工程施工及验收规范》（GB 50268—97）规定。资料应包括：

(1) 竣工图及设计变更文件；
(2) 主要材料和制品的合格证或试验记录；
(3) 管道的位置及高程的测量记录；
(4) 混凝土、砂浆、防腐、防水及焊接检验记录；
(5) 管道的水压试验及闭水试验记录；
(6) 中间验收记录及有关资料；
(7) 回填土压实度的检验记录；
(8) 工程质量检验评定记录；
(9) 工程质量事故处理记录；
(10) 给水管道的冲洗及消毒记录。

2．工程质量检验评定

对管道的位置及高程、管道及附属构筑物的断面尺寸、给水管道配件安装的位置和数量、给水管道的冲洗及消毒、外观等项目是否符合设计要求和工程质量标准作出鉴定，并填写竣工验收鉴定书。

3．资料归档

供水管道工程竣工验收后，建设单位应将有关设计、施工及验收的文件和技术资料立卷归档。档案资料标准要符合《建设工程文件归档整理规范》（GB/T 50328—2001）规定。

4. 移交管理

供水管道工程竣工验收合格后,由建设单位移交给供水管理部门接收管理,移交前要办理相关手续,表式可参照表6-8。管理部门在接收供水管道工程正式投入前,应对整个工程的状况做全面的了解和检查,包括线路走向、阀门设置和启闭状态、预留口位置、新旧管连接和用户资料等。

供水设施管理移交单　　　　　　　　　　　　表 6-8

项目名称		批准机关及文号	
建设单位		施工单位	
设计单位		监理单位	
开工日期		竣工日期	

设施范围及设施量:
设施范围:
设施量:管道:_____ m,其中:DN _____:管道_____ m,阀门:_____只;
　　　阀门:_____只　　DN _____:管道_____ m,阀门:_____只;
　　　　　　　　　　　　　DN _____:管道_____ m,阀门:_____只;
　　　　　　　　　　　　　DN _____:管道_____ m,阀门:_____只;
　　　　　　　　　　　　　DN _____:管道_____ m,阀门:_____只。
　　　　　　　　　　　　　其他:

移交资料清单
按照接收单位要求,下列"□"内打√的资料已经交齐
1.□竣工图
2.□水压试验报告
3.□管道清洗消毒报告
4.□其他技术资料

施工质量及使用功能评价
　□满足设计使用功能
　其他意见:

建设单位意见: 负责人签字(盖章):	接收单位意见: 负责人签字(盖章):

6.5 供水管网的改造

城市给水管网中大批的给水管道由于铺设年代久远、管材本身存在不少缺陷或缺少维护导致内壁腐蚀、结垢，管道的过水面积减少，输水能力降低，并且严重地污染了水质，因此有必要对给水管道进行分期分批地改造，以改善水质，降低漏耗，增加过水能力。

6.5.1 供水管网改造的目标与原则

1. 管网改造的基本目标

（1）管网改造后，在达到最大供水能力时，能保证供水区域内的服务压力要求。

（2）管网改造能提高供水管网水质，使用户饮用的水质与水厂出厂的水质相近。

（3）管网改造能消除安全上的薄弱环节，消除易爆管段，降低管网漏失率，提高供水安全可靠性。

（4）管网改造能使管网达到优化工作状态，使输配水运行更为经济合理。

2. 管网改造的原则

（1）敷设年代较早、材质差、漏水爆管严重的管段以淘汰为主。

（2）强度较好，爆管频率低，但内壁腐蚀影响水质的管段，以改善内衬为主。改善内衬的方法以水泥砂浆内衬、环氧树脂内衬、内衬管道等几种非开挖修复方案比较而定。

（3）漏水隐患较多的管段，通常对开挖式的拆排新管、非开挖式的管道修复技术等方案比较后选择。

（4）管径较小难以满足规划水量要求的管段，则以改大或增设并列管段等方案比较而定。

（5）主要道路或主要绿带下面的管道更新改造应积极推行非开挖施工技术。

6.5.2 管网更新改造的方法概述

早期敷设的供水管道特别是未作防腐处理的灰口铸铁管内壁，在常年的运行中，由于物理、化学、电化学、微生物等的作用，在给水管道的内壁会逐渐形成不规则的"生长环"，且随着管龄的增长而不断增厚，使得过水断面面积减小、输水能力降低并严重污染水质。图6-9是某市供水管网中一根灰口铸铁管内壁的状况，管内凹凸不平，腐蚀、结垢严重。因此管网改造问题已越来越受到重视。目前供水管网的改造主要有以下几种方法。

1. 管道更换

传统的改造方法是开挖铺设一条新的给水管道，报废旧的给水管道。改造采用一系列新型管材、配件，能够有效减轻二次污染，保持良好的水质。但由于这些管道大都敷设在人口稠密、商业

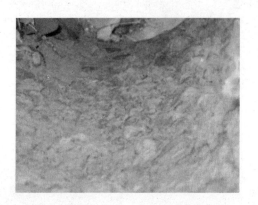

图6-9 某市一根灰口铸铁管内壁的状况

繁荣的市区，管道周边铺满了污水、雨水、煤气、热力、电力、通讯电缆等其他市政管道和设施，有部分管线上方还压着建筑物或完全被压在道路下方，采用传统的大开挖作业方式，需要大面积施工场地，会对周围环境和人们的日常生活产生极大的干扰，并需为恢复地表付出高昂的代价，各种辅助工作量和费用有时将超过工程本身，故改造工程的实施存在着相当的难度。特别是对处于其他市政管网及道路和建筑物下方的部分管段，进行大开挖更换管道简直不可能实施。

2. 不开挖修复管道

为解决上述新敷管道在施工中存在的问题，不开挖修复、更新管道技术应运而生。由于不开挖技术具有施工场地小，施工简单，对城区环境、交通等设施影响小，综合造价较低等优点，所以很快得到了广泛的应用。不开挖技术首先兴起于石油、天然气行业，主要用于油、气管道的更新修复，以后逐步应用于污水管及给水管的翻新改造中，并随着PE管等新型管材的应用而迅速推广。不开挖修复管道主要方法有：

（1）内衬管滑（拉）入衬装法。该方法将一条新的PE管在现场焊接，牵引就位，拉入到旧的管道中，同时为固定内衬的PE管，需在原有管道和PE管之间灌注水泥砂浆。

（2）无缝衬装法。该方法将直径大于或等于原管道管径的PE管衬入管道，衬装后PE管变形复原并与原有管道内壁紧紧贴在一起而无需灌入砂浆固定。

（3）管道翻衬法。该方法将具有防渗透耐蚀保护膜的复合纤维增强软管作为载体，浸渍环氧聚合物后，用水或气体作动力，将软管紧贴在旧管内，固化后在旧管内形成整体性强的光滑的管道内壁层，达到对已遭腐蚀的管道进行修复，延长管道使用寿命的目的。

（4）管道喷涂衬装法。该方法将水泥砂浆或环氧树脂作为喷涂材料，通过在卷扬机拉力作用下的旋转喷头或者人工方法将材料直接喷涂在原管道内壁以进行翻新。

（5）爆（碎）管衬装法。该方法是将碎管设备放入旧管中，由卷扬机或冲压杆拉动并沿途将旧管破碎，在碎管设备后连有扩管头（扩管头的直径大于原有旧管），一方面负责将破碎的旧管压入到周围的土壤中，另一方面将内衬的PE管拖入原管位。

6.5.3 内衬管滑（拉）入衬装法

1. 基本原理

由于聚乙烯管道具有良好的柔韧性，内外壁光滑，并且可以焊接成长管，连接处外径与管材外径相同，强度也相同，因此非常适合于做衬装工程。采用聚乙烯管衬装法更新旧管道，已成为解决城市老管道改造的最佳方案之一。

该方法是将一条新的PE管拉入到旧的管道中，内衬管前端要装圆锥扩管头以克服拉入过程中原管道的阻力，同时利用牵引绳将圆锥扩管头与卷扬机相连。在原有管段的端部要加装PE管保护圈以防在PE管拉入时被划伤。PE管衬装完后，为固定内衬的PE管还要在原有管道和PE管之间灌注水泥砂浆。一次拉入的长度可超过100m，在分支管、消火栓、阀门等处要挖工作坑并于PE管上开口以接支管。

一般内衬PE管的管径小于原有管道的管径，衬入PE管后，虽然管道的摩擦系数减小，但其横截面积也变小，故管道的过水能力可能下降10%~30%。管道拉入衬装的方法占地少，施工简单，材料来源广，施工工期短，但由于各支管开口处需开挖，因此施工工程量较大。

2. 施工方法

在开挖前,切断水源,排掉原管道中的积水,按设计位置挖掘长方形操作坑,操作坑具体尺寸视管径而定。对于小管径 PE 管,首先在工厂中用对熔焊机将 PE 管焊接好,利用管道盘轮运到施工现场。对于大管径 PE 管,可将 PE 管(一般单根为十几米长)运至施工现场,再在管线拉入前利用对熔焊机将管道连起来。焊接好一长段 PE 管道后,以 Y 字型滑轮支撑,沿管线方向布置,做好衬装准备。同时在操作坑内割掉一段原管道,置入清管器,对旧管衬装段内的固体杂物进行清扫。在被插入管段的另一端设置牵引绞车,清管后,置入一段短聚乙烯管与牵引钢丝绳连接,进行管道试衬。衬装牵引头应为锥形,并应保证足够的强度,确保牵引过程的安全顺利完成。牵引过程中,应记录衬入钢丝绳长度,万一试衬过程中意外卡住时,可以准确找到短管位置。进行试衬后检查短管有无严重划伤。如有划伤,说明清管未净,应再次清管处理,重复试衬工作。试衬通过后,再通过绞车的缓慢牵引将已焊接好的 PE 管道滑入旧管道中。原有管段端部要加装 PE 管保护圈,以防 PE 管拉入时被划伤,内衬 PE 管前端要装圆锥扩管头,以便克服原有管线的阻力。PE 管拉入后,在前后端部原有管道与 PE 管之间灌注水泥砂浆,以固定内衬 PE 管,一次拉入的长度可达几百米,在支管接入、消火栓、阀门等处要挖工作坑,人工在 PE 管上开口。

图 6-10 是内衬管滑(拉入)衬装示意图。

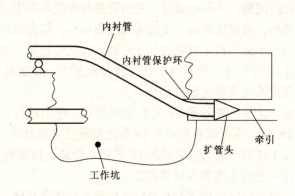

图 6-10 内衬管滑(拉入)衬装法示意图

6.5.4 无缝衬装法

1. 基本原理

该法是将直径大于或等于原管道管径的 PE 管衬入管道,衬装后 PE 管变形复原并与原有管道内壁紧紧贴在一起而无需灌入砂浆固定。衬装的方法类似于滑(拉)入衬装工艺。不同点在于管道衬装前要想办法减小管的截面积。截面变化的变形可以是弹性的、也可以是半永久的塑性,方法有两种,一种是将 PE 管拉长,以减小管径,从而减小截面积。有资料表明,在管壁厚度不变的情况下,某种 PE 管道拉长 4%,管径将缩小 6%。PE 管衬入后,由于不再受拉力的作用,长度将缩短,管径将变大,复原后内衬管线将与原有管线紧紧套在一起,两层管线之间不再需要灌水泥砂浆固定。另一种方法是将管道横截面变形,可在 PE 管出厂前通过专用的设备将横截面变为"U"或"C"字形,也可以在施工现场拉入 PE 管前将 PE 管沿管壁圆周方向扭曲,从而达到变形的目的。变形后的管道可以按滑(拉)入衬装的方法由卷扬机拉入,变形管的复原可以通过注入外界的高压或高温介质(如压力水、高温水、高压蒸汽)而屈服复原。

无缝衬装需要较高的技术水平,要精确计算内衬 PE 管的横截面变化情况,同时还需要特制的内衬管缩径钢模或扭曲钢模等设备。

2. 施工方法

（1）确定工作坑。核查老管道上各种配件及设施，在衬管工作前将其拆除，如三通、异径管、阀门和角度过大的弯管。

（2）确定 PE 管外径。量取原管道内径，取平均值确定 PE 管道外径。

（3）除垢。管道清洗技术是修复技术的配套技术，目前有化学清洗、物理清洗和高压水冲洗等多种方式。

（4）CCTV 检查。肉眼观察管口无明显毛刺后，再用 CCTV 探头在管道内部检查。要求管内无杂物、无毛刺，允许有少量的牢固平滑附着物。

（5）焊接。在地面用专用热熔焊机进行焊接。

（6）变形。将焊接后的管道利用变形机压成"U"型，缩径后用胶带进行捆绑固定。

（7）穿插。将牵引头固定在完全缩径的 PE 管首端，利用卷扬机将衬管匀速拉入待修复管道。

（8）管径恢复。打入软体 PIG 球，利用空压机以 0.12～0.3MPa 的压力推动 PIG 球缓慢前行，将衬管与原管道内壁紧密贴合。完工后，CCTV 探头检查衬管是否恢复。

（9）衬管端口处理。衬管端口处理包括内焊和外焊。使 PE 法兰与 PE 管粘连在一起。

（10）强度和密封性试验。

图 6-11 是无缝衬装法示意图。

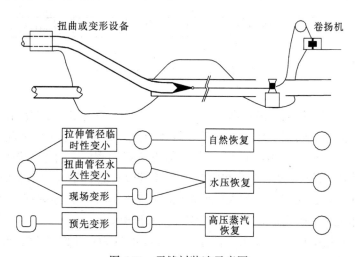

图 6-11 无缝衬装法示意图

6.5.5 管道翻衬法

1. 基本原理

翻衬工艺的基本原理是，利用现有的管道三通、阀门等地面开口，在不开挖地面的基础上，使用带隔水膜的浸透热固性树脂的纤维增强软管作为新管道的成型材料，将旧管道作为新管的翻转通道和成型模板。管道翻衬的内衬材料一般是由较柔韧的聚合物、玻璃纤维布或无纺纤维等多孔材料做骨架，经饱和树脂材料浸渍而成，在材料的外层一般覆盖一层隔水膜。采用水压将此软管翻转并送入旧管道内,使软管的树脂面贴附在旧管道内壁,隔水膜成为新管的内壁,衬里厚度为 4~20mm。施工中在水压、气压或卷扬机拉力的作用下,内衬材料翻转进入管道之后在热水水温或蒸汽气温的作用下树脂固化,内衬材料形成坚硬的管道内壁而成为管道骨架的一部分。旧管道成为新管的外保护层,新旧管道共同承压。

管道翻衬的特点是:施工简单;开挖量小,占地少;适用各类材质和形状的管线;腐蚀孔在翻衬过程中会被树脂所填塞,自然形成补强,可提高管线的整体性能;一次翻衬的长度可达几百米。翻衬完成后,在支管、消火栓、阀门等处要挖工作坑进行人工开孔,也可通过专用设备开口。翻衬软管的长度剪裁要准确,太短无法完成整个管段的更新,太长则造成加热管出口距尾端太远而影响尾端加热固化。翻衬软管的口径可等于或略小于旧管,这样在翻衬压力的作用下,软管被延展贴附在旧管内壁。而如果略大,则可能产生大量皱折,从而影响过流截面,增加输送阻力。由于给水管道中的水质要求较高,用于给水管道上的内衬骨架材料和树脂是有限制的,应加以慎重选择。

2. 施工方法

翻衬法管道修复技术主要工序见图 6-12。

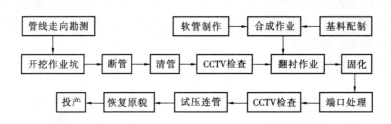

图 6-12 翻衬法修复技术工序图

(1) 开挖工作坑。根据管道埋深、口径、弯头、管件等情况,结合沿线地表、其他市政管网和设施的分布,确定工作坑的数量和具体位置。每两个工作坑之间为一个工作段,工作段内可以有三通和大于 3D 的弯头,但不能有变径和阀门,每个工作段长度通常不宜超过 400m。工作坑选址时应尽量选在阀门或三通等管件处,不要使弯头集中在同一工作段内,避开其他市政管网交汇处和人口稠密区,避开交通干道,地表开阔便于施工机具进出和展开。工作坑选址确定后,就可以组织开挖和断管。

(2) 清管。采用机械工艺和水性清洗液,去除旧管内壁上的垢层、腐蚀产物和沉积物,平整旧管内壁上的尖锐凸出物,如焊瘤及尖角棱边等。

(3) CCTV 检查。采用 CCTV 管内摄录器检查清管和内衬层质量。

(4) 翻衬作业。衬管首端经输送平台和脚手架上端的定位辊垂直穿过导入管,在导入管出口处将首端外翻,用卡箍固定在导入管出口外壁上。经检查无误后开启注水阀门,向导入管中注水。控制流量和衬管输送速度使水位液面恒定,衬管就会匀速地经导向端头进入工作段,并沿工作段边外翻边前进。翻转使衬管饱含树脂的无纺毡面向外,朝向旧管内壁。当衬管翻转到工作段的一半时,其尾端将进入导入管。此时用收尾卡箍将尾端紧紧锁死,并在卡箍上扎一条粗缆绳,用以控制衬管输送速度。最终衬管尾端自出口坑内的导向端头引回地面。

(5) 固化。采用加热或常温固化措施,使软管成为表面光滑而又坚硬的紧密贴在管内壁的管中管。

(6) 端口处理。沿工作段两端法兰外缘切掉多余的衬管,用快速密封胶封闭衬管和旧管内壁的结合面。

(7) 试压连管。待完全固化后分段按管道施工规范进行试压,验收合格后连管和投产。

图 6-13 是管道翻衬法示意图。

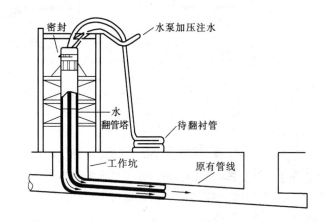

图 6-13 管道翻衬法示意图

6.5.6 刮管涂料翻新法

1. 埋地管道刮管涂料翻新法

(1) 基本原理

该方法将水泥砂浆或环氧树脂作为喷涂材料,通过在卷扬机拉力作用下的旋转喷头或者人工方法将材料直接喷涂在原管道内壁以进行翻新。这种技术用来改善水质和管道水力特性,防止管道进一步腐蚀与削弱,而不是根除管道局部物理缺陷。施工时需沿管线在合适的地方设置工作坑(间距为100m)。喷涂衬装前必须将原管道清拭干净并用专用的探察设备(CCTV)进行探视以保证管内壁没有残留物和附着水。一般环氧树脂的喷涂厚度为1mm,而水泥砂浆的喷涂厚度为4mm。需要注意的是,喷涂材料有时会对水质产生影响,所以在对给水管道进行喷涂衬装时,材料的选择尤为重要。

(2) 施工方法

刮管涂料的工序如下:

工作管段两头断管→CCTV 移动电视检查锈蚀及管内情况→清管除锈→CCTV 检查除锈效果→管道内部涂衬→CCTV 检查涂衬情况(24h 后)→将断管处接通恢复通水

1) 清管

是指将清管器(刮铲)于管内反复用绞车在管内拖拉,再用柱塞器清除用刮铲铲下来的管中松散杂物与水,见图 6-14。此方法可用于直径为 75mm 以上的管道,一次清管长度为 100~250m。主要设备有:

清管器(刮铲)。刮掉管内的锈垢,铲刀布置交错排列,沿管轴方向看完全覆盖整个管子。

管端导轮。保护管子端部及其设备在清管或衬里工作中不受损坏。

柱塞清管器。在做衬里之前清除刮铲铲下来的管中松散杂物与水。它是由夹在钢板中的两个橡胶圆盘组成,中间由钢棒分隔开。

卷扬机。使用刮铲与柱塞器时,需要有两个卷扬机。

2) 环氧树脂涂衬现场作业

环氧树脂涂衬工艺主要是在管道内表面涂一层 1mm 厚的环氧树脂层,该树脂层是基料树

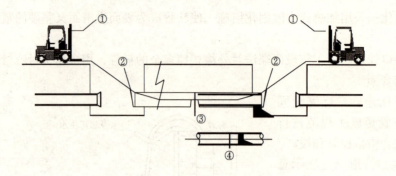

图 6-14 管道清洗示意图
①—绞车；②—导轮；③—刮铲；④—柱塞

脂与固化剂两组分正确比例的混合物。喷涂由空压机驱动的旋转喷头完成，旋转喷头放在慢速移动小车上，该机器一开始定位于管子的远端，当此涂衬机沿着管道向回拖时，它按所控制的速度将环氧树脂喷涂到管壁。涂衬车通过专用高压软管供应环氧树脂，树脂和固化剂在进入旋转喷头前由一个"静态混合器"混合。图 6-15 是环氧树脂现场作业示意图。

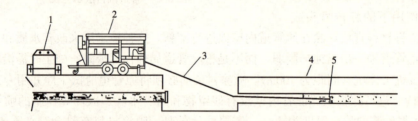

图 6-15 环氧树脂现场作业示意图
1—空压机；2—环氧树脂涂衬车；3—高压软管（基料管、固化剂和空气管）；
4—静态混合器；5—支架式安装的气动喷头（$DN75-DN300mm$ 管）

3) 水泥砂浆涂衬作业

水泥砂浆涂衬作业与环氧树脂涂衬类似。在搅拌器内拌合砂浆，把它输送到容积式泵，由泵送到气动旋转喷头进行离心涂衬。根据管径及所需涂衬厚度确定喷涂速度，由气动衬里机从管子远端开始进行，以此速度牵引衬里机在管内倒退运动时，就在管壁上涂上一层厚度均匀的涂衬层。一般情况下是用装在旋转喷头后面的旋转抹灰头将喷在管壁上的水泥砂浆抹成平整光滑的衬里表面。

2. 室内管道刮管涂料翻新法

(1) 基本原理

主要为刮管（也称研磨）与涂料两道工序。研磨操作就是向管内通入高速气流，同时加入坚硬的多棱角天然石英砂或铁砂（砂粒径视管道口径而定，一般采用 2~5mm，莫氏硬度 7.0，压缩强度每平方米 610mg）；当带有磨料的高速气流在管内形成固气两相流，在管内行进时，在高速气流作用下，管内壁得到强力的切削和研磨，使管内的结垢、锈垢等被抹下，脱落的锈垢和砂通过高压气体一起进入回收装置；经反复多次研磨，可使管内壁表面研磨到符合涂衬要求。内壁平整光洁，表面处理达到 Sa2.5 级。

涂衬操作同研磨操作大致相同，不同的是向管内通入高速气流时，加入的是充分混合反应的双组分环氧树脂涂料；当带有环氧涂料的高速气流在管内行走时，环氧涂料就自然地涂衬在管内壁上，干燥固化后成为合格的内衬层。

该方法的优点是费用低、工期短，对建筑物正常使用干扰少，对周边环境产生的噪声小，同时得到的翻新管线卫生性能符合要求，完整性好且相当耐久；此法尤其适用于弯头、三通、变径管多的管线。

(2) 施工方法

管道翻新之前应做好工程的准备工作，采用测压、测流、内窥镜观测等方法调查管内状况，确定是否需要翻新。明确管道需翻新后，按竣工图确认管线系统的构成、走向、口径、阀门等的布置，制定施工计划。其工序流程为：排水→干燥→研磨→清洗→涂衬→固化→冲洗消毒→恢复使用→水质检验。

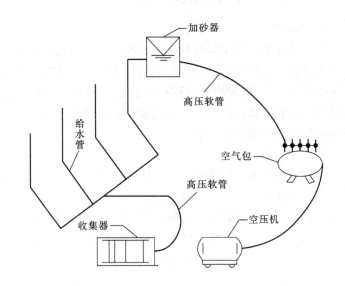

图 6-16 研磨操作示意图

1) 研磨操作

研磨操作如图 6-16 所示，由工作压力为 0.7MPa 的空气压缩机为气源；气流通过空气包、加砂器进入管线，此时因磨料已混入，故气流高速行走时磨料也以极高的速度运动，强力地冲击、研磨管壁，管壁上的锈垢被磨下；带有磨料、锈垢的气流进入收集器，废气由收集器分离出来后排走；经反复多次研磨，管内壁锈垢全部被脱落，使内壁表面光洁，达到涂料要求。研磨时气流速度通常需在 70m/s 以上，这个速度相当于通常工厂管道输送铁屑时所需速度的 3~4 倍，非常高。控制流速是研磨操作的主要点。

2) 涂衬操作

涂料必须保持清洁，对于不清洁的涂料，根据涂料颗粒大小及黏度应尽量先经 40~100 目的滤网过滤才可进行喷涂，以免喷涂过程喷嘴经常堵塞而影响涂装施工。

涂衬操作同研磨操作相似，涂料材料目前一般用双组分无溶剂环氧树脂涂料。先计算出涂衬需要的涂料用量，再将环氧树脂涂料按规定配比混合，充分搅拌，通过加药器送入管线；带有环氧树脂涂料的高速气流在管内行走时，涂料就均匀的涂衬在管内壁上，当被涂衬管线的出口处可见涂料时，涂衬就告一段落；多余的涂料由收集器收集，废气分离排走；之后，向管内通入干燥热空气，使涂料及时固化，形成同管壁紧密结合且有相当厚度、硬度的涂衬层。控制流速同样也是涂衬操作的要求，通常涂衬操作时气流速度 30~50m/s。

小口径管道涂衬常采用高速旋转气流压送环氧树脂涂料，形成气液两相气流进行吹涂，涂料硬化后形成坚硬涂膜，涂膜厚度约达 $250\mu m$。大口径管道涂衬采用高压无气喷涂技术，利用压缩空气形成动力，用特制的管道内壁喷涂器进入管道，通过电控变频喷涂机械使环氧树脂雾化后形成圆锥形，均匀的涂在管道表面，形成均匀涂料涂膜，涂料厚度可达 $250\mu m$，固化后，表面光洁、附着力强，达到国家标准 GB—1720 规定。涂膜结束后，管道加热系统采用 30kVA 加热装置通过联管器把热风送入管道，送风温度进口控制在 60℃左右，出口控制在 30~40℃之间。涂膜吹干后，管壁与新管相似，不再生锈、结垢。

6.5.7 爆（碎）管衬装法

1. 基本原理

该方法主要适用于原有管线为易脆管材，如灰口铸铁管等，且管道老化严重的情况。碎管设备将旧管破碎，再在原管位敷设新管道。新管的管径可以比原有管道管径大。碎管衬装完全摆脱了 PE 管内衬时减小过水能力的缺点，其施工工期较短，一次安装的长度可达几百米，在支管、消火栓、阀门等处需要局部开挖。对于埋深较浅的管线，碎管设备的振动可能会对地面造成影响。

2. 施工方法

将碎管设备放入旧管中，由卷扬机拉动沿旧管前进，沿途由碎管设备将旧管破碎，在碎管设备后连着扩管头，扩管头的管径比原有旧管大，负责将破碎的旧管压入到周围的土壤中，紧跟着是内衬管线，一般为 PE 管材，管径小于扩管头，在卷扬机的拉动下拖入原有管道的管位。具体施工方法见示意图 6-17。

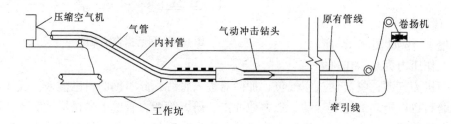

图 6-17 爆（碎）管衬装法示意图

碎管设备有许多种，大致可以分为三类：一类为气动碎管设备；一类为液压碎管设备；一类为刀具切割碎管设备。其中以美国发展的刀具切割碎管设备较为常用，其结构由半径大于原有管道的切割圆周向的切割刀具构成，在切割刀具后面紧接衬装新管。

6.5.8 不开挖修复管道方法的比较

各种在线不开挖管道更新技术均各有其局限性，选择施工方案时应调查清楚原有管道的管径、管材并了解其供水服务情况、施工断水对服务区的影响、允许的停水时间、对翻新后管道过水能力的要求、管段中支管的数量和位置、横纵向弯头的数量和位置、管线周围其他市政管线的位置（尤其是煤气管、高压电缆等）、管段所处街道的交通状况以及施工时可能造成的扰民程度等，在综合考虑以上各种因素并结合各种技术的适应性与局限性及技术经济比较后，才能最终得出最好的施工方案。

表 6-9 综合了管道在线不开挖更新技术的优缺点。

在线不开挖管道更新技术比较　　　　　　表 6-9

施工方法	适用管径（mm）	衬装后管道断面面积变化	优　点	缺　点
内衬管滑（拉）入衬装	80～2000	减小 10%～30%	施工速度快；施工技术水平要求不高；衬装可以适应大角度的弯头；造价约为传统开挖工艺的 70%	衬装连续管时需开挖管线以引入工作坑；管道的断面减小量大；恢复支管供水需要在连接处开挖
无缝衬装	50～1000	一般减小 5%～15%	无需灌浆；施工速度快；管道断面减少量小；衬装可以适应大角度的弯头。造价约为传统开挖工艺的 80%	待修复的管线须相当直；衬装前须在支管连接处进行开挖；只能修复圆形截面管道；技术要求较高，原有管线的变形和偏移会对施工造成影响；"U"型内衬管会因有缺陷而中止管道拉进；施工设备需要空间很大的放置场地；需在施工前取消待修复管段中的弯头
管道翻衬	80～1000	减小 10%	施工速度快；可以适应管道断面变化；无需灌浆；衬装可通过弯头，但可能会在弯头处产生褶皱。造价约为传统开挖工艺的 60%～70%	仅有几种树脂被准许使用；支管连接处在切割完后可能需要密封接口；施工的技术水平要求较高；施工现场的设施搭建需要较高的费用
管道喷涂衬装	环氧树脂喷涂：15～1200 水泥砂浆喷涂：>75mm	变化很小	无需重新在支管连接处开口；可以改善管道的水流特性；造价约为传统开挖工艺的 50%	喷涂修复的时间较长；非结构性衬装，对原有管道的结构性修复能力非常有限
爆（碎）管衬装	40～500	可增大断面	施工速度比传统开挖的快；可以保持或增大管道的过水能力	碎管设备的振动可能会影响周边其他的市政管道或结构设施；恢复支管供水需要在连接处开挖；水力扩管碎管设备会使旧管不定向破碎，碎片会对衬装管的长期性能造成影响；遇到一些无法预见的情况（如旧管四周包有混凝土、无记录的管道接头以及不利的土壤环境等）时，开挖在所难免；衬管无法通过旧管段上的弯头

6.6 管网倒流污染的防治

6.6.1 管网倒流污染概述

供水管网系统不可避免存在生活饮用水与非生活饮用水用途（如消防、工业、绿化、景观用水等）的管道交叉连接的情况，在这种交叉连接处，由于运行工况变化、管道设置不合理等种种原因导致上游水压下降、管道中出现水锤现象、其他供水水源的贯通等等，都有被倒流水污染的危险。非生活饮用水用途的管道，有的长期不用而使水变质（如消防管道），有的配水出口极易污染（如游泳池、冷却塔、喷泉的补充水管、绿化洒水管及工业用水管等），它们对管网的饮用水水质构成威胁，一旦产生倒流，生活饮用水管网水质会被严重污染。

倒流污染的定义是：生活饮用水管道上接出的支管，不论支管中的水是否已被污染，只要倒流进入生活饮用水管道，均称为倒流污染。该定义对倒流污染的概念有一个质的变化，过去对确定已被污染的支管要采取防止倒流污染措施，而对不是显而易见的存在水质污染潜在危险的支管就不采取措施。按照上述新的倒流污染概念，为保护水质生活饮用水管道必须对可能出现的倒流污染设防，当支管万一出现倒流时，就将倒流水自动排出管网，绝不容许支管内的水倒流入干管。

常用的止回阀不是防止倒流污染的有效装置。这是从防止倒流污染的角度来评价止回阀的功能而得出的结论。而结论的理由基于以下两个方面。

1. 止回阀的产品标准中没有将止回阀必须达到"滴水不漏"作为评定产品是否合格的规定或标准之一。依靠重力关闭阀瓣的止回阀，密封性能则可以达到不渗漏的要求。

2. 止回阀在运行过程中产生渗漏，在管道外是不能被察觉的。止回阀更没有将倒流水自动排出管外的功能。

鉴于以上原因，止回阀在管道上安装使用是看作引导水流单向流动的管件设备，不能认为其有防止倒流污染的能力。

在供水管网系统交叉连接处安装倒流防止器的理念，在国外发达国家中早已成为一种法规，目前国内对这种法规正在不断完善，已逐渐被自来水行业、卫生监督部门和广大用户所接受。建设部于 2002 年正式出台了《倒流防止器行业标准》（CJ/T 160—2002），自 2002 年 10 月 1 日起实施。此标准填补了国内空白也结束了倒流防止器产品国内无标准的状况。同时新修订的《建筑给水排水设计规范》（GB 50015—2003）中已明文规定了在管网的有关位置安装倒流防止器。倒流防止器这种新产品正在不断地被更多的工程设计人员、各界用户所了解、认识和选用。

6.6.2 倒流防止器的结构原理及工况

1. 倒流防止器的结构原理

倒流防止器是一种严格限定管道中压力水只能单向流动的水力控制组合装置，它的功能就是在任何工况下防止管道中的介质倒流，以达到避免倒流污染的目的。它由两个速闭型止回阀和一个水力控制的自动泄水阀共同连接在一个阀腔上组成。倒流防止器工作原理是利用介质流过进水止回阀时因机械阻力和过流水头损失而减压,使进口压力高于泄水阀腔的压力,这个压差控制泄水阀关闭,保证倒流防止器正常供水。压差约为0.02MPa,一旦小于该值,介质处于倒流的临界状态,这时泄水阀的弹簧自动开启泄水阀,将倒流水排出管外,同时大量空气补入阀腔,形成空气隔断,杜绝了介质倒流,并有效地防止虹吸倒流。这时泄水阀

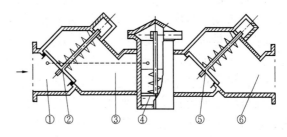

图 6-18　倒流防止器结构示意图
①—进口；②—进水止回阀；③—阀腔；
④—泄水阀；⑤—出水止回阀；⑥—出口

阀腔内压力下降,当压差达到设定值时泄水阀自动关闭。倒流防止器的结构原理剖面见图6-18。

倒流防止器具有以下特点：

(1) 倒流防止器的关键技术是放弃了传统的堵、截方法,而是将发生倒流或临界倒流的水,采用"导"的手段通过泄水阀,巧妙地把倒流水排出管外。在任何工况下都能有效地防止介质倒流,确保供水安全。

(2) 泄水阀的排水、补气双流道结构,能有效防止因进口处的虹吸而发生介质倒流。

(3) 特有的弹簧锁定机构,结构紧凑,维修任何零件无需卸阀体。

图 6-19 是几种不同形式的倒流防止器。

图 6-19　不同形式的倒流防止器

2. 倒流防止器的运行工况

倒流防止器运行工况分以下3种。

(1) 正常流动状态

正常供水压力下,水流会顺利地流过倒流防止器,由于止回阀的局部阻力,进口端与阀腔、阀腔与出口端之间形成一定的正压差。泄水阀阀瓣受此水压和弹簧力控制,将处于稳定关闭状态,不泄水。在流动状态下,进口压力产生波动时,倒流防止器内的相对压差始终不变,故不产生泄水。

(2) 零流量状态

出水管无出流，由于止回阀在零流量出现时已迅速关闭，故倒流防止器内的设定压差仍然存在，自动泄水阀保持关闭状态，不产生泄水。

如果零流量状态的持续时间很长，而进口水压又不断下降，使进口端与阀腔之间的压差降至约 0.012MPa 时，自动泄水阀将开启泄水。但由于水的压缩性很小，阀腔内的水要被泄一点，设定正压差就可恢复，泄水阀自动关闭，故泄水量很小。

零流量状态的特殊情况是背压状态，即出水管道内的压力因某种原因升高且高过阀腔压力，这时只要出水止回阀无损坏，关闭严密无渗漏，背压就不会传送到阀腔，阀腔压力不变。进口与阀腔间的设定正压差不变，自动泄水阀就保持关闭不泄水。如背压状态下止回阀又出现渗漏，背压传送至阀腔且破坏了进口与阀腔间的设定正压差，自动泄水阀就会开启泄水，至背压消失。进口与阀腔间的设定正压差恢复，泄水阀即复位停止泄水。

(3) 反虹吸状态

当进口压力突然降至≤0.020MPa 时，自动泄水阀就完全开启泄水，阀腔内的水迅速被泄空，形成空气隔断，就不会形成虹吸倒流。当压差恢复到 0.020MPa 时，泄水阀自动关闭，恢复正常供水。

从上述倒流防止器的功能可以看出，只要在配水管网的适当部位安装倒流防止器，在管网内有可能发生倒流危险时，通过倒流防止器自动泄水阀将其阀腔内的水部分或全部泄放，即可防止倒流现象的产生，从而杜绝倒流污染。

6.6.3 倒流防止器的安装部位与要求

1. 倒流防止器的安装部位

(1) 从城市自来水管（公共供水管）接入用户的连接管上，应设置倒流防止器。

(2) 生活饮用水管道上存在交叉连接的部位，在非生活饮用水用途的接管起端应安装倒流防止器。

2. 倒流防止器的安装要求

(1) 倒流防止器应安装在水平位置上。安装地点应清洁，通风良好，不结冻，有良好的排水设施，便于调试和维修并能及时发现水的泄放或故障的产生。安装后倒流防止器的阀体不应承受管道的重量，并注意避免冻坏和人为破坏。

(2) 倒流防止器两端宜安装维修闸阀，进口前宜安装过滤器，以防止杂质粘附引起止回阀瓣关闭不严导致渗漏，引发自动泄水阀误动作泄水，而且至少应有一端装有可挠性接头。然而，对于只在紧急情况下才使用的管路上（例如消防系统管道），应考虑过滤器的网眼被杂质堵塞而引起紧急情况下供水中断的可能性。

(3) 泄水阀的排水口不应直接与排水管道固定连接，而应通过漏水斗排放到地面上的排水沟，漏水斗下端面与地面距离不应小于 300mm，泄水口在任何情况下都不被任何杂物或液体淹没。

(4) 原则上不允许把倒流防止器安装在矿坑内。如果确实有必要，必须符合当地相应法规，并保证漏水斗的正确安装和维护，以避免因泄放水引起泛滥成灾。

(5) 当倒流防止器要求不停水维修时，宜在主管道上并联两个倒流防止器。

(6) 安装完毕后，初次启动使用时，为了防止剧烈动作时，形圈移位或内部组件的损伤，有必要遵循以下步骤：关闭出口闸阀，慢慢打开进水闸阀，让水缓慢充满倒流防止器，打开各个测试球阀排除阀腔内的空气，待阀腔充满水后，慢慢打开出水闸阀，让水充满整个管路。

图 6-20 是倒流防止器的安装图。

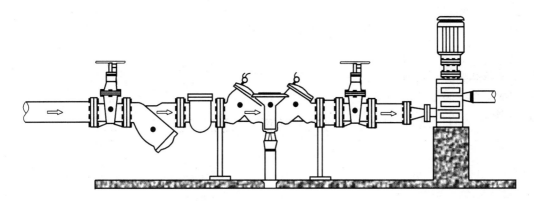

图 6-20　倒流防止器安装图

6.6.4　倒流防止器的应用

气压水罐的贮水调节图式及倒流防止器安装位置如图 6-21 所示。图 6-21 中 a 图主要

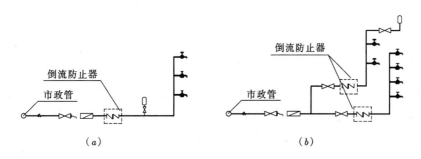

图 6-21　倒流防止器安装在接户管上

用于有地下室或车库的低层别墅；b 图主要用于多层住宅。图 6-22 是生活供水系统采用变频调速泵串联供水的图式与倒流防止器安装位置；如果允许从市政给水管网吸水，则地下水池可取消，在初级泵的取水管上设置倒流防止器。

不少居住小区、别墅小区、重要及大型的民用建筑，是从市政管网的不同管段两个方向进水的两条引入管（称双水源供水）。因市政管网不同管段的水压存在差异，为防止引入管成为不同管段之间的连通管而窜水，在各自的引入管上安装倒流防止器就可达到不窜水的要求。即使其中一条停水检修，也不必人工去关闭引入管上阀门。其安装图式如图6-23所示。

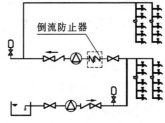

图 6-22　在变频调速泵串联供水系统中的应用

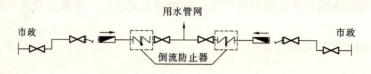

图 6-23 用于双水源供水建筑的引入管上

某些低层建筑,需局部安装自动喷水灭火系统,其特点是作用面积不大,市政供水管网的水压基本满足系统的水压要求,如建一整套水池、水泵的供水系统已没有足够的地方,则就采取利用市政管网供水,其安装图式如图 6-24 所示。

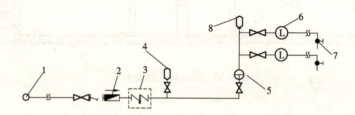

图 6-24 低层建筑小型自动喷水灭火系统中的应用
1—市政自来水管;2—水表;3—倒流防止器;4—气压水罐;
5—报警器;6—水流指示器;7—末端放水装置;8—自动排气阀

6.7 二次供水设施的水质保护措施

二次供水是指市政管网中的水经贮水设备调节,或二次净化,或加压提升后再由输配水管道系统供给用水点的供水方式(或系统)。二次供水设施已成为水质二次污染的重要环节之一,因此有必要采取有效措施来保证二次供水设施的水质安全性。

6.7.1 取消或改造屋顶水箱的方法

1. 全面取消屋顶水箱

全面取消屋顶水箱能够彻底解决水箱二次污染问题,但将对城市供水产生重大影响,必须对供水系统进行以下几方面的技术改造后才能实施:

(1) 改造水厂二级泵房。取消屋顶水箱后,必须提高水厂出水压力和高峰流量,水泵机组必须改造或更换。由于没有了水箱的调蓄功能,泵房需增加变频装置,相应泵房需要扩建。

(2) 增加水厂清水池的调蓄容量。取消屋顶水箱后调蓄容量将部分转移到水厂,因此水厂清水池需适当增大。

(3) 设置各种大型、小型增压站,并对配套管网进行调整。

(4) 由于整个管网的压力普遍提高,为保证供水安全,部分承压能力较差的管配件必须更换。

(5) 改造室内管道。现有住宅室内上水管布置一般以单元为单位，每单元进水后由一根立管直上屋顶水箱，作为水箱进水管，1层、2或3层住户由该管直接供水。屋顶水箱设一根出水管，3层或4层以上用户由该管供水。屋顶水箱取消后，管道将进行全面改造，供水方式采用下行上给式直接供水。

全面取消屋顶水箱作为一项重大的供水措施，一次性投资非常巨大，管网因压力提高需大量改造，实施较困难，全部取消屋顶水箱后，将存在以下问题：

(1) 水压提高导致水厂电费开支增加，使制水成本提高。

(2) 水压提高后自来水的漏失率将大幅增加。

(3) 爆管的情况会大量增加，特别是陈旧的配水管容易发生爆管，爆管后的各种损失及供水抢修工作量都将大量增加。

(4) 由于取消了屋顶水箱，没有储备水量，发生事故时受影响地区将完全断水。

(5) 由于水压提高，原来管网压力较高地区水压将更高，居民家中的用水器具长期在高压下工作，将缩短使用寿命，还有可能因水压波动产生噪声。

2. 逐步取消屋顶水箱，改造仍需使用的屋顶水箱

取消屋顶水箱是一项复杂的系统工程，全面取消尚存在一定的难度，因此可在有条件的地区逐步取消屋顶水箱，多种措施并用。在步骤上应首先在不全面提高管网供水压力的情况下，在水压已经满足的地区进行试点，逐步取消起不到调节作用的屋顶水箱。在水箱仍能起到调节作用的地区，通过改造老式水箱，加强水箱管理和改为水池泵房供水方式达到防止水质二次污染的目的。然后有计划、有步骤地对管网进行优化改造，适当提高水厂供水压力和高峰流量，在管网中设定若干个区域性加压泵站，在条件成熟时，分区分块地逐步取消屋顶水箱。主要技术改造内容应包括以下几个方面：

(1) 改造原有水箱，推广使用不锈钢水箱。老水箱增设内防腐或增加内衬，有条件地区应使用新型的密封不锈钢水箱来代替原有的钢筋混凝土水箱。

(2) 有一定供水规模的成片小区可通过设置水池泵房或无负压智能化供水泵站的方式取消屋顶水箱。

(3) 取消屋顶水箱后，直供水地区一旦发生爆管等事故将完全停水。因此，为提高供水安全性，应对管网中安全性不高的自应力、预应力混凝土管、灰口铸铁管逐步进行更换。

有条件地区取消不起作用的水箱，对水压不足地区只是进行改造，投资相对较少，对供水影响不大，同时能够有效解决屋顶水箱的二次污染问题。但实施过程中必须进行方案比较论证，采用新型水箱时需对设计、施工和材质进行严格把关。

6.7.2 智能化加压泵站的应用

1. 传统的二次供水加压方式

传统的二次供水加压方式通常是设置调蓄水池，先将供水管网的水放到调蓄水池，再用水泵从调蓄水池提升加压后向用户供水。这种供水方式存在如下缺点：首先是能源浪费，将具有一定压力的自来水放入蓄水设施，其原有压力消失，二次加压系统则需从零加压，不能充分利用管网余压，造成能量的损失；其次是卫生问题，蓄水设施中的水池及水箱往往容易产生二次污染，严重影响供水水质。因此从工程建设、运行管理、供水的安全

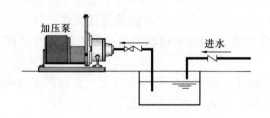

图 6-25 传统二次供水加压方式示意图

可靠性等方面来看,传统的二次供水加压方式存在一定的缺点。图 6-25 是传统二次供水加压方式示意图。

2. 智能化加压泵站的工作原理

随着新技术的发展,建设智能化加压泵站实现泵站的无人值守、远程集中监控是泵站设计管理的必然发展趋势。近年来,一种新型的供水设备——无负压稳流智能化供水加压设备得到了广泛的应用,它是在变频恒压供水设备的基础上发展起来的,这是一种从市政供水管网直接接管加压以降低能耗、避免水质二次污染的供水模式,而泵站则通过智能化设备达到安全可靠的自动控制。

图 6-26 是某一型号的无负压智能化加压设备供水示意图。它主要由无负压调节罐、水泵、气压罐、智能控制系统等组成。设备的工作原理如下:自来水管网的水直接进入调

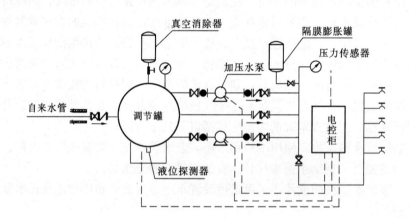

图 6-26 无负压智能化加压设备供水示意图

节罐,罐内的空气从真空消除器内排出,待水充满后,真空消除器自动关闭。当自来水能够满足用水压力及水量要求时,设备通过旁通止回阀向用水管网直接供水,水泵不启动;当自来水管网的压力不能满足用水要求时,系统通过压力传感器(或压力控制器、电接点压力表)给出启泵信号启动水泵运行。水泵供水时,若自来水管网的水量大于水泵流量,系统保持正常供水;用水高峰时,若自来水管网水量小于水泵流量,调节罐内的水作为补充水源仍能正常供水,此时,空气由真空消除器进入调节罐,消除了自来水管网负压的产生,用水高峰期过后,系统恢复正常状态。若自来水管网停水而导致调节罐内的水位不断下降,液位探测器给出水泵停机信号以保护水泵机组。真空消除器是本设备的重要部分,依靠它消除管网中负压,从而不影响周围用水,保护管网与设备,达到市政供水的要求。

这种直接加压供水设备克服了目前传统管网供水方式的许多不足。真空消除器有效解决了负压的形成问题,保证了加压设备的正常运行;系统中的调节罐则是针对自来水管网

内压力与流量的瞬间变化而设置的，它可以使加压泵进水口的流量与压力保持相对稳定，保证设备在管网压力与流量发生瞬间变化时能够正常运行，避免设备自我保护性地频繁开停机；系统中的电控仪表可随时检测自来水管网压力变化情况和用户管网的压力情况，即时将信息传送到数控柜。数控柜根据有关的信息随时调整设备的运行状态。另外，供水设备还设置有保护自来水管网压力的功能，使自来水管网的设定压力不受影响，从而避免了影响周围用户用水。在用水低谷期，自来水压力能够满足用户用水需要时，则可以由市政管网直接向用户供水。

智能化加压设备能在设定的供水压力下全智能运行，水泵自动切换，管理运行极为简单方便。这些设备一般都具有过压、过流、过载、水源无水等状况下的自动报警保护功能；而且设备可根据用户需要配备远程监控、监测系统，监测水泵电流、电压、频率、进出水管的压力、流量、浊度、余氯等，一旦出现异常，设备立即报警，而特殊情况下的设备启停、一些软故障（如突然的电磁干扰、电压的波动等引起的故障）的消除等，都可通过远程控制来实现。

3. 智能化加压泵站的优缺点

同传统的加压供水泵站相比，无负压智能化供水加压设备直接串接在市政管网上，解决了二次供水水质的污染问题，其主要优点简述如下：

（1）不需建水池，直接与自来水管网串接，占地面积小，降低了投资成本。

（2）可充分利用管网压力，节省电耗，二次加压成本大幅度降低。

（3）采用全密闭系统直接供水，根除了二次污染，保证了供水系统的水质安全。同时防止了水池、水箱的漏失浪费现象，节省了定期清洗而造成的水资源浪费。

（4）智能化自动运行，不需专人值守。管网断水时停机，来水后自动开机；工作泵与备用泵定时切换运转，保障供水的连续性；运行稳定，系统全智能运行，维护管理运行极为简单方便。

（5）自动保护控制功能齐全。可实现24h对设备的实时监测，具有多种自动保护功能。

无负压智能化加压设备与传统水池水泵供水设备的比较见表6-10。

无负压智能化加压设备与传统水池水泵供水设备的比较　　　表6-10

项　目	传统水池水泵供水设备	无负压智能化加压设备
供水方式	自来水先进入水池再由水泵二次加压	直接串联于市政管网上加压供水
供水质量	自来水进入水池中停留时间长，水质易造成二次污染	自来水进入设备后直接加压，全封闭结构，不会产生二次污染
安装运行	建设水池，工程量大，维护费用高	成套设备，连接进出水管后便可运行，维护简单
建设投资	需建水池，占地面积大，投资高	不建水池，占地面积小，投资少
运行费用	能量浪费，水泵重新加压，扬程高，耗电多，一旦停电，系统就停止供水	可充分利用管网压力，节约能源，停电时仍可利用自来水管网压力对低区供水

无负压智能化加压设备有它自身的优点，但它的水量调节能力差，供水可靠性不高。由于缺少水池，一旦市政供水有故障或用水高峰时来水量不足，用户的供水将受到影响。因此无负压智能化加压设备一般只适用于供水管网水量充足而水压不足的区域。

6.7.3 调节水池水质污染的防治措施

部分区域的城市供水管网往往由于在高峰用水时供水量不足,因此需设置调节水池和水泵进行水量调节。对于这种水池,必须要有相应的防止二次污染的措施。

1. 改进调节水池的结构

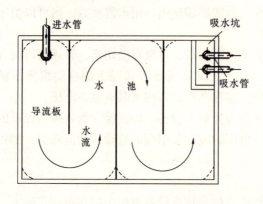

图 6-27 水池导流板示意图

(1) 水池与水接触部位应光滑、不易结垢、不锈蚀、不渗漏,且不会使水产生不良影响。采用混凝土建造的水池应加食品卫生级不锈钢衬里或其他食品卫生级材料衬里,也可采用贴瓷砖的办法,使混凝土不与水直接接触。

(2) 避免死水区,为使池内水流动,应设置导流板或导流墙,保持水的流动性。如图 6-27 所示。

(3) 为保持水池内空气流通,使内外气压平衡,一般需设通气管,通气管应设置能防止灰尘及蚊虫进入水池的金属防护罩,金属网罩的网孔大小必须适当。通气管管口应向下,防止雨水浸入。可在通气管上加装呼吸阀,使通气管在一般情况下保持关闭状态。

(4) 人孔在正常使用时应该是完全封闭的,钢筋混凝土检修人孔是水池顶板上用砖砌或混凝土砌成一个高出顶面约 100mm 的凸缘,用水泥砂浆抹光成人孔口,然后在上面盖上混凝土盖板或钢板盖,这样人孔口和盖板的接触面出现较大的缝隙,为蚊虫、灰尘进入水池提供了通道,会影响水质。为避免缝隙的产生,应采用专业厂家生产的密闭人孔成套产品,它是由盖座和盖板组成,盖座用膨胀螺丝固定在水池顶面,再用水泥砂浆抹防水凸缘,盖座和盖板的结合面为企口缝,内夹海绵圈,盖板盖上去可以达到完全密封的要求。

(5) 溢流管、泄水管不得与排水管直接连接。溢流管出口应设防污隔断器。隔断器构造:在溢流管末端长 200mm 管段上采用孔径 10mm、孔距为 20mm 穿孔管,外包扎 18 目铜网或不锈钢网。

2. 改进调节水池的设计与管理

(1) 生活、消防水池应分别独立设置。生活饮用水水池若与消防合用,则水池容积将大幅增加,水力停留时间延长,水质变坏的可能性增大。

(2) 有效容积应根据用水量和水力停留时间计算求出,防止水池容积偏大,引起水中余氯消失,产生二次污染。在全年平均水温 ≥15℃ 的地区,平均水力停留时间以小于 4h 为宜,全年平均水温 <15℃ 的地区,平均水力停留时间以小于 6h 为宜,最大不应超过 12h。

(3) 应设置最高水位调节装置,以便当用水量达不到设计规模,有效容积过大时,可调节最高水位,减少水力停留时间。

(4) 水池出水口宜设置浊度、余氯实时监测设备,必要时应补加消毒剂,确保供水安全。

(5) 水池、机泵及室内外管道应定时清洗、消毒,损坏部位及时维修,使其处于安全、卫生的运行状况。

3. 增设消毒杀菌设施

调节水池虽然采取了防治水质污染的相关措施,水质污染会减轻,但水流入水池后,由于有一定的停留时间,水中的余氯容易挥发,使水质变差。为此,可在水池出水处增设安装运行相对较为简便的消毒杀菌设施。"低压电场水处理装置"是其中较为适用的装置之一,该装置同时具有杀菌、灭藻、降低浊度、防垢除垢、防治腐蚀等多功能作用,具有体积小、效率高、效果好的优点。

(1) 该装置的水处理原理

1) 杀菌、灭藻工作原理

杀菌、灭藻的原理在于水流经处理装置时,水中细菌和藻类的生态环境发生变化,生存条件丧失而死亡,具体表现以下3个方面。

a. 任何一种生物都有其特定的生存生物场。电荷在生物体内的分布与运动受到生物体外环境电场变化的影响,从而影响机体的生命运动。微生物一般只能适应并生存的电场强度为130V/m,改变电场强度,可改变或影响细菌的生理代谢,使细菌生存反常而死亡。

b. 细胞膜有许多通道,这些通道是由单个分子或分子复合体组成,能让离子通过,改变了调解细胞功能的内控电流,从而影响细菌的生命。含细菌的水流过强电场,致使瞬间变化电流通过水体,在导电通路上的细菌被高速运动的电子冲击致死,达到灭菌的目的。

c. 更主要的是电场处理水的过程中,溶解氧得到活化,产生 O_2^-、·OH、H_2O_2 等活性氧(注:O_2^- 是超氧阴离子自由基;·OH 是羟自由基;H_2O_2 是过氧化氢)。活性氧自由基对微生物机体可产生一系列的有害作用,是造成有机体衰老的最主要原因。

2) 防垢、除垢工作原理

水经过该处理装置后,水分子聚合度降低,结构发生变形,产生一系列物理化学性质的微小弹性变化,如水偶极矩增大,极性增加,因而增加了水的水合能力和溶垢能力。

水中所含盐类离子如 Ca^{2+}、Mg^{2+} 受到电场引力作用,排列发生变化,难于趋向器壁积聚,从而防止水垢生成。特定的能场改变 $CaCO_3$ 结晶过程。

处理后水中产生活性氧。活性氧参杂结晶过程,加速胶体脱稳。对于已结垢的系统,活性氧将破坏垢分子间的电子结合力,改变其结晶体结构,使坚硬老垢变为疏松软垢,使结垢逐渐剥落,乃至成碎片、碎屑脱落,达到除垢的目的。

3) 防腐蚀工作原理

a. 设备外壳与金属管路、管壁作为共同阴极,抑制了金属管路、管壁的电化腐蚀(外加电流阴极保护)。

b. 活性氧可在新管壁上生成氧化薄膜。

c. 微生物孳生被控制,管路、管壁积垢被消除,使腐蚀的两大原因(微生物腐蚀和沉积腐蚀)被抑制。

4) 澄清降浊的工作原理

水中细小的悬浮粒子及胶体,经低压电场处理后降低了 ζ 电位,使它们脱稳絮凝、聚合长大，并趋于沉淀析出，沉淀后被水流冲走或排污去除使水进一步得到净化。

(2) 该装置的技术特点

1) 集各类电子除垢器的优点，且具有外加电场杀菌力及外加电流阴极保护，独具防腐蚀能力；

2) 杀菌率达 99.99% 以上，其他各项功能指标效果显著，处理效果高；

3) 安全工作电力 < 36V，属安全型设备；

4) 体积小，占地省，易安装，不需要调试，不需要管理，属简便型设备；

5) 替代化学药剂，无二次污染，属环保型设备；

6) 连续运行功效在 15 年以上，使用功效长。

(3) 该装置的组件与结构

装置的组件与内部结构如图 6-28 所示。所有组件均组装在壳体内，外部仅进、出水和排污 3 根管子的连接接口，因此运到现场，连接三根管子接通电源后就可工作，非常简单方便。

对水池来说，只要少量水循环（池的一端出，另一端进），水质就能进一步提高和改善。

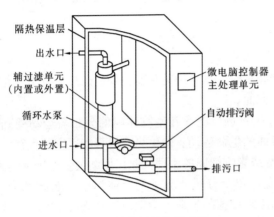

图 6-28 该装置结构示意图

(4) 该装置的安装图例

1) 单独直接循环（图 6-29）

单独直接循环是指系统与泵站工作系统无关，各自独立工作。利用装置内安装的水泵从水池的一端吸取设定的水量，经装置处理后流入水池的另一端。

2) 利用泵站内的加压泵循环（图 6-30）

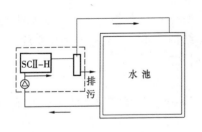

图 6-29 单独直接循环示意图

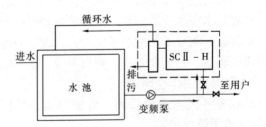

图 6-30 利用变频泵循环示意图

装置内可不设水泵，而从加压泵站内的水泵出水管上接出一根支管连接至该装置，水泵出水中有部分水进入装置进行处理后，再循环进入水池。这种布置省去了装置内的一台水泵，增设了支管和输水管上两只小闸阀。

6.8 杀菌消毒剂的选用

饮用水消毒为人类控制水致疾病、提高供水微生物安全性起到了至关重要的作用，大大降低了水致疾病的发病率。良好的饮用水消毒能防止极大多数水致传染病的传播。由于采用氯消毒具有杀菌效果好、使用方便、处理成本低和运行管理方便等优点，因此长期以来，世界各国普遍用氯来消毒饮用水。

然而，随着研究的不断深入，氯消毒可能造成的问题也逐渐引起了人们的注意。大量研究表明，进入水体的各种有机污染物（包括人工合成的和自然界存在的）在消毒过程中，能与氯发生反应生成各类消毒副产物。而在供水管网中，氯与水中有机物继续反应，使这些消毒副产物的数量不断增加，导致饮用水水质受到严重影响。因此，氯消毒技术在降低了饮用水微生物风险的同时，由于消毒副产物的形成提高了饮用水的化学物风险。

目前各种新型消毒剂不断出现，水厂可选用的消毒剂种类也日益增多，因此要保证饮用水的微生物安全性和化学物安全性的统一，应对消毒剂的合理选用技术进行研究，使消毒剂在保证饮用水微生物安全性的同时，尽量降低消毒副产物尤其是管网中消毒副产物的形成数量，以防止消毒剂产生的水质二次污染问题。

6.8.1 现有消毒剂及优缺点

1. 氯（Cl_2）

（1）氯的物理性质

氯气是一种黄绿色气体，具刺激性，有毒，重量为空气的2.5倍，能溶于水。氯气极易被压缩成琥珀色的液氯，比重为1.41，可贮存于钢瓶中备用。使用时氯经气化后溶于水中，溶解度为7.3mg/L。

（2）氯的消毒机理

氯气加入水中产生一系列化学变化。不同的水质其化学反应的过程也不一样，但最终起消毒作用的产物为次氯酸和次氯酸根离子。

1）当水中无氨氮存在时，发生以下反应：

$$Cl_2 + H_2O \longrightarrow HOCl + H^+ + Cl^- \tag{6-9}$$

$$HOCl \longrightarrow H^+ + OCl^- \tag{6-10}$$

次氯酸与次氯酸根在水里所占的比例主要取决于水的pH值，HOCl和OCl^-都具有氧化能力，但HOCl是中性分子，可以扩散到带负电荷细菌的表面，并渗入细菌体内，穿透细胞壁进入细菌内部，破坏细菌体内的酶，使细菌死亡；而OCl^-带负电，难于靠近带负电荷的细菌，所以虽有氧化能力也难起消毒作用。水的pH值越低，HOCl的百分含量越大，因而消毒效果越好。

氯对细菌的作用是破坏其酶系统，导致细菌死亡。而氯对病毒的作用，主要是对核酸破坏的致死性作用。

2）当水中存在氨氮时，HOCl就会和氨化合，产生氯胺化合物，其成分视水的pH值及Cl_2和NH_3含量的比值而定。具体反应如下：

$$NH_3 + HOCl \longrightarrow NH_2Cl + H_2O \tag{6-11}$$

$$NH_3 + 2HOCl \longrightarrow NHCl_2 + 2H_2O \tag{6-12}$$

$$NH_3 + 3HOCl \longrightarrow NCl_3 + 3H_2O \tag{6-13}$$

当水的 pH 值在 5~8.5 之间时，NH_2Cl 和 $NHCl_2$ 同时存在，但 pH 值低时，$NHCl_2$ 较多，$NHCl_2$ 的杀菌能力比 NH_2Cl 强，所以水的 pH 值低一些，也是有利于消毒作用的。NCl_3 要在 pH 值低于 4.4 时才产生，在一般的饮用水中不大可能形成。

所以，无论水中是否存在氨氮，在使用液氯消毒时，在 pH 值 6.5~8.5 范围内，pH 值低时的消毒效果比 pH 值高的消毒效果好。

(3) 氯消毒的优点
1) 杀灭细菌效果好，能够破坏细菌的酶系统，使水中的致病菌和寄生虫卵死亡。
2) 可以改善水的感官性状，具有灭藻、除臭、除味的能力。
3) 投加氯的设备简单，初期投资和经常费用均比较低。
4) 氯的来源广泛，价格低廉。
5) 具有余氯的持续作用，可以防止水在输送过程中被二次污染。
6) 氯消毒历史较长，经验较多，是一种比较成熟的消毒方法。
7) 预加氯能起到良好的助凝作用。

(4) 氯消毒存在的问题
氯消毒会产生许多具有致突变和致癌性的三卤甲烷、卤乙酸等副产物，危害人体健康。

2. 氯胺

氯胺消毒是氯衍生物的消毒方法之一，由于氯胺消毒作用缓慢，曾一度停用。但由于氯胺能避免或减缓氯与水中有机污染物质的某些化学反应，从而使消毒后水中氯化副产物的生成量显著降低，氯胺消毒被广泛认为是控制消毒副产物形成的有效手段。根据资料，出厂水采用氯胺消毒，卤乙酸的产生量减少 90%，三卤甲烷的产生量减少 70%。投加氯胺已为越来越多的自来水公司所认同，有更多的水厂又重新采用了氯胺消毒法。在美国，1987 年有 12% 的水厂采用氯胺消毒，1989 年增加到 20%，到 1998 年，已经有 29.4% 的自来水公司使用了氯胺，是仅次于氯气居于第二位的消毒剂。

氯胺消毒须保持正确的氯、氨投加比例，该比例会因不同的水质而有所不同，应通过试验确定，氯和氨的重量比一般为 3:1~6:1。低 pH 值、氯氨比较高的条件下，三卤甲烷、卤乙酸等副产物指标较高，随 pH 值的升高和氯氨比的下降，副产物随之降低。氯与氨的投加先后次序要按投加的目的而定，前加氯为了减少不良副产物的生成应"先氨后氯"，后加氯为了保障出厂水能较长时间维持余氯，一般应在加氯满足接触时间后再投加氨。

氯胺消毒比氯消毒有以下几个优点：(1) 减少了消毒过程中消毒副产物的数量；(2) 氯胺在水中衰减慢，可以维持较长时间，能有效地控制水中残余细菌繁殖；(3) 避免游离性余氯过高时产生的臭味。氯胺消毒的缺点是：需要较长的接触时间；由于需加氨从而使操作复杂。

氯胺的杀菌效果差，不宜单独作为饮用水的消毒剂使用。但若将其与氯结合使用，既可以保证消毒效果，又可以减少三卤甲烷的产生，且可以延长在配水管网中的作用时间。

3. 二氧化氯（ClO_2）

(1) 二氧化氯的物理性质

二氧化氯（ClO_2）常温下是一种黄绿色的气体，具有与氯气、臭氧类似的刺激性气味，比空气重，熔点 -59℃，沸点 11℃。

ClO_2 易溶于水而不与水反应，主要以溶解气体的形式存在于水中，20℃时溶解度约为氯的 5 倍。ClO_2 在水中的溶解度随温度升高而降低。同时二氧化氯分子的电子结构虽是不饱和状态，在水中却不以聚合状态存在，这对 ClO_2 在水中迅速扩散十分有利。但 ClO_2 水溶液易挥发，在较高温度与光照下会生成 ClO_2^- 与 ClO_3^-，应避光低温保存。

ClO_2 在常温下可压缩成深红色液体，极易挥发，极不稳定，光照、机械碰撞或接触有机物都会发生爆炸；在空气中的体积浓度超过 10% 或在水中浓度超过 30% 时也会发生爆炸。不过 ClO_2 溶液浓度在 10mg/L 以下时基本没有爆炸的危险。

由于 ClO_2 对压力、温度和光线敏感，不能压缩进行液化储存和运输，只能在使用时现场临时制备。ClO_2 的制备方法有化学反应法、电解食盐法、离子交换法等。其中化学法和电解法在生产上应用较多。

(2) 二氧化氯的消毒机理

作为强氧化剂，ClO_2 在酸性条件下具有很强的氧化性，发生如下反应：

$$ClO_2 + 4H^+ + 5e = Cl^- + 2H_2O \qquad (6-14)$$

在水厂 $pH \approx 7$ 的中性条件下，发生以下反应：

$$ClO_2 + e = ClO_2^- \qquad (6-15)$$

$$ClO_2^- + 2H_2O + 4e = Cl^- + 4OH^- \qquad (6-16)$$

ClO_2 能将水中少量的 S^{2-}、SO_3^{2-}、NO_2^- 等还原性酸根氧化去除，还可去除水中的 Fe^{2+}、Mn^{2+} 及重金属离子等。另外，对水中有机物的氧化，Cl_2 以亲电取代为主，而 ClO_2 以氧化还原为主，能将腐殖酸、富里酸等降解，且降解产物不以三氯甲烷形式存在。

ClO_2 是一种广谱、高效的杀菌消毒剂，实验证实，它对细菌、芽孢、藻类、真菌、病毒等均有良好的杀灭效果。关于 ClO_2 的消毒机理，一般认为 ClO_2 对微生物细胞壁有较好的吸附和穿透作用，能渗透到细胞内部与含硫基（-SH）的酶反应，使之迅速失活，抑制细胞内蛋白质的合成，从而达到将微生物灭活的目的。

由于细菌、病毒、真菌都是单细胞的低级微生物，其酶系分布于细胞膜表面，易于受到 ClO_2 攻击而失活。而人和动物细胞中，酶位于细胞质之中受到系统的保护，ClO_2 难以和酶直接接触，故其对人和动物的危害较小。

(3) 二氧化氯的氧化消毒特性

1）ClO_2 氧化能力强，其氧化能力是氯的 2.5 倍，能迅速杀灭水中的病原菌、病毒和藻类（包括芽孢、病毒和蠕虫等）。二氧化氯除对一般细菌有杀死作用外，对芽孢、病毒、异养菌、铁细菌、硫酸盐还原菌和真菌等均有很好的杀灭作用，且不易产生抗药性。

2）与氯不同，ClO_2 消毒性能不受 pH 值影响。这主要是因为氯消毒靠次氯酸杀菌而二氧化氯则靠自身杀菌。

3）ClO_2 不与氨反应，在含氨高的水中也可以发挥很好的杀菌作用，而使用氯消毒则会受到很大影响。

4）ClO_2 随水温升高灭活能力加大，从而弥补了因水温升高 ClO_2 在水中溶解度的下降。

5) ClO_2 的残余量能在管网中持续很长时间,实验表明,0.5mg/L 二氧化氯在 12h 内对异氧菌的杀灭率保持在 99%以上,作用时间长达 24h 杀菌率才下降为 86.3%。故对病毒、细菌的灭活效果比臭氧和氯更有效。

6) ClO_2 具有较强的脱色、去味及除铁、锰效果。

7) ClO_2 消毒只是有选择的与某些有机物进行氧化反应将其降解为含氧基团为主的产物,不产生氯化有机物,所需投加量小。因此,采用 ClO_2 代替氯消毒,可使水中三卤甲烷、卤乙酸等生成量大幅减少。

(4) 二氧化氯消毒存在的问题

1) ClO_2 加入水中后,会产生 ClO_2^- 与 ClO_3^-。很多实验表明 ClO_2^-、ClO_3^- 对血红细胞有损害,对碘的吸收代谢有干扰,还会使血液中胆固醇升高。同时可能会引起胎儿小脑重量下降、神经行为作用迟缓或细胞数下降。美国 EPA 建议二氧化氯消毒时残余氧化剂总量($ClO_2 + ClO_2^- + ClO_3^-$)<1.0mg/L,对正常人群健康不致有影响。而实际应用中 ClO_2 的剂量都控制在 0.5mg/L 以下。我国建设部颁布的《城市供水水质标准》规定亚氯酸盐小于 0.7mg/L。

2) ClO_2 氧化分解有机物具有较强的选择性。它能氧化去除水中的 Fe^{2+}、Mn^{2+}、氰化物、酚等,能氧化硫醇、仲胺和叔胺,消除水中的不愉快气味,但不易氧化醇、醛、酮、伯胺等有机物,导致去除不彻底。

3) 二氧化氯性质比较活泼,易爆炸,运输、储藏的安全性较差,且其本身也有毒性,因此在使用 ClO_2 时要十分注意安全。

4. 臭氧（O_3）

(1) 臭氧的物理性质

O_3 是一种具有特殊的刺激性气味的不稳定气体,常温下为浅蓝色,液态呈深蓝色。O_3 是常用氧化剂中氧化能力最强的,在水中的氧化还原电位为 2.07V,而氯为 1.36V,二氧化氯为 1.50V。另外,O_3 具有较强腐蚀性。

O_3 在空气中会慢慢自行分解为 O_2,同时放出大量的热量,当其浓度超过 25%时,很容易爆炸。但一般臭氧化空气中 O_3 的浓度不超过 10%,不会发生爆炸。

在标准压力和温度下,纯臭氧的溶解度比氧大 10 倍,比空气大 25 倍。O_3 在水中不稳定,在含杂质的水溶液中迅速分解为 O_2,并产生氧化能力极强的单原子氧（O）和羟基（OH）等具有极强灭菌作用的物质。其中羟基的氧化还原电位为 2.80V。20℃时,O_3 在自来水中的半衰期约为 20min。

(2) 臭氧的消毒机理

O_3 溶于水后会发生两种反应:一种是直接氧化,反应速度慢,选择性高,易与苯酚等芳香族化合物及乙醇、胺等反应。另一种是 O_3 分解产生羟基自由基从而引发链锁反应,羟基是强氧化剂、催化剂,引起的连锁反应可使水中有机物充分降解。此反应还会产生十分活泼的、具有强氧化能力的单原子氧（O）,可瞬时分解水中有机物质、细菌和微生物。

当溶液 pH 值高于 7 时,O_3 自行分解加剧,自由基型反应占主导地位,这种反应速度快,选择性低。

由上述机理可知，O_3 在水处理中能氧化水中的多数有机物使之降解，并能氧化酚、氨氮、铁、锰等无机还原物质。此外，由于 O_3 具有很高的氧化还原电位，能破坏或分解细菌的细胞壁，容易通过微生物细胞膜迅速扩散到细胞内并氧化其中的酶等有机物；或破坏其细胞膜、组织结构的蛋白质、核糖核酸等从而导致细胞死亡。因此，O_3 能够除藻杀菌，对病毒、芽孢等生命力较强的微生物也能起到很好的灭活作用。

(3) 臭氧的氧化消毒特性

1) 杀菌速度快、效果好。O_3 作为高效氧化剂，是常用氧化剂中氧化能力最强的，杀菌能力是氯的数百倍，试验结果表明，在 0.45mg/L 臭氧作用下，经过 2min 脊髓灰质炎病毒即死亡；如用氯消毒，则剂量为 2mg/L 时需经过 3h。臭氧不仅对细菌、藻类、病原体等微生物均可快速杀灭，而且对某些普通消毒剂呈抗药性的微生物也有十分显著的杀菌效果。

2) 受 pH 值、水温及水中含氨量影响较小。

3) 可去除有机物。臭氧能够氧化分解水中的有机物，特别是有毒有害的微量污染物，并能使非生物降解物变为生物降解物，大大降低处理成本。

4) 可除臭、脱色。臭氧能有效去除多种藻类引起的臭味，对某些胶态物质和有机物所产生的色度的去除也十分有效。

5) 水中的残留物少，产生的附加化学污染物少。臭氧使水中的污染物通过氧化变成气体或沉淀去除，它本身则被还原为氧离子而结合于挥发物或沉淀物中，因而水中的残留物很少。

6) 不会产生如氯酚那样的臭味，也不会产生三卤甲烷等氯消毒的消毒副产物，同时还可使水具有较好的感官指标。

7) 臭氧可就地制造，无需其他原料，只需要电能。

(4) 臭氧消毒存在的问题

1) 持续性消毒能力差。由于臭氧在水中很不稳定，易分解成 O_2，致使其持续性消毒能力差，如接触池出口处水中剩余臭氧尚有 0.40mg/L，但经过清水池的停留后，水中的剩余臭氧已完全分解，管网中的消毒已无从保障。因此还需与其他消毒剂一起配合使用，经过臭氧消毒的自来水通常在其进入管网前还要加入少量的氯或氯胺，以维持一定的消毒剂剩余量。

2) O_3 处理时与有机物反应生成不饱和醛类、环氧化合物等有毒物质，对人体健康有不良影响。如果水中含有较多的溴离子，O_3 会将其氧化为次溴酸。次溴酸与卤化消毒副产物的前体物反应，会产生溴仿和其他溴化消毒副产物。溴离子还能被进一步氧化为溴酸盐离子，从而导致出水呈致突变阳性。因此采用 O_3 消毒时，一般采用溴酸根和甲醛作为消毒副产物的控制指标。

总体上说，虽然应用 O_3 时有副产物生成，但一般情况下浓度不高，毒性问题也不严重。根据目前的研究，无论在副产物的生成量和毒性，还是在出水的致突变活性方面，O_3 都比 Cl_2 和 ClO_2 理想。

3) 因为臭氧不够稳定，容易自行分解，半衰期短，故不能瓶装贮存和运输，必须就地生产使用。

4) 消毒设备复杂，投资大，电耗高，对操作人员的技术水平要求高。目前生产臭氧的方法有：紫外线照射法、电解法、放射化学法、无声放电法，其中最经济、普及最广的是无声放电法，就是在放电器（即常见的臭氧发生器）通入空气或氧气，转换成臭氧排出。这些设备相对投资较大，运行成本高。

5. 紫外线（UV）

(1) 紫外线的消毒机理

根据生物效应的不同，将紫外线按照波长划分为4个部分：A波段（UV-A），又称为黑斑效应紫外线，波长范围为400nm～320nm；B波段（UV-B），又称为红斑效应紫外线，波长范围为320nm～275nm；C波段（UV-C），又称为灭菌紫外线，波长范围为275nm～200nm；D波段（UV-D），又称为真空紫外线，波长范围为200nm～10nm。水消毒主要采用的是C波段紫外线，即C波段紫外线会使细菌、病毒、芽孢以及其他病原菌的DNA丧失活性，从而破坏它们的复制和传播疾病的能力。

研究表明，紫外线主要是通过对微生物（细菌、病毒、芽孢等病原体）的辐射损伤和破坏核酸的功能使微生物致死，从而达到消毒的目的。紫外线对核酸的作用可导致键和链的断裂、股间交联和形成光化产物等，从而改变了DNA的生物活性，使微生物自身不能复制，这种紫外线损伤也是致死性损伤。

(2) 紫外线消毒器的结构形式

紫外线消毒器按水流边界的不同分为敞开式和封闭式。

1) 敞开式系统

在敞开式紫外线消毒器中被消毒的水在重力作用下流经紫外线消毒器并灭活水中的微生物。敞开式系统又可分为浸没式和水面式两种。

浸没式又称为水中照射法，其典型构造如图6-31所示。将外加同心圆石英套管的紫外灯置入水中，水从石英套管的周围流过，当灯管（组）需要更换时，使用提升设备将其抬高至工作面进行操作。该方式构造比较复杂，但紫外辐射能的利用率高、灭菌效果好且易于维修。

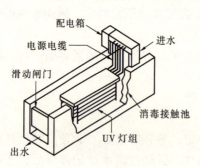

图6-31 敞开式紫外线消毒器构造图

系统运行的关键在于维持恒定的水位，若水位太高则灯管顶部的部分进水得不到足够的辐射，可能造成出水中的微生物指标过高；若水位太低则上排灯管暴露于大气之中，会引起灯管过热并在石英套管上生成污垢膜而抑制紫外线的辐射。图6-31中采用自动水位控制器（滑动闸门）来控制水位。在自动化程度要求不高的系统中，也可以采用固定的溢流堰来控制水位。

水面式又称为水面照射法，即将紫外灯置于水面之上，由平行电子管产生的平行紫外光对水体进行消毒。该方式较浸没式简单，但能量浪费较大、灭菌效果差，实际生产中很少应用。

2) 封闭式系统

封闭式紫外线消毒器属承压型，用金属筒体和带石英套管的紫外线灯把被消毒的水封闭起来，结构形式如图6-32所示。

筒体常用不锈钢或铝合金制造，内壁多作抛光处理以提高对紫外线的反射能力和增强辐射强度,还可根据处理水量的大小调整紫外灯的数量。有的消毒器在筒体内壁加装了螺旋形叶片以改变水流的运动状态而避免出现死水和管道堵塞,其产生的紊流以及叶片锋利的边缘会打碎悬浮固体,使附着的微生物完全暴露于紫外线的辐射中,提高了消毒效率。

各种系统中外罩密封石英套管的紫外线灯管都可以与水流方向垂直或平行布置。平行系统水力损失小、水流形式均匀,而垂直系统则可以使水流紊动,提高消毒效率。

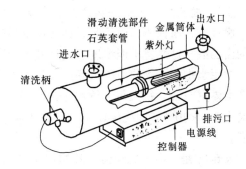

图 6-32 封闭式紫外线消毒器构造图

（3）紫外线消毒的优点

1）不投加化学药剂,不向水中增加任何物质,不增加水的嗅和味,不产生有毒有害的副产物。

2）对致病微生物有广谱消毒效果,消毒速度快、效率高。

3）消毒效果受水温、pH 影响小。

4）设备占地面积小,易于自动化操作,管理简便。

5）无需运输和贮存危险药剂,对环境无害。

（4）紫外线消毒存在的问题

1）紫外线消毒法没有持续灭菌作用,不能有效防止细菌的再繁殖,所以它一般要与其他消毒方法联合使用。当处理水离开反应器之后,一些被紫外线杀伤的微生物在光复活机制下会修复损伤的 DNA 分子,使细菌再生。

2）消毒效果受水中悬浮物含量影响大,管壁易结垢,降低消毒效果。当水流经紫外线消毒器时,其中有许多无机杂质会沉淀、粘附在套管外壁上。尤其当水中有机物含量较高时更容易形成污垢膜,而且微生物容易生长形成生物膜,这些都会抑制紫外线的透射,影响消毒效果。因此,石英套管外壁的清洗工作是运行和维修的关键,必须根据不同的水质采用合理的防结垢措施和清洗装置,开发研制具有自动清洗功能的紫外线消毒器。

3）处理水量较小,国内使用经验较少。

6.8.2 氯消毒的副产物及危害

从 1974 年发现氯消毒会产生具有致突变和致癌性的三氯甲烷以来,国际饮用水界研究消毒副产物已有 40 多年。流行病学调查证明,长期饮用氯消毒水会增加人们患膀胱癌、直肠癌和结肠癌的危险。早期消毒副产物的毒理学研究偏重于三卤甲烷类,20 世纪 80 年代中期发现了另一类非挥发性的氯化消毒副产物卤乙酸（HAAs）,与低沸点的挥发性三卤甲烷相比,卤乙酸具有沸点高、不可吹脱、致癌风险大的特点,二氯乙酸（DCAA）和三氯乙酸（TCAA）的致癌风险分别是三氯甲烷的 50 倍和 100 倍,因此近年来对卤乙酸的致癌性研究逐渐增加。

氯消毒副产物主要包括三卤甲烷（包括三氯甲烷、二氯一溴甲烷、一氯二溴甲烷和三溴甲烷)、卤乙酸（包括一氯乙酸、二氯乙酸、三氯乙酸、一溴乙酸和二溴乙酸)、卤代酚、卤代醛、卤代酮、卤乙腈、卤代硝基甲烷等，其中主要是挥发性的三卤甲烷和非挥发性的卤乙酸，这两者不但浓度远超过其余消毒副产物，而且其致癌风险也不断得到证实。

饮用水中污染物的单位致癌风险是指人终生饮用含有 $1\mu g/L$ 该污染物的饮用水（按每人平均体重 70kg，每人每天饮水 2L 计）所产生的癌症发病率。例如二氯乙酸的单位致癌风险为 2.6×10^{-6}，即终生饮用每日含 $1\mu g/L$ 二氯乙酸的饮用水，每百万人将有 2.6 人得癌症。

表 6-11 是三卤甲烷和卤乙酸的理化特性和单位致癌风险。其中一氯二溴甲烷、一氯乙酸、一溴乙酸和二溴乙酸的致癌风险未被检测出来。表中单位致癌风险数据是出自美国水厂协会（AWWA）研究基金会关于消毒副产物致癌风险的报告，美国环保局制订有关消毒副产物法规时，也采用了相应数据。

三卤甲烷和卤乙酸的理化特性和单位致癌风险　　表 6-11

消毒副产物	分 子 量	沸点℃	单位致癌风险 $\times 10^{-6}$
三氯甲烷	119	61	0.056
二氯一溴甲烷	164	90	0.35
一氯二溴甲烷	208	120	未检出
三溴甲烷	253	151	0.10
一氯乙酸	188	94	未检出
二氯乙酸	194	129	2.6
三氯乙酸	197	163	5.5
一溴乙酸	208	139	未检出
二溴乙酸	195	218	未检出

由于消毒副产物问题日益受到重视，1979 年美国环保局首次在"安全饮用水法"中提出 $100\mu g/L$ 的三卤甲烷标准。随后，在 1997 年 7 月正式提出的"消毒剂与消毒副产物法"第一阶段中，三卤甲烷标准降到 $80\mu g/L$，另一类消毒副产物卤乙酸标准被定为 $60\mu g/L$；第二阶段中，三卤甲烷定为 $40\mu g/L$，5 种卤乙酸总量被定为 $30\mu g/L$。我国建设部 2005 年颁布的《城市供水水质标准》（CJ/T 206—2005）中，规定三卤甲烷总量不得超过 $100\mu g/L$，卤乙酸总量不得超过 $60\mu g/L$。

在城市管网系统中，许多检测数据表明消毒副产物有不同程度增加的现象，不同反应时间所对应的三氯甲烷的生成量见图 6-33，从图中可以看出，氯化反应时间越长，水中三

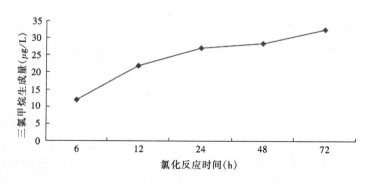

图 6-33　氯化反应时间对三氯甲烷生成量的影响

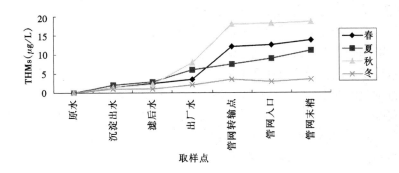

图 6-34 三氯甲烷在管网中变化情况

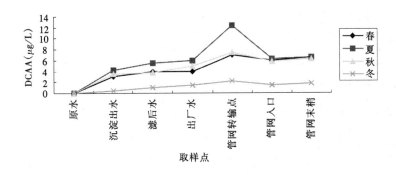

图 6-35 二氯乙酸（DCAA）在管网中变化情况

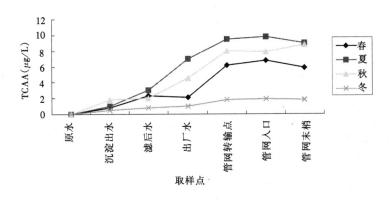

图 6-36 三氯乙酸（TCAA）在管网中变化情况

氯甲烷的生成量就越高。图 6-34 ~ 图 6-36 分别是某自来水公司管网中三氯甲烷、二氯乙酸、三氯乙酸的变化情况。从图中可见，消毒副产物特别是三氯甲烷从出厂到管网成倍增长。

6.8.3 科学地选用消毒剂

1. 消毒剂选用的影响因素

选择饮用水消毒剂时应考虑以下几个因素：

（1）杀灭病原体的效果及其对生物膜的控制能力；

（2）有没有剩余消毒剂及剩余消毒剂的稳定性；

（3）对水质感官性状会造成什么影响；

（4）消毒剂及消毒副产物的毒理学影响，如对人体健康可能造成的影响及预防或消除不利影响的可能性；

（5）工程实践中控制和监测的难易程度；

（6）经济和技术上的可行性。

从上述几个因素考虑，生活饮用水应尽可能选用消毒效果良好、有一定的持续杀菌作用、毒副作用小、管理操作简便、运行费用相对较低的消毒剂。

2. 消毒方式的选择比较

几种常用消毒方式的比较见表 6-12。

常用消毒方式的比较　　　　　　　　　　表 6-12

消毒方式	优　点	缺　点	适用条件
氯	具有余氯的持续消毒作用，药剂易得，成本较低，不需要庞大的设备，操作简单，投量准确，技术成熟	原水有机物高时会产生有机氯化物，有致癌致畸毒害作用，原水含酚时产生氯酚味，氯气有毒，运行管理有一定危险性	液氯供应方便的地点
氯　胺	能减少三卤甲烷和氯酚的产生，延长管网中余氯的持续时间抑制细菌生成	消毒作用较为缓慢，需较长接触时间，需增加加氨设备，操作管理麻烦	原水中有机物多，管线长
二氧化氯	具有较强的氧化能力，可除臭、去色、氧化有机物，不会生成有机氯化物，投加量少，接触时间短，消毒效果好，持续消毒保持时间长	一般需现场随时制取使用，制取设备较复杂，操作管理要求高，成本较高，会产生氯酸盐和亚氯酸盐等副产物	有机污染严重时
臭　氧	常用消毒剂中氧化消毒能力最强，可除臭、去色、氧化有机物，不会生成有机氯化物，消毒效果佳，接触时间短，不受pH影响，能增加水中溶解氧	在水中不稳定，易分解，持续消毒作用差，投资大，设备复杂，操作要求高，管理麻烦，电耗大，运行成本高，会产生甲醛等副产物	有机污染严重时，可结合氧化作用与活性炭联用
紫外线	不改变水的物理化学性质，不会生成有机氯化物，杀菌效率高，操作安全、简单，易实现自动化	无持续杀菌作用，处理水量少，对处理水的水质要求较高，电耗大，紫外线灯管需定时更换，灯管寿命有待提高	供水较集中，管路较短

3. 消毒剂的选用

由于污水厂出水不存在管网的二次污染问题，因此目前紫外线消毒用于小型污水处理较多，国内自来水厂尚未有大规模应用的实例与经验，常用消毒剂主要还是氯、氯胺、二氧化氯、臭氧。

研究表明，pH值在6~9时，4种消毒剂灭活效率的优先次序为：臭氧＞二氧化氯＞氯＞氯胺；而稳定性的优先次序则为：氯胺＞二氧化氯＞氯＞臭氧；从实际使用成本分析由高到低为：臭氧＞二氧化氯＞氯胺＞氯。

从控制供水管网中氯化有机物等消毒副产物的数量和适宜的消毒成本来看，采用氯胺消毒代替氯消毒是较有效的方法之一。采用氯胺消毒时，由于HOCl是逐渐释放出来的，所以更能保证管网末梢和管网水流速小的地区的余氯要求，也会使自来水中的氯嗅味减轻一些，如果管网中没有补加消毒剂，则消毒副产物不会因为停留时间增加而出现大幅增加的现象。同时，近年来的研究已表明，氯胺在控制管网生物膜方面比自由氯更有效果。即使自由余氯为3~4mg/L，对金属管上生物膜的控制效果也不大，而余氯胺浓度只要大于2mg/L，就能成功地减少活菌计数。这是因为和氯胺发生化学反应的化合物类型受限制较多，因此它穿透生物膜层的能力强，使附着的微生物失活，而自由氯的反应速度快，在它穿过生物膜以前就被消耗掉了大部分，因此氯胺在管网中的消毒效果比自由氯好。但有研究表明，氯胺的浓度要在某一临界值以上才能有效控制金属管上生长的生物膜，要使附着的细菌失活，余氯胺浓度应维持在2.0mg/L以上。

一般认为，对于严重污染且有机物含量较高的原水，或水厂的供水管网较长，水流在管中停留时间大于12h时，比较适合采用氯胺消毒。

对受有机物污染较为严重的水源，二氧化氯代替氯消毒也是较为合适的控制有机氯化物产生的方法，表6-13是二氧化氯和氯消毒时三氯甲烷生成量的对比试验。

二氧化氯和氯消毒时三氯甲烷生成量的对比　　　　　表6-13

项　　目	氯	二 氧 化 氯
投加量（mg/L）	4	5
三氯甲烷（μg/L）	47	＜5

注：水中均含2mg/L的腐殖酸。

可以看出，在原水水质相同的条件下投加二氧化氯几乎不产生三氯甲烷，而加氯消毒却产生了47μg/L的三氯甲烷。

臭氧消毒由于没有持续杀菌能力，因此一般不单独作为消毒剂使用，更多的是作为氧化剂与活性炭联用，来去除水中的有机物。如已采用臭氧活性炭深度处理工艺，因工艺本身已配备了臭氧发生器，因此可在饮用水消毒时将臭氧作为主消毒剂先迅速杀灭水中各种细菌、病毒等致病微生物，然后再补加少部分氯起到在管网中持续杀菌的作用，因投加的氯数量较少，因此氯化有机物的数量一般较少，远低于控制指标值。

尽管氯消毒存在副产物问题，可替代消毒剂也的确有不同的优越性，但无论是在中国还是美国，大多数水厂仍然采用氯消毒剂作为主要的消毒方式，而且使用氯消毒的水厂绝大多数能够满足对三卤甲烷和卤乙酸等消毒副产物的要求。这主要是各水厂不同程度地采用了优化氯消毒方式，采取新的工艺措施在氯消毒前先去除副产物前体物以减少消毒副产物的生成，如强化混凝、沉淀、过滤等常规处理工艺，采用生物预处理和深度处理工艺，最大限度地降低氯化消毒副产物的前体物，同时优化加氯工艺，采用改变前加氯、减少加氯量、加氯点后移等处理方法，均有效控制了氯化有机物的产生。

因此，如原水水质较好，水中有机物含量不高，或已采取相应的工艺措施去除了水中绝大多数的消毒副产物前体物，则氯仍是首选的消毒方式。由于水质较好，一般消毒副产物的数量均能得到有效控制，同时也可采用减少滤后水投氯量，在管网中多点补加氯的方式来避免管网水消毒副产物增加的现象。对原水水质相对较差，出厂水有机物含量较高的情况，可采用氯胺、二氧化氯消毒方式，也可采用几种消毒工艺联用的方法，如前处理中用二氧化氯或臭氧作为主消毒剂和氧化剂，在滤后水中加氯或氯胺，这样可大大减少氯化有机物的形成。

总之，各种消毒剂均有其自身的优、缺点，不同的水厂有不同的实际情况，应根据原水、水厂特点，针对当前消毒工艺存在的问题，对各种处理工艺比较后，有针对性地采用适合自己的消毒工艺。

参 考 文 献

[1] 程金煦．大中型输水管道管材选择探讨．给水排水，2001，27（5）．
[2] 宋坚．新型建筑给水管材的选用．给水排水，2001，27（1）．
[3] 姜文源．铜管的应用和选用．给水排水，2002，28（12）．
[4] 王真杰．铜管在建筑中的应用前景．给水排水，2002，28（1）．
[5] 原芝泉等．钢骨架增强塑料复合管及其应用．给水排水，2002，28（1）．
[6] 黄汝宏等．薄壁不锈钢管材及管件的应用研究．给水排水，2002，28（11）．
[7] 何维华．供水管网的管材综述．中国水网．
[8] 岳舜琳．水的耗氧量的卫生学意义．给水排水，2004，30（6）．
[9] 方勇等．给水管道在线不开挖更新技术．中国给水排水，2002，18（11）．
[10] 黄宇阳 韩德宏．给水管道不开挖更新与敷设技术综述．中国水网．
[11] 徐景翼等．地下供水干管的修复——不开挖地下清管及喷涂技术．中国水网．
[12] 胡峻 蔡志章．不开挖翻衬法管道内衬修复技术．给水排水，2003，29（4）．
[13] 沈之基．建筑物内给水管的翻新技术．给水排水，2003，29（3）．
[14] 何冠钦，赵煜灵．倒流防止器在生活饮用水管网中的应用．给水排水，2000，26（12）．
[15] 汤波等．解决南京市多层住宅屋顶水箱二次污染的对策．给水排水，2003，29（3）．
[16] 周鸿 张晓健．安全消毒技术研究展望．中国水网．
[17] 王丽花等．消毒副产物在给水处理工艺和给水管网中的变化规律．中国水网．
[18] 张晓健 李爽．消毒副产物总致癌风险的首要指标参数-卤乙酸．网易给排水网．
[19] 乔勇 张玉先．给水处理中二氧化氯与臭氧的应用比较．中国水网．
[20] 张立成 傅金祥．紫外线消毒工艺与应用概况．中国给水排水，2002，18（2）．
[21] 宁波市自来水总公司、同济大学环境科学与工程学院《宁波城市供水与国际先进水平接轨的技术研究》总结报告，2003．
[22] 浙江省水协《浙江省城市供水现代化建设研究报告》，2003．
[23] 宁波市自来水总公司《居住小区给水管网防治二次污染技术研究》总结报告，2004．
[24] 刘遂庆，王荣和．给水管网设计和运行管理科技发展和技术应用．2000，11．
[25] 宁波市自来水总公司城市供水环网课题组．宁波市供水主干管环网规划与水力模型校核．2005，1．

第 7 章 加强管网系统的运行维护管理

管网的科学运行、维修和养护是防治管网二次污染，确保管网水质的重要方面。加强管网的日常运行和维护管理，提高管网管理的技术水平，对于实现管网水质与国际接轨有重要意义。

7.1 完善管网运行维护管理体系

7.1.1 管网运行维护管理的基本内容

管网运行维护管理的基本目标是：供应用户的自来水水量充足、水质优良、水压均衡。从维持配水系统水质的目的出发，以下方面的技术管理十分重要。

1. 管网技术档案管理

管网技术档案是开展管网运行维护管理的基础。建立详细、完整的管网技术档案对于开展管网运行调度、进行管网水质监测分析、安排管道检漏计划、制定管路改造规划、及时关阀止水抢修以及开展各项日常养护工作都十分重要。供水企业应改变传统的纸质档案管理模式，尽快采用供水管网图形与信息的计算机存储管理方式，实现管网技术资料的动态管理，准确、实时反映管网现状信息。

2. 管网运行调度

管网的合理运行调度对于保持管网水质的意义尚未引起供水企业的高度重视。从保护水质角度出发，管网的运行调度、操作应以保持最少净水滞留时间，维持供水水压，调配供水方向和流速为目的。由于水的腐蚀特性以及管材内壁与水接触会造成水质恶化，因此应当使净水在配水管内的滞留时间最短。要维护一定的供水水压，保持水压均衡，以防止产生负压和污染物质的逆流。水流方向及流速变化则会使配水管内壁锈垢溢出，导致水质恶化；流速急剧变化，可能会产生负压，导致发生连续超高压的压力波。例如在送水水泵及闸门开关操作时，管道合流地点将发生变化。所以应加强对水流方向和流速的控制。为此，供水企业应尽快建立配水管网运行调度系统，实行计算机控制下的管网压力、流量合理调度。

3. 管网水质监测

管网水质监测是掌握出厂水在管网中实际变化状况，进而指导水厂处理工艺改进、管网改造以及管网运行维护管理工作的基础。应当彻底改变当前管网水质监测不科学、时间间隔长的现状。管网水质实时监测是实施管网水质动态管理的重要手段。实时监测能及时掌握管网水质变化，为提高管网水质和保障安全提供科学依据。近年来，上海中心城区管网安装了近 70 套在线浊度和余氯监测仪表，将数据实时传送到各公司，为提高管网水质、实施管网改造、水厂余氯加注等提供了依据。

4. 管道检漏以及维修养护

管网的检漏、维修养护工作是供水企业管线管理部门的一项重要日常工作。通过有计划的定期检测管道，及时修复漏点，避免了污水或异物在负压状态下进入管网的可能。管道的及时抢修已为供水企业所重视，但同样重要的是，抢修过程中的阀门操作应避免管网水流速或流向的急剧改变而导致水质污染。管网的定期冲洗消毒是防止管道中沉淀物过度积累的有效手段，保持适当的冲洗强度，采用合理的消毒方式有助于管网水质定期改善提高。

有关管网运行维护方面的技术管理手段和方法，将在本章的后几节做详细介绍。

城市供水管网如同人体的血脉，庞大而复杂。随着国内城市化进程加快，区域性、集约化供水方式推进，供水管网通常覆盖数百甚至上千平方公里，管线长度则达数千公里。因此，选择合理的管网管理模式，对于提高运行维护工作质量和效率至关重要。管网管理部门要健全各项工作制度和规范，建立质量考核体系，从而提高管网管理水平。

7.1.2 管网管理模式

1. 管理模式的选择

目前，国内供水企业对管网管理基本上采用条状管理的方式，但也有越来越多的企业开始尝试块状管理模式。所谓条状管理模式，即由一个管网所或管网部承担全市区域内的管网运行、维修和养护管理工作。而块状管理方式，则是将区域管网按照一定原则划分成若干区块，分别设立管网管理机构，实施管网日常管理。

管网管理采取何种管理模式的选择，可以根据城市发展程度、管网规模、管网布局等综合确定。一般来说，采用管网、营业等分专业及业务范围进行分离式条状管理方式，适用于城市发展期的供水管网；而当城市规模扩大，管网建设基本成形之后，宜采用对管网划区分块的块状管理模式。

2. 区块管理模式

目前在经济发达的国家中，大城市内大兴土木的建设期已经过去，供水管网已经形成，深化管网管理、深化服务用户理念已是重中之重。国外城市分区供水起步于20世纪80年代，英国伦敦的给水管网被划分为16个区域，日本东京的管网由50多个区域组成，大阪的管网分18个区域。它们将大型供水管网分成若干块，进行经济核算的承包管理，已取得良好效果。

以日本北海道的札幌为例，根据管网现状和发展规划，通过计算机模拟分析，将其城市管网细分为119块。截止2004年底，已规整建成了105块。一个标准的供水区块通常覆盖1~2个平方公里，日供水量在5000m^3左右，其块状供水的平面示意见图7-1。在每个区块的进水点处设有一个旁通的阀门井室，安装了减压阀、流量计和在线水质监测仪表，以实现对该区块的水压、水量调节、水质监测的目的。其节点结构示意见图7-2。

管网分区管理有利于管网的压力控制、停水维护、水质监测控制，也有利于管理成果的考核评估。

一般应根据管网分区目的来确定分区，整个分区过程可分为以下几部分：管网微观动态模型建立→选择区块系统阶层数→确定区块规模→划定区块边界→设定进水点及区块的规整等。

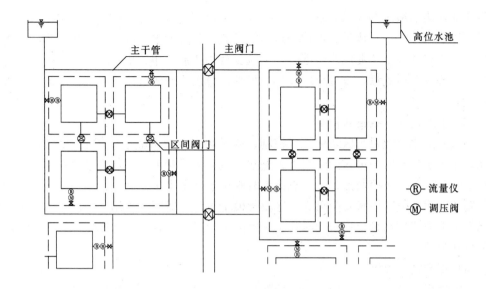

图 7-1 块状供水示意图

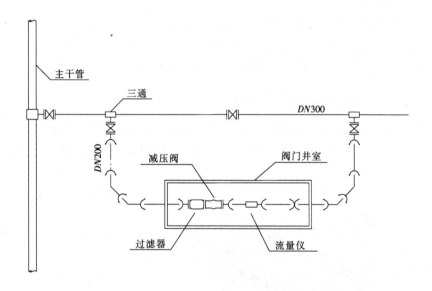

图 7-2 块状供水接入点结构示意图

(1) 选择区块系统阶层数

第一阶层分区系统可实现合理配水,除此以外的其他功能(如流量计量、压力控制、改善低压区、减少漏失量、提高水质等)应在第二阶层或第三阶层分区系统中实现。一般根据管网规模、可靠性要求及资金状况等确定阶层。我国的给水管网系统分区应至少采用两阶层系统,如资金不足可分步实施。

(2) 划定区块规模

在保证用户水压足够的前提下,分区后管网应均衡水压,尽可能实现低压供水以利于减轻水质污染、减少漏失量、能耗和事故发生率。为将区块水压控制在一定范围内，需考虑以下因素来确定区块规模：区块内地形标高差、管道的水头损失、区块的形状、进水点的位置、人口密度及工业用水情况等。为减少管网改造费用，也应根据区块内现有主要管道的管径确定管段流量，设计分区规模。另外，分区之后的区块规模应便于漏失调查和区块计量。

（3）确定进水点数目和位置

区块的进水点数目与区块内水压控制、流量测定以及事故发生时的解决措施等有关。在保证供水水质和安全可靠的情况下，进水点数目应尽量少。单点进水时有利于设定进水管的位置和确定水压控制点，而多点进水时则难于确定水压控制点，但当发生事故时多点进水则相对容易保证供水安全可靠。区块规模不大时一般建议采用2个进水点，主要是为了当发生事故或用水量变化较大时易于管理。必须通过反复的水力模拟计算来确定进水点的数目和位置。

（4）划定区块边界

分区边界应考虑的主要因素是：地面标高（分高、低区）；地形（江河、铁路、主要街道）；用户用水类型；现有水厂的供水能力（经济合理）；水压分界线等。

（5）区块的规整

分区确定之后应通过水力模拟计算确定其合理性并进一步完善方案，明确给水管网系统中的主要送水干管，限制干管配水，对部分管道实施断闸、改造或加设供水设施。为减少管网内死水的发生，应使管道末梢部分形成环状或在管道末端部分设置排水设施。

7.1.3 建立专业的运行维护管理队伍

在生产和管理中，人起决定性的因素。供水企业必须培养建立一支高素质、专业化的运行维护管理队伍，促进管网管理整体水平的提高。管网管理队伍要求结构合理，人员素质较好，普遍具有较高技能。目前，我国城市供水企业员工队伍的年龄结构、人员素质均不甚理想，阻碍了管理水平的提高（见图7-3、图7-4、图7-5）。

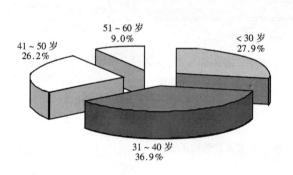

图7-3 华东某省供水企业员工年龄结构示意图

在管网管理队伍的年龄结构上，应当改变目前年龄老化的现状，建议老、中、青相结合，并逐步向年轻化过渡，合理的结构比例应为1∶3∶5左右。

在员工素质方面，应当能满足不同岗位工作要求。总体上，管理人员的知识层次应在大专以上，并配有不同专业的员工，包括给水排水、电气、自控、化学分析等专业。操作工人的知识层次也应在高中或同等学历以上，经过培训能操作相关仪器、设备，包括一定的计算机操作能力。管道维护工人应全员达到初级管道工水平，50%以上达到中级水平，10%以上达到高级水平。

建立专业的运行维护队伍，加强持续教育培训是很重要的方面。通过对企业员工开展科技知识和职业道德的教育,提高员工的专业知识和技能,树立敬岗爱业精神,增加工作责任心,从而促进工作能力和效率的提高。

另外,为了促进管网运行维护工作效率的提高,城市供水企业应致力于建立具有快速反应能力的市场化的维修、养护队伍,即采用外包的形式,将一些管网维护工作委托社会其他机构,从而降低成本,提高效率。

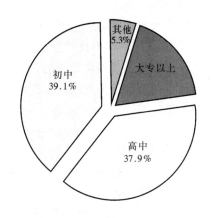

图 7-4 华东某省供水企业
员工学历结构示意图

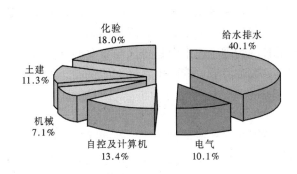

图 7-5 华东某省供水企业
技术人员专业结构示意图

7.1.4 健全管网维护管理制度

1. 确定目标和计划

必须首先确定管网运行维护的目标,即在管网水质、水压、漏失率、运行成本等方面所需达到的中远期目标。

在目标确定的基础上,应该制定相应的实施计划,包括管网运行、维护管理方面,改进提高的计划,管网建模测压、测流等方面的计划,也包括实施分区管理进行管网改造、调整布局的计划等。通过一系列计划的制定和付诸实施,达到各方面的设定目标。

2. 管理制度的建立和执行

管网管理制度的建立包括技术和管理两个层面。技术方面,应制定运行、维修和养护等各项工作的技术规定,有些可以国家标准、规范为依据;有些则必须根据企业的经验积累而确定。例如,管道的例行排污次数、持续时间等。

管理方面的制度和规范涉及面更广,包括员工的岗位工作标准(作业指导书),工作的流程、规范和质量考核要求,各类台账和统计报表等。建立管网管理的规章制度和考核目标,应力求分工明确、定期考核、奖惩分明,并具有可操作性。目前,国内个别自来水公司已经通过贯彻质量认证体系来规范企业的日常工作流程,达到一定效果,但仍需作出更多的努力,将各项标准、规范进一步合理、细化。

7.2 管网技术档案管理

城市管网埋设于地下,属于隐蔽工程项目,是一个纵横交错的巨大网络,具有十分复杂的空间和非空间属性。随着年代的久远,其查找、更新非常困难,有时甚至会找不到管道及阀门的位置,又随着市区不断的扩展、改建,市区街道各种线路、管道的不断敷设,市区供水管网资料不全、不详、不准所带来的弊病及危害性越来越明显。一旦道路改造,就需要在现有资料基础上对无资料道路进行现场查勘,寻求多方论证,同时借助管线探测仪等相关设备进行实地勘测。管线复杂路段还需询问施工期有关人员,甚至一些老用户、老住户,通过前期工作后,道路开挖时还要小心翼翼的进行。既耽误了工期,又浪费了人力物力,有时就算再小心,也造成了挖断管线的事件,而导致大量水资源的浪费,给市民日常生活带来极大的不便,同时也会给企业本身造成巨大的经济损失和不良的社会影响。因此,尽快建立可全面、直观、详细、准确反映整个市区供水管道及其附属设施的管网资料对管网管理工作来说是急迫与重要的,同时,它的建立对管网的规划及其发展工作诸如新装、改建管道、管网更新计划的编制,都有非常深远的意义。

7.2.1 管网技术档案的概念

管网技术档案是指从建设管网项目的提出、立项、审批、查勘、设计、施工、生产准备到竣工及投入使用的全过程中形成的应归档保存的文件资料。并且在历次更改后,档案上应及时反映它的现状。根据需要,可随时查阅与抽调,使它能方便地为给水事业服务,为城市建设服务。

城市给水管网的技术档案不仅是本系统而且是城市建设档案的组成部分,对城市给水系统及城市建设关系密切,而且具有历史性的凭证功能。

7.2.2 管网技术档案的内容和要求

1. 管网技术档案的主要内容

管网技术档案的内容由设计、竣工、管网现状三部分组成,其中设计、竣工主要包括:

(1) 管道工程的规划、设计、施工批准文件及其前期审批文件等;

(2) 设计资料:设计资料在管道工程施工时作为施工的依据;管道工程竣工后,主要起到查看的作用。包括设计任务书,管网的总体规划,管网平差计算,工程的概预算,设计总图及单项管道工程设计图,构筑物大样图以及设计修改凭证等;

(3) 管道工程施工技术文件及施工原始记录;

(4) 管道测量成果及技术报告;

(5) 管道工程竣工资料:竣工资料是工程的实际反映,是工程的重要档案,包括:

1) 管道竣工平面图上标明节点(包括折点)的竣工坐标及大样、节点和附属设施的相对距离;管道纵断面上标明管道竣工的高程(含平面图、横断面图、纵断面图、局部图)。

2) 竣工情况说明。如施工单位、施工负责人、开工日期、材料来源、规格、型号、数量,沟槽土质及地下水状况,其他管沟等构筑物立交时的局部处理情况,工程存在隐患的处理及施工事故的有关说明。

3) 各管段水压试验记录,隐蔽工程中间验收记录,全线工程的竣工验收记录。

4) 工程预决算资料。

5) 设计图修改凭证。

(6) 其他应归档的文件材料。

2. 管网技术档案的要求

(1) 管网技术档案的归档文件必须达到完整性、准确性、系统性，保障生产（使用）、管理、维护、改扩建的需要。

档案的完整性是指保持档案之间的有机联系，不断档，同一段管道建设过程中所形成的档案作为一个整体归档和城市所有管网都应有集中归档。

档案的准确性是指档案的内容真实反映项目（工程）竣工时的实际情况和建设过程，做到图物相符，技术数据准确可靠，签字手续完备。

档案的系统性是指按其形成的规律，保持各部分之间的有机联系，分类科学，组卷合理，编排有序并具有逻辑性。

(2) 管网技术档案的可理解性，保证档案利用时方便、易懂。

对一份单独的管网技术档案的内容来说，常常由于孤立不被人完全理解，为了使人们能够完全理解，就需要保存与档案内容相关的说明、简介等信息。

(3) 管网技术档案的耐久性，便于长期保存。

管网技术档案是一项需长期保存的档案，它的耐久性指的是纸张的耐久性和字迹的耐久性。纸张最好选用手工的，字迹最好选用炭黑。

为了达到管网技术档案的完整、准确、规范、耐久，档案室应对归档质量进行超前控制，即从文件形成抓起，对文件的形成、积累、立卷、归档全过程进行督促、指导和检查。

许多单位将档案质量要求列入工作计划和工作程序，列入工作任务和科技项目验收内容，列入有关部门和人员的责任制，实践证明这是保证归档材料质量的行之有效的做法。

7.2.3 管网技术档案的整理与更新

一条管道可能是由一连串的管段组成，管段资料是孤立的，要了解这一管道的现状，就必须分析这一连串的档案资料，往往还引起差错。因此，将所有的管段整理汇总到管网综合图上，才能使资料一目了然的反映管网的现状。

按照现状图使用的目的不同，现状图反映的资料精度不一，现状图应有多种比例的图幅，比如：1:500、1:2000、1:10000、1:25000等。各种现状图所表示管道资料的内容和城市的规模有关，根据具体需要在综合图中标注以下内容：管道管材的性质、口径、管道的坡向、方位、节点（包括折点）坐标和相对位置的控制尺寸、折点的管顶竣工高程及埋深、安装年份、其他主要管道立交点的位置及说明。

对新建的管道，所有相关的技术档案应及时的整理归档，并在管网综合图上进行定期的更新。

除新建的以外，还要对以下情况进行整理及变更：

(1) 对各种管道进行改建、扩建、维修后，涉及到管位、管径、标高变动的，都要及时对相关档案进行相应的修改、补充和完善。涉及到结构和平面布置改变的，应当重新编制工程竣工档案；

(2) 对管网设施资料中设施参照物大量的发生变化，应及时对管网设施资料进行更新与修改；

（3）对废弃的管道，应及时的上报档案管理部门，进行销毁处理；

（4）建设单位在利用管网档案时，发现实际管道与档案资料不符时，应及时反映，并进行修改与更新；

（5）有关部门对原有地下管线普查和补充测绘时，发现没有归档的管道时，应及时进行归档。

7.2.4 管网地理信息系统（GIS）的应用

1. 建立管网 GIS 的必要性

由于供水管线铺设于地下，分布广泛，结构复杂，种类繁多。各种资料的处理数据量大，资料保存期长。因为多方面原因，人们仍在沿用传统的纸图资料管理和手工管理维护方式。这种管理模式往往跟不上城市日新月异的发展变化，导致档案不全、精度不高、管理滞后。在建设施工中挖坏地下管线，造成事故的情况时有发生，与城市建设管理发展的矛盾日益突出。采用高技术手段来集中管理城市供水管网，使其规划、建设、管理、维护逐步走向定量化、科学化、自动化，满足决策管理部门的需要，已成为城市供水发展迫切需要解决的重要问题。

作为现代技术的地理信息系统（GIS）的出现为解决这一问题提供了强有力的工具。GIS（Geographic Information System）为英文地理信息系统的字母缩写，它利用现代计算机图形和数据库技术，用来采集、存储、编辑、分析和显示空间及其属性的地理资料信息管理系统，是集计算机科学、地理学、环境学、空间科学和信息科学为一体的新兴边缘科学。随着城市供水设施的不断完善，建立一套完整、准确的供水管网 GIS，提高供水系统运行管理的效率、质量和水平，是现代化城市供水发展的需求。

2. 管网 GIS 的建立

要建立管网 GIS，首先要收集管网的数据。从地理信息技术的角度可以将供水管网的数据分为两大类：空间数据和属性数据。

空间数据用来确定图形的位置，主要反映两方面的信息：一是在某个坐标系中的位置，即几何坐标；二是实体间的空间相关性，即拓扑关系。管网 GIS 的空间数据主要包括与供水管网相关的各种基础地理特征信息（如城市地形、地貌特征等）和构成供水管网本身的各种实体地理特征信息（如管道、阀门、消火栓、水表等）。城市地形、地貌特征包括道路、河流、桥梁、房屋建筑、围墙、绿化带、农田等图形要素，管网 GIS 要求这些地理特征信息都要数字化，且能分层显示，一般城市的规划部门都有已经数字化的城市地形地貌图。供水管网主要由水源、水厂、泵站、水塔、管道、阀门、管配件、水表、用户等实体组件构成，它的空间数据反映的是该实体的横坐标、纵坐标和地面标高。

属性数据用来反映与几何位置无关的特性，表征地理实体的意义。构成供水管网的每个实体组件都有属性数据，分别为水源属性、水厂属性、泵站属性、水塔属性、管道属性、阀门属性、管点类属性、水表属性、用户属性等。对于管道属性，见表 7-1；对于阀门类属性，如阀门、排气阀、排污阀、逆止阀等，见表 7-2；对于管点类属性，如三通、四通、弯头、堵头等，见表 7-3；对于水表属性，见表 7-4；其他组件的属性比较简单，这里不再一一列述。

如果竣工资料详实的话，构成供水管网的实体组件的空间数据和属性数据完全可以从竣工档案中获取，但如果档案不全，最好对城市的整个供水管网搞一次全面的普查，以获取更为准确的现实数据。所有获得的供水管网数据包括城市地形地貌图，都要根据所选用的具体 GIS 平台进行格式转换才能使用，数据处理的基本过程如图 7-6 所示。

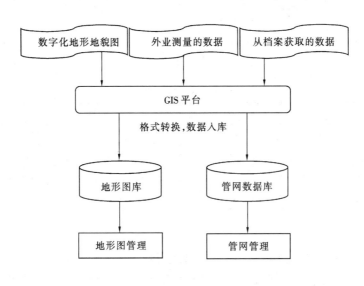

图 7-6 供水管网 GIS 数据处理流程

管 道 属 性　　　　　　　　　　　　　　　　表 7-1

序号	名 称	数据类型	备 注	序号	名 称	数据类型	备 注
1	管道编号	字符串		6	敷设日期	短整型	
2	起始点埋深	双精度		7	管道位置	字符串	
3	终止点埋深	双精度		8	起始点管顶高	双精度	
4	管 径	长整型		9	终止点管顶高	双精度	
5	管 材	字符串		10	路 面	字符串	

阀 门 类 属 性　　　　　　　　　　　　　　　表 7-2

序号	名 称	数据类型	备 注	序号	名 称	数据类型	备 注
1	阀门编号	字符串		9	开启方向	字符串	
2	阀门埋深	双精度		10	丝杆材质	字符串	
3	阀门口径	长整型		11	丝杆顶深	双精度	
4	规格型号	字符串		12	井形状	字符串	
5	安装日期	短整型		13	井 深	双精度	
6	阀门位置	字符串		14	开关状态	字符串	如开启、关闭
7	结构形式	字符串	如闸阀、蝶阀	15	目前状况	字符串	如失灵、正常
8	连接形式	字符串	如法兰、承插				

管点类属性　　　　　　　　　　　　　　　　　　表 7-3

序号	名称	数据类型	备注	序号	名称	数据类型	备注
1	管点编号	字符串		5	规格型号	字符串	
2	管点类型	字符串	如三通、弯头	6	安装日期	短整型	
3	埋深	双精度		7	所在位置	字符串	
4	口径	长整型					

水表属性　　　　　　　　　　　　　　　　　　表 7-4

序号	名称	数据类型	备注	序号	名称	数据类型	备注
1	水表编号	字符串		5	位置	字符串	
2	口径	长整型		6	表井材质	字符串	
3	规格型号	字符串		7	户号	字符串	
4	安装日期	短整型		8	户名	字符串	

目前已经有比较成熟的 GIS 平台软件可以运用，如国外的 Arc/Info、InterGraph、国内的 MapGIS、GeoStar 等，这些都是通用的 GIS 基础平台，必须针对供水系统的特点进行二次集成开发。利用 GIS 工具软件来实现 GIS 的基本功能，以面向对象的可视化开发工具（如 Visual C++、Delphi 等）为开发平台，充分发挥 GIS 工具软件在空间数据处理上的优势及可视化开发工具在应用程序开发上的强大功能，在 GIS 的基础平台上建立专业化的供水管网 GIS，它至少应包括图形输入与编辑、图库管理、属性与空间数据输入、管网编辑、查询与统计分析、管网输出、事故处理等功能。

3. 管网 GIS 的应用

在实际应用中，供水管网 GIS 可以解决包括管网图形管理、管网信息快速查询、管网资产管理、用户信息管理、事故处理辅助等管网管理中的许多问题。

(1) 管网图形管理

主要针对图形和空间数据的管理。可利用数字化仪、扫描仪矢量化输入成图，通过键盘输入点坐标方式成图，利用鼠标在图形窗口中定位成图，对于已经存储于文件中的图形、点、线坐标信息可以读入并自动成图；利用窗口能够对点、线、区 3 种图元进行交互式图形操作与编辑，能够进行拓扑错误检查；可对图纸上的各类图形进行分层或叠加显示，对图形的任意部分进行开窗放大显示，能够进行断面或三维观察，可以达到图形的平滑滚动浏览和图幅的无延时漫游；可实现图纸的自动拼接，能对版面进行编辑处理、排版、图形整饰及幅面裁剪，形成各种格式的图形文件，并集成多种图形输出的功能；提供诸如 AutoCAD、ARC/INFO、MapInfo、SDTF 等多种数据格式的相互转换。

(2) 管网信息快速查询

管网 GIS 的最大优点就是能够在庞大的管网中快速、准确地查找用户所需要的管网信息资料。GIS 提供根据地名进行模糊定位，能按照任意给定区域范围进行查询，能根据管网组件属性信息如管道口径、管道材质、阀门类型、安装日期等进行查询，还可按任意给定的查询条件（亦称查询表达式）进行组合查询。例如要查询管径为 1200mm 且管材是钢管的管道，就输入如图 7-7 的查询表达式，按确定按钮，GIS 就会马上显示搜索到的所有满足条件的管道，如图 7-8 所示。

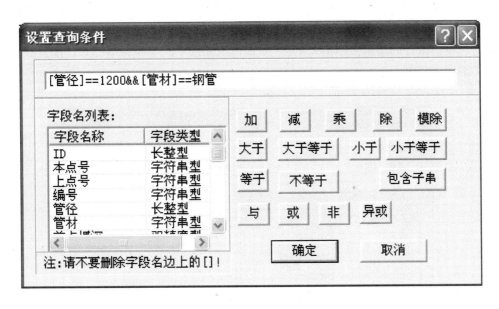

图 7-7　设置查询条件示范界面

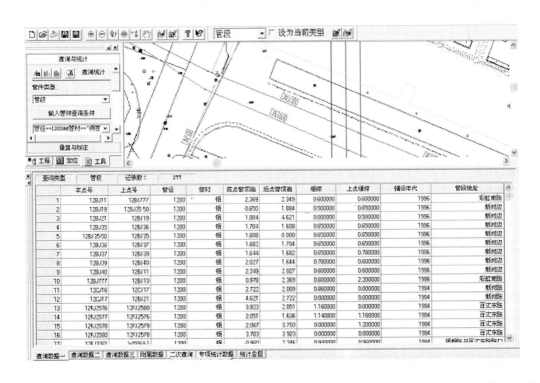

图 7-8　查询结果示范界面

(3) 管网资产管理

由于管网建设数量大，范围广，变化快，管网资产管理一直是个难以解决的问题。借助 GIS，可以按照管网地理位置，按图分区逐个管道、逐项管网设施加以统计分析，做到资产数量与实物相符，"家底"一览无余。GIS 提供按属性、区域或组合条件等多种统计分析方法，并以直观的表格、直方图、饼图等方式输出，以便全面了解管网状况。例如按管长进行资产统计的结果如图 7-9 所示，从而可以知道不同口径管道的总长度及其在整个管网中的所占比例。

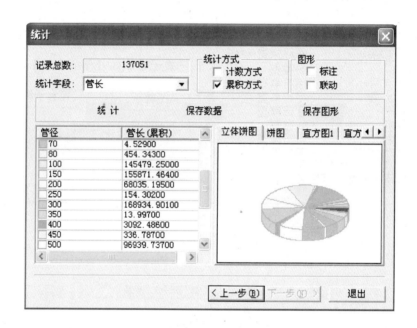

图 7-9　按管长统计的结果示范界面

(4) 用户信息管理

用于管理用户信息。用户属性数据包括用户编号、名称、所在地、水表口径等；用户水量数据包括水表读数、用水量、用水类别等；用户接水点位置包括接水管道、接水点离管道两端距离等信息。在这些信息的基础上，通过统计分析，掌握重点用户，了解水量分布状况。

(5) 事故处理辅助

用于指导管网事故处理，增强事故反映能力，减少事故损失。当管网中突发爆漏事故时，用户只需指定漏水处，GIS 能在管网图上以漏水地点为中心，自动地搜索需关闭的阀门和受影响的用户，给出最优的关阀方案，并绘制出事故发生地点的管网图，列出须关闭的阀门，显示停水用户名单。当某些阀门因故不能关闭时，可扩大范围进行二次搜索，找出须进一步关闭的阀门。例如在图 7-10 的管网中指定爆管处（图中圆圈处），GIS 就会很快搜索到所需关闭的阀门和停水用户，如图 7-11 所示，须关闭 2 个阀门（图中两个圆圈处），10 个用户停水，并能打印出阀门启闭通知单和用户停水通知单，如图 7-12 和表 7-5 所示。

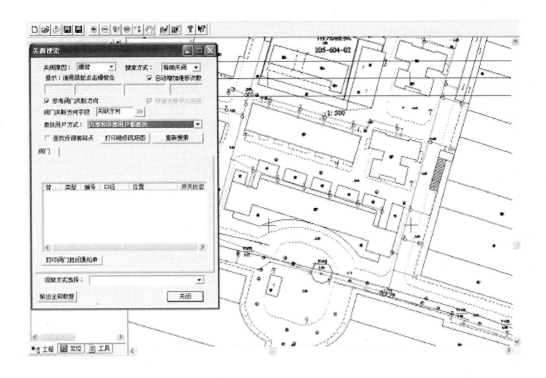

图 7-10 爆管处理初始界面示范

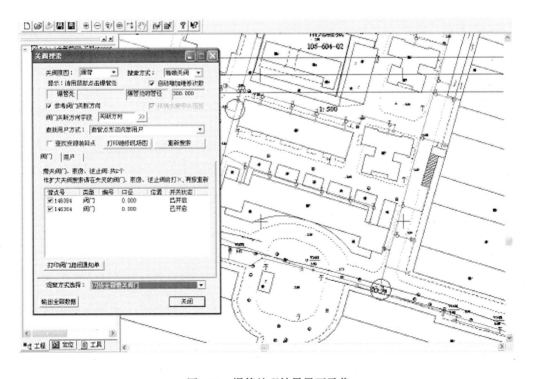

图 7-11 爆管处理结果界面示范

阀门启闭通知单

关闭原因（抢修、施工、检查）		停水地点及口径						申请日期	
申请停水时间		月 日 时 分至 月 日 时 分						施工组负责人	
申请停水时间		月 日 时 分至 月 日 时 分						审批人	
线路图：									

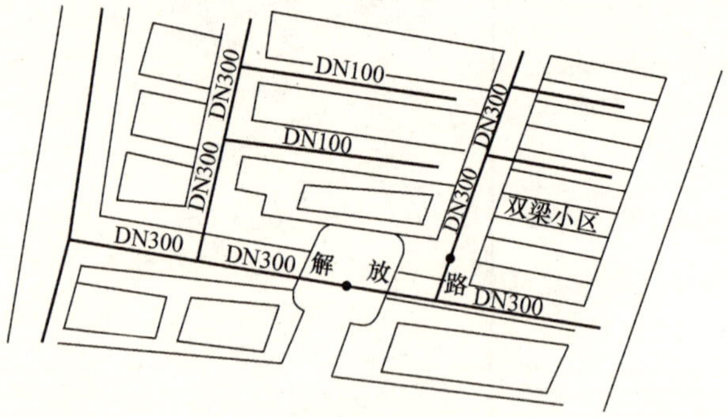

（图示：解放路、双梁小区管网线路图，含DN300、DN100管道）

		需关闭阀门		
编号	口径	位置	操作人	备注
1	300	双梁小区		
2	300	解放路		

图 7-12 阀门启闭通知单样式

用户停水通知单 表 7-5

申请停水时间	月 日 时 分至 月 日 时 分		施工班组负责人	
审批停水时间	月 日 时 分至 月 日 时 分		审批人	
	要停水的用户			
户号	姓名	地 址	单位	备注

4. 供水管网 GIS 的更新维护

在 GIS 建立运行后，不但要配有专门的 GIS 维护小组，更要有配套健全的系统动态更新机制，针对管道、阀门、水表等各类管网设施的变动，城市地形地貌图的更新等进行日常的维护更新工作：

（1）随时检查管网及其设施的变更，及时核对、更新数据。

（2）建立数据传送通道：从设计→施工→竣工归档→管网 GIS 的数据传送路径。

(3) 保持每隔一段时间的地形、地貌等基础地理特征信息的更新。

7.3 管网的水质监测

7.3.1 管网水质监测的重要性

随着经济发展和人民生活水平的提高，人们愈加关注城市的供水，对供水的要求已经从量的保证转变到了质的提高，用户需要获得充足优质的供水，供水企业也一直不断提高出厂水的水质，根据国家的"生活饮用水卫生标准"，自来水生产的每一个环节，都实行了严格的质量控制，有严格的指标，出厂前均进行了取样分析，鉴定其质量是否符合国家标准，只有合格的产品才能输送到供水管网中。所以说，通过严格的质量把关，自来水出厂时一般均达到国家标准，这也是自来水公司产品质量管理的依据。但是，这并不能说明输送到用户的自来水就能保证完全符合饮用水卫生标准，这是因为自来水作为一种特殊的商品，它具有自身的几个特点：

1. 自来水出厂后到用户使用是通过无数的供水管道来进行输送的。目前我国常用的输配水管材有：铸铁管、钢筋混凝土管、钢管、球墨铸铁管、U-PVC 管、PE 管、压力水泥管、玻璃钢管、铝塑复合管、衬里钢管等。国内城市底下已铺设的管道中，铸铁管仍占相当大的比例，当出厂水具有腐蚀性或管道使用年限过长，铸铁管内壁就会腐蚀结垢沉积，锈垢中含有大量的铁和各种细菌及藻类，当管道内水流速度、方向或水压发生变化时，就会造成短时间的水质恶化，出现铁、色度、浊度和细菌等指标值的大幅度上升。自来水在连续、不间断的输送过程中，还存在其他多种因素会导致其受二次污染而影响水质，诸如管道破漏抢修、开管接驳、管材质量问题、安装工程、二次供水设施影响及用户违章用水直接造成的污染等。

2. 自来水出厂后由供水管网输送的过程是不可逆的，自来水是一种不可退换的商品。自来水的这种特殊性是与其他产品完全不同的，它将直接从管网水质的好坏中体现出来。

综合以上两个特点，鉴定自来水水质的好坏决不能仅仅以出厂时的监测数据作为最终衡量，还必须每天对管网各点水质进行取样分析，检测出具体的数据；并结合市卫生防疫部门的抽检监测结果及用户反馈的信息来进行综合评价，使广大市民饮用水安全得到保障。

通过对管网水质的监测，对水质监测数据（如浊度、余氯、总铁、细菌等）变化的有关因素进行综合分析，可以及时地把分析结果反馈给水厂，指导和改进制水过程，实施必须的措施，调整各种内控指标，如在水厂调整混凝剂、氯投加量，调整滤池滤速、强化混凝等，从而为制订出合理的出厂水水质标准提供依据和试验手段，进一步加强了水质控制把关，保证和提高水质。

通过对管网水质的监测，加强了与用户的直接联系，第一时间得到用户的反馈意见和建议，对技术的改进和深化企业内部的管理起到很大的作用。

通过对管网水质的监测，确保了公众的知情权，促使供水企业提高服务质量，最大限度地减少水质超标事件，使广大市民对水质有较清楚的认识，同时，有助于提高供水企业的社会效益。

通过对管网水质的监测，可以发现部分水质变化较大的管段，对其进行原因分析，判断发展趋势，为供水企业进行管网改造提供事实依据。

通过对管网水质的监测，积累长期的数据，进一步完善管网的建模，为建模研究提供资料，建立管网水质模型，监督整个管网水质变化和管网中水停留时间对水质的影响。

应充分认识到，管网水质的管理是自来水产品质量管理的一个非常重要的关键环节，关系到千家万户的身体健康。供水企业把管网水质管理纳入企业管理的范畴，每天向分管领导提供报表，随时掌握水质动态，为采取新工艺、新技术提供了直接依据，同时提高了企业的社会效益，促进了企业的全面发展。

7.3.2 水质监测内容与监测点布置

1. 监测内容

根据《城市供水水质标准》（CJ/T 206—2005）的相关规定：管网水质监测必须测定浊度、游离余氯、细菌、大肠菌群、色度、嗅和味、COD_{Mn}这7项指标。

浑浊度≤1NTU（特殊情况≤3NTU）；

游离余氯：与水接触30min后出厂游离氯≥0.3mg/L，或与水接触120min后出水总氯≥0.5mg/L，管网末梢水总氯≥0.05mg/L；

细菌总数≤80 CFU/mL；

总大肠菌群：每100mL水样中不得检出；

色度≤15度；

臭和味：无异臭异味，用户可接受；

COD_{Mn}≤3mg/L（特殊情况≤5mg/L）。

在这7项指标中浊度、游离余氯是两个非常重要的监控指标。

浊度是最常用的感官性指标，也是一项综合指标。管网水浊度的变化直接反映了供水水质是否受到污染，通常浊度变化，必然伴随着无机物、有机物进入水中，也很可能有微生物、细菌、病原菌的入侵。因此，浊度监测可以掌握管网水质动态变化，及时处理可能出现的管网水质问题，把对用户的影响降低到最低程度。

游离余氯是保证供水安全性的一项重要指标。通常情况下，经过水厂的净化处理过程，原水中的各种污染物已得到了有效去除和全面净化，包括能引起人体致病微生物均得以杀灭。管网水中的游离余氯是防止输水过程中微生物和细菌的再生长，保持水的持续杀菌能力，降低微生物和细菌再污染的可能性，是一项保证供水安全性的重要措施之一。为此，监测管网水质游离余氯是非常必要的。

2. 监测点的布置原则

在管网系统有选择、有代表性的布置水质监测点至关重要，由于管网水质监测点是反映管网的水质情况，是供水调度和提供优质管网水质的重要依据，管网水质监测点的设置应该科学合理，发挥应有的作用。

管网水质监测点的布置是一个多目标的问题，出于经济及技术方面的原因，监测点布置的数目尽可能少，但同时希望在布置的监测点内能反映整个管网的水质变化情况，综合考虑，管网水质监测点的设置应遵循下列原则：

（1）监测点尽量设置在离用户最近的干管上，不能设在节点和分支点上。由于水质仪表对取水量和水压有一定的要求且必须连续采样,因此取样点至检测仪表间的取样管上不能接其他用户,以免用户用水造成水压的变化,影响取水水量和水压造成的测量误差。而且只有在离用户最近的干管上取样的水质数据才具有代表性,既能反映附近较大区域的水质情况,又能监测到用户用水情况。

(2) 水厂供水的接合部。水厂供水的接合部由于水流方向经常改变,又往往处在管网末梢,是水质波动较大,水质较差的地方,可以称为水质最不利点。

(3) 干管末梢。一般来说,干管末梢水质较差,居民投诉比较集中,设置水质监测点是必要的。一旦发现浊度升高、余氯下降可定期提前采取管网排污措施,确保水质。

(4) 用水比较集中的地区和对水质有一定要求的要害部门。在每个水厂的主要供水干管上选择1个大的住宅小区或要害部门附近设置水质监测点,实时监测用户水质的变化情况。

(5) 安装方便,便于管理。由于取样管要从干管上开孔埋管;仪表必须有电源和排水设施,同时仪表要求定期的校正维护。因此取样点选择要考虑各种因素并经过现场查勘研究。

(6) 监测点应均匀布置在整个管网,应能反映整个管网水质变化的全过程。只有这样布置监测点,才有助于管网水质的管理。

(7) 每个城市都要根据自身实际情况,依据供水人口的分布密度和市政管网的分布状态并视实际需要作适当调整。

7.3.3 建立管网水质在线监测系统

随着城市的不断发展,城市供水管网的不断增加,供水面积越来越大,市民对水质的要求逐步提高,并且增加了对消费用水水质知情权,而人工定时、定点对供水管网监测点采集水样再送实验室化验的管网水质监测的传统方式,由于占用人员多、工作烦琐、巡检线路长、监测结果报告滞后等诸多不利因素已经不能适应市政发展要求,不能满足居民用水的目标,亟待建立一套符合国家标准的自动化、实时远程供水管网水质安全监测系统,与已建立的、严格的水厂制水过程控制系统共同构成更加完善、科学的供水水质安全保障体系。

1. 系统组成

水质自动监测系统 WQMS(Water Quality Monitoring System)以监测水质综合指标及其某些特定项目为基础,通过在管网设置若干个连续自动监测仪器进行监测。由一个中心站控制,随时对该区的水质状况进行连续自动监测,形成一个连续自动监测系统,该系统以自动水质监测仪为核心,能实现水质的测定、评价以及处理反馈控制。

监测系统大致由以下3部分组成:监测分析系统、遥测系统和计算机系统。监测分析系统包括:自动采集系统、样品预处理系统和自动监测仪;遥测系统包括:数据采集与传输系统;计算机系统包括中心站数据处理系统等部分。

监测分析系统通过监测点的仪器进行水质分析,可以测定余氯、pH值、浊度、色度等项目数据。由RTU(REMOTE TERMINAL UNIT)收集数据,通过无线或有线的方式传输数据到遥测系统的接收端。遥测系统接收的数字信号通过数据通信装置输入到计算机进行加工、运算,形成基础水质数据而被保存处理。监测室配有大屏幕和CRT。这些数据每隔一分钟更新一次,可通过计算机连续监测,同时还可通过监听装置监听,当有异常信息时发出音响警报。如图 7-13 所示。

监测系统的软件构架:

应用当今最先进的 Internet 技术、GIS 技术,基于 Microsoft 的 XML 语言,在 Microsoft.net 的服务平台上,以 WEBGIS 为应用,将管网地理信息系统的空间图形与水质数据有机结合,对各层空间信息、属性数据进行自动采集、实时传输、分类存储、更新显示、分析评价、有效管理、报告和发布,并形成可视化的生动表达形式和调度显示系统的管网管理信息系统,这一管理信息系统主要针对管网信息进行管理,具有覆盖面广、运行费用低、安全、稳定、可扩充性强、业务操作简捷、日常运行维护简便、上传数据及时、报告发布电信化、分析评价自动化、可视化、管理正规、科学、有序。

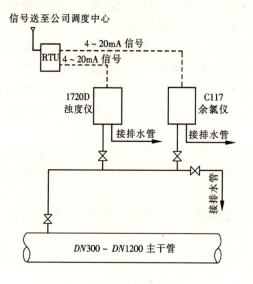

图 7-13 监测系统示意图

监测系统的硬件构架:

整套系统由水质采样装置、预处理装置、自动监测仪器、辅助装置、控制系统、数据采集和传输系统组成。采用 Windows 操作软件,监控记录水质的物理、化学、生物的变量参数,并通过网关将信息实时反馈到水质监测中心,监测中心也可通过公众电话网络/PSTN 专线、GSM/GPRS 无线通讯网采集数据和实现系统的远程控制。

管网水质远程实时监控系统,是城市数字化供水调度中心计算机系统的重要组成部分,可以实现:

(1) 数据采集功能:根据公司生产指挥的需求,要求系统对自来水管网及各水厂能够采集以下数据信息:合理分布在自来水管网上的浊度、余氯、pH 值等水质指标。

(2) 数据传输功能:将现场采集到的数据,直接或通过各生产调度分系统,实时地传递到生产调度中心主系统。

(3) 数据显示及分析功能:生产调度中心主系统将获得的各类信息及数据,经过分析、加工,直观地、动画地显示出来,供生产调度指挥人员使用。

(4) 报警功能:系统可对各管网监测点水质不达标时进行及时报警。

(5) 历史数据的存储、检索、查询及分析功能:根据公司生产调度中心调度生产指挥和检索、查询及分析历史数据的需求,系统应具备实现历史数据的存储、检索、查询及分析功能。

(6) 报表显示及打印功能:系统可自动生成各种生产情况的日月年报表,并可随时打印。

(7) 网络功能:将现场采集到的数据送到网络服务器上,供其他系统使用。

2. 仪器的选择

国内在线监测还在起步阶段，水平较低，大多数供水企业未实现在线监测，部分实现在线监测的供水企业中，也基本上只实现对浊度和余氯两项重要指标的监测。

在线水质监测仪器的选择原则是：设计原理科学，计量准确稳定；日常管理方便，维护简易。

(1) 浊度仪的选择

目前供水企业大多数使用的浊度仪表是美国 HACH 的 1720 系列和 GIL 系列，从使用情况来看，这两个系列仪器性能稳定可靠，并各有自己的长处。GIL 系列在使用和管理上略显方便，在稳定性上也有一定的优势。

GIL 浊度仪有独特的专用标定器便于携带，特别适用于管网的在线浊度仪的现场标定。它的探头采用调制式四光束红外线发光二极管比例式测量法，其原理如图 7-14 所示。

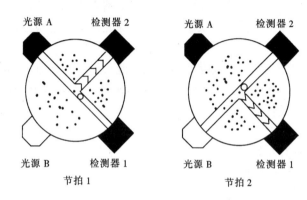

图 7-14 GIL 浊度仪原理图

图中：圆形为水样槽剖面，两个光源和两个光电检测器呈直角对峙。

两个调制红外发光二极管即图中光源 A、光源 B 和 2 个光电检测器：检测器 1、检测器 2。测量分两部分进行，在第一节拍工作中，首先开启光源 A，（关闭光源 B）发出一个脉动光束，检测器 1 测量其直射光，同时在 90°位置上的检测器 2 测量其散射光；0.5s 后，第二节拍工作，开启光源 B，（关闭光源 A）检测器 2 接受测量直射光，同时检测器 1 测量其散射光。仪器内的微处理器根据检测器 1、检测器 2 接受到 4 个测量信号，采用比例对数计算出浊度值。

设：I_a、I_b：分别为光源 A、B 的强度

T_a、T_b：分别为光源 A、B 上的窗口的透光率

T_1、T_2：分别为检测器 1、2 的窗口的透光率

L_{a1}、L_{b1}：为光源 A、B 分别至检测器 1、2 的光程

L_{a2}、L_{b2}：为光源 A、B 分别至圆心 O 的光程

G_1、G_2：分别为检测器 1、2 的灵敏度

V_{1a}、V_{2a}：分别为光源 A 开启时检测器 1 与检测器 2 的输出

V_{1b}、V_{2b}：分别为光源 B 开启时检测器 1 与检测器 2 的输出

ϕ：水样浊度

β：吸收系数

当光源 A 发光时：

直射光 $\qquad V_{1a} = I_a \cdot T_a \cdot [\exp(-\beta \cdot L_{a1} \cdot \phi)] \cdot T_1 \cdot G_1 \qquad (7-1)$

散射光 $\qquad V_{2a} = I_a \cdot T_a \cdot [\phi \cdot \exp(-\beta \cdot L_{a2} \cdot \phi)] \cdot T_2 \cdot G_2 \qquad (7-2)$

当光源 B 发光时：

直射光 $\quad V_{1b} = I_b \cdot T_b \cdot [\exp(-\beta \cdot L_{b1} \cdot \phi)] \cdot T_2 \cdot G_2$ (7-3)

散射光 $\quad V_{2b} = I_b \cdot T_b \cdot [\phi \cdot \exp(-\beta \cdot L_{b2} \cdot \phi)] \cdot T_1 \cdot G_1$ (7-4)

计算比例 $\quad R^2 = (V_{2a} \cdot V_{2b})/(V_{1a} \cdot V_{1b}) = \phi^2 \cdot \exp(-\beta \cdot \phi \cdot \Delta L)$ (7-5)

式中：$\Delta L = L_{a2} - L_{a1} + L_{b1} - L_{b2}$

ΔL 在几何学上等于 0，但在光学上不等于 0。

则 $\quad R = \phi \cdot \exp(-\beta \cdot \phi \cdot \Delta L/2)$ (7-6)

在浊度小于 1NTU 时，上式是线性的，在浊度大于 1NTU 时由微处理器予以线性化。

由上式可见，在一个测量周期内检测器接受到的 4 个信号只与浊度值和光电器件的物理位置有关，所有与光源强度、窗口透光度和检测器的灵敏度有关的干扰条件在关系转换中都消除了。因此该仪器能有效消除光源、光电检测器的老化和非均匀的污染，以及溶液颜色补偿所引起的误差，提高了仪器的稳定性。

此外，仪器还具有诊断功能，能对光源、光电检测器、测量腔体的清洁等进行故障信息报警的功能。其 LED 灯及光电检测器不需要经常更换，使用寿命长，功耗低。四光束发光二极管测量法不需要象使用白炽灯仪器那样频繁地校准。仪表传感器是流通式安装，LED 灯及光电探测器为插入式安装，无水/气界面问题，电子部件与水隔绝。其转换器屏幕还具有友好的中文界面，方便运行管理。

（2）余氯仪的选择

目前水厂普遍使用的余氯仪表有 CAPITAL、W&T、HACH 等。有些仪器如 HACH 需要添加反应试剂，尽管仪表测量灵敏、稳定，校准方便，但使用时必须经常配制试剂，而且对试剂的保存要求较高，要定期巡视仪器的管路、机械部件和试剂等运行情况。

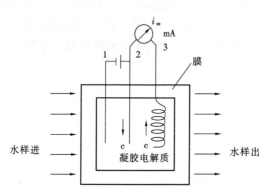

图 7-15 K100TCL$_2$总余氯测定仪原理图
1—参比电极；2—金电极（阴极）；3—银电极（阳极）

K100TCL$_2$ 总氯测控仪，不需要添加反应试剂，只需每 3~4 月甚至半年更换电极使用的凝胶电解质即可。膜电极法是依据极谱分析的原理进行设计的，在极谱分析中，利用不同离子的极谱图具有不同的半波电位这一特点，来检出不同性质的离子。电解液采用凝胶电解质，用金制成的针状的阴极为极化电极和用银制成的螺旋状阳极为去极化电极一起构成化学电池，在阴极和阳极之间加以恒定的电压。通过为待测物质专门选定的恒定电压，来分析以电极为中心成比例迁移的电荷运动所产生的电流即扩散电流 i_∞，见图 7-15。

扩散电流 i_∞ 与水样中的总余氯浓度有关，即：

$$i = KnFC_s P_m^{2/3} V^{1/2}$$ (7-7)

式中 V——水的流速（相对于电极）；

K——比例常数；

n——电极反应的电子数；

F——法拉第常数；

C_s——水中余氯浓度（实际为I_2的浓度）；

P_m——氯的扩散系数。

对于某一余氯仪，K、n、F、C_s、P_m、V应为常数，故i_∞正比于C_s。凝胶电解质含醋酸缓冲液及碘化钾，水中余氯及氯胺与碘化钾反应，先转化成游离碘，然后与电极反应。水中氯或氯胺与凝胶中碘化钾的反应为：

$$Cl_2 + 2KI \rightarrow 2KCl + I_2 \tag{7-8}$$

$$NH_2Cl + 2KI + 2H^+ \rightarrow NH_4Cl + I_2 + 2K^+ \tag{7-9}$$

电极反应：阴极反应 $I_2 + 2e \rightarrow 2I^-$；阳极反应 $Ag \rightarrow Ag^+ + e$

恒压器具有稳压的作用，保证由测控仪表产生的电压信号恒定并可充当前置放大器，放大测量信号。因为电极内部的电流是相当小的，所以对水流的速度要求不是很高。膜电极具有良好的零点稳定性，并且无需零点校正。

使用膜电极最主要的优势在于膜电极具有抗污染和使用寿命长的优点。电极的组成有：PVC外壳，测量电极，参比电极，反电极，温度补偿计Pt100，半透膜设计在可旋的帽盖里并充注有凝胶电解液。

华东某市配备了GIL浊度仪和K100TCl$_2$总氯测控仪，使用效果良好，监测数据能客观反应管网的实际水质水平。

在此特别要注意避免选型中的几个误区：一是过分追求低价位。许多供水企业为了节约资金，总是选取价格较低的仪器。但是价格低廉的仪器往往在稳定性等方面难如人意，对后期的使用维护造成许多麻烦；二是盲目追求进口仪器。认为进口仪器的性能优异，而实际上进口仪器不一定适用本单位水质情况，或没有完整的解决方案，从而造成不必要的浪费；三是盲目选型。一些供水企业在选型时存在求同心理，没有详细了解仪器的性能及自身的水质情况，造成系统的先天不足。总之，不同厂家的仪器在测试原理、适用领域、测量范围、运行条件及费用、维护的难易程度等方面存在着较大差异。用户一定要结合自身的实际情况综合考虑，选择适合自己水质特点的在线仪器，切不可盲目选型安装。

3. 监测数据的处理

在线监测的数据都随时记录在数据库中，通过对历史数据的分析，可以推测产生水质变化的原因，从而通过各种手段保证饮用水的安全。

管网监测如果浊度超标，反映出自来水生产过程中可能有些环节未处理好，如原水浊度突变而生产中未及时进行处理；个别滤池渗漏等；管网施工接驳工程竣工后阀门开启过快、过急；抢修后较大干管通水时管道内部有杂物或开启阀门过急；用户违章用水的间接供水设施与市政管道连通，当市政管道压降时，二次水倒灌入管网造成污染等。

在实际监测中发现管网中游离余氯有时会低于标准值，反映水厂内可能投氯发生故障；管网局部干管用水量少，造成管内水滞留等。

如果管网监测细菌类指标超标，反映出取样点附近供水管网抢修后恢复供水时，施工中渗入污水或其他污秽物；违章用户造成供水管网二次污染；出厂水余氯控制指标未适应水质变化等。

管网监测中总铁超标，反映出管网中浑浊度可能偏高；供水管网管材质量存在问题，年久残损、腐蚀或者使用了劣质的管材；干管阀门关闭后开启过急，造成生锈的管内壁部分受水压冲击而脱落；违章开口接驳管道工程等。

7.4 管网系统的运行

7.4.1 管网运行的内容和要求

大城市的管网往往随着用水量的增长而逐步形成多水源（两个以上水厂）的给水系统，通常在管网中设有水库和加压泵站。因而管网的运行内容非常复杂，它包括管网的水量、水压、水质及水位的调节控制；管道的漏损和防腐控制；阀门的运行控制以及泵的开停控制等。供水管网的运行既要保证城市每个区域所需的水量和水压，又要保证城市每个区域及用户的合格水质。管网的运行调度应以维持供水水压，保持水压均衡，调配水流方向和流速，保持净水最少滞留时间为目的。一旦当部分地区发生水量、水压或水质问题时，能迅速分析找出原因，及时采取对策。同时在充分满足供水要求的情况下，能调整配水策略，改善运行效果，降低供水的耗电量和耗药量。

7.4.2 管网系统的运行调度

随着生产规模和供水面积的不断扩大，传统的供水管网运行管理和调度模式已经跟不上供水发展的需要。如果不采取现代化的集中调度方式，将使各方面的工作得不到及时地协调，从而会影响管网运行的效率和供水的质量。为此需要建立一套管网运行集中调度系统，通过该系统，可以及时掌握整个给水系统的生产与运行情况，利用系统的分析功能，随时进行调度，实现供水管网运行调度的智能化。

一套完整的管网运行调度系统主要包括：管网静态数据系统，包括管网地理信息系统（GIS）；管网动态数据系统，包括管网数据采集和监控系统（SCADA）；管网分析决策支持系统，包括管网水力模型、管网水质模型、优化调度模型等，从结构上来说，整个系统组成如图 7-16 所示。

管网 GIS 在 7.2 节已经述及，它记录了供水系统中所有的给水设施信息，包括空间图形数据和属性数据，利用 GIS 强大的空间数据管理功能与管网水力模型、管网水质模型、优化调度模型的分析计算功能相结合，能够为解决管网的设计、改造、优化调度等工作提供强大而有效的手段，建立管网 GIS 是构造城市给水管网模型和进行优化调度的基础性工作，是整个管网运行调度的最基本组成部分。

1. 管网数据采集和监控系统（SCADA）

管网数据采集和监控系统主要是对运行管网中的压力、流量、水质数据和各水厂、泵站的泵机运行状态、压力、流量、水位、水质等参数进行监测与采集，为优化调度提供决策依据；同时按调度要求，发出控制指令，随时调整泵机开停、阀门启闭，调节管网压力和流量，保持整个供水系统水量和水压的动态平衡。它通常由 SCADA 系统中心监控站、

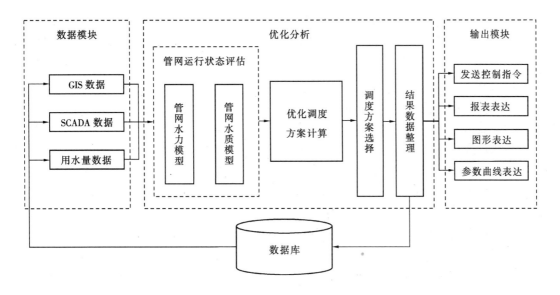

图 7-16 管网运行调度系统结构图

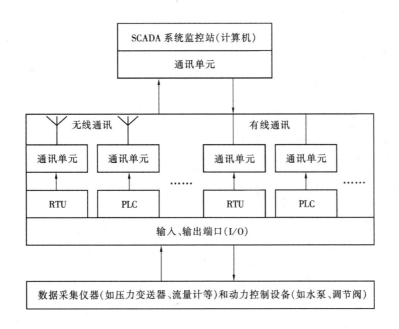

图 7-17 SCADA 系统结构图

子监控站（水厂或泵站）、管网 RTU（或 PLC）、现场数据采集仪器、有线/无线通信系统等部分构成，它的基本结构如图 7-17 所示。

现场通过传感设备采集数据，经 RTU（Remote Terminal Unit）或 PLC 和通讯单元，传入监控计算机；或监控计算机经通讯单元，将指令发送至电动设备进行动作。RTU 和 PLC 单元里含有许多智能控制器，装有信号处理器和存储器，能收集和存储数据，通过运行自身程序可执行送来的命令，它们设有大量 I/O 端口，可进行 A/D 和 D/A 转换，可脉冲输入和步进电动输出等功能。SCADA系统与RTU、PLC的通讯方式有两种：点对点、一点对多点；PLC与RTU彼此间可进行串、并联连接，常用端口为RS232、RS485。数据的传输方式有两种：有线传输（如通过光缆、电缆、电话线等）和无线传输（如通过超短波、GPRS、CDMA、微波、卫星等）。

SCADA系统包括以下基本功能：

（1）数据采集功能：通过现场数据采集仪器获取运行管网上的压力、流量与水质信号，各水厂或泵站的泵机运行参数、进出水量、出水压力、水位、出水浊度、余氯、pH值等数据。

（2）数据传输功能：将现场采集到的数据，通过有线或无线通信系统实时传送到监控计算机。

（3）数据显示及分析功能：将获得的各类信息及数据，经过分析、处理直观地显示出来，供调度指挥人员使用。

（4）报警功能：系统对泵机运行异常、管网压力不足、水质超标等进行实时报警。

（5）遥控、遥调功能：根据调度要求，系统实现对水厂或泵站的泵机运行进行开停控制，对管网中的电动阀门进行启闭调节，以及对投药量的控制。

2. 管网分析决策支持系统

管网运行调度的核心部分是管网分析决策支持系统，它包括管网水力模型、管网水质模型和优化调度模型，它利用管网的各种数据模拟管网的运行，为管网的规划设计、运行调度提供最优的决策方案。

（1）管网水力模型

管网水力模型是优化调度的基础。管网水力模型是指将给水系统中的一些给水设施（如水泵、管道、阀门、水库、水池、水塔等）的特性数据、属性数据及水量数据输入管网模拟计算软件，进行延时模拟计算，并达到一定校验标准的模型。

管网水力模拟遵循以下理论：

1) 节点流量方程：在管网模型中，所有节点都与若干管段相关联。对于管网模型中的任意节点 j，将其作为隔离体取出，根据质量守恒规律，流入节点的所有流量之和应等于流出节点的所有流量之和，一般地表示为：

$$\sum_{i \in S_j}(\pm q_i) + Q_j = 0 \quad j = 1,2,3,\cdots,N \tag{7-10}$$

式中　q_i——管段 i 的流量；

Q_j——节点 j 的流量；

S_j——节点 j 的关联集；

N——管网模型中的节点总数；

$\sum_{i \in S_j} \pm$——表示对节点 j 关联集中管段进行有向求和，当管段方向指向该节点时取负号，否则取正号，即管段流量流出节点时取正值，流入节点时取负值。

该方程称为节点的流量连续性方程，简称节点流量方程。管网模型中所有 N 个节点方程联立，组成节点流量方程组。

2) 管段能量方程：在管网模型中，所有管段都与两个节点关联，若将管网模型中的

任意管段 i 作为隔离体取出，根据能量守恒规律，该管段两端节点水头之差，应等于该管段的压降，可以一般性地表示为：

$$H_{Fi} - H_{Ti} = h_i \quad i = 1,2,3,\cdots,M \tag{7-11}$$

式中　Fi, H_{Fi}——管段 i 的上端点编号和上端点水头；

　　　Ti, H_{Ti}——管段 i 的下端点编号和下端点水头；

　　　h_i——管段 i 的压降；

　　　M——管网模型中的管段总数。

该方程称为管段的能量守恒方程，简称管段能量方程。管网模型中所有 M 条管段的能量方程联立，组成管段能量方程组。

给水管网模型的节点流量方程组与管段能量方程组联立，组成描述管网模型水力特性的恒定流基本方程组。该方程组是在管网模型的拓扑特性基础之上建立起来的，它反映了管网模型组成元素—节点与管段之间的水力关系，是分析求解给水管网规划设计及运行调度等各种问题的基础。

3) 方程组求解方法：常用的上述方程组的求解方法有解环方程组法和解节点方程组法，定节点流量连续性方程组求解常采用牛顿-拉夫森算法。

管网水力模型从辅助给水管网运行管理和决策方面分为以下几个方面：

a. 管网水力平差

供水管网系统的目的是为用户提供足够的水量、水压以及安全的水质。了解供水管网水量、水压的分布对于实现管网的可靠运行至关重要。一般情况通过两种途径得到管网水量和水压的数据：一是通过在管网中布设测压点和测流装置，通过 SCADA 系统监测管网中的流量与压力；二是通过管网水力平差，计算各种工况下的管网中所有节点、管段、水泵的流量和压力，了解管网压力分布。其中设置测压点、测流装置的方法最为直接可靠，但测压、测流装置的数量有限，不能反映整个管网详细的水力状态。而管网水力平差可以弥补以上不足，通过平差，可以得出管网水力模型中每一组件的水力状态。

b. 管网事故分析

由于管道陈旧、管网压力分布不均、施工等各种原因造成的管网爆管、大漏事故给用户带来很大不便，同时也造成大量的经济损失。通过对运行管网的实时动态水力模拟，可以及时发现爆管或大漏事故，确定事故地点与位置，分析出事故影响的服务区域，结合 GIS 快速制定出关阀策略，提高管网事故处理能力，提升管网服务质量。

c. 管网实时水力模拟

建立准确可靠的管网模型后，可以实现管网实时动态水力模拟，连续 24h 模拟管网运行状况，并通过与 SCADA 系统实时监测数据的比较，分析管网的用水量时变化模式，及时发现管网运行中存在的问题。

d. 管网优化规划与设计

给水管网建设费用巨大，同时其规划设计的合理与否直接关系社会生产与生活。通过给水管网水力模拟系统，可以更加科学地进行给水管网的规划与设计，科学合理地确定管网管径，降低管网造价和运行费用，提高管网运行的安全可靠性。

(2) 管网水质模型

给水管网水质模型是计算跟踪管网水中溶解物质的传输与各时间内流经路线和分布。

管网水质模型可分为稳态模型和准动态模型两种。

1) 稳态模型

假定管网处于水力稳定状态，在一定的运行负荷下，物质沿着流动路径和时间运行，达到水质稳定。数学模型为：

流量连续性方程：
$$\sum_j q_{ji} + Q_s = \sum_k q_{ik} + Q_i \tag{7-12}$$

节点混合方程：
$$\left(\sum_k q_{ik} + Q_i\right) C_i = Q_s C_s + \Sigma q_{ji} C_{l,ji} \tag{7-13}$$

管段浓度方程：
$$C_{u,ji} = C_j$$
$$C_{l,ji} = C_{u,ji}$$
$$C_{l,ji} = C_{u,ji} e^{-KT} \tag{7-14}$$

式中　j, k ——分别表示节点 i 的上游和下游邻接点；

　　q_{ji}, q_{ik} ——管段流量；

　　Q_s, C_s ——水源供水量及进水浓度；

　　$C_{u,ji}$ ——管段 $<j,i>$ 起端浓度；

　　$C_{l,ji}$ ——管段 $<j,i>$ 末端浓度；

　　K ——管段 $<j,i>$ 中物质反应速率常数；

　　T ——管段 $<j,i>$ 中的流径时间。

保守物质沿管线流动过程中，浓度不发生变化，末端浓度等于起端浓度。非保守物质在流动过程中同时发生着反应，以一级反应为例，反应动力学方程为：

$$\frac{dC}{dt} = -KC \tag{7-15}$$

物质沿管段流动过程中发生衰减，以不同于管段起端的浓度进入下游节点。

水源供水比例数学模型为：

$$P_{s,i}\left(\sum_j q_{ji} + Q_s\right) = Q_s + \sum_j P_{s,ji} q_{ji}$$

$$P_{s,ji} = P_{s,i}$$

$$A_i\left(\sum_j q_{ji} + Q_s\right) = Q_s A_s + \sum_j (A_j + t_{ji}) q_{ji} \tag{7-16}$$

式中　j ——节点 i 的上游邻接点；

　　$P_{s,i}, P_{s,ji}$ ——水源 S 对节点 i 和管段 $<j,i>$ 的供水比例；

　　q_{ji} ——管段 $<j,i>$ 流量；

　　Q_s ——水源供水量。

2) 准动态模型

准动态模型的计算结果要比稳态模型的可信度高，因此，在实际工程中，大部分采用准动态模型。数学模型为：

对流扩散方程：假设水中溶解物质在管段横截面上均匀分布，其运行规律和传输可用一维对流扩散方程来表示。

$$\frac{\partial C_i(x,t)}{\partial t} + u_i \frac{\partial C_i(x,t)}{\partial x} = \frac{\partial}{\partial x}\left(D \frac{\partial C_i(x,t)}{\partial x}\right) + S + K_0 + K_1(c - c_E) \tag{7-17}$$

式中 $C_i(x,t)$——管段 i 中，t 时刻 x 位置的浓度；
　　　D——扩散系数；
　　　S——源（或汇）在单位时间单位体积增加（或减少）的物质质量；
　　　K_0——零级反应速率常数；
　　　K_1——一级反应速率常数；
　　　c——水中溶解物质的总浓度；
　　　c_E——反应达到平衡时的浓度。

节点混合方程：假设水流在节点处瞬时完全混合，所有以该节点为起端的管段起点处的浓度都相等。

$$C_k(t) = C_i(0,t) = \frac{\sum\limits_{j \in K} q_j C_j(L_j,t)}{\sum\limits_{j \in K} q_j} + S \qquad (7\text{-}18)$$

式中 $C_i(0,t)$——时刻 t，以节点 K 为起端的管段 i 的起端浓度；
　　　$C_i(L_j,t)$——时刻 t，以节点 K 为终端的管段 j 的末端浓度；
　　　S——源（或汇）在单位体积内增加（或减少）的物质量；
　　　K——流入节点 K 的管段的集合。

（3）优化调度模型

1）管网用水量预测

采用时间序列法自回归模型（AR 模型）对管网用水量进行预测。

a. AR 模型

$$(Q_t - \overline{Q})T_i H_i = \varphi_i(Q_{t-1} - \overline{Q})T_{i-1}H_{i-1} + \varphi_2(Q_{t-2} - \overline{Q})T_{i-2}H_{i-2} + \cdots \\ + \varphi_p(Q_{t-p} - \overline{Q})T_{i-p}H_{i-p} + e_t \qquad (7\text{-}19)$$

式中　　　　φ_i——自回归系数；
　　　　　　p——自回归模型的阶数；
　　　　　　Q_t——t 时刻的预测水量；
$Q_{t-1},Q_{t-2},\cdots,Q_{t-p}$——前 p 个时刻的实际用水量；
　　　　　　e_t——输入随机扰动；
　　　　　　$\overline{Q}$——用水量时间序列均值，可用前 p 个实际水量的算术平均值近似；
　　　　　　T_i,H_i——时刻 i 的最高温度和天气情况。

对影响用水量预测因素的分析以及对策如下：

季节因素：由于季节的不同所引起的用水量变化尤其是城市生活用水量变化的差异较为明显，但季节中温度、湿度等具体因素对用水量变化的影响很难以量化的形式表达，时间序列模型的优势在于能够综合考虑这些因素，利用时间上连续的用水量之间的相互影响来预测用水量的变化；

节假日因素：通常情况下，在工作日与周末用水量时变化模式会有所不同，其他如五一劳动节、国庆节、春节等大型节假日有各自的用水量模式；

天气因素：除季节因素外，气温、降雨对用水量也存在不同程度的影响。

b. AR 模型的求解

- 求解模型时间序列的自相关系数：

$$\rho_k = \frac{\sum_{t=1}^{n-k}(Q_t - \overline{Q})(Q_{t+k} - \overline{Q})}{\sum_{t=1}^{n}(Q_t - \overline{Q})^2} \tag{7-20}$$

- 自回归参数的求解：

对于 p 阶自回归模型，自回归参数用自相关系数表示的 Yule-Walker 方程：

$$\rho_1 = \phi_1 + \phi_2\rho_1 + \cdots + \phi_p\rho_{p-1}$$

$$\rho_2 = \phi_1\rho_1 + \phi_2 + \cdots + \phi_p\rho_{p-2}$$

$$\rho_p = \phi_1\rho_{p-1} + \phi_2\rho_{p-2} + \cdots + \phi_p$$

其中 ρ 为自相关系数，记：

$$\Phi = \begin{bmatrix} \varphi_1 \\ \varphi_2 \\ \vdots \\ \varphi_p \end{bmatrix}, \quad \rho_p = \begin{bmatrix} \rho_1 \\ \rho_2 \\ \vdots \\ \rho_p \end{bmatrix}, \quad P_p = \begin{bmatrix} 1 & \rho_1 & \rho_2 & \cdots & \rho_{p-1} \\ \rho_1 & 1 & \rho_1 & \cdots & \rho_{p-2} \\ \vdots & \vdots & \vdots & & \vdots \\ \rho_{p-1} & \rho_{p-2} & \rho_{p-1} & \cdots & 1 \end{bmatrix}$$

则自相关系数表示的参数 Φ 的解可以写成：

$$\Phi = P_p^{-1}\rho_p \tag{7-21}$$

- 求解偏自相关系数：

偏自相关系数的求解主要用于评估模型的阶数。偏自相关系数是指一个自回归模型中 AR(p) 的最后一个自回归系数，因此对自回归模型中偏自相关系数的求解化为求解 $p = 1, 2, \cdots, p$ 时的自回归系数。

- 自回归模型中偏自相关系数的递推解法：

当 $p = m - 1$ 时，可以解出 AR($m - 1$) 模型的自回归系数：

$$\varphi_{m-1,1}, \varphi_{m-1,2}, \cdots \varphi_{m-1,m-2}, \varphi_{m-1,m-1}$$

因此有：
$$\hat{\varphi}_{m-1} = \varphi_{m-1,m-1}$$

当 $p = m$ 时，将 AR($m - 1$) 的自回归系数的数值代入，可以递推解出：

$$\hat{\varphi}_m = \varphi_{m,m} = \frac{\rho_m - \sum_{i=1}^{m-1}\varphi_{m-1,i}\rho_{m-i}}{1 - \sum_{i=1}^{-1}\varphi_{m-1,i}\rho_i} \tag{7-22}$$

式中 $\varphi_{m,i} = \varphi_{m-1,i} - \varphi_{m,m}\varphi_{m-1,m-i}$

- 模型的阶数：

若有前 p 个偏自相关系数与零有显著性差异，则阶数为 p；

- 自回归系数：

确定阶数后，即可利用 Yule-Walker 方程计算模型的自回归系数；

- 利用所求解的自回归模型及历史用水量数据预测当前时刻用水量，并进行误差分析。

2) 优化调度模型

a. 目标函数

以制水成本作为目标函数，制水成本包含两部分内容：一部分是泵房（水厂二泵房水泵和泵站水泵）电费，另一部分是水厂制水成本（不含二泵房电费）。

水厂 1：
$$\text{Cost}_1 = \sum_{t=1}^{T} \sum_{i=1}^{8} \left(\frac{q_{it} H_{it} X_{it} r}{e_{it}} + q_{it} \times P \right) \tag{7-23}$$

式中　T——划分的时间段数，以 24h 为一周期，取 1～24 之间的值；

q_{it}——第 i 台水泵第 t 时段平均出口流量；

H_{it}——第 i 台水泵第 t 时段平均扬程；

e_{it}——第 i 台水泵第 t 时段效率；

X_{it}——第 i 台水泵第 t 时段开关状态（决策变量）；

r——电价；

P——水厂单吨制水成本。

水厂 2：$\text{Cost}_2 = \sum_{t=1}^{T} \sum_{i=1}^{8} \left(\frac{q_{it} H_{it} X_{it} r}{e_{it}} + q_{it} \times P \right)$，式中各变量意义同上；

水厂 n：$\text{Cost}_n = \sum_{t=1}^{T} \sum_{i=1}^{6} \left(\frac{q_{it} H_{it} X_{it} r}{e_{it}} + q_{it} \times P \right)$，式中各变量意义同上；

供水系统总目标函数：
$$\min \text{Cost} = \text{Cost}_1 + \text{Cost}_2 + \cdots\cdots + \text{Cost}_n \tag{7-24}$$

供水系统中，如果有中途泵站，则上式中中途泵站的水处理费用为零，上式仍适合。

b. 约束条件

- 管网最低水压节点满足最小供水水压：
$$\min\{H_i\} >= H_{\min}, i = 0,1,2,\cdots,N \tag{7-25}$$

其中 $H_{\min}$ 为管网允许最小供水水头。

- 各水厂供水量约束：
$$\sum_{i=1}^{I} (q_{it} X_{it}) \leq Q_{t\max} \tag{7-26}$$

式中 I 为各个水厂水泵个数，i = 水泵 1，2，$\cdots$，I，t = 时段 1，2，$\cdots$，T；$Q_{t\max}$ 为该水厂在 t 供水时段的允许供水量，取日供水能力的时段平均值。

- 二泵房以及增压泵站水泵的扬程限制：
$$\min H_{it} \leq H_{it} \leq \max H_{it} \tag{7-27}$$

- 水池水位：
$$\min V_{rt} \leq V_{rt} \leq \max V_{rt} \quad r = 水厂 1,2,\cdots,5, t = 时段 1,2,\cdots,T \tag{7-28}$$

- 水厂清水池初始与终止水位：
$$V_{\text{init},r} = V_{\text{final},r} = V_{0,r} \quad r = 水厂 1,2,\cdots,5 \tag{7-29}$$

c. 求解方法

针对以上建立的供水系统优化调度模型，采用遗传算法求解，具体步骤如下：

第1步，依据遗传算法编码策略对随机产生的一组水厂各时段的调度方案（即水厂及增压泵站的水泵开关状态）进行二进制编码，形成调度方案的遗传编码；

第2步，对产生的遗传编码进行解码，根据各时段水厂、泵站的水泵开关组合计算各水厂二泵房的组合水泵条件下的水泵特性曲线；

第3步，对当前调度方案进行水力平差计算，根据计算结果中的二泵房以及增压泵站的流量、扬程计算能量费用，同时根据计算结果对约束条件的满足与否进行罚函数补偿；

第4步，对计算得到的该组方案进行目标函数值的比较，确定该组中的较优的方案，并进行遗传算法策略中的选择、交叉、变异操作，形成下一组调度方案；重复1至4的步骤，直至该组方案中的最小目标函数值的变化在允许值以内，以该最小目标函数值对应的调度方案作为该次调度的最优方案选择。

7.4.3 管网的测压、测流

管网测压、测流是给水系统运行调度的组成部分，是管网运行管理的关键内容。通过它们系统地观察和了解给水管道的工作状况，管网各节点自由压力的变化及管道内水的流向、流量的实际情况，作为给水系统运行调度的依据。通过测压、测流可以及时发现和解决环状管网中不少疑难问题。通过对各段管道压力、流量的测定，核算输水管中的阻力变化，对管道中结垢严重的管段才可查明，从而有效地指导管网养护检修工作，必要时对某些管段进行刮管涂衬的大修工程，使管道恢复到较优的水力条件。

1. 管网压力的测定

测压点的布设原则：(1) 输配水干管的交叉点附近；(2) 净水厂、加压站配水边界接合部；(3) 管网末梢；(4) 地面标高特异处；(5) 大型用水户的分支点附近；(6) 特殊用户附近。

管道压力测定的常用手段是采用压力表，现场测定和记录。在城市管网运行调度中，为了及时掌握管网控制节点的压力变化，一般都采用压力远传方式把管网压力数据即时传送到调度终端。管网测压点上的压力远传，首先通过压力变送器将压力转换成电信息，用有线或无线的通讯方式把压力信息传递到终端（调度监控站）显示、记录、报警或数据处理等。

压力变送分电位器式、应变式、霍尔式、气膜式、差动变压器式、压电式、压阻式、电容式、振频式等多种方式。图7-18示例的是应变式压力变送器的结构原理图。

应变式压力传感器是把压力的变化转换成电阻值的变化来进行测量的，应变片是由金属导体或半导体制成的电阻体，其阻值随压力所产生的应变而变化。对于金属导体，电阻变化率 $\Delta R/R$ 的表达式为：

$$\Delta R/R \approx (1+2\mu)\varepsilon \tag{7-30}$$

式中　μ——材料的泊松系数；
　　　ε——应变量。

在图7-18 (a) 中，应变筒的上端与外壳2固定在一起，下边与密封膜片3紧密接触，两片康铜丝应变片 R_1 和 R_2 用特殊胶合剂粘贴在应变筒的外壁上。R_1 沿应变筒的轴向粘

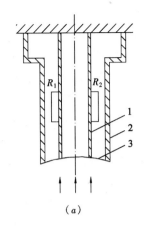
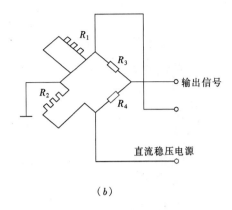

图 7-18 应变式压力变送器结构原理图
(a) 应变筒；(b) 检测电桥
1—应变筒；2—外壳；3—密封膜片

贴作为测量片，R_2 沿应变筒的径向粘贴作为温度补偿片。必须注意，应变片与筒体之间不能产生相对滑动，并且要保持电气绝缘，当被测压力 p 作用于膜片而使应变筒作轴向受压变形时，沿轴向贴置的应变片 R_1 也将产生轴向压缩应变 ε_1，于是 R_1 的阻值变小；而沿径向贴放的应变片 R_2，由于应变筒的径向产生了拉伸变形，也将产生拉伸应变 ε_2，于是 R_2 的阻值变大。

应变片 R_1、R_2 与另两个固定电阻 R_3、R_4 组成一个桥式电路，见图 7-18（b），由于 R_1 和 R_2 的阻值变化使桥路失去平衡，从而获得不平衡电压作为传感器的输出信号，再经前置放大成为电动单元组合仪表的输入信号。

2．管道流量的测定

测流点的布设原则：(1) 输配水主干管；(2) 管段分支管较多处；(3) 净水厂、加压站配水出口处；(4) 大型用水户的分支点；(5) 其他需要重点观察的地方。

以前一般都采用毕托管的方式对管道流量进行手工测定，该方法操作麻烦、计算繁琐且精度不高。现在都采用流量计方式对管道流量进行测定，其中最常用的就是电磁流量计。

所有的电磁流量计都是依据法拉第电磁感应定律设计：

$$U_M = B \cdot v \cdot d \cdot k \tag{7-31}$$

式中　U_M——测量电压产生于和流体的流向正交的电磁场，由两个电极获得测量电压；
　　　B——磁通密度，穿过流体介质并正交于流体流向；
　　　v——介质流速；
　　　d——测量管道内径；
　　　k——比例因数或传感器系数。

一台电磁流量计通常由一个内表面不导电的测量管串联连接，且沿管道内径安装的电磁线圈以及至少两个电极组成。电极插入管壁并与被测介质相接触。电流通过的磁场线圈

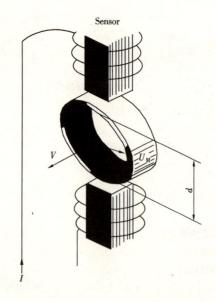

图 7-19 电磁流量计的测量原理图

产生一个脉冲电磁场,其磁通密度 B 垂直于管道轴线。这个磁场贯穿不导磁的测量管,管中流动的被测介质须有最小的导电率。根据法拉第电磁感应定律,此时在导电介质中会产生一个电压 U_M,其大小正比于介质流速 v 和磁通密度 B,以及电极之间的距离 d（管道内径）,见图 7-19 所示。信号电压 U_M 从与介质相接触并穿过绝缘管壁的电极中测取。与流速成正比的信号电压 U_M 用一个相应的变送器转换成标准信号。

管网的测压、测流数据是分析管网运行情况的基础性资料,所有测得的管网压力和流量数据通过有线或无线通讯系统传送到调度终端,由调度端的管网运行调度计算机系统统一对这些信息数据进行处理。如绘制自由压力线图,它可以比较直观地反映某一区域的 服务水压值,可以分析整个供水区域内服务水压高、低范围及服务水压偏低的 程度；如绘制等水压线图,它可以分析各管段的负荷,水压线过密地区,表示用水负荷大,说明该段口径偏小,若水压线过疏,说明口径偏大,负荷不足。

7.5 管网的检漏

7.5.1 控制管网漏损的重要性

随着全球性环境污染的加剧以及世界人口的不断增加,水资源紧张局势不断恶化,节约用水,保护人类生存环境已为人们共识。供水管道的漏水是对宝贵水资源的浪费,它不仅减少了供水企业的利益,而且还会造成水质的二次污染,同时,也导致一些次生灾难。

城市供水需以符合卫生要求的水资源为原料,经取水、输水、净水及配水等供水设施并消耗一定数量的动力和药剂。漏损浪费了优质水资源和供水设施的投资,增加供水成本,在供水不足的城市更加剧了供求矛盾。

1. 不同压力、不同漏洞大小时的漏水情况

当供水管网压力为 5bar 时,不同大小漏洞的漏水量如表 7-6 所示。

在压力为 5bar 时漏水量在不同压力下的换算关系,见表 7-7。

不同大小漏洞的漏水量（P = 5bar） 表 7-6

漏洞直径（mm）	漏水流量（L/min）	漏水量（m³/d）	漏洞直径（mm）	漏水流量（L/min）	漏水量（m³/d）
0.5	0.33	0.48	4.0	14.8	21.4
1.0	0.97	1.39	5.0	22.3	32.0
2.0	3.16	4.56	6.0	30.0	43.2
3.0	8.15	11.75	7.0	39.3	56.8

漏水量在不同压力下的换算关系   表 7-7

管压（bar）	1	2	3	4	5	6	7	8	9	10
换算率	0.45	0.63	0.77	0.89	1.00	1.10	1.18	1.27	1.34	1.41

通过表 7-6 可以看出，在一个管段上如果有 5mm 直径的漏洞，每天就会有 $32m^3$ 的水漏失，即相当于两百多人一天的用水量，别小看水龙头上不起眼的成滴漏水，如果每秒钟有一滴漏水，则每天大约会有 $17m^3$ 的水漏失，一年的漏水量就是 $6000m^3$。

2. 国内漏水调查结果

根据国内漏水调查的情况看，我国城市供水管网漏水现象非常严重，见表 7-8。调查管道总长度为 4312.03km，找到的地下管道漏点为 1012 个，平均每 1km 有 0.23 个漏点，总漏水量为 $5644.93m^3/h$，平均每 1km 每 1h 漏 $1.31m^3$。

漏水调查统计   表 7-8

序号	单位名称	普查管道长（km）	漏点数（个）	漏量（m^3/h）
1	郑州自来水公司	142.76	6	31.9
2	淄博市博山区自来水公司	70	9	52.22
3	南京市鼓楼区自来水公司	50	18	49
4	烟台市自来水公司	35	4	29
5	深圳龙岗市自来水公司	76.3	28	101.5
6	顺德市自来水公司	280	104	211.6
7	厦门市自来水公司	350	120	428
8	诸暨市自来水公司	55	15	135.5
9	唐山市自来水公司	10	1	1
10	深圳市自来水公司	120	31	434
11	泉州市自来水公司	200	80	315.6
12	福州市自来水公司	800	118	1237.1
13	青岛市自来水公司	45	4	71.68
14	阳江市自来水公司	350	68	195.95
15	威海市自来水公司	30	4	35.1
16	临汾市自来水公司	100	7	23.6
17	武汉市自来水公司	59	5	34.9
18	鄂州市自来水公司	94	39	351.5
19	威远市自来水公司	50	14	153.1
20	佛山市自来水公司	130	45	431
21	东莞市自来水公司	200	25	162.8
22	上虞市自来水公司	200	86	520
23	上海市自来水公司	350	103	380
24	亳州市自来水公司	32	42	51.3
25	株洲市自来水公司	130	8	27.3
26	广水市自来水公司	40	12	37.21
27	庐山市自来水公司	25	2	2

续表

序号	单位名称	普查管道长（km）	漏点数（个）	漏量（m³/h）
28	营口市自来水公司	200	6	21.07
29	深圳龙岗自来水公司	37.97	1	80
30	大连港自来水公司	50	7	40
	总计	4312.03	1012	5644.93

每1km漏点个数为0.23个，每1km每1h漏量为1.31m³

现在，我国城市供水管道总长度约为20.2万km，漏失水量按1.31m³/（h·km）计算，我国年总漏水量为23.18亿m³，按1.5元/m³计算，经济效益为34.77亿元。

因此，做好检漏工作可极大提高有效供水能力，节约用水，对提高自来水公司的社会效益和经济效益具有重大意义。

7.5.2 国内外供水管网漏损情况分析

1. 漏损指标

衡量供水管网漏损水平最常用的指标是漏损率，即：

$$漏损率 = 漏水总量 / 供水总量 \tag{7-32}$$

由于管道的漏损水量一般难以计量，因此，常采用未计量水量，供水总量与售水总量的差额为未计量水量，通过未计量水量率来间接的反映供水漏损的状况，即：

$$未计水量率 = (供水总量 - 售水总量) / 供水总量$$
$$= 未计水量 / 供水总量 \tag{7-33}$$

为了进一步说明管网长度与漏损量之间的关系，提出了管长比漏损率。也作为衡量供水漏损水平的指标。即：

$$管长比漏损率 = 漏损总量 / 管道长度 \tag{7-34}$$

2. 国外供水管网漏损情况概述

各国普遍认为漏损水量约为未计水量的65%~75%。若将漏损水量占未计水量的70%计。亚洲一些城市漏损率和未计水量率统计数字见表7-9。

11个城市未计水量率和漏损率统计　　　　表7-9

城市	未计水量率（%）	漏损率（%）	统计年份	城市	未计水量率（%）	漏损率（%）	统计年份
大马尼拉	58	40.6	1990	曼谷	31	21.7	1991
雅加达	57	39.9	1991	香港	26	18.2	1992
科伦坡	46	32.2	1994	东京	14	9.8	1991
汉城	42	29.4	1991	澳门	12	8.4	1993
胡志明市	41	28.7	1991	新加坡	8	5.6	1991
吉隆坡	37	25.9	1990	平均值	33.8	23.7	

表7-9的数字表明亚洲大部分城市的漏损率都比较高，在18.2%~40.6%，未计水量率在26%~58%之间。只有个别城市的漏损控制达到了较好的水平，未计水量率在8%~14%之间，漏损率在5.6%~9.8%。11个城市未计水量率平均值为33.8%，其漏损平均为23.7%，其值偏高。

1995年国际供水协会年会统计资料介绍18个国家和地区（25个代表城市）的未计水量率和漏损率见表7-10。

有关国家和地区供水未计水量率和漏损率　　　　　　　　　　　　　表7-10

国家或地区	未计水量率（%）	漏损率（%）	国家或地区	未计水量率（%）	漏损率（%）
中国香港	29.0	20.3	意大利	15.0	10.5
中国台湾	27.0	18.9	西班牙	13.7	9.6
英国	25.8	18.1	法国	13.5	9.5
葡萄牙	21.8	15.3	斯洛伐克	12.2	8.5
立陶宛	21.6	15.1	荷兰	9.0	6.3
马来西亚	21.0	14.7	德国	7.0	4.9
瑞典	20.8	14.6	瑞士	7.0	4.9
捷克	20.0	14.0	新加坡	7.0	4.9
芬兰	17.2	12.0	平均值	16.9	11.8
新西兰	15.2	10.6			

表7-10中18个国家和地区城市未计水量率平均值为16.9%，漏损率平均值为11.8%。表7-10的数字还表明，目前国外漏损控制较好的国家，未计水量率仅为7.0%~8.0%，漏损率为4.9%~5.6%。与表7-9中数字比较说明，亚洲国家供水漏损率高于表7-10中世界其他国家的平均值。

3. 国内供水管网漏损率分析

根据1996建设部计划财务司编制的"城市建设统计年报"635个城市资料统计，全国城市供水总量261.1098亿m^3，生产用水为101.2028亿m^3，生活用水为130.3998亿m^3，而计算的未计水量率11.3%，这一数字略低于表7-9中有关国家和地区未计水量率的平均值，但比漏损控制较好的国家还差很多。

根据1996年中国城镇供水协会编制的"城市供水统计年鉴"499个有漏损统计资料的城市统计，全国城市供水漏损率为9.8%，年漏损水量为23.6372亿m^3，以其相应销售水成本计算，损失12.17亿元。统计资料还表明，漏损率小于8%的城市仅有195个，占统计城市的39%，漏损率大于10%的城市有209个，占统计城市数的42%，漏损率大于30%的城市数有20个，占统计城市数的4%。

另外，对不同城市供水规模与漏损率关系进行了分析，见图7-20。图7-20说明我国供水漏损率随着城市规模和供水能力的扩大，漏损率有所降低，但日供水规模大于100万m^3的城市平均漏损率高于日供水50万m^3左右的城市。

对北京等十大城市1985~1995年供水漏损率进行统计分析，其结果见图7-21。由图可见，除上海和重庆2个城市外，其余8个城市10年来的漏损率均有所上升，上升幅度较大的是北京、南京、武汉和广州。同时还表明，北京、上海、重庆等大城市漏损率均小

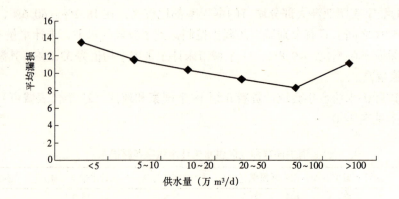

图 7-20　1995 年不同供水量的城市漏损率统计

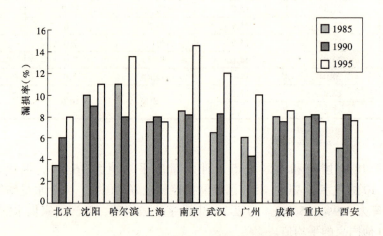

图 7-21　全国十大城市漏损率统计

于 8%，而沈阳、哈尔滨、南京、武汉和广州均大于 8%。

4. 管长比漏损率分析

单从以上分析，我国的漏损率小于国外一些国家，这是未把管线的长度作为影响漏损率的因素来考虑。如果漏损率相同，管网长度短的漏水情况要比管网长的严重。我国的居民密度高，用水相对集中，单位管长负担的供水量往往为国外的几倍，这虽然对我国的管网漏损控制比较有利，但在分析比较国内外供水漏损控制时必须注意这一差异。

国际供水协会对世界各国 25 个城市管长比漏损量平均统计结果表 7-11。表中可见，西欧国家和南非、新西兰管长比漏损量普遍较低，仅为 $0.5 \sim 0.7 \, m^3/(km \cdot h)$ 左右，远远低于其他国家，这些国家的平均值为 $1.3 \, m^3/(km \cdot h)$。

不同国家和地区供水管长比漏损量平均值统计　　　　表 7-11

国家和地区	北欧	西欧	南欧	东欧	远东	南非、新西兰
管长比漏损量（m³/km·h）	0.5	0.5	0.6	2.0	3.6	0.6

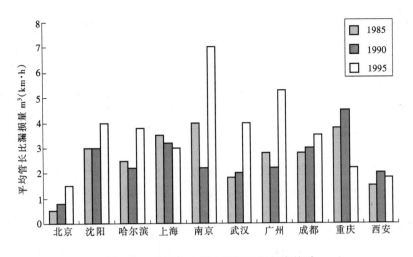

图 7-22 全国十大城市管长比漏损率统计

对北京等十大城市 1985～1995 年管长比漏损率进行统计分析，其结果如图 7-22。由图可见，十大城市管长比漏损量均高于国外的 1.3m³/(km·h) 这一平均值。除上海和重庆 2 个城市的管长比漏损量有所降低外，其余 8 个城市 10 年来的管长比漏损量均有所上升。南京、广州的管长比漏损量为西欧国家的 10 倍；上海、哈尔滨、沈阳、成都和武汉也为其 6 倍左右；管长比漏损量最低的为北京、西安和重庆市，其管长比漏损量也为西欧国家的 3 倍以上。

7.5.3 检漏的方法及基本原理

现行的检漏方法可分为两大类：被动检漏法和主动检漏法。被动检漏法是待地下管道漏水冒出后才发现漏水的方法。主动检漏法是在地下管道漏水冒出地面之前，通过使用各种方法和仪器将之检查出的方法。主动检漏法的方法有很多，都有自己的特点和优势。

1. 音听检漏法

音听检漏法是一种传统的测漏方法，具有广泛性、实用性，操作简单，工作效率高，准确率高。当前国内最行之有效的供水管网暗漏点精确定位技术主要采用音听技术（偶尔以互相关检漏法技术做为辅助）。音听检漏法原理是：管道里的水具有一定的压力，在漏点处，水从漏孔溢出，能量释放到管壁和土壤中，就会发出 3 种声波，第一种是在管壁裂口处产生的，其声音通常的频率范围大致为 300～2500Hz；第二种是水冲击土壤时产生的，其声音通常的频率范围大致为 100～800Hz；第三种是水在土壤中旋流引起的，其声音通常的频率范围大致为 20～250Hz。这三种声音会沿管道传播和向周围传播，将听音杆或电子听音仪探头置于管道或管道上方路面拾取放大的漏水声信号，漏水声信号最强的地方就是漏点。在音听检漏法过程中，一般采取两项步骤：栓阀听音和地面听音；第一个步骤栓阀听音只能查找漏水的线索和大致范围，起到漏水预定位的作用，用仪器接在管道暴露点（消火栓、阀门、管道等）听漏，根据漏水点产生的漏水声来确定漏水管道，并逐步缩小漏水检测范围，听测点距离漏水点越近，听到的声音越大，反之则小。第二个步骤地面音听才能确定漏水点的精确位置，沿着先确定的大致范围，逐步逐段进行寻找，靠近漏水点时，漏水声越强，达到最大值。相关的检漏仪器有：听漏棒、检漏饼、电子放大音听仪、抗干扰双探头检漏仪、自适应检漏仪。

音听检漏法定点的准确性与以下有关：(1) 听音设备拾取的漏水信号与环境噪声的信号比的大小；(2) 检漏人员对地下管道分布的熟悉、掌握程度；(3) 漏水声波在管道上方路面的传播效果；(4) 路面上有否供听音工作的足够作业区域；(5) 检漏人员的听音技术、经验等自身素质。

2. 互相关法

互相关法是当前最先进最有效的一种检漏方法，特别适用于环境干扰大、噪声高，而且管道埋设深或不适宜用地面听漏法的管道检漏。用相关仪可快速准确地测出地下管道漏水点的精确位置。国外自20世纪80年代就研究用互相关法（cross-corredation method）检测水管泄漏，并取得良好的效果。如德国，其最长的试验距离是3.5km，漏隙检测的可靠度高于90%，对于80%以上检测到的漏隙，其定位的精确度达1m，该方法主要利用流体通过漏隙时会产生流动噪声，沿着管道向远方传播，通过两个传感器放在管道的不同位置接收该信号，相关检漏仪主机能测出由漏水口产生的漏水声波传到不同传感器的时间差，漏隙位置的信息是根据信号到达两个接收器的传播时间差和传感器之间的距离和声波在该管道的传播速度进行判断。

一套完整的相关仪可快速、准确地测出地下管道具体的漏水位置，其原理是：

$$L_x = (L - V \cdot \Delta t)/2 \tag{7-35}$$

式中　L_x——漏水点的位置；

L——两传感器之间的实际长度；

V——声波沿管道的传播速度；

Δt——传播的时间差。

相关检漏仪是目前比较先进的检漏仪器，但是，当管道传播声音特性较差（如塑料管）或管道与管道之间交接处传声特性较差（如非金属刚性连接）时，相关检漏仪的检漏效果就明显下降。

3. 地表雷达法

20世纪80年代中期，美国、日本开发成功"地表雷达"检漏法。这是较新的也是最有发展前途的检漏方法，它主要是利用无线电波对地下管线进行测定，可以精确地绘制出现有路面下管线的横断面图，亦可根据水管周围的图象判断是否有漏水的情况发生，如管道漏水，附近必有水堆，图象中就可见。由于无线电波的波长长短可选择，其分辨力很强，操作分析很形象。但该技术的一次搜索范围不大。

4. 分区检漏法

分区检漏法主要用流量计来测漏。一般情况下，漏水点越大，产生的漏水声也越大，当漏点大到一定程度时，产生的漏水声反而减少，给利用音频来检漏的手段带来了不便。有的管网存在着很多漏水点，漏水量大部分都是由大漏水点造成的，因此，要先把漏水点大的先排除才能有效控制漏损，利用分区检测大漏点可以大大提高检测速度。

分区检漏法主要分区域装表测漏法和区域检漏法。

区域装表测漏法：此方法是把整个管网分为几个小区，关闭小区周围的所有阀门，小区内暂停用水，使之成为一个封闭的系统，将一个水表通过旁通安装在一端阀门两侧，如果小区内的管网漏水，封闭系统外的高压水就会通过旁通流入，小区就会进水，水表指针就会转动，从表上可精确反映；如发现有漏水，可关闭部分阀门进一步缩小测漏区域，比较前后进入封闭系统的流量。如果流量不变，说明排除的管段不存在渗漏，这样可以逐步缩小查漏范围。这种方法必须停止部分区域的供水，要求阀门均能严密关闭，运作起来也较烦琐，国内很少采用。

区域检漏法：此方法适用于生活小区或日夜连续用水户较少地区，管道一般长为 2~3km 或 2000~5000 户居民为一个检漏区。测漏时除小区进水总表外，关闭所有连通该区的阀门，在用水量最低的深夜时连续测 3~4h 流量，利用排队原理，可测出深夜用户不用水或很少用水时，进入检漏区的瞬时最低流量，如果最低流量未超过允许漏损值（$0.5 \sim 1.0 m^3/km \cdot h$）时，则表示该区基本上无漏水或漏水很少，可以符合要求，如果超过允许值，则关闭部分阀门缩小测漏地区，再比较缩小后的最低流量，如果差距较大，则说明该管道有漏水。

5. 示踪检测法

示踪检测法成本较高，但适合大面积测定。一般先在待测管道的上游管道孔口处（如阀门、消火栓等）加入一定浓度的无毒易检测的示踪剂（六氟化硫、氩气、一氧化氮或放射性同位素等），保证气体达到一定的浓度。在下游孔口处抽取水样检测，以确定气体经过测试点，并分析气体的浓度是否满足要求了。气体进入管道后沿管道流动，在漏点处气体会溢出，通过土层到达地面，沿管道探测示踪剂地面的浓度，浓度最高处即为漏点。测试的过程中必须保持管内的压力，使气体能顺利从漏点溢出；而且气体在管中的停留时间要保证 1.5h，以满足气体溢出到达地面的时间。

这一种新技术在新敷设管道试压不及格时，在大口径管道上有较小而难于寻找的漏水时，在郊区管道的路线很长而穿越田野的情况时，都得到广泛应用，且准确率高。

6. 漏水声自动监测法

漏水声自动监测法是利用漏水噪声自动记录仪进行检漏。漏水噪声自动记录仪是由多台数据记录仪和一台控制器组成的整体化声波接收系统。首先，确定所要监测的供水区域及监测时间，监测区域大小确定多台数据记录仪的数量，监测时间一般选定外界干扰最小的夜间。然后用装有专用软件的计算机对数据记录仪进行编程，接着将记录仪放在管网的不同位置，如消火栓、阀门及其他管道暴露点等，按预设时间同时自动开记录仪，可记录管道各处的漏水声信号，该信号经数字化后自动存入记录仪中，并通过专用软件在计算机上进行处理，计算机根据图形情况自动判断仪器所监测范围的管网区域是否存在漏水。判别漏水的依据是：每个漏水点会产生一个持续的漏水声，根据记录仪记录的噪声强度和频繁度来判断在记录仪附近是否有漏水存在。使用泄漏噪声自动记录议检漏有如下优点：(1) 检漏有规律，有助于发现漏水早期迹象；(2) 由于能自动开始和停止工作，而不用人来听测，从而降低了劳动强度和费用；(3) 仪器操作简便，对人员技术素质要求不高，普通人员稍作培训即可使用；(4) 该仪器本身配有声音过滤装置，可以探测到的声音比人能听到的声音小 20dB；(5) 对整个晚上而不是短暂的几秒钟声音状况进行客观地记录分析，从而准确性极高。

记录仪放置的距离视管材、管径等情况而定，金属管道 200~400m 距离，非金属管道在 100m 之内。

7. 浮球测漏法

浮球测漏法是由英国 Bristol 电子公司开发的，主要针对塑料管的测漏技术。测试仪器只包括一个便携式信号定位器和一个简易的信号发生器。先将测漏管段的上下游阀门关死，在上游孔口（如阀门、消火栓等）处将已封入信号发送器的泡沫塑料浮球塞入管道，调整上游阀门和下游阀门，使得浮球在水压作用下以一定速度向前飘动，同时信号定位器确定发送器所在的位置和深度。漏点大时，当浮球飘至漏点处时，由于水量溢出，水压减少，浮球将停滞不前，漏水点可精确定位。漏点小时，连计时器装置，以浮球漂移速度减缓的那点为漏点处。该技术可精确定位漏水点。

7.5.4 各种检漏法的优缺点比较

检漏方法很多，应根据环境、地势等因素选择合适的检漏方法，现对各种检漏法的优缺点进行比较，见表 7-12。

各种检漏法的优缺点比较　　　　　　　　　　　　　　表 7-12

	优　点	缺　点
音听法	适用范围广；成本低，管理费低，效益投入比很高；设备工具操作简单、效果好	受环境的干扰程度大，需在夜间进行，从而提高了工人的劳动强度；工人对声音的分辨能力要求高；要求管道埋深浅
互相关法	对外界干扰大、噪声高或埋设深的管道的作业能力强；容易操作、快速准确，准确度在 10cm	费用高；在有效检漏长度内两端必须有外露水管或附件；对一管段有多个漏水相差不大的漏点时，仪器检查不出
地表雷达法	准确率高；分辨能力强；操作分析很形象	价格昂贵；一次性搜索范围小，技术难度高；地下水位高时，对检漏有干扰
区域装表测漏法	范围广，效率高，可以迅速的查明大漏水，在劳动强度不大的情况下可对区域管网进行循环检漏；系统的测试，可进行管网状况的分析	对阀门事先安装旁通水表，费用较高；操作较复杂烦琐；对管网设备的要求较高，区域阀门必须均能严密关闭；需停止该区供水，影响部分居民用水；要确定准确漏水点，还需借用其他检漏法
区域检漏法	效率高，可以迅速的查明大漏水，在劳动强度不大的情况下可对区域管网进行循环检漏；系统的测试，可进行管网状况的分析；用所测的流量与正常流量比较，可以发现漏水的早期迹象	受到水表准确率的影响；操作较复杂烦琐；对管网设备的要求较高，区域阀门必须均能严密关闭；要确定准确漏水点，还需借用其他检漏法；对小漏点无法判别；最少用水量估算难以精确
示踪检测法	范围广，可以进行大面积检漏；准确率高，对于小漏有更好的实用价值；有助于发现漏水的早期迹象	管道埋深不能过深；对高级路面和透气性不好的路面，检测效果不好，甚至检测不出
漏水声自动监测法	能监测到人无法听到的声音，效率高，准确性极高；检漏有规律，有助于发现漏水的早期迹象；由于自动开始和停止工作，而不用人来听测，从而降低了劳动强度和费用；操作简单	费用相对较高；范围小，易受其他管网或声源的干扰
浮球测漏法	准确性极高	操作较复杂烦琐

国内的检漏工作大多数以被动检漏为主，少数几个地方在试用各种新方法新技术，但总体上检漏设备落后，技术水平不高。在这种情况下，检漏工作必须从实际情况出发，不必盲目追求新技术，无论哪种方式，都各有其特点和优势，具体操作时不管用何种方式，要视现场的实际情况而定，既要快速、正确、方便，又要考虑经济实惠。

在发达国家，检漏工作已成为一个系统。在工作层次上，科学研究、供水计划、经济分析和实施手段等互为补充；在针对性方面，测漏技术、仪器、管材及施工方法得到全面的改进；在技术方面，多种手段同时应用，不同条件使用不同方法，大大提高了工作效率。

管网漏水是必然和长期的，因此，检漏是一项长期艰巨的日常工作。

7.6 管网的维修与养护

7.6.1 管道的巡查

管网的管理必须把维护作为重中之重。因为从实践中发现，有很多管网事故就是缺乏日常维护，没有把管网当作自来水公司的血脉，更没有切身参与其中，缺少维护力度。管网的日常维护并不是简单意义上的维修抢修，更重要的是防患于未然，把可能存在的问题消灭于萌芽，这就必须坚持巡检制度。

管网巡查是加强管网运行管理的一项日常工作，是针对管网设施加大现场管理力度、预防管道故障的积极措施，是保障管网正常运行的捍卫者。

管网巡查应将现有管网分片划区，落实到巡查人员，实行定线、定时、定人，轮流巡查，及时反馈信息和做好巡查记录，严格考核；要求巡查人员首先掌握管网现状及长期运行状况，诸如管道的位置、走向、口径、埋深；管道的管材、连接及管道节点情况；阀门的位置、型号、阀径、启用时间、更换时间；消火栓位置及相邻的地下设施状况等。再次，由于巡查人员工作的分散性和机动性等特点，要求巡查人员有较强的责任心和职业道德，并建立完善的检查制度，奖惩分明。

管网巡查的工作任务是查找明漏和维护管网设施，保障管网安全运行。工作要点是：

1. 监管明漏，一旦发现明漏，巡查人员负责本职的相关协调并及时反馈抢修部门。

2. 沟通地下作业职能部门，做到有效杜绝占压，掩埋管网设施，积极防止各项施工威胁管道安全，及时排除管道隐患，从各方面保证管网的正常与安全。

3. 有计划的定期对阀门进行启动、加油，更换填料及配件的维护工作，并做好详细的台帐。具体包括：维护时间、维护地点、维护情况，要保证阀门开关不失灵，截水有效。

4. 配合城市街道的改造，保证管网及其附属设施完好率，要加强临时性巡查、护卫工作，及时与市政部门协调沟通，采取标志管线，阀门位置，盯紧工程机械作业进度及制止野蛮施工等，尽量保证减少挖断给水管道及阀门窨井被埋现象。

5. 沿输配水管道查看管道、阀门、消火栓、排水阀、通气阀、测流井、检查井等有无损坏的情况，特别是基本建设施工的区域。

6. 用水户的水表节点有无漏水，水表是否正常。

7. 安装于套管内的管道是否完好，有无漏水现象。

8. 明装管道、阀门、架空管支座、吊环的腐蚀程度，定期刷漆搞好养护工作。

9. 通常管道的巡查可以对管网资料进行校核、修补，这也是完善管网资料的重要途径。

10. 负责供水干支管是否有违章现象。

7.6.2 管道的抢修

漏水是不可避免的现象，抢修也就时时发生，抢修对管网的二次污染的危险必然存在。管道破损后，致使大量的清水从破损处流走，造成很大的浪费，也势必减少了管网的压力和供水能力，直接影响到部分居民的生活用水和供水企业的利益，因此，及时组织抢修是供水企业管理工作中的一项重要内容。

1. 管道抢修的原则

抢修工作原则是：全面考虑统筹安排，尽量合理的调配抢修人员和车辆，科学地管理维修材料，能够做到供应及时，尽量达到少停水、少漏水的原则；做到任务清晰、目标明确，追求经济、时效，兼顾社会利益和经济利益；在抢修中尽量采用新方法、新工艺、新技术、新设备，以便省时省力省材，及时地保质保量完成抢修任务，最大限度的做到人尽其力，物尽其材。

为了做到以上要求，抢修人员不但要齐心协力、协调一致，还应做到以下几点：

a. 为了确保抢修的及时性，抢修人员必须非常熟悉大街小巷的分布情况和管网资料，能够很快地确定需要关闭的阀门位置、管道位置和埋深等，这也需要管网信息部门的支持和帮助。

b. 抢修人员实行全年每天 24h 值班制度，并要求做到反应敏捷，关闭阀门及时准确，尽量减少停水面积，在保证安全抢修、规范作业、文明施工的前提下，尽量缩短抢修时间，在按质按量的完成抢修任务后，认真填写抢修情况的反馈表，以便于今后管网改造等分析之用。

c. 抢修材料供应是保障抢修及时的一个重要环节，要求仓库尽量做到微机管理，对各种抢修材料的规格、型号、数量等定期进行分门别类的整理统计工作，对抢修材料要依据不同的规格、型号、材型，合理堆放，以便迅速领取。

d. 技术人员应尽量发挥应尽的责任。首先，技术人员作为管网的管理者，应积极参与，充分发挥主观能动性，结合现场情况探察研究分析，及时发现问题、分析问题，力争在短时间内完成抢修工作。其次，技术人员应该在现有管网技术资料的基础上，在平时管网维护与抢修工作中，注意收集、补充、更改、整理在施工中与现有管网资料不符的地方，并使其尽量全面、详细、准确。第三，技术人员要注意收集、整理关于抢修工作的新工艺、新材料、新方法、新设备、新技术方面的信息和资料，特别是为了使抢修工作更为迅速高效，采用带水作业，不停水抢修方面的新技术、新方法。第四，技术人员要对抢修人员进行培训，对施工过程、手段、方法进行现场的技术指导。

总之，要保证管网抢修工作的顺利进行，就要求抢修部门科学的管理，不断在实践中反复摸索，积累经验，总结出一套适合本地、科学合理、可操作性强的管理制度和方法，使抢修工作达到高质量、低成本、短时间的目标。

从第 4 章 4.7 节管道抢修过程造成的污染中可以了解到，流速的突变和抢修时污水进入是造成二次污染的原因，所以在抢修时必须注意以下几点：

a. 抢修时，阀门的关闭要平稳，操作时可缓慢关闭或间断性关闭，如关一圈停顿一会，再关一圈再停顿一会，循环操作，直到阀门完全关闭为止。这样可以避免阀门迅速关闭造成水流流态的突变，引起管内沉淀物、死水的流动，也避免因阀门突然关闭引起管道内负压，致使污水流入。

b. 在关闭抢修管段两端阀门的同时，尽可能关闭其间的各支管的阀门，这样可以减少抢修时的排水量，也可以预防这些支管受到污水进入的可能性；支管阀门一定要在被抢修管道通水后再开启。

c. 抢修时，工作坑要尽量挖大挖深，开始切管前，先不要把阀门全部关闭，使少量自来水仍从管破损处流出，采用大功率抽水泵抽水，在达到工作坑内污水水面降低到管道下面 10cm 以下，再关闭阀门。进行管道修复，切换管配件的过程中，不应有污水浸泡水管。

d. 通水之前，要对抢修管段进行冲洗消毒，保证供水质量。

2. 快速抢修的方法

抢修的方法很多，选用便捷快速的抢修方法，可以提高修漏的及时性，提高修漏的质量，减少漏失水量和二次污染，达到迅速快捷，保证居民的可靠用水。现介绍几种快速抢修的方法。

（1）补偿器连接法：此方法使用于管道出现轴向裂纹断管的情况，首先是将轴向裂纹尽头处截断，截断后用两个补偿器固定在原管道两端，再在中间加一段管子用螺栓连接来补偿被截断的管段，见图 7-23。

此方法连接快捷简单，只需两个人仅使用扳手就可完成，大大降低了抢修时间、人力和工人的劳动强度。

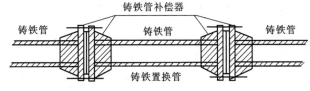

图 7-23 铸铁管单盘补偿器安装方法

（2）柔性卡连接法：此方法是由左右两半柔性卡组成，两半的结构相同，左端的柔性卡安装在断管左端，右端的柔性卡安装在断管右端，左右两端的柔性卡用管子再用螺栓连接起来，断裂处的短路就接通了，柔性卡压紧了连接原管和断管之间的 O 型密封圈，起到了密封的作用，见图 7-24。

（3）橡胶口两瓣卡连接法：使用橡胶口两瓣卡连接，必须对插口变形的地方和管子上有凸起的毛刺，用角磨砂轮或锉刀进行修整，防止毛刺及受伤变形的端口把橡胶圈划伤漏水，影响抢修质量，做到管子与轴线一致，插入橡胶，分段进行部分回填。管的承口处留出后进行送水、试压，待确认试压符合施工规范要求后，再将其余部位回填，见图 7-25。

（4）全剖式哈夫节法：是利用一种新型的维修堵漏材料全剖式哈夫节进行抢修的一种方法。其构造简单，主要由螺栓、密封胶圈，球墨铸件这三大部分组成，分为大头哈夫节和管身哈夫节，如图 7-26。

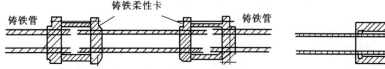
图 7-24 铸铁管柔性卡安装方法

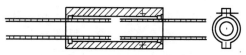
图 7-25 铸铁管橡胶口两瓣卡

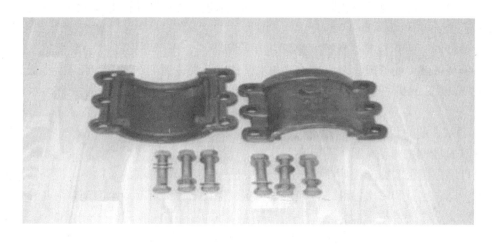
图 7-26 全剖式哈夫节的零件图

全剖式哈夫节工作原理是机械形式构成密封层，利用金属密闭腔包住泄露处，通过连接处的密封胶圈对管道破损处实施封堵。

此方法结构简单，采取了对夹式结构，具有体积小、重量轻等优点，由于工作坑内所需操作空间较小，则施工开挖面积和对市政设施的损坏程度相应减少，使维修、抢修成本进一步降低，而且减轻了劳动强度，缩短了停水时间，大大提高了供水的及时性，减少了所带来的污染和浪费。适用于 $DN100\sim 600$ 管道的抢修。

(5) 导流导气法

传统的抢修方式是停水作业，具体的操作步骤是：寻找爆管漏水点—确定爆管漏水点—停水—土方开挖—切断损坏的管道—安装新管—冲洗管道—送水。这种传统的抢修方式有两个弊端：一是停水时间长，不利于用户用水，造成不良的社会影响，并且减少了企业的售水量；二是基坑中的泥土和泥浆势必进入管道，尽管进行冲洗，也无法完全的消除对输水管道的污染，影响饮用水水质的卫生安全性。因此，要求对传统的城市管网抢修方式进行变革，寻求不换管、不停水的抢修作业办法。现介绍一种不换管、不停水的抢修法——导流导气法。

导流导气法的具体做法是：沿着自来水泄露的方向开挖路面，边开挖边抽水，寻找管道破损位置，找到破损位置后对其表面进行清洗，安装上带有导流管和导气管的钢板卡，对钢板卡进行焊接，再在钢板卡上进行水泥打口，在打口过程中一直让导流管排水，待打口结束 10min 后，用堵丝将导流管堵死，让上部的导气管排水排气，约 20min 左右将气排净，恰好打口处的快速堵漏剂已凝固，再给导气管上堵丝，见图7-27。

为了使导流导气法的效果更好，可结合使用快速堵漏剂，这样可以在几秒钟内阻止水的流动，达到更好的抢修效果。

此方法操作简单，省时省力，降低劳动强度，提高工作效率，而且不引起二次污染。

7.6.3 阀门的管理

阀门是管网中的主要组成配件，它对于管网内流量、流向、局部管段水压的调度，起到控制的作用。在管网中出现局部损坏时，及时关闭相应的

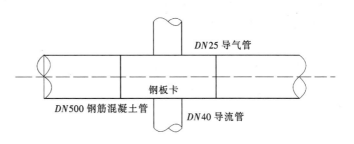

图7-27 导流导气法管道维修示意图

阀门，使损坏的管段迅速从管网中隔离开，以确保管网其余部分维持正常运行和水质不受污染。因此，要求管网中的阀门经常处于良好的状态，随时能开得完、关得严。

1. 阀门的保养和检修

给水管网中的阀门，一般情况下不经常启闭，阀体内外的锈蚀现象是比较严重的，搞好阀门的保养和维修，是保证阀门长期处于启闭灵活的有效手段。

引起阀门故障的主要原因及其处理方法大体如下：

（1）阀杆端部和启闭钥匙间旋转打滑，主要是两者的规格不吻合。阀杆端部的四方形棱边磨损，通常应就地修复。

（2）阀杆密封填料磨损而漏水，漏水轻者拧紧填料压盖螺栓，两侧螺栓轮流拧紧，使压盖平行下压，填料压缩后恢复密封作用。漏水严重时关闭阀门，更换密封填料，对于阀板关闭不严的将管段停水后更换填料。压盖及压盖螺栓损坏时应及时更换。

（3）阀杆折断，大都是由于把阀杆的旋转方向掌握错了，在阀门关严、开足的情况下仍用力旋转引起的。对于这种故障，只有更换阀杆。

（4）管内杂物沉积在阀体的下部，使阀门关闭时无法关严，改善的措施是在来水方向一侧安装贮渣槽，使杂物不会落入阀体内。贮渣槽，可以从法兰入口处清除杂物；对于大口径的管道，维修人员可利用此孔下入管内，检查阀体密封环处的密封状况。

（5）阀杆长期浸泡在水中，受腐蚀严重。启闭时阀杆锈死，无法旋转。消除这一缺陷的最好措施是阀门丝母用合金铜制件，阀杆用不锈钢件。一般钢制阀杆很易锈蚀，为了避免钢杆锈蚀卡死，应定期活动阀门，每年不应少于两次。阀门的活动应关严后再开足。对于锈蚀而无法启闭的阀门应拆开阀体检修或更换。

（6）阀板和阀杆脱节，使阀门无法开启，主要是丝扣、挂销或箍销锈坏造成的，一般应拆开阀体检修。

（7）阀体的密封铜圈脱落、变形、接合面起槽等，引起阀门无法关闭或关闭不严。形成的原因不一，主要是制造上的质量问题。另外，输水过程中，水里的砂及杂物磨刷铜圈；有时阀门开启过量，关闭时阀板偏斜卡坏铜圈；对于这类故障应更换阀门，进行大修。

(8) 自动通气阀漏水或不自动排气，除通气阀结构上的缺陷外，就是由于通气阀的浮球变形或锈蚀卡住，因此应定期拆开阀体清洗，对变形的浮球及时更换。

对于阀井所处地点的地形变化，井盖需及时增高或降低，应保证井盖既不被压埋，也不防碍路面的交通安全。对于井位上堆放的它物应督促搬移，对损坏的井盖、井圈迅速更换，井内掉入的泥土、垃圾彻底清除，保持阀井长期处于良好状态。

阀门等附属设施的保养和检修，应设立专业队伍，建立相应制度，从事日常工作。

2. 阀门的技术管理

在一个城市的给水管网中，阀门的种类繁多，数量较大，地点分散，相对应而言启闭次数较少，这些给阀门的技术管理带来一定的困难，因此，阀门的管理是供水企业的难点。

在阀门管理上，首先要建立一整套所有阀门的现状资料和维护资料，包括：

(1) 阀门的基础信息：阀门的类型、型号、口径、生产厂家、生产日期、启用日期、编号、安装地点及阀门井的结构类型。

(2) 阀门的维护信息：记录阀门的每次检修保养的情况，对每个阀门建立完整的检修保养档案。如检修日期、检修维修内容、保养情况、是否更换、更换原因、更换时间等。

(3) 阀门的操作信息：阀门的操作日期、开关状态、开启度、控制范围、启闭方向（阀门关闭时顺时针方向转动为正扣阀门，否则为反扣阀门）、启闭转数和启闭所用工具的规格。

这些资料必须由阀门维护管理人员掌握使用和补充纠正，要长期保持图纸、卡片和现场位置的一致性。每年检查图、卡、物三者的相符率是其管理工作的一个重要指标，使阀门管理人员启闭阀门时能达到动作快、找阀准、关的严。

为了保证阀门的正常使用，每年应定期对各个阀门进行巡回检查及维修，对已损坏不能正常使用或老旧淘汰阀门还要列出更新改造计划，及时根据阀门的动态变化修订阀门卡和管网图，并按计划定期对阀门进行启动、加油、更换填料及配件的维护工作，做好详细的维护台账。为了阀门启闭完好率为99%，也就是在一定期限内，启闭阀门中，漏关、错关和找不到阀门不应超过1%，应尽量做到所有阀门每季度巡检一次，主要输水干管阀门约1~2年轮流启闭一次，配水干管上的阀门2~3年启闭一次，配水支管的阀门应不定期进行。

管网中阀门的启闭既要专职管理，也要严格控制，除专职人员外其他人员不得启闭。专职人员的启闭也要事先履行报批手续，对于停水期限或降压程度要事先书面通知主要用户。对于主要输水阀门的启闭应力求在输水较少的夜间进行，以避免突然改变流向而造成管内水质浑浊。

管道排水或输水时，及时检查通气阀的串气状况，避免管内负压及水锤的发生。

开启阀门排水或通气阀串气的全过程中，必须现场有人监护。

7.6.4 管网的冲（清）洗

在输配水过程中，出厂水虽然经过各项工艺进行处理，达到饮用水标准，但是仍含有各种有机物和无机物质，在一定条件下，会产生相互作用逐渐形成不溶于水的颗粒物，如果不及时清除，则垢层的过度积累（特别在流速较低的管段），不仅会使管道的有效输水面积缩小，而且增加了管壁摩擦系数，降低供水能力，增大供水能耗，也大大增加了成本。同时，$Fe(OH)_3$、$CaCO_3$和$Mg(OH)_2$等沉降物，在发生停水、抢修或供水调度变化的情况下，流速发生较大的改变，管中沉淀物易被冲起，发生悬浮而使水呈异色。由于输配水管道内生长着各种微生物，一些细菌病菌会在适宜的环境条件下大量繁殖，消耗了管网中的余氯含量，严重时甚至达到管网末端水质不达标的情况，影响了水质的安全性。此外，铁细菌和硫酸盐还原菌等微生物的活动会促进腐蚀而破坏管道内壁结构，使水散发异味，腐蚀也促使管壁变薄，降低供水的可靠性。

为了加强管网给水的可靠性和水质的安全性，确保居民的安全用水，必须定时定期的对给水管道进行冲洗。

1. 选择冲洗的时间

为确保城市供水水质符合饮用水标准，冲洗管网要根据水质情况周期性进行。

大部分城市供水的水源是地表水，以地表水为水源的管网系统每年至少应冲洗两次。根据余氯和水中细菌总数受季节影响研究表明，余氯在夏季的衰减明显比春季、秋季、冬季剧烈得多，冬季最慢；水中细菌总数也在夏季时最多，冬季最少，说明夏季管网中微生物极易生长。夏季为用水高峰期，由于管网超负荷运行和高温影响，悬浮颗粒物在各种管道内不同程度地沉降，微生物也大量的粘附生长，降低管网水质，应在高峰供水结束后及时冲洗。冬季水温偏低，微生物生长受抑制，水质相对好些，但仍有部分微生物繁殖附着在管道内壁，一旦水温升高，这些微生物会迅速繁殖，使水质恶化，因此，在水温升高的春末夏初进行一次预防性的冲洗。除此之外，由于大型的配水管道中可能存在若干水质问题严重区，因此还应根据水质变化情况安排冲洗，只要用户水龙头流出的水的浑浊度和色度持续偏高或出现异味等水质问题时，就应组织冲洗。以地下水为水源的管网系统，由于水温相对稳定，铁锰含量高，带来的腐蚀也较严重，此时就应根据出水水质变化情况来安排管道的冲洗。

管网冲洗一般安排在夜间进行，因为夜间用水量小，水压相对较高，能够提高冲洗效果，不会影响居民生活，而且有利于污水的排放，避免管道内污染源的扩散，同时可减轻水质下降带来的影响。

2. 选择冲洗的区域

管网的冲洗需要大量时间和较大资金投入，因此，一般情况下对大型输配水系统只能有重点地进行清洗。

用户投诉情况是确定优先冲洗区域的一个重要依据。在美国，67%是响应用户的投诉冲洗管网的。但由于我国大部分地区的客户服务机制不够完善，用户投诉还较少，目前，对少数投诉可以作为冲洗区域选择的参考。随着供水部门对客户服务意识的加强和居民自我保护意识的增强，投诉在确定冲洗范围等方面将会起越来越大的作用。

面对客户服务机制的不完善，供水部门只能依靠水质检测部门有限的抽样分析来决定管网冲洗区域，根据国家《生活饮用水卫生标准》的要求，对集中式供水的城镇按一定比例和频次采集管网水样进行常规监测，分析这些检测数据，了解某个区域水质在一段时间内的变化情况及其发展趋势，据此确定水质严重下降的优先冲洗区域。

由于余氯逐渐消失等原因，水质在输配水系统末端和近末端恶化明显，以及管网的死水端也容易出现水质问题，是部分管网冲洗的主要选择区域；由于排水阀和消火栓的使用频率低，阀体内外产生腐蚀，应定期排水冲洗，避免死水时间过长水质变坏，生长细菌并产生腐蚀。为节约用水和节约成本，保证水质，最好对消火栓进行每半年冲洗一次，并视情况制定临时排放措施；由于城市管网错综复杂，有部分管道内的水流动得很缓慢，延长了水流在输配水系统内的水力停留时间，使水质较易产生污染。因此，要结合分区测压，绘制服务压力等压曲线，确定低压范围，重点监测，优先冲洗。管材的年限和材质也是确定优先冲洗的参考条件。

3. 冲洗参数的选择

管道冲洗长度：气流和水流只能局部的提高水流的紊乱度，如果冲洗管线过长，则下游冲洗不彻底，因此，每次冲洗的管线不能太长，最好控制在1km以内。

管道冲洗流速：水流流速越大，去除沉积物的效果越好，因此，冲洗水的流速应比工作时要大，一般比最大流速大3~5倍，但不能低于1.0m/s。由于有些老城区的老管道，结构强度较差，必须适当的控制冲洗水流速度，保证冲洗运行的安全性和可靠性。合理的流速应在综合考虑管径、管材、管龄等问题的基础上确定，实际操作时还因冲洗效果进行调整。

管道冲洗持续时间：管网冲洗会消耗大量的水，为了节约冲洗成本，减少用水量，所以在保证冲洗效果的前提下尽量缩短冲洗时间，一般在流出水的浑浊度下降到设定值后停止冲洗操作，在此过程中还应连续监测流出水的浑浊度。

管道冲洗的方向：为了保证冲洗的效果，长管线的冲洗应逐段进行，冲洗的方向应和水在管道中的流向一致，这样可以避免上游管段未冲洗，通过水流将上游的微生物、铁锈等污染物带入下游冲洗过的管段，使冲洗管段又产生污染，降低了冲洗效果。

短管段冲洗的方向应遵循：管道埋深高的向埋深低的方向冲洗；管道口径大的向管道口径小的方向冲洗。

4. 冲洗技术

冲洗常采用高压水射流冲洗和气—水脉冲冲洗。

高压水射流冲洗：高压水射流是利用高压泵提供的高压水，使水压升至0.2~0.3MPa，经高压胶管送至喷头，由喷孔将高压流速水流转变为低压高流速射流，形成强大的冲击力，冲击管道内壁的粘附物、微生物及腐蚀物质，产生强力的切削、挤压、冲刷作用，破碎管壁内的粘附物、微生物及腐蚀物质，达到冲洗目的。

高压水射流要求能均匀冲洗管道内壁，并产生向前的推力，使喷头和胶管自动前移，根据流体动量定律，若喷头以一定角度向斜后方射流，既能产生对管壁的冲击力，又可保证对喷头和胶管的推力。

冲洗中的喷头孔径范围1~2mm，孔数4~10个，角度30°~60°，孔深5~10mm，外径40~50mm。

这种冲洗方式工作效率高，使用范围广，清洗干净彻底，对金属没有任何的破坏，也不产生任何污染。

气—水脉冲冲洗：气—水脉冲冲洗系统由计算机控制仪、电磁阀、空气压缩机、远传压力表、进气喷嘴及排水口等组成。气—水脉冲清洗给水管道就是利用空气的可压缩性，在计算机和电磁阀门的控制下，使高压气体（水压为0.2MPa，空气压力为0.7MPa）以一定的频率进入给水管内，在管内形成间断的气水流，压缩空气进入管道后迅速膨胀，在管内与水混合，产生流速很大的气水混合流，使管内的紊流加剧，水流的切应力增大，在切应力的作用下，管壁上的沉积物和附着物逐渐的松弛、脱落，并随着高速水气流间断的排出给水管外。

一般每次冲洗长度为200~500m，冲洗时第一次压力水冲洗15~30min后进入第一次气水冲洗40~60min，再进行第二次压力水冲洗20~30min后再进行第二次气水冲洗20~40min，直到出水达到预定标准。用气—水脉冲冲洗一般可恢复通水能力的80%~90%。

7.6.5 管网的消毒

对管道进行冲洗后，大量的铁锈、污垢、细菌和微生物被冲走，但依然有部分细菌和微生物存在，在一定的温度条件下，会很快地进行大量繁殖，重新污染了管道，污染水质，使管道的冲洗失去了价值和意义。为了使管道通水后不致污染水质，必须对管道进行消毒，杀灭管道中的细菌和微生物，防止在短时间内的再次污染。

管道的消毒与水处理消毒一样，有两种方式，即化学消毒法和物理消毒法。化学消毒法有加氯或氯的衍生物消毒和臭氧消毒等，物理消毒法有紫外线消毒等。

国际上目前用得最多最普遍的是用氯或氯的衍生物，其次是臭氧、紫外线，但用于管道消毒还较少。在我国，用于管道消毒仍以氯或氯的衍生物最为广泛，主要有冲洗消毒和浸泡消毒两种方式。

冲洗式消毒：管道消毒时，将连接消毒设备的管道阀门开启或在消火栓口，通过水泵加入含氯离子的溶液，末端排水阀也开启小许，使溶液在管道中流动，达到消毒的目的。管内的流量一定要控制好，不能太大，也不能太小，应根据管道的长度、管径、操作时间综合考虑，要保证溶液能充满整个管道，并且尽量的减少浪费。一般将管内流速控制在0.25~0.5m/s最好。

浸泡式消毒：先将需消毒的管线关闭，选择管线上的排气阀或消火栓作为投药口，这样可以避免另外开口；再根据管线的长短来确定投药口的数量和位置，对于管线较短的，设置一个投药口便可满足，对于管线较长的，则应考虑分段设置投药口，一般以500~800m设一个，这样可以保证全线管道投药的均匀性。然后选择投药的方式，投药的方式根据投药口所在管线位置的高与低来决定，若在高处，一般采用自然加入法，如在低处则因须承受高处水压必须采用水泵加入法。选择好加入的方式后，就可以往管道里加入氯或氯的衍生物的溶液，使管道内水中的游离氯浓度不低于30mg/L，而且使整个管道充满溶液，浸泡24h为最宜时间。

臭氧是强氧化剂和杀菌剂，在目前的氯、次氯酸钠、氯胺、紫外线和二氧化氯等消毒剂中，臭氧的氧化力最强，杀菌效果最好，最彻底。现在利用臭氧进行管道消毒的研究较多，是比较先进的消毒方法。实践证明，高浓度臭氧水用于管道的消毒，效果很好。

1. 臭氧消毒装置的特点

该装置在消毒清洗管道的过程中，利用臭氧的杀菌力和高浓度臭氧水脉动强射流的水力冲击的叠加作用，消毒清洗效果好，无二次污染，不产生废弃物；不需要次氯酸钠或过氧化氢等二次处理；不产生有害化学物质；工期短，仅为传统方法的1/3~1/5时间，故停水时间短，消毒清洗费用低。

管内杂质较多的为铁锈和泥垢，铁锈为金属氧化所致，泥垢为氯杀菌过程中管内残存的微生物所致。臭氧水一次性消毒清洗即可杀灭锈垢及泥垢中隐藏的细菌和微生物，并在清洗过程中，由于水力冲刷作用使管内杂质、污垢被剥落而排出；臭氧水二次消毒清洗，强化了杀菌作用，效果更好。

2. 消毒清洗装置系统：

脉动强射流高浓度臭氧杀菌清洗装置系统由臭氧发生器、臭氧溶解器、气液分离及臭氧分解器、空气压缩机、压缩空气供给器等组成。整套装置因体积小，高度也不高，故可集中安装在一辆车上，运到消毒清洗现场接通电源（380/220V）和水源，即可投入消毒清洗，非常方便简单。

臭氧发生器：定型产品，根据消毒清洗范围的大小，所需要的臭氧发生量而购置，氧源来自车载氧气瓶，定量产生臭氧并送入臭氧溶解器中。

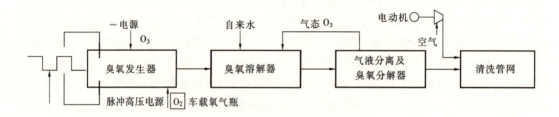

图 7-28　清洗装置系统流程图

臭氧溶解器：臭氧溶解器也可称混合器，目的是使自来水与臭氧得到充分而均匀地混合，需要一定的混合设备（或措施）及混合时间。臭氧量与水量按比例混合，得到设定的高浓度臭氧水。

气液分离及臭氧分解器：在臭氧溶解器内有小部分臭氧未与水混合成为尾气，如果任意排放不仅浪费，而且会影响环境。气液分离及臭氧分解器就是用来自动分离，分解臭氧溶解器中游离的臭氧（尾气），使它回流到臭氧溶解器内再利用，这样既不浪费，而且不会让臭氧向大气中扩散而影响人体健康和环境。

空气压缩机：用来抽吸空气并加压，送至压缩空气供给器，供清洗管道之用。

压缩空气供给器：储存压缩空气，并根据清洗管道内部情况调整压力，断断续续自动地向管道内输送高浓度臭氧水与压缩空气，进行脉动清洗。

在多种管道消毒清洗的方法中，采用高浓度臭氧水与压缩空气进行脉动清洗，比其他消毒清洗法要彻底，效果也好。

7.6.6　二次供水设施的维护管理

1. 强化对二次供水设施的管理

生活饮用水二次供水是通过二次供水设施间接向用户供给生活饮用水的行为。二次供水设施是指为保障生活饮用水而设置的高、中、低位蓄水池（箱）及附属的管道、阀门、水泵机组、气压罐等设施。

随着城市的发展，二次供水也随着得到更广泛的应用，伴着二次供水的发展，及用户对水质要求的提高，二次供水系统对水质的污染已是水质污染的主要原因，加强对二次供水的管理，保证用户用到符合国家水质标准的水，已是供水企业必须面临和解决的问题。

二次供水系统中饮用水二次污染的原因是多方面的，既与水质本身的性质有关，又与同水接触的截面性质有关，也与外界许多条件相联系。管理不善是产生问题的重要原因之一，特别是对水箱、水池的管理不善是二次供水系统中水质污染的重点污染源。

二次供水系统管理不善，缺乏专门的法规，大部分二次供水设施处于无人管理的状况，特别是部分旧居民楼，供水水质得不到保证。加之未定期进行水质的检验，未定期进行冲洗、消毒，致使水质逐步恶化，有的水池的通气管被封死，或者部分被封死，导致水池中的水因通气不畅，致使水质恶化；有的将通气管的防虫网罩损坏，使外界杂物、飞虫等进入水池而使水质污染。二次供水水质污染的直接结果是影响用户的感官，危害人体健康。另外，二次供水设施内流出的水质若严重下降，势必导致室内管道的腐蚀加速，反过来又会使水质再次污染。

二次供水水质直接关系到人民身体健康，因此，必须加强对二次供水的管理。针对二次供水污染管理不善的原因，提出以下建议：

(1) 制定城市二次供水管理的行政规章制度，建立健全二次供水设施的卫生管理办法，制定相应的法规，使二次供水工作纳入法制化、规范化管理的轨道。

(2) 二次供水设施的管理单位应建立相应的管理制度，设专人管理，定期进行水质的检验，定期清洗消毒，每年不少于二次，建立二次供水设施档案，健全周期监督管理制度。管理人员和清洗消毒人员必须持有健康证。

(3) 卫生监督部门要加强对二次供水单位的监督检查，经常对水质进行检测评价，发现问题，及时提出建议，采取措施，防患于未然。

(4) 加强对二次供水设施的日常巡视与监督管理，日常维修要注意避免带进污染物，一旦发现破漏等异常应及时修复。各水池均要加盖密封上锁，溢流管、通气管管口防蚊装置要完好。

(5) 加强对二次供水设施管理人员培训，使其掌握基本的供水常识，管理好二次供水设施，防止水质二次污染。

(6) 做好群众饮用水卫生科普知识宣传，增加居民个人的卫生防护意识。

2. 二次供水设施的清洗

(1) 确定多个水池的清洗顺序

为了避免清洗后水池的再次污染，对于有多个地下水池及地面水池的住宅小区，应事先与物业管理单位或建设单位充分了解水池互相之间的分布和连通形式，再来决定清洗的顺序。通常清洗顺序按照自来水水流的流向，先地下，后地面；先源头，后末端的原则。

(2) 采用合适的清洗方法

一般情况下，水池清洗采用人工洗刷和高压水枪冲洗相结合的方式，并在冲洗的同时排去污水。污水排放建议除开启水池排空阀外，同时使用潜水泵以加快速度和排放干净。整个清洗的一般流程是：洗刷＋冲洗＋排污→冲洗＋排污→排污。

(3) 清洗过程中的注意事项

一是仔细检查有无异物堵塞任何的阀门或管道，为了防止清洗污垢堵塞阀门或管道，可以考虑在清洗的过程中用筛网盖住阀门或管道入口；二是不采用竹扫把等容易折断的工具，也不采用抹布、毛巾等易脱落物品，以免造成污染；三是彻底用自来水冲洗水池各个角落，保证清洗全面、到位，并确保排净脏水，不允许有明显的脏水存在。否则会影响以后水质检测时的细菌总数等卫生指标；四是不得采用洗洁精、洁厕灵等非生活饮用水适用的洗涤剂。对于难以去除污迹，可考虑用稀化学纯盐酸或醋酸局部针对性洗刷，也可局部用浓漂粉精或苛性碱洗刷。

3. 二次供水设施的消毒

二次供水设施经过洗刷冲洗完毕后，为了强化冲洗效果，为了杀死冲洗后重新悬浮的微生物和细菌，就必须进行消毒。水池消毒主要有浸泡、喷雾两种方式，个别也采用其他方式。

（1）浸泡消毒方式

此消毒方式较简单有效。采用的消毒剂主要有漂白粉、优氯净、稳定性二氧化氯、强氯精（TCCA）等。操作时要注意两个重点：一是投加消毒剂量；二是投加方法。

1) 投加消毒剂量的控制方法：目前使用的消毒剂普遍属于氯及氯的衍生物消毒种类，一般情况下水中有效余氯为 10mg/L 时可达到很好的杀菌效果，保持 30min 可杀灭水中红虫。但这时水中有较明显的消毒剂氯味，对人体皮肤也有伤害，故实际用量可根据水池的清洁程度作适当调整，一般在浸泡消毒时至少要保持水中有效余氯 1mg/L 以上。

2) 消毒剂的投加方法：①配制消毒液：对于如漂白粉一类溶解性较差的消毒剂，按要求算出投加消毒剂量后，可用一大小适合的塑料桶溶解消毒剂，并搅拌均匀后加入水池。对于溶解性的消毒剂，则视该消毒剂的浓度或操作安全性等实际情况作适当稀释或直接加入水池。②投加消毒液及浸泡消毒处理：加药前要使水池水位有 20cm 左右的水量，一边投消毒液一边开水池进水阀进水，以混匀消毒液，待水池水位达水池一半高度时停止进水，关闭进水阀。此时若条件允许，可同时开水池出水阀并开启远端用户水龙头以使水池的出水管充满消毒药水。密封水池浸泡 15min 左右再开启进水阀，待水池充满水后关闭进水阀，浸泡半小时以上才可开始启用水池。

（2）喷雾消毒方式

喷雾消毒是指用喷雾工具（如喷雾枪等）将消毒剂均匀地喷射到水池的各个角落并充满水池内部空间。喷洒类似于喷雾，主要区别在于不必用喷雾工具，可用水瓢等容器将消毒药水均匀地喷洒在水池的池壁和各个角落。

此类消毒方式所用消毒剂要求是可溶性的，如次氯酸钠、二氧化氯、双氧水、优氯净等。操作时有以下注意点：一是使用药剂的浓度要较高，按要求算出消毒剂用量后，将药剂溶解于适量的水中，再将药剂喷洒或喷雾到水池的池壁和各个角落。二是喷雾（洒）时水池放空积水，操作完毕即密封水池 15min 到半小时，然后再开启进水阀门启用水池。三是操作人员要注意安全，配戴劳保用品如手套、口罩、眼镜等。一旦发现有不适人员要及时更换，操作完毕要注意清点人数、工具等。

（3）其他消毒方式

其他消毒方式主要有：紫外线消毒、臭氧消毒、电磁消毒等。这些消毒方式目前在水池清洗过程中应用较少，具体实施要根据各自产品的特点作针对性处理。

4. 二次供水设施清洗消毒过程注意事项

二次供水设施清洗消毒工作涉及到方方面面的内容，除了要掌握有关的清洗消毒技术外，还要注意在二次供水设施清洗消毒过程中准备、实施、善后等各个阶段的必要事项，主要有：①清洗前要提早与管理处配合通知有关用水户准备清洗水池（箱）事项，包括：停水及恢复供水时间、贮水准备等有关告示，以避免与住户产生矛盾或给住户带来不必要的经济损失。②直接从事二次供水清洗消毒的工作人员，必须取得健康体检和卫生知识培训合格证后方可上岗，每年至少一次到卫生防疫部门指定单位进行健康检查。③清洗消毒完毕启用水池时，要注意检查各阀门是否正常，具体做法为：开启进水阀、出水阀、溢流阀；关闭排空阀。检查水位计是否正常工作，否则会造成跑水事故。④清洗消毒完毕后，应做好人孔、通气孔、溢流孔"三孔"的处理，用筛网包扎完好，防蚊防虫装置要做好，以避免虫鼠进入水池（箱），而成为虫鼠的寄生场所，特别是"红虫"。人孔应加盖加锁且密封性良好，露天水池的通气孔应弯曲使孔口向下，防止雨水流入，若孔口向上，则应设雨帽等防雨，防尘装置。

上述论述的方法同样适用于屋顶水箱，高位水池等。

总之，城市供水中，二次供水是必不可缺的组成部分，而二次供水造成的水质污染是不容忽视的问题，必须做好防止水质因二次供水而受污染，保证用户用到合格的自来水。

参 考 文 献

[1] 周建成，赵洪宾．城市给水管网系统所面临的问题及对策．中国给水排水，2002．
[2] 浙江省城镇供水行业发展手册．浙江省城市水业协会．
[3] 柳金海．管网技术档案的管理．管道工程设计施工及维修实用技术大全，中国建材工业出版社：6625~6626．
[4] 任基成，蒋敏．宁波城市供水管网地理信息系统的开发与应用．宁波市第二届学术大会论文集，杭州：浙江大学出版社，2002：90~94．
[5] 廖敏辉，吴玉琴，张钺．广州市供水管网地理信息系统的开发与应用．给水排水，2002，28（4）：81~84．
[6] 黄宇阳，韩德宏．利用 GIS 进行阀门管理的研究．深圳自来水，1999．
[7] 同济大学．给水工程，北京：中国建筑工业出版社，1990，53~71：119．
[8] 孙瑛．管网水质的在线监测．净水技术，2004，23（6）：34~36．
[9] 霍兵．加快水质在线监测系统研究制为水资源管理提供装备支持．水利水电技术，2004，35（4）：101~103．
[10] 许阳，祝建平．杭州管网水质实时监测系统．给水排水，2002，28（2）：91~93．
[11] 李波．巡线管理工作改革新思路．武汉供水管道技术，2004，3：15~16．
[12] 柳金海．给水管道的巡查和检漏．管道工程设计施工及维修实用技术大全．中国建材工业出版社：6626~6632．
[13] 孙跃．水管网络泄漏检测技术的新发展．给水排水，2002，28（11）：35~37．
[14] 熊晓冬，胡澍，张健雄，王绿水．管道检漏与检漏仪器．工业仪表与自动化装置．1996，NO.4：59~62．
[15] 刘从久，黄敏．城市给水管道的检漏方法．江西能源，2004（2）：35~36，22．
[16] 修春海，杨月杰．德国检漏技术简介．给水排水，1997，23（11）：59~62．
[17] 蒋峰，范瑾初，李景华．给水管道检漏工作的新发展．化工给排水设计，1994，1：39~43．
[18] 雷林源．地下管线探测与测漏．北京冶金工业出版社，2003，91~97，102~115．
[19] 王天闻．供水管道漏损控制技术综述．http：//www.hzo-china.com．

[20] 杨帆,高伟. 浅谈我国现阶段供水管道检漏的主要方法. 《城市供水管网漏损控制及评定标准》培训资料汇编, 2003: 41~47.

[21] 陈士才,竺豪立,许建华. 杭州市直饮水入户和管网的建设与管理. 中国给水排水, 2003, 19 (13): 151~152.

[22] 赵启祥,张继宏,朱延芳,郑玉国. 可缩短故障抢修及施工时间的新方法. 给水排水, 2004, 30 (3): 87~89.

[23] 王磊. 一种新型维修抢修材料——全剖式哈夫节. 武汉供水管道技术, 2004, 4: 10~12.

[24] 李欣,王郁萍,齐晶瑶,赵洪宾. 给水管道生长环的冲洗与防治. 哈尔滨建筑大学学报, 2002, 35 (12): 30~32.

[25] 童祯恭,刘遂庆,陶涛. 供水管网清洗技术及其应用. 中国给水排水, 2004, 20 (8): 27~30.

[26] 张俊. 管道清洗技术的现状及应用. 化工施工技术, 1999, 21 (3): 36~39, 41.

[27] 陈涣壮,徐清泉. 给水管道冲洗消毒应注意几点问题的探讨. 给水排水.

[28] 赵彬斌,赖举伟,方俊峰. 生活饮用水二次供水设施清洗消毒技术探讨. 城镇供水, 2004, NO.5: 19~20.

[29] 孔繁涛,郭新潮. 西安市二次供水造成水质污染的原因分析及管理对策. http://www.jsbwater.com, 2005.

[30] 刘遂庆,王荣和. 给水管网设计和运行管理科技发展与技术应用. http://co.163.com/neteaseivp/resource/paper/detail.jsp?pk=2463&way=1, 2004.